Carl du Prel

Entwicklungsgeschichte des Weltalls

Entwurf einer Philosophie der Astronomie

bremen
university
press

Carl du Prel

Entwicklungsgeschichte des Weltalls

Entwurf einer Philosophie der Astronomie

ISBN/EAN: 9783955622640

Auflage: 1

Erscheinungsjahr: 2013

Erscheinungsort: Bremen, Deutschland

bremen
university
press

ENTWICKLUNGSGESCHICHTE

DES

WELTALLS.

ENTWURF EINER PHILOSOPHIE DER ASTRONOMIE.

VON

DR. CARL DU PREL

Vorrede zur dritten Auflage.

Autoren lieben es, in Vorreden zu sagen, dass ihr Buch einem Bedürfnisse des Publikums entspringe. Wenn ich dem Leser mit einigen Worten sage, dass und wieso das vorliegende Buch meinem eigenen Bedürfnisse entsprang, so ist damit auch gesagt, dass es zunächst solche Leser fördern wird, die sich in einer ähnlichen Geistesverfassung befinden wie der Verfasser zur Zeit der Entstehung des Buches, und welchen der Anblick des gestirnten Himmels ähnliche Empfindungen und Ahnungen, Zweifel und Fragen hervorruft, wie diesem. Die Betrachtung des nächtlichen Himmels kann von zweierlei Art sein: die meisten Menschen gehen in ästhetischer Bewunderung auf und ihr Orientierungsbedürfnis wird vollauf befriedigt durch Aufklärungen über die Geographie des Himmels und die physikalische Natur seiner Gebilde. Anderen Menschen wird die Welt der Gestirne zum Gegenstande metaphysischer Verwunderung, und zwar viel mehr, als es die irdischen Dinge vermögen, welchen gegenüber wir abgestumpft werden durch die praktischen Auseinandersetzungen des Alltaglebens; denn die Gewohnheit ist der Tod aller Verwunderung, wie die praktische Interesselosigkeit ihre Voraussetzung. Ich schreibe nun zunächst für Leser, welchen es, wie etwa einem in fremder Sprache gegebenen Bühnenspiele gegenüber, nicht genügt, den Mechanismus der Dekorationsstücke und Verwandlungen zu begreifen, sondern welche den Sinn des Stückes zu verstehen suchen. Den ersteren genügt die Astronomie als beschreibende Wissenschaft, den letzteren ist sie ein Teil der Philosophie und der Himmel ist ihnen beschwert mit einem metaphysischen Fragezeichen. Dabei ist es zunächst die Geschichte des Himmels, worüber man Aufklärung zu haben wünscht.

So war es für die besondere Darstellungsweise dieses Buches entscheidend, dass ich mit vorzugsweise philosophischem Interesse an das Studium der Astronomie ging, und der zufällige Umstand, dass die Beschäftigung mit der organischen Entwicklungstheorie eben vorangegangen war, brachte es naturgemäss mit sich, dass ich dem Kernproblem des Darwinismus, der Entstehung des Zweckmässigen durch natürliche Auslese, auch im Gebiete der Himmelsmechanik nachspürte und die Darwinsche Lösung des Problems für die Geschichte des Himmels zu verwerten suchte. Wiewohl nun in dieser neuen Auflage die Beweise für die Übertragbarkeit der indirekten Auslese auf die Astronomie beträchtlich vermehrt wurden, musste ich doch den früheren Titel des Buches „Der Kampf ums Dasein am Himmel" fallen lassen, weil sein Inhalt über diesen Titel bedeutend hinausgewachsen ist.

In dieser erweiterten Gestalt also will dieses Buch zur Begründung einer vierten Entwicklungsstufe der Astronomie seinen Beitrag leisten. Die beschreibende Astronomie des Altertums, die rationelle Astronomie des Kopernikus, die physische Astronomie Newtons bilden die drei historischen Stufen, über welche die spekulative Astronomie sich erheben soll. Indem die Astronomie auf dieser vierten Entwicklungsstufe aus einer mathematischen zu einer philosophischen Disciplin wird, büsst sie zwar von ihrer Zuverlässigkeit auf den früheren Stufen einiges ein, aber andererseits gerät in das Aggregat trockener Beobachtungsresultate, die fast nur für den Gelehrten Interesse haben, eine frische lebendige Bewegung, und das Studium dieser Wissenschaft wird im höchsten Grade anregend, wenn man sieht, wie die seit Jahrhunderten mühsam zusammengeschleppten Bausteine sich nun aneinanderfügen und schon den Grundriss des stolzen Gebäudes erkennen lassen, welches spätere Enkelgeschlechter vollenden werden.

In Bezug auf die Darstellungsweise gebe ich mich der Hoffnung hin, dass der Leser die Klarheit nicht vermissen wird. Dass der Entwurf zu diesem Buche in der gleichen Zeit entstand, in der ich durch selbständige Gedanken die Lücken zu füllen versuchte, welche das Studium unserer astronomischen Lehrbücher mir liess, bringt dem Leser den Vorteil, dass er den lebendigen Orientierungsprozess des Autors miterlebt. Es werden dem Leser nicht die abgeschlossenen Resultate des Studiums geboten, sondern er sieht sie allmählich entstehen und wird sie darum um so besser begreifen. Das *Nonum premarur in annum* hat ohne Zweifel seine grossen Vorteile für das Ausreifen von Gedanken; andererseits aber ist nicht zu leugnen, dass jahrelange Beschäftigung mit einer Sache Fachmänner gewöhnlich ungeeignet macht, sich in den naiven Standpunkt des Lesers hineinzudenken, während doch Klarheit der Darstellung und des Stiles eben auf der Fähigkeit beruht, den naiven Leser vor Augen zu behalten. So hoffe ich also, dass die Klarheit eben darum meiner Darstellung anhaftet, weil mir selber beim Entwurfe des Buches die Naivetät noch nicht abhanden gekommen war, während der hiermit verknüpfte Nachteil ungereifter Gedanken längst getilgt sein wird durch die seither nicht unterbrochene Beschäftigung mit dem Gegenstande.

Wie die Geographie des Erdballs ihren Abschluss erst dadurch erhält, dass wir Flora und Fauna der verschiedenen Weltteile in Betracht ziehen, so muss auch eine Philosophie der Astronomie die Frage nach der physischen und geistigen Natur der Planetenbewohner heranziehen. Dies ist jedoch weder in der früheren Auflage geschehen, noch in dieser. Früher standen mir über dieses Problem selbständige Vorstellungen nicht zu Gebote, und zum blossen Abschreiber wollte ich um so weniger werden, als der ziemlich umfangreichen Litteratur über dieses Thema jede wissenschaftliche Bestimmtheit fehlt. Seither glaube ich allerdings den Punkt gefunden zu haben, wo der Hebel anzusetzen ist, um dieses Problem einer wissenschaftlichen Lösung entgegenzuführen: die Philosophie der Technik löst die Frage nach der physischen, die Physiologie der Sinneswahrnehmungen die Frage nach der geistigen Natur der Planetenbewohner. Inzwischen habe ich jedoch diesen Gegenstand in einer selbständigen Schrift*) behandelt, auf die ich den Leser verweise, indem ich sie als die notwendige Ergänzung der vorliegenden bezeichnen muss.

Wenn schliesslich der Leser noch Aufschlüsse über mein

---

*) Die Planetenbewohner und die Nebularhypothese. Leipzig 1880. Ernst Günthers Verlag.

Glaubensbekenntnis wünschen sollte, so kann ich ihm ein in Begriffe abgezogenes Rezept derselben leider nicht bieten. Philosophie und Naturwissenschaft sind darüber einig, dass der Mensch vermöge seiner beschränkten Sinnesapparate nur einen Bruchteil der Wirklichkeit zu erkennen vermag, dass also die Welt mit einem transcendentalen Stücke über unsere Organisation, unser Bewusstsein, hinausragt. Der Reichtum der Begriffswelt hält aber Schritt mit dem der Wahrnehmungsfähigkeiten. Daraus folgt nun offenbar, dass wir Menschen die möglichen begrifflichen Weltformeln ihrer vollständigen Anzahl nach nicht besitzen können. Wenn wir Menschen vermöge unserer beschränkten Organisation vor das Entweder — Oder des Materialismus, Theismus und Pantheismus gestellt sind, so würde dagegen ein Wesen, für dessen Bewusstsein ein transcendentales Weltstück nicht mehr vorhanden wäre, welchem also Ding an sich und Vorstellung sich decken würden, ohne Zweifel im Besitze von noch anderen Weltformeln sein, zwischen welchen es zu wählen hätte, für welche aber uns Menschen jedes Verständnis fehlt. Kein Wunder, dass sich unsere Vernunft in Widersprüche verwickelt, sobald wir eine unserer drei Weltformeln auszudenken versuchen. Man muss in philosophischen Dingen wenig orientiert sein, um nicht die ungeheuren Schwierigkeiten zu fühlen, die dem begrifflichen Verständnisse des Theismus entgegenstehen, wie es ja die Bibel selbst und die Kirche zugeben. Andererseits ist der atheistische Materialismus eine blosse Negation, eine Weltanschauung der Verlegenheit, welche darum historisch immer nur in Perioden des religiösen und philosophischen Skeptizismus aufzutauchen vermag. Es verbleibt also noch der Pantheismus als die dritte der für uns möglichen Weltformeln, und auf welche die moderne Geistesentwicklung in der That hinzusteuern scheint. Sie bildet die diagonale Resultante aus den beiden anderen Formeln: Theismus und naturwissenschaftlicher Materialismus. Der Pantheismus ist die synthetische Verbindung der berechtigten Bestandteile des Theismus und naturwissenschaftlichen Materialismus: Weltvernunft und Kausalität, Die Weltvernunft zu leugnen vermag auch die Naturwissenschaft nicht, mag sie ihr auch nur als Entwicklungsresultat erscheinen. Wenn aber die Naturwissenschaft unserer Tage sich gern den Anschein giebt, auf den Throne der Metaphysik zu sitzen, so liegt darin ein Unrecht, dass sie selber erst einsehen wird, wenn sie mit ihrem Erklärungsprinzip, dem Kausalitätsgesetze, zu Ende gekommen sein wird, d. h. wenn sie in der That die ganze Welt der Erscheinungen dem Kausalitätsgesetze unterworfen haben wird. Diese Tendenz der Naturforschung muss man also nicht bekämpfen, sondern fördern, weil die Grenze ihres Prinzips erst erreicht sein muss, bevor man einsehen kann, dass seine Tragweite mangelhaft ist, dass die Naturforschung zu einer Weltanschauung nicht ausreicht und die Metaphysik nicht abzulösen vermag. Die Gegensätze zwischen Religion, Philosophie und Naturwissenschaft beruhen auf einem Differenzierungsprozesse, auf Arbeitsteilung des Menschengeistes, aber keineswegs auf einem Ablösungsprozesse.

Wenn aber die moderne Geistesentwicklung ohne Zweifel auf den Pantheismus hinsteuert, so lässt sich doch nicht leugnen, dass diese Weltformel sehr nebelhaft ist, und dass sich zu wenig Bestimmtes dabei denken lässt, als dass die Aufnahme derselben in das Bewusstsein der Menschen möglich wäre, so lange sie ihre deutlichere Definition noch nicht gefunden hat. Theist bin ich also insofern, als ich in der Weltentwicklung Vernunft anerkenne; Materialist bin ich insofern, als ich an den gesetzmässigen Verlauf des Naturprozesses glaube; Pantheist bin ich insofern, als ich Monist bin, und in dem edleren Dualismus von Gott und Welt nur eine historische Stufe des Weltverständnisses, in dem gemeineren Dualismus aber von Kraft und Stoff nur unklares Denken anerkennen kann. Von diesem Glaubensbekenntnisse werden nicht alle Leser befriedigt sein. Wohl ihnen, wenn sie zu einem besseren Verständnisse des Welträtsels gelangt sind. Aber sie werden mir gleichwohl zugestehen können, dass mein Weltverständnis weder eine eklektische Mosaikarbeit ist, noch auf prinziplosem Schwanken zwischen Gegensätzen beruht. Es ist ja immerhin möglich, dass man der Wahrheit dient, ohne dass man doch irgend einer der bestehenden Parteien dient.

Brixen, Südtirol, im Dezember 1881.

Der Verfasser.

Vorrede zur zweiten Auflage.

Was in der ersten Auflage dieser Schrift nur in Kürze dargestellt worden war, dass nämlich die Darwinsche Theorie auf die Astronomie nicht nur übertragbar sei, sondern in diesem Gebiete sogar ungleich mehr erkläre als in der Biologie, — war ich bei dieser neuen Auflage bestrebt, in solcher Weise auszuführen, wie es mir nach eingehenderen Studien notwendig erschien. Dies konnte aber, von mehrfachen Verbesserungen abgesehen, nicht anders geschehen, als durch vollständige Umgestaltung der Schrift und bedeutende Erweiterung ihres Umfangs.

Es kann nicht bezweifelt werden, dass die von Kant und Laplace begründete Nebularhypothese der spekulativen Astronomie eine feste wissenschaftliche Basis gegeben hat. Aber eine ganze Reihe von Fragen lässt sich stellen, welche ihre Beantwortung darin nicht finden, nämlich alle diejenigen, welche sich auf die mechanische Zweckmässigkeit des Systems beziehen; die Nebularhypothese lässt also gerade die vom Standpunkte der Teleologie wesentlichen Eigenschaften des Sonnensystems, und der siderischen Systeme überhaupt, unerklärt. Es ist aber der Wissenschaft nicht gestattet, diese Zweckmässigkeit durch direkte Auslese, durch den Eingriff einer ausserweltlichen Ursache, zu erklären, sie ist vielmehr ihrem Begriffe gemäss genötigt, und hat gar keine andere Wahl, als das Darwinsche Erklärungsprinzip der indirekten Auslese des Zweckmässigen anzuwenden.

Die Einführung der indirekten Auslese in die Nebularhypothese darf jedoch an den Voraussetzungen der letzteren, dass die Materie des Sonnensystems ursprünglich in ausgedehntem Zustande war und durch die alleinige Thätigkeit des Gravitationsgesetzes sich in eine Mehrheit von Weltkörpern gliederte, nicht nur nichts ändern, sondern auch keine weitere Voraussetzung machen; es darf also keine weitere Erklärungsursache eingeschoben werden, und aus der alleinigen Eigenschaft der Schwere muss nicht nur der physikalische Vorgang, den die Nebularhypothese voraussetzt, sich erklären lassen, sondern auch das in ihrer ursprünglichen Fassung ausser ihrem Bereiche liegende zweckmässige Resultat.

Wie ist dieses aber möglich? Nur so, dass wir das Gravitationsgesetz zugleich als den die indirekte Auslese des Zweckmässigen besorgenden Faktor hinstellen. Da nun aber das Gravitieren der Elemente des Sonnennebels gegen ihr gemeinschaftliches Centrum in Verbindung mit der Rotation zwar die Scheidung in eine Mehrheit von Welten einsehen lässt, aber durchaus nicht, warum dabei zugleich eine zweckmässige Massenverteilung eintreten soll, so bleibt nur übrig, diese letztere aus dem Gravitieren der Planeten gegeneinander abzuleiten. Die dabei unvermeidlichen gegenseitigen Störungen mussten Veränderungen herbeiführen, wobei eine Anzahl zweckmässig verteilter Planeten indirekt ausgelesen wurde.

Im Verlaufe der Darstellung wird es sich zeigen, wie ungemein fruchtbar das Erklärungsprinzip der indirekten Auslese auf diesem Felde ist. Hier sei nur soviel erwähnt, dass sich daraus nicht nur die zweckmässige Gestaltung der siderischen Systeme als eine notwendige Folge ergiebt, sondern auch die Existenz derjenigen Weltkörper, welche aus der Nebularhypothese zu erklären bisher vergeblich versucht wurde: Kometen und Meteoriten. Sie ergeben sich nach physikalischen Gesetzen als notwendige Glieder der Entwicklung, während sie bisher in der Nebularhypothese nur Platz fanden, wenn man die Theorie von Kant und Laplace ihrer schmucklosen Einfachheit beraubte und Vorgänge voraussetzte, für welche die Erfahrung gar kein Analogon bietet. In ihrer ursprünglichen Gestalt umfasst diese Theorie lediglich die Sonne und die Planeten mit ihren Monden. Da nun jede neue Hypothese vor allem dem Anspruche genügen muss, die Erkenntnis der Einheit der Natur zu fördern, so hatte man allerdings recht, auch die Kometen und Meteoriten in diese Theorie einzufügen, aber, wie sich leicht zeigen lässt, man hatte unrecht, einen gleichzeitigen Ursprung für alle

Glieder unseres Systems vorauszusetzen. Die Erkenntnis der Einheit der Natur wird ebensogut gefördert, wenn wir alle Erscheinungen des Systems, das leuchtende Centralgestirn, die Planeten und Monde, die Ringe des Saturn, die Asteroiden, Kometen und Meteoriten zu einer zeitlichen Kausalreihe nach physikalischen Gesetzen aneinander fügen, und diese Erklärungsart, zu der uns sowohl die universale Geltung der irdischen Gesetze, wie die spektralanalytisch bewiesene Gleichheit der kosmischen Stoffe nötigt, scheint mir die einzige zu sein, durch welche wir in der That zu einer einheitlichen Erklärung des Sonnensystems gelangen und alle Erscheinungen desselben organisch verbinden können.

In dieser Weise sind die Kapitel, in welchen die Kometen und Meteoriten in einer von der ersten Auflage abweichenden Weise behandelt werden, zugleich diejenigen, welche die Übertragbarkeit der Darwinschen Theorie auf die Astronomie noch weit klarer ins Licht stellen, als es in der früheren Darstellung sich gezeigt haben mag.

Wenn hierdurch alle diejenigen Hypothesen als überflüssig sich erweisen, wodurch man in sehr verschiedener Weise versucht hat, die Nebularhypothese zu ergänzen, um ihren Erklärungsbereich auf jene exceptionellen Weltkörper auszudehnen, die ja schon ihrer Überzahl wegen den allerersten Anspruch auf Erklärung haben; wenn ferner die Erweiterung des Erklärungsbereiches sich ergiebt, ohne dass doch eine Vermehrung der Erklärungsursachen notwendig wird; so dürfte sich hierdurch der Grundgedanke der vorliegenden Schrift von selbst und umsomehr rechtfertigen, als auch durchaus keine Notwendigkeit sich einstellt, andere Vorgänge in der Bildung des Sonnensystems vorauszusetzen, als solche, welche noch in den gegenwärtigen Veränderungen ihre empirische Bestätigung finden

Die übrigen Kapitel, welche als vollständig neu bezeichnet werden können, ergänzen die erste Auflage zu einem Buche, welches sich bemüht, die naturwissenschaftliche und philosophische Quintessenz aus der Astronomie nach dem gegenwärtigen Stande unserer Kenntnisse zu geben. Wenn ich schliesslich die Schriften von Friedrich Zöllner in Leipzig und Stanislas Meunier in Paris als diejenigen bezeichne, aus welchen ich für diesen Teil der

Arbeit den grössten Nutzen zog, so möchte ich in diese Erklärung ebensosehr meinen Dank, wie meine Hochachtung legen. Aus diesen Schriften wird es so recht ersichtlich, was ein Naturforscher zu leisten vermag, wenn er es versteht, das an sich tote Material empirischer Thatsachen philosophisch zu verarbeiten, d. h. in systematische Verbindung derart zu bringen, dass wir gleichsam aus einzelnen Worten der Natur, die wir erlauschen, den ganzen Sinn ihrer Rede verstehen lernen.

Venedig, im Mai 1876.

Der Verfasser.

Vorrede zur ersten Auflage.

Die Theorie Darwins hat sich so fruchtbar und von solcher Ausdehnbarkeit auf die verschiedensten Wissenszweige erwiesen, dass ein Versuch, auch die kosmischen Erscheinungen diesem Massstabe zu unterwerfen, um so weniger befremden kann, als er mit bestem Erfolge sogar an solche Objekte des menschlichen Forschens gelegt wurde, welche ihm auf den ersten Blick weit weniger zugänglich erscheinen, z. B. an die menschliche Sprache. Es liegt dieser Erfolg daran, dass es bei dieser Theorie weniger auf die Natur der zu untersuchenden Objekte ankommt, als auf die Form, in der sie ins Dasein treten. Diese Form aber ist die des Übergangs, der Entwicklung. In dem Masse also, als man erkannte, dass alle Erscheinungen der Natur in dieser Form sich bewegen, musste auch die Theorie Darwins allgemeinere Anwendung finden; denn sie ist nur eine spezielle Form eines allgemeinen Gesetzes, das in aller Entwicklung gültig ist. Es kann aber bei der Übertragung dieses Massstabs auf andere Gebiete darauf nicht ankommen, ob die Bezeichnung dieses Gesetzes als „Kampf ums Dasein" mehr oder weniger metaphorisch wird. Gebraucht doch Darwin selbst diesen Ausdruck nur metaphorisch, wenn er ihn auf die Pflanzenwelt überträgt, ja schon, wenn er in der Tierwelt ausser dem eigentlichen gegenseitigen Kampfe der Individuen um ihr Leben auch die allgemeine Abhängigkeit organischer Wesen von der Natur damit bezeichnet.

Es mag dahingestellt bleiben, ob die Probleme jenes Spezialgebietes, welches der grosse Reformator der Naturwissenschaft sich ausersah, durch den Kampf ums Dasein erschöpfend zu erklären sind, ob nicht in der Biologie neben diesem Hauptprinzip noch mehr andere mitkonkurrieren, als in den teilweise weit einfacheren Problemen anderer Wissenschaften. Im allgemeinen möchte es sicher sein, dass der Erklärungsbereich dieses Prinzips um so weiter reicht, je einfacher der Mechanismus der zu erklärenden Probleme ist — ein Vorzug, der den Objekten der Astronomie vornehmlich zukommt. Insofern könnte man sich darüber wundern, dass es nicht ein Astronom gewesen, der die Bedeutung des Darwinschen Gesetzes zuerst erkannte, wäre nicht die kosmische Descendenztheorie — wenn es erlaubt ist, sich dieses Wortes zu bedienen — so wenig in die Augen fallend, dass man Veränderungen am Fixsternhimmel bis zum vorigen Jahrhunderte überhaupt nicht zuliess. Müssen wir schon, die Umwandlung der Arten zu erklären, Zeiten von erstaunlicher Länge zu Hilfe nehmen, so ist dies noch weit mehr der Fall, um die Entwicklung eines chaotischen, kosmischen Nebels bis zu den harmonisch gegliederten Systemen geschiedener Sonnen zu verfolgen. Auch scheint die Verbindung zwischen diesen entgegengesetzten kosmischen Bildungen wohl ebenso schwer herzustellen, als die zwischen weit auseinander gelegenen Lebensformen, deren Mitglieder ausgestorben sind. Die Einsicht, dass auch am Himmel Veränderungen vor sich gehen und die kosmischen Massen Stadien ihrer Entwicklung durchlaufen, hat sich darum verhältnismässig spät geltend gemacht, weil die Naturwissenschaft in Naturbeschreibung aufging und noch nicht allseitig zur Naturgeschichte fortgeschritten war.

Wenn aber durch die Lehre Darwins einerseits eine Reformation der Naturwissenschaft angebahnt wurde, so stellt sich andererseits seine Lehre als eine philosophische Leistung im eminenten Sinne dar. Denn was bisher die Philosophen und Empiriker in zwei ganz und gar unversöhnliche Parteien schied, war vornehmlich das von ersteren hartnäckig behauptete, von letzteren ebenso hartnäckig geleugnete Problem der Teleologie, welches den Empirikern stets als nicht zu erklärender Rest übrig blieb, während es die Philosophen immerhin hinderte, sich die Errungenschaften der Naturwissenschaft ganz anzueignen. Besonders wichtig aber ist die Teleologie insofern, als sie von jeher für die stärkste Burg aller theistischen Systeme gehalten worden ist. Darwin ist nicht, gleich seinen Vorgängern, diesem schwierigen Probleme ausgewichen, er hat seine Augen dagegen nicht verschlossen, sondern hat es recht eigentlich zum Gegenstande seiner Forschung gemacht. Er hat für den Spezialfall der biologischen Vorgänge den induktiven Beweis gefunden, dass die Teleologie dem Mechanismus immanent sei, dass jede Entwicklung, obwohl, ja eben weil gesetzmässig, zum Zweckmässigen ausschlagen müsse. Dies gilt aber auch für jenes weitgedehnte Feld der kosmischen Erscheinungen, auf welchem die Zweckmässigkeit in so imposanter Weise vor unseren Augen sich darstellt, dass sie von jeher die Bewunderung denkender Menschen erregt hat.

So werden wir auf allen Gebieten des Forschens mehr und mehr zu dem Zugeständnisse gedrängt werden, welches in der Betrachtung der Natur Schritt für Schritt der Menschheit abgenötigt wird: Das Zugeständnis von der Allmacht der Natur und ihrer ewigen Gesetze.

Der alte Epikur sagte: Die Götter wohnen in den Zwischenräumen der Welt.

Er hätte sagen sollen: in den Zwischenräumen unserer Erkenntnis der Welt.

Mittenwald, Oberbayern, im Oktober 1873.

Der Verfasser.

Inhaltsverzeichniss.

I.

Darwinismus und Astronomie.

s liegt in aller Wissenschaft die Tendenz, die Erscheinungen jener Poesie zu entkleiden, womit die menschliche Phantasie sie umhüllt. Denn diese nur ist im Grunde
poetisch, nicht die Welt der Erscheinungen an sich; die Aufgabe
der Wissenschaft aber besteht darin, das begriffliche Abbild der
Welt zu geben, wie diese ist, nicht wie sie sich im Auge des auf ihr
weilenden Fremdlings bricht. Dem alten Griechen, der die Dryade
des Haines wehklagen hörte, wenn ein Baum gefällt wurde, stellte
sich die Natur ohne Vergleich poetischer dar, als unserm Forst-
manne, der nach wirtschaftlichen Grundsätzen und den Principien
der Dendrologie den Wald besorgt. Aber wenn man es beklagen
mag, dass in dieser Weise die Natur ihres poetischen Reizes durch
die Wissenschaft entkleidet wird, so ist doch zu bedenken, dass
die Wahrheit nicht anders zu Tage zu fördern ist, als durch Ausscheidung des subjektiven Anteils unsrer Sinne und Fähigkeiten
aus unsern Vorstellungen, und dass die Herrschaft des Menschen
über die Natur nur in dem Masse erstarkte, als er aufhörte, mit
den Augen des Dichters in sie zu schauen.

Es erleidet zudem keinen Zweifel, dass die begrifflich erkannte
Natur im gleichen Verhältnisse an Erhabenheit gewinnt, als sie
an Schönheit verlieren mag. Keine menschliche Einbildung erreicht die erstaunliche Fülle und zweckmässige Bildung der lebenden Wesen, von welchen der Zoologe Kenntnis hat, und je mehr
der Himmel wissenschaftlich durchforscht wurde, desto mehr mussten nicht nur die engen Schranken hinausgerückt werden, die ihm

du Prel, Philosophie der Astronomie. I

der Mensch beigelegt hatte, sondern auch der Reichtum seiner
Gebilde lässt alle früheren Vorstellungen der poetischen Phantasie
weit hinter sich. Lyrischer erschien die Natur jenen Menschen,
welchen der persönliche Helios den Sonnenwagen lenkte, welche
aus dem Schilfe die Klage der Syrinx vernahmen, und welchen
in dem Steine die Tochter des Tantalus schwieg; aber erhabener
stellt sich die Natur jenen Völkern dar, welche den ursachlichen
Zusammenhang aller Erscheinungen erkannt haben und folgerichtig auch zu der korrespondierenden religiösen Vorstellung, dem
Monotheismus, übergegangen sind. Aber beiden Weltanschau-
ungen ist es gemeinschaftlich, dass sie im Anthropomorphismus
stecken blieben und den Dualismus nicht zu überwinden vermochten; in ihrem Streben, die Natur zu beseelen, blieb ihnen
doch der spröde Kern der Dinge als unauflöslicher Rest übrig.
Kein Wunder, dass ein so grosser Dichter wie Goethe sich vom
Monotheismus abgestossen fühlte; kein Wunder aber auch, dass
Schiller sich nach den Göttern Griechenlands sehnte, deren dualis-
tisches Verhältnis zur Materie ein verhüllteres ist.

Nicht in jeder Hinsicht bietet das Erhabene einen Ersatz für
das Schöne. Im Anblick des Schönen verliert sich der Mensch
in die Natur, im Anblick des Erhabenen ist er von ihr abgelöst,
und dem Forscher steht sie um so fremder gegenüber, je mehr
diese Erhabenheit zu Tage tritt. Dies ist ohne Frage ein bedeutender Unterschied zwischen der Weltanschauung der alten
Griechen und der Modernen. Aber es ist auch kein Zweifel, dass,
je mehr es uns gelingt, die vom Altertume und vom Mittelalter
überkommene Aufgabe zu lösen und das derzeit noch zu äusserlich aufgefasste Verhältnis der Materie zu den sie beherrschenden
Gesetzen in ein innerliches zu verwandeln und aus den Eigenschaften der Materie selbst abzuleiten, je mehr wir zum Monismus
hintreiben, auch unser Verhältnis zur Natur wieder ein intimeres
werden wird, sollte sich dabei auch als korrespondierende religiöse Übergangsform der Pantheismus ergeben.

Die Wissenschaft hat es darum nicht zu bedauern, wenn sich
aus dem rücksichtslosen Verfolgen ihrer Aufgabe die Zerstörung
mancher schönen Illusion ergeben und, da ja unsere Ideen über

den Schauplatz unsres Daseins unvermeidlich auch unsre Ideen über den Sinn und die Ziele unsres Daseins mitbestimmen werden, unsre Weltanschauung ernüchtert werden sollte. Alles in allem haben wir keinen Grund, in die Klage Schillers in den „Göttern Griechenlands" einzustimmen, wenn auch zugestanden werden muss, dass die Empfindungen für das Erhabene nur schwer das allgemeine Volksbewusstsein durchdringen werden.

Es mag manchem als ein vermessenes Unterfangen der menschlichen Vernunft erscheinen, den Hebel der Erklärung an dem schönsten und grossartigsten Bilde anzusetzen, das die Natur vor unsern Augen ausgebreitet hat: an der Erscheinung des nächtlichen Himmels mit dem Übermasse seiner funkelnden Sterne; mancher mag es für ein fruchtloses Beginnen halten, die Gesetze des Himmels durchdringen und seine erstaunlich zweckmässige Anordnung auf blinde Mechanik der Naturkräfte zurückführen zu wollen. Denn, in der That, je genauer wir die Gesetze etwa der Planetenbewegungen kennen lernen, desto zweckmässiger erscheint uns die Anordnung des Systems, und es ist nicht zu verwundern, dass so verdiente astronomische Forscher, wie Lamont, Mädler, Littrow und manche andere, in der Reihe der Vorfechter des Theismus stehen. Indessen sind es doch naheliegende Erwägungen, welche den Ängstlichen erkennen lassen sollten, dass der menschliche Geist auf keinem Gebiete mit solcher Sicherheit sich festzusetzen und erobernd sich auszubreiten vermag, wie eben auf diesem, das so geeignet ist, den Unkundigen mit andächtiger Scheu zu erfüllen. Denn weit grössere Bestimmtheit ist zu erreichen in mathematischen und physikalischen Problemen, als in denen der organischen Natur, und da die Körper, mit welchen die Astronomie es zu thun hat, die einfachste Form haben, nämlich die Kugelform, da ferner das Gesetz nach welchem sie sich bewegen, einzig das Gesetz der Schwere ist, so hat auch die Wissenschaft kein Gebiet der Natur so erfolgreich zu bearbeiten vermocht, als dieses. Leichter, als sie die Gesetze erkennen wird, nach welchen eine Pflanze sich entwickelt, wird sie die Untersuchung über die mechanische Verfassung des Weltalls durchführen können. Mag

auch Kants Bedenken, dass sich niemals ein „Newton des Gras-
halms" finden werde, nicht mehr allgemein geteilt sein, so findet
man es doch erklärlich, dass ein solcher länger auf sich warten
lässt, als der Newton der Gestirne.

Nur darum, weil die Probleme der Astronomie relativ so
einfach sind, hat diese Wissenschaft Triumphe aufzuweisen, wie
keine andere. So konnte z. B. Leverrier aus den Unregelmässigkeiten im Laufe des Uranus auf die Existenz eines noch ent-
legeneren Planeten, Neptun, schliessen und Ort wie Masse des
noch unentdeckten Gestirnes bestimmen, welches alsdann in der
That gefunden wurde, als Galle in Berlin nach der bezeichneten
Himmelsgegend sein Fernrohr richtete.

Solche Erfolge sind wohl geeignet, den Astronomen mit einem
Vertrauen in seine Wissenschaft zu erfüllen, wie es kein anderer
Zweig der Forschung einzuflössen vermag.

Es liegt aber auch nur ein scheinbarer Widerspruch darin,
dass gerade die Astronomen dem Theismus zugeneigt sind, obwohl doch die Astronomie die exakteste aller Wissenschaften ist
und dem wissenschaftlichen Ideale, alle Erscheinungen auf feste
Gesetze zurückzuführen, näher steht, als alle andren Wissenszweige.
In diesem Obwohl liegt nämlich das Weil. Denn wenn dieses
Ideal in der Astronomie ganz erreicht sein wird, dann erst recht
wird sich dem Bewusstsein der Menschen der Gedanke aufdrängen,
dass die Naturgesetze ein letzter Erklärungsgrund der Welt nicht
sind, sondern dass sie selbst wiederum ein Problem metaphysischer Art bilden. Dieses Problem wird von der Rechten gelöst
durch den Theismus, während am linken Flügel etwa Auguste
Comte steht mit seinem extremen Worte*), dass der Himmel nicht,
wie es im 19. Psalm heisst, die Ehre Gottes erzähle, sondern
den Ruhm eines Hipparch, Kepler, Newton. Wenn das heissen
soll, dass nach Auffindung der Bewegungsgesetze die Forschung
zu Ende sei, so ist dies ein sehr oberflächlicher Ausspruch. Es
hat wohl niemals einen tief angelegten Geist gegeben, dem der
Anblick des Himmels nicht die Wahrheit vor Augen gerückt hätte:
es giebt eine Metaphysik. Diese Wahrheit wird erst recht offenbar

---

*) Philosophie positive, II. 25.

sein, wenn einst alle Erscheinungen des Himmels ihren mathematischen Ausdruck gefunden haben werden; und wenn wir dann
auch die Geheimnisse der Milchstrasse kennen, werden wir uns bei
dem Gravitationsgesetze noch weniger beruhigen können, als heute.
So ist es sehr erklärlich, dass die Astronomen lieber dem Theismus
sich zuneigen, als dass sie dem Materialismus zugestehen, die
Naturgesetze bedürften keiner weiteren Erklärung.

Der Materialismus versteht also den Theismus gar nicht, wenn
er meint, ihr Unterschied liege in den Erklärungsgründen; der
Unterschied betrifft schon die Erklärungsobjekte, indem die
Naturforschung die Erscheinungen der Natur, der Theismus die
Gesetze der Erscheinungen zum Gegenstande hat. Gesetz und
Wunder schliessen sich gegenseitig aus; Gesetz und Gesetzgeber
widersprechen sich logisch wenigstens nicht, und es frägt sich
nur, ob nicht eine solche dualistische Vorstellung nur ein menschlicher Ausdruck für ein unbekanntes Verhältnis ist. Diese Frage
gehört aber nicht mehr der Naturwissenschaft an, sondern der
Philosophie.

Es hat sich im Fortschritte der neueren Wissenschaften kein
Prinzip so fruchtbar erwiesen, als das Prinzip der Entwicklung.
Alle Zweige der modernen Wissenschaft konkurrieren in Anwendung
desselben und haben damit die erfreulichsten Resultate zu Tage
gefördert. Die Geologie deutet die aufeinander gelagerten, er-
härteten Schichten der Erdkruste im Sinne einer Entwicklungsgeschichte des Erdballs; die Biologie im Bunde mit der Petre-
faktenkunde reiht die lebenden und versteinerten Exemplare von
Pflanzen und Tieren aneinander und konstruiert die Entwicklungsgeschichte des organischen Lebens unserer Erde; die Sprach-
forschung stellt den Stammbaum der Sprachen auf und sucht in
denselben nach Merkmalen, welche auf die vorgeschichtlichen
Zeiten des Menschengeschlechtes Licht werfen und Thatsachen
enthüllen, für welche seit Jahrtausenden keine Erinnerung mehr
bestand; die Anthropologie findet in Gestalt und Gesichtsausdruck
des Menschen rudimentäre Anzeichen, welche auf seine Entwicklung aus niederen Lebensformen schliessen lassen; die Geschichte
endlich bringt die Kulturentwicklung der Menschheit seit histori-

schen Zeiten zur Darstellung. In allen diesen Wissenszweigen aber zeigt es sich, dass wir die Erscheinungen erst dann verstehen, wenn wir ihr Werden begriffen haben. Darum sagt schon der alte Heraklit: „Vielwisserei erzeugt nicht Vernunft; nicht in der Kenntnis des einzelnen Gewordenen, sondern in der des Werdens liegt die Vernunft."

Auf den ersten Blick nun erscheint allerdings die Anwendung dieses Prinzips der Entwicklung auf den Sternenhimmel nicht zulässig. Dass auch die gegenwärtige Verfassung des Kosmos nur das Resultat eines Prozesses sei und noch weitere Veränderungen in der Sternenwelt geschehen werden, dass also auch der Himmel seine Geschichte habe und nicht erschaffen, sondern entwickelt sei, — dieses anzunehmen fällt der Menschheit schwer, die zwar erkannt hat, dass unter dem Monde alles wandelbar sei, deren historische Erinnerung aber die unwandelbare Treue des Tag- und Nachtgestirns im Auf- und Niedergehen bewahrt. Fixsterne nennen wir noch immer jene fernen Gestirne, die noch heute zu denselben Sternbildern vereinigt sind, welche gesehen wurden von den frühesten Völkern Asiens und den Pyramidenerbauern, und deren Bezeichnung gewiss schon vor Entstehung der homerischen Gesänge feststand, da keines derselben den Namen eines homerischen Helden trägt; innerhalb des Sonnensystems dagegen war zwar die Bewegung der Wandelsterne schon frühzeitig erkannt; aber diese scheinen sich in ewiger Harmonie und Ordnung auf vorgezeichneten Bahnen zu bewegen. So wollen wir nur ungern der Vorstellung entsagen, es sei der gegenwärtige Zustand des Firmaments ein von Ewigkeit her und für alle Ewigkeit bestehender; insbesondere aber sträuben wir uns gegen die Annahme solcher Veränderungen im Kosmos, aus welchen Auflösung und Untergang hervorgehen könnte.

Aber immer mehr im Fortschritte der Astronomie bricht sich die Erkenntnis Bahn, dass auch in den Regionen der Fixsterne das „πάντα ῥεῖ" des alten Heraklit seine Geltung habe, und je tiefer die Forschung eindringt in das Gefüge dieser Welt, desto mehr erkennt sie, dass eben diese Harmonie und Ordnung in der Sternenwelt nur ein Stadium in diesem Flusse der Dinge ist.

Den unzulänglichen Massstab historischer Zeitlängen freilich dürfen wir an die kosmischen Veränderungen nicht legen; aber es hat uns auch schon das Studium tellurischer Entwicklung gelehrt, dass in der Geschichte der Natur Jahrtausende von keinem Belange sind, und wie wir in Hinsicht auf räumliche Ausdehnung des Kosmos an ungeahnte Masse uns gewöhnen mussten, so dehnen sich uns auch die Zeitlängen aus, innerhalb welcher von kosmischen Veränderungen geredet werden kann.

Die Biologie in ihrer neueren Gestalt, für welche Darwins Untersuchungen grundlegend geworden sind, lehrt, dass wir alle Anpassung der Organismen an ihre respektiven Lebensverhältnisse, alle Zweckmässigkeit in der leiblichen Verfassung der Individuen, als das natürliche Resultat langer Entwicklungsprozesse zu erachten haben, dass aber keine Entwicklung ohne die Inkonvenienz begleitender Kämpfe auftritt. Dass aber dieses Gesetz keineswegs auf die biologischen Veränderungen sich beschränkt, sondern vielmehr in modifizierter Form, nach Massgabe der Verschiedenheit der von den Spezialwissenschaften behandelten Objekte, auf alle diese übertragen werden kann, möchte schon daraus erhellen, dass alle Zweige der empirischen Forschung dem Erklärungsprinzip der Entwicklung zutreiben, welche in keinem Gebiete getrennt werden kann von einer Art von Konkurrenz. Denn jede Entwicklung besagt teilweise Negation des jeweilig gegebenen Zustandes und Bewegung nach einem neuen Zustande hin unter Überwindung aller retardierenden Momente.

Wenn wir nun in Bewunderung der zweckmässigen Anordnung der Gestirne auch an sie den gleichen Massstab legen und nach Analogien suchen wollen zwischen den biologischen und kosmischen Vorgängen, so erscheint das bei der totalen Verschiedenheit der Objekte vorerst allerdings unthunlich; wir werden aber gleichwohl sehen, dass in allgemeiner Hinsicht sehr merkwürdige Analogien vorhanden sind — und zwar nicht spielende Analogien des menschlichen Geistes, sondern reale Analogien der Natur — und dass, wenn wir die mechanische Zweckmässigkeit in der Gruppierung und Bewegung der Gestirne aus natürlichen Ursachen erklären wollen — und nach andren sucht ja die Wissenschaft überhaupt nicht, — uns keine andre Wahl bleibt, als sie zu erklären aus natürlicher Auslese und Anpassung; diese Einsicht aber muss das Vertrauen erwecken, dass auch für die Astronomie etwas Ähnliches geleistet werden kann, wie es durch Darwin für die Biologie geschehen ist.

So lange die Arten des Tierreiches als feststehende Typen betrachtet wurden, welche die Natur ein für allemal geschaffen, und die sich vom ersten Paare ab durch Fortpflanzung unverändert erhielten, war im Grunde mit der Ablehnung der diesbezüglichen biblischen Erzählung noch nichts Positives gewonnen, und selbst nennenswerte Forscher sahen sich von Zeit zu Zeit genötigt, die biblische Hypothese von neuem aufzunehmen. Genau im gleichen Falle aber befinden wir uns den Gestirnen gegenüber. So lange das Weltall als von Ewigkeit her in seiner gegenwärtigen Verfassung bestehend gedacht wurde, war an Stelle der Mosaischen Schöpfungsgeschichte im Grunde nichts Besseres zu setzen. Aber wie die Erkenntnis, dass die Arten, mit Einschluss des Menschen, nicht erschaffen, sondern entwickelt seien, mit einemmale Licht in ein dunkles Gebiet brachte, so wird uns auch das grosse kosmische Rätsel mehr und mehr klar, je mehr wir erkennen, dass seine befremdende Gestaltung das Resultat einer langen Reihe von Veränderungen ist.

Wären wir selbst beschränkt auf Beobachtungen innerhalb des Sonnensystems, so würden wir schon daraus auf eine weit in die Vergangenheit zurückreichende Entwicklung der Planeten mit Sicherheit schliessen können. Newton war der erste, der die Abplattung der Erde an den beiden Polen in Verbindung brachte mit der Geschichte der Erde. Eine solche Form entsteht nach Gesetzen der Mechanik nur, wenn eine flüssige Masse um ihre Axe rotiert, indem alsdann durch die Schwungkraft des Äquatorgürtels ein Anschwellen desselben eintreten muss, während, bei mangelnder Centrifugalkraft, die Pole der Centripetalkraft unterliegen und eine Verkürzung der Rotationsaxe sich ergeben muss. Die Abplattung der Erde, der gemäss der Durchmesser von Pol zu Pol etwa um sechs deutsche Meilen kürzer ist, als der äquatoreale Durchmesser, lässt daher auf einen ehemals flüssigen Zustand unsres Sternes schliessen, der schon damals die gleiche Rotationsaxe und Drehungsgeschwindigkeit besass. Die Geologie reicht hier der Astronomie die Hand, indem sie den Nachweis führt, dass die Erde aus feurigflüssigem Zustande erkaltet sei. Die Granitunterlage der Gebirge zeigt eine Struktur, die nur entstanden sein kann durch krystallinische Erstarrung flüssiger Massen, und die geschmolzenen Gesteine, welche aus dem Innern der Vulkane hervorbrechen, wie die Temperaturzunahme beim Vordringen gegen den Erdmittelpunkt, bezeugen, dass man schon in relativ geringen Tiefen der Schmelzhitze der Minerale begegnen würde.

Aber auch die übrigen Glieder des Planetensystems zeigen mehr oder minder bestimmt diese Abplattung, auch sie müssen daher aus flüssigem Zustande erstarrt sein. Ferner ist der längste Durchmesser des Mondkörpers gegen die Erde gerichtet, — eine Form, die gleichfalls auf einen früheren flüssigen Zustand schliessen lässt und welche jüngst auch am Schatten des dritten Jupitermondes beobachtet wurde. Diese Form des Mondkörpers aber wiederum bedingt die Gleichheit seiner Umlaufszeit mit seiner Umdrehungzeit und da diese Gleichheit auch für die übrigen Monde der Planeten, soweit die Beobachtungen reichen, sich nachweisen lässt, so folgt daraus die wesentliche Gleichheit der Entwicklung aller dieser Gestirne.

So ist es also die Gestalt selbst des Sternes, den wir bewohnen, die, aus den Tiefen der Vergangenheit zu uns redend, anzeigt, dass Umwandlungen in seiner Beschaffenheit stattgefunden haben und dass er einst als glühender Tropfen die Sonne umkreiste.

Aber weiter noch in die Vergangenheit lassen sich die Zustände der kosmischen Materie zurückverfolgen, seitdem die Riesenteleskope die früheren Grenzen der Sichtbarkeit soweit hinausgerückt und die Region der Nebelflecke uns erschlossen haben. Die Theorie von Kant und Laplace, der gemäss unser Sonnensystem aus einem weit verstreuten Urnebel sich entwickelt hat, konnte erst nach dem empirischen Nachweise, dass solche Urnebel in der That vorhanden seien, als festbegründet angesehen werden, und indem später bei diesen entlegenen Gebilden wirkliche Veränderungen wahrgenommen wurden, hat man die Natur gleichsam auf der That ergriffen. Wir wissen nunmehr, dass auch am Himmel nichts beständig ist, und dass wir dort den Kreislauf des Entstehens und Vergehens nur darum nicht wahrnehmen können, weil er sich vollendet in Zeitlängen, an die sich nicht einmal die unbestimmbar lange Zeit als Massstab anlegen lässt, während welcher vernunftbegabte Wesen unsren Planeten bewohnt haben und noch bewohnen werden. Gleichwohl — es wird sich dies später zeigen — sind es wahrnehmbare Erscheinungen, welche indirekt diesen Kreislauf der Welten verkünden. Schon greift die Photometrie hinaus in die entferntesten Räume und gewinnt in der Untersuchung der Lichtstärke verschiedener Sterne die ersten Anhaltspunkte für eine vergleichende Altersbestimmung derselben, während die Spektralanalyse, indem sie das Licht derselben in seine Bestandteile zerlegt, den Nachweis führt, dass die elementaren Stoffe unsrer Erde auch bei andren Gestirnen sich finden oder nicht finden.

Die kosmischen Nebelflecke sind es, welche uns hauptsächlich die Einsicht gewähren, dass — um mit Kants Worten zu reden — „die Natur mit veränderlichen Auftritten die Ewigkeiten ausziert", dass immer neue Sonnensysteme entstehen und die Gestaltung von Welten immer weiter durch den unendlichen Raum sich ausbreitet. Wohl ist es mit Hülfe mächtiger Teleskope gelungen, verschiedene jener sogenannten Nebelflecke in ein Gewimmel von Sternen aufzulösen; aber wir wissen auch, dass, wenn andre dieser Nebel teleskopisch nicht zerlegbar sind, dieses nicht an der Unzulänglichkeit unsrer Instrumente liegt, sondern dass wir es in der That mit diffusen, gasartigen Massen zu thun haben. Denn während manche derselben, wie gesagt, bei Anwendung des Fernrohrs sich in unzählige geschiedene Sonnen auflösen, findet dieses bei andern und zwar näher gelegenen und unter Anwendung des gleichen Instrumentes nicht statt. Endgültig ist die Ansicht, als seien die unauflöslichen Nebel lediglich sehr entfernte Sternhaufen, durch die Spektralanalyse widerlegt worden und zwar in einer Weise, welche mit den teleskopischen Untersuchungen vollkommen übereinstimmt. Man hat, wie die Sonne, Planeten, Fixsterne und Kometen, so auch die Nebelflecke auf ihre Lichtbestandteile spektralanalytisch geprüft, und es hat beispielsweise das Spektrum des Nebels im Drachen die gasförmige glühende Natur desselben sichergestellt, während die teleskopisch auflösbaren Nebel jenes Spektrum liefern, welches glühend flüssigen oder festen Körpern entspricht. Die Auflösbarkeit der Nebel ist also keineswegs eine blosse Distanzfrage, und Huggins fand, dass von etwa 60 Nebeln, die er untersuchte, ungefähr ein Drittel vom Spektroskop als gasförmig angezeigt wurde, von welchen letzteren keiner teleskopisch aufgelöst werden konnte.

Wir haben demnach in den wirklichen kosmischen Nebeln den Stoff zu künftigen Welten, eine Sternmaterie,` zu sehen. Formlos ausgebreitet entwickeln sich dieselben zu immer mehr abgerundeten Gebilden, in welchen sich allmählich einzelne Lichtpunkte verdichten, gleichsam als kosmische Embryonen, als Uranfänge von späteren Sonnen, die sich unter Zurücklassung planetarischer Begleiter zu flüssigen Massen kondensieren, so dass sich nach unendlich langen Zeiten solche Nebel als Sternhaufen darstellen werden.

Wie also im organischen Prozesse auf unsrer Erde die Natur immer neue Arten, Spezies und Individuen bildet, so erweisen sich auch die tiefen Räume des Himmels als eine immer thätige Werkstätte von Welten.

Es darf jedoch dabei nicht ausser acht gelassen werden, dass diese Verfassung des Universums, wie sie sich uns darstellt, keineswegs dem gegenwärtigen Zustande desselben entspricht, und zwar ist es die Natur des Lichtes, die uns zu dieser Einschränkung nötigt. Der Lichtstrahl legt etwa 42,000 Meilen in der Sekunde zurück. Aber manche Nebelflecke schweben in solcher Entfernung von der Erde, dass eine Zeit von Millionen von Jahren angenommen werden muss, welche ihr Licht braucht, um zu uns zu gelangen. Wir lesen also vom Himmel nur längst vergangene Zeiten ab. Zustände, welche im Universum bestanden, lange bevor das Auge eines Menschen seinen Blick nach oben richtete, ja vielleicht lange bevor die Erde als selbständiger Körper von der Sonne sich abgelöst hatte, stellen sich uns als gegenwärtige Zustände dar, da sie uns erst jetzt von den Lichtstrahlen gemeldet werden.

So befindet sich die Menschheit der weiteren Natur gegenüber in der merkwürdigen Lage, dass sie lebender Zeuge längstvergangener Zeiten ist; ja verschiedene Jahrtausende liegen gleichzeitig in unserem Gesichtsfelde. Würde Neptun, der äusserste der bekannten Planeten durch irgend welche Katastrophe zerstört werden, wir würden ihn gleichwohl noch 4—5 Stunden am Himmel sehen; denn so lange braucht sein Licht, die Erde zu erreichen, und nicht, wo er wirklich ist, sehen wir diesen Planeten, sondern wo er vor 4—5 Stunden war. Desgleichen sehen wir Jupiter, dessen Lichtzeit für die Erde 34$\frac{1}{2}$ Minuten beträgt, an einem Orte, über welchen er jeweilig um 3600 Meilen hinausgerückt ist. Würde der Stern Arkturus plötzlich verlöschen, so würde er uns doch noch 24 Jahre leuchten; ja wenn selbst alle Fixsterne des Himmels heute erlöschen würden, so würden doch noch mehrere Generationen von Menschen fast die gleiche Anzahl wahrnehmen, wie wir, und erst für unsre spätren Nachkommen würde die Zahl derselben allmählich abnehmen. Als einer der grössten, wenn auch nicht hellsten, Sterne strahlt Alkyone; aber wir können nicht mit aller Bestimmtheit behaupten, dass dieser Stern noch vorhanden sei, sondern lediglich, dass er vor etwa 573 Jahren noch an jenem Orte war, an dem wir ihn nun sehen. Denn bei seiner grossen Entfernung treffen uns erst die Strahlen, die er entsendete, als das dreizehnte Jahrhundert unsrer Zeitrechnung zu Grabe ging. Von den äussersten mit freiem Auge wahrnehmbaren Sternen gelangt das Licht in 120 Jahren zu uns. Aber die Lichtzeit der entferntesten, teleskopisch noch gesondert erscheinenden Gestirne berechnet sich auf Jahrtausende; denn nur um den Halbmesser der Milchstrasse zu durchwandern, bedarf das Licht einer Zeit, die auf 3—5000 Jahre berechnet wurde. Eine Lichtzeit von Millionen von Jahren müssen wir aber annehmen für die äussersten kosmischen Nebel. Erst in einer Entfernung von fünf Millionen Jahren Lichtzeit würde nach Arago das Gewimmel der

Fixsterne über unsren Häuptern einem Auge als schwachleuchtender Nebel erscheinen. Ja, wie einerseits manche längst erloschene Sonne uns noch leuchten mag, weil der letzte der von ihr entsendeten Strahlen noch unterwegs ist, so kann es andrerseits keinem Zweifel unterliegen, dass es Sterne giebt, die uns nur darum nicht leuchten, weil ihr Strahl die Erde noch nicht getroffen hat, und wieder andre, die so weit entlegen sind, dass ihr Strahl nicht mehr zur Erde gelangen kann, entweder weil dieselbe schon vorher aufgehört haben wird, zu sein, oder weil die Leuchtkraft des Strahles für die ungeheure Wanderung nicht ausreicht. *)

Wie also bezüglich der organischen Vorgänge auf unserer Erde die Naturbeschreibung zur Naturgeschichte geworden ist und die Vorstellung starr geschiedener Arten verdrängt wurde durch die Erkenntnis ihrer Entwicklungsfähigkeit, so hat auch der Himmel seine Starrheit verloren, indem die Eigenbewegung der Fixsterne erkannt wurde, und im Nachweise von Veränderungen sich die Notwendigkeit ergab, alle Erscheinungen des Himmels in eine Kausalreihe unterzubringen und die Endformen der kosmischen Entwicklung durch Mittelformen zu verbinden. Als die wichtigste Frage aber drängt sich dabei wohl die auf, ob in dieser Kontinuität der Kausalreihe auch die erhabene Anordnung des gestirnten Himmels ihre Erledigung finden, ob es der Wissenschaft gelingen mag, die erstaunliche Zweckmässigkeit in der Gruppirung und den Bewegungen der Gestirne auf naturwissenschaftlichem Wege in ähnlicher Weise zu erklären, wie es durch Darwin hinsichtlich der zweckmässigen Organisation der Tiere geschehen ist.

Sind die Analogien zwischen der biologischen und der kosmischen Entwicklung — um mit Baco von Verulam zu reden — nur „Analogien des menschlichen Geistes" oder sind sie „Analogien der Natur"? Darum handelt es sich und die Frage im letztren Sinne zu beantworten, ist die Hauptabsicht des vorliegenden Buches. Sind aber reale Analogien vorhanden, dann muss auch das Erklärungsprinzip des Darwinismus übertragbar

---

*) Vgl. Anmerkung im 1 Anhange.

sein auf die Astronomie. Wir werden aber in der That im weiteren Verlaufe mehrfachen Problemen der Astronomie begegnen, bei welchen ohne sonderliche Schwierigkeit eingesehen werden kann, dass sich der Massstab der Darwinschen Theorie an sie legen lässt, und wobei sich zeigen wird, dass dieserTheorie allerdings eine über die Biologie weit hinausgehende Bedeutung zukommt.

Als ein charakteristisches Merkmal der Raschlebigkeit unsres Jahrhunderts erscheint auch die Schnelligkeit, womit sich die Menschheit hervorragenden Leistungen des menschlichen Geistes gegenüber auseinandersetzt, so dass oft wenige Jahre genügen, feste Stellung zu denselben zu nehmen und sie ihrem wahren Werte nach abzuschätzen, während in früheren Jahrhunderten kühne Hypothesen oft unverhältnismässig langer Zeit bedurften, um nach Ausscheidung unassimilirbarer Bestandteile Aufnahme in die Weltanschauung der Kulturvölker zu finden.

In dieser Hinsicht treten auch für die epochemachende Theorie Darwins bereits Anzeichen eines merkwürdigen Schicksals auf, deren Betrachtung viel Interesse bietet. Die Schwierigkeiten gegen die Auffassung, dass die Entstehung der Arten durch Auslese zweckmässiger Organismen im Kampf ums Dasein und unbegrenzte Variabilität derselben sich erkläre, haben sich bereits so sehr gehäuft, dass Darwin selbst die Tragweite seines Erklärungsprinzips „Kampf ums Dasein", auf die adaptiven Eigenschaften der Organismen einschränken zu müssen glaubte. Die Entstehung der Arten bleibt demgemäss vorläufig noch ein ungelöstes Rätsel. Auf der andern Seite dagegen verrät es sich mehr und mehr, dass der Darwinschen Theorie trotz dieser Einschränkung eine bei ihrem Auftreten ganz ungeahnte Bedeutung zukommt, dass ihre Anwendung keineswegs auf das spezielle Gebiet der biologischen Vorgänge sich beschränkt, sondern dass sie vielmehr nur der einem speziellen Gebiete angepasste Ausdruck eines Gesetzes ist, das die ganze Natur beherrscht. Die Einteilung der Natur in abgegrenzte Erscheinungsgebiete ist ja doch nur ein künstliches Werk des menschlichen Geistes, und jedes Erklärungsprinzip, welches mehr umfasst, als die zufällige Besonderheit der Erscheinungen eines solchen Gebietes, wird durch seine Übertragbarkeit auf andere Gebiete die Wahrheit ins Licht stellen, dass alle Dinge aus dem einen Mutterschosse der Natur hervorquellen. Kein Wunder, dass sogar in den Geisteswissenschaften dieser allgemeine Zusammenhang der Dinge sich kundgiebt und sogar in der Entwicklung des religiösen Bewusstseins der Menschheit gleichsam ein Kampf ums Dasein der Göttergestalten, eine Auslese von mythologischen Vorstellungen erkannt wird, wobei es hinwiederum deutlich zu Tage tritt, dass die politischen Schicksale und die Kulturfähigkeit der Völker selbst in hohem Grade beeinflusst werden durch die Besonderheit ihres mythologischen Himmels.

Soll nun in der That die Lehre Darwins übertragbar sein auf die Astronomie, so kann sie es doch nicht in der durch die Natur der biologischen Objekte bedingten Form, sondern nur um ihren philosophischen Extrakt kann es sich dabei handeln. Als Kern der Theorie Darwins ist aber zu bezeichnen: die Entstehung des Zweckmässigen durch natürliche Auslese. Auf diesen allgemeinen philosophischen Ausdruck gebracht, leuchtet aber das Übergreifen ·dieser Theorie auch noch auf andere Gebiete, als welches Darwin behandelt hat, von selbst ein. Der jeweilige Zustand des Kosmos bezüglich aller Gestaltungen des Zweckmässigen — mögen wir nun das organische oder unorganische Reich in Betracht ziehen, — kann nur angesehen werden als ein durch natürliche Gesetze herbeigeführtes bewegliches Gleichgewicht der Kräfte. In der Natur immanent liegt die Fähigkeit, aus chaotischen Anfängen zu zweckmässigen Gebilden sich zu entwickeln; denn im unablässigen Spiel der Kräfte werden alle unzweckmässigen Kombinationen schon als solche der Zerstörung überliefert, während es andrerseits im Wesen aller zweckmässigen Kombinationen liegt, sich zu erhalten. In jedem Systeme mechanischer Kräfte muss naturgemäss eine Ausgleichung derselben unter Beseitigung aller immanenten Widersprüche schliesslich eintreten; ebenso steht jeder Organismus vor der Alternative, entweder den gegebenen Verhältnissen, dem Spiele der ihn umgebenden Kräfte, sich anzupassen, oder sich wieder aufzulösen, wenn er die nötige Elastizität nicht besitzt. Es liegt somit in der Natur des Zweckmässigen, weiter zu bestehen,

.in der des Unzweckmässigen, ausgeschieden zu werden. Bei jeder Ausgleichung widerstreitender Kräfte liegt in der Resultante als solcher schon eine Aufhebung des Gegensatzes, eine Art Versöhnung und eine Errungenschaft, an welcher die Entwicklung weiter ansetzen kann.

So stellt sich die ganze Natur als ein System von Kräften dar, in welchem durch die inwohnenden Gesetze dauernde Kombinationen resultieren müssen, die zwar immer wieder gefährdet werden, aber auch immer wieder nach einem möglichen Ausgleiche in der Linie des geringsten Widerstandes streben; und selbst aus der Auflösung solcher Gebilde aller Naturreiche müssen wieder andere Formen emporsteigen, deren Bestand für längere oder kürzere Zeit verbürgt ist. Die Natur vermag es nicht, in chaotischen Zuständen zu verharren.

Es mag somit die Frage, ob der Geltungsbereich der solcher Art auf eine allgemeine, philosophische Formel gebrachten Darwinschen Theorie eine Erweiterung erfahren kann, wohl einer näheren Untersuchung wert sein. Wenn aber aus dem weitläufigen Bereich des Zweckmässigen in der Natur irgend ein Gebietsteil abgegrenzt werden kann, innerhalb dessen die Theorie sogar mehr Ausbeute verspricht, als in der Biologie, so ist es sicherlich das Gebiet der mechanischen Zweckmässigkeit in der kosmischen Physik: denn wenn die mechanische Zweckmässigkeit nachgewiesen wird als das Resultat der im Kampf ums Dasein sich messenden Kräftekombinationen, so leistet auf diesem Felde die Darwinsche Theorie eine ganze Erklärung, also mehr, als in der Biologie, darin sie wohl nur die Anpassung der Organismen an die respektiven, veränderlichen Lebensbedingungen erklärt, dahingegen das Aufsteigen der Reihe der Lebendigen von immer grösserer Organisationsvollkommenheit und mit immer höheren Bewusstseinsformen ausserhalb ihres Erklärungsbereiches liegt.

Die mechanische Zweckmässigkeit der unorganischen Natur geht ohne Rest in die Darwinsche Formel auf, und in aller Zweckmässigkeit der siderischen Systeme, in allen „Wundern des Himmels“ kann eine unbefangene Wissenschaft nur das Resultat eines Ausgleichsprozesses mechanischer Kräfte erblicken. Es liegt zudem auf der Hand, dass solche Ergebnisse viel leichter dort einzusehen sind, wo die Verhältnisse mathematischer Behandlung fähig sind, als in dem so komplizierten Gebiete der organischen Natur, welches unter feststehende Gesetze gebracht zu haben die Wissenschaft noch weit entfernt ist. In der Biologie nämlich setzt die indirekte Auslese des Zweckmässigen erstlich die Erblichkeit der Eigenschaften, dann aber auch noch eine Tendenz der Organismen zu variieren voraus, wahrscheinlich sogar eine bestimmt gerichtete Tendenz. Diese zwei noch immer höchst dunklen Probleme fallen in der Astronomie ganz hinweg; in dieser handelt es sich lediglich um die Anpassung durch indirekte Auslese, also um denjenigen Teil der Lehre Darwins, der auch von den Gegnern anerkannt ist. Indem ich es also versuche, den Darwinismus auf die Astronomie zu übertragen, soweit er unbestritten ist, geniesse ich den grossen Vorteil, dass meine Darstellung von späteren Einschränkungen, die sich der Darwinismus ohne Zweifel noch gefallen lassen muss, gar nicht betroffen werden wird. Auch dieses also rechtfertigt die Probewahl des astronomischen Gebietes für die Untersuchung, ob auch andere Gestaltungen des Zweckmässigen, als die biologischen, durch die Theorie Darwins ihre Erklärung finden.

Wir müssen hier der Lehre Darwins, soweit sich in derselben Analogien mit kosmischen Verhältnissen finden, in aller Kürze einige Worte widmen:

Alle Organismen unterliegen dem Gesetze der Vermehrung in geometrischer Progression, von dessen Tragweite man eine Vorstellung gewinnt, wenn man sich beispielsweise das erste Feld eines Schachbrettes mit einem Weizenkorn belegt denkt und für jedes weitere Feld eine Verdoppelung vornimmt; auf das letzte Feld würde dabei das Volumen einer Kubikmeile an Weizen treffen. In ähnlicher Weise würde schon der blosse Raummangel eine unbegrenzte Vermehrung der Individuen verhindern; denn würde z. B. von den Eiern eines Störs auch nur die Hälfte sich zu Weibchen entwickeln, so würde die Nachkommenschaft schon nach einigen Generationen allein an Kaviar das Volumen der Erde liefern. In der That aber ist der möglichen Vermehrung einer Art schon durch die vorhandene

Nahrungsmenge eine äusserste Grenze gesetzt, die aber nicht einmal erreicht wird, weil die Organismen auch der Zerstörung durch klimatische Einflüsse und durch ihre natürlichen Feinde ausgesetzt sind und der überwiegenden Mehrzahl nach vertilgt werden, noch bevor sie zur Fortpflanzung gelangen. Da in diesem Vertilgungskriege die tüchtigsten Individuen überleben, so fällt diesen die Aufgabe der Fortpflanzung zu und sie übertragen vermöge der Erblichkeit der Eigenschaften ihre günstigen Merkmale auf die Nachkommen. Die Auslese, welche die Natur in dieser Weise besorgt, ist also eine Auslese des Passenden. Ohne von einem zweckmässig wirkenden Prinzip beherrscht zu sein, erreicht die Natur im Walten natürlicher Gesetze das Zweckmässige. Indem aber in jeder weiteren Generation sich dieser Prozess wiederholt, wird die Naturauslese zur Naturzüchtung, d. h. die nützlichen Merkmale der Organismen werden gesteigert und diese passen sich ihren äusseren Lebensbedingungen immer mehr an. Ist endlich die Anpassung einer Art vollendet, so wird dieselbe nicht weiter mehr abändern, wie z. B. der egyptische Ibis, der, nach seinen Mumien in alten Gräbern zu schliessen, seit ältesten Zeiten nicht variiert hat. Diese konservative Anpassung, welche das Gleichgewicht zwischen Organisation und äusseren Lebensverhältnissen erhält, wird aber sofort wieder zur progressiven Anpassung, wenn bei einem der die Auslese besorgenden Vertilgungsfaktoren eine Änderung eintritt, die das Gleichgewicht stört.

Werfen wir nun einen Blick auf die kosmischen Verhältnisse, so zeigt sich sofort, dass das zu lösende Problem hier in weit einfacherer Gestalt vorliegt. In der Biologie sind mehrfache Formen der Zweckmässigkeit zu erklären: 1. Die Anpassung der Organismen an die äusseren respektiven Lebensbedingungen. 2. Die Angemessenheit der Organe für den besonderen Lebenszweck. 3. Die harmonische Verbindung der Organe zu einem Gesamtkörper. 4. Die Höherentwicklung der Lebensformen. Anders in der Astronomie. Hier liegt nur eine Form der Zweckmässigkeit vor: die rein äusserliche gegenseitige Anpassung der zu einem mechanischen Systeme verbundenen Himmelskörper in Bezug auf ihre Gruppierung und Bewegung. Wir haben uns nicht zu kümmern um die Zustände, welche auf den verschiedenen Gestirnen herrschen mögen, ob sie etwa das Phänomen des Lebens ermöglichen oder nicht, sondern lediglich die mechanische Zweckmässigkeit des Kosmos in Betracht zu ziehen und die Frage zu untersuchen, ob dieselbe das Resultat natürlicher Gesetze sein kann oder nicht.

Darwin wollte nun alle vier Formen der biologischen Zweckmässigkeit durch die Formel »Natürliche Auslese im Kampf ums Dasein« erklären, während seine Gegner ihm vorwerfen, dass er die Tragweite seines Erklärungsprinzips überschätze, welches nur die Anpassung organischer Formen an die Äusserlichkeit zu erklären vermöge. Da nun in der Astronomie überhaupt nur die rein äusserliche Anpassung als Problem gegeben ist, so ist die Hoffnung gegründet, dass wir in dieser Wissenschaft mit dem Darwinschen Erklärungsprinzip vollständig ausreichen, dass die Darwinsche Formel zur natürlichen Erklärung des Zweckmässigen hier weit durchsichtiger zu Tage tritt, und dass die kosmische Zweckmässigkeit ohne Rest in diese Formel aufgeht. Der Darwinismus wird sich in der Biologie vielleicht Reduktionen gefallen lassen müssen, aber in der Astronomie stehen ihm Eroberungen bevor.

Noch einfacher aber gestaltet sich unsere Aufgabe, wenn wir erwägen, dass in der Biologie die Anpassung an mehrfache Verhältnisse der Aussenwelt zu geschehen hat, Nahrungsverhältnisse, Klima, natürliche Feinde etc., während in der Astronomie nur die mathematischer Behandlung fähigen Raum- und Bewegungsverhältnisse zu berücksichtigen sind und — da aller kosmischen Materie die Eigenschaft der Schwere zukommt — nur ein Vertilgungsfaktor wirksam ist, um die natürliche Auslese des Zweckmässigen zu besorgen: das Gesetz der Gravitation.

Logischer Weise sind nur zweierlei Arten der Entstehung des Zweckmässigen in allen Gebieten der Natur denkbar: Entweder die direkte Auslese oder die indirekte Auslese. Ein Beispiel der ersteren liegt vor im Verfahren des Züchters, der, wenn er bestimmte Eigenschaften einer Species züchten, d. h. in den Nachkommen gesteigert hervorbringen will, zu diesem Behufe die zweckmässigen Tierexemplare direkt auswählt; ein Beispiel der letzteren liegt in der Naturzüchtung, in welcher die verschiedenen Vertilgungsfaktoren konvergierend dahin wirken, die unzweckmässigen Exemplare zu vernichten, wodurch also gleichfalls die zweckmässigen Exemplare, aber indirekt, ausgelesen werden. So kann also durch zweierlei Verfahren entgegengesetzter Art ganz das gleiche teleologische Resultat erzielt werden. Die Alternative, vor der wir nun stehen, ist sehr klar: Die direkte Auslese kann nur gedacht werden als Thätigkeit einer intelligenten Ursache; für die indirekte Auslese dagegen ist der Nachweis zu führen, dass sie von selbst und zwar unfehlbar eintreten muss, d. h. aus natürlichen Gesetzen folgt. Dass dieses aber in der That der Fall ist, liegt auf der Hand; denn von der indirekten Auslese werden ja die unzweckmässigen Exemplare betroffen, d. h. diejenigen, deren Organisation in physiologischer und anatomischer Hinsicht Lebensunfähigkeit besagt, einen Widerspruch enthält mit den äusseren Lebensbedingungen, die eben darum als Vertilgungsfaktoren wirken.

Die Analogie der astronomischen Erscheinungen mit den biologischen ergiebt sich nun von selbst: Die zweckmässige Bewegung der Gestirne, ihre gegenseitige Anpassung, kann nur entweder durch eine intelligente Ursache denselben direkt vorgeschrieben sein, oder sie kann indirekt dadurch erzielt worden sein, dass unzweckmässig sich bewegende Gestirne beseitigt wurden oder wenigstens ihre Bahnen Korrekturen erfuhren. Diese letztere indirekte Auslese ist aber wiederum nur dann denkbar, kann nur dann von selbst eintreten, wenn die kosmische Unzweckmässigkeit als Existenzunfähigkeit sich erweist, d. h. — da nur der Mechanismus der Gestirne in Betracht kommt — einen mechanischen Widerspruch bildet. Dass dieses wirklich der Fall ist, bedarf keiner Erläuterung.

Es ist lediglich ein auf grobem Anthropomorphismus beruhendes Vorurteil, welches uns bei zweckmässigen Erscheinungen immer gleich an eine direkte Auslese denken, eine intelligente Ursache uns annehmen lässt, die nach Art des Züchters vorgeht, während doch die Zulänglichkeit der natürlichen Gesetze für das Eintreten einer indirekten Auslese sich von selbst ergiebt, da die Unzweckmässigkeit einen natürlichen Widerspruch bildet und es in der Natur der Dinge liegt, dass solche Widersprüche nicht bestehen bleiben können, sondern sich auflösen müssen. Jede Vernichtung eines Individuums, wie jede kosmische Katastrophe ist ein Schritt zur indirekten Auslese, also muss jeder Naturprozess im Sinne der Zweckmässigkeit ausschlagen. Da nach dem Gesetze der Gravitation jede kosmische Unzweckmässigkeit entweder Störungen, d. h. Bahnveränderungen hervorrufen muss — die Kometen insbesondere sind vermöge ihrer besonderen Bahnverhältnisse den Störungen stark ausgesetzt — oder Kollision von Weltkörpern, so liegt es im Wesen der kosmischen Entwicklung, dass auf dem einen oder andern Wege alle Unzweckmässigkeiten eliminiert werden. Im Falle der Kollision tritt dieses sofort ein, im Falle der Bahnänderung erst allmählich, weil jede durch blinde Mechanik geschehende Veränderung auf ihre Zweckmässigkeit erst wieder zu prüfen ist; dass aber schliesslich die zweckmässige Änderung unfehlbar eintreten muss, ergiebt sich aus der Erwägung, dass nicht etwa nur eine zweckmässige Kombination der Glieder eines Systems möglich ist, sondern sehr verschiedene mechanische Gruppierungen von gleicher Bestandesfähigkeit eintreten können. Jedes Gestirn steht vor der unerbittlichen Alternative, entweder sich dem übrigen Systeme anzupassen oder ausgeschieden zu werden. Ändert es seine Bahn im Sinne der Anpassung, so wird es auf derselben konstant verweilen können, weil es keinen Störungen mehr ausgesetzt ist; denn vollendete Anpassung wird konservativ, d. h. es liegt im Wesen des Zweckmässigen, sich zu erhalten.

Da wir nun in der That wissen, dass alle kosmischen Störungen der Gravitation entspringen, sodass sogar der Betrag einer Störung sich nach dem Gesetze der Schwere vorausberechnen lässt, so besitzen wir alles Recht, die bereits konstant gewordenen zweckmässigen Bewegungen als auf diese indirekte Weise herbeigeführt anzusehen, und die einzige hierfür notwendige Voraussetzung ist die eines hinlänglich langen Entwicklungsprozesses. In unserem Sonnensysteme sind nun die Verhältnisse im allgemeinen sehr konstant, aber sehr beträchtliche Störungen ereignen sich in einzelnen Fällen, sodass also die mechanische Vollkommenheit des Systems jedenfalls keine ideale ist, — und wären auch nur Meteoriten vorhanden, welche auf einen Planeten stürzen; — nur eine solche Weltanschauung steht daher in Übereinstimmung mit der Realität, welche zweckmässige, wie unzweckmässige Erscheinungen gemeinschaftlich umfasst. Alles in allem genommen haben wir also gar

keine andere Wahl, als anzunehmen, dass der Kosmos in fortwährend Entwicklung begriffen ist, und dass in diesem Prozesse
das Zweckmässige indirekt ausgelesen wird durch allmähliche
Elimination des Unzweckmässigen.

Ein gegebener in Bewegung befindlicher Stern würde sich im
sonst absolut leeren Raume vermöge des Gesetzes der Trägheit in
alle Ewigkeit gerade und gleichförmig bewegen. Ist eine Mehrzahl von
Sternen gegeben, so tritt sofort eine Konkurrenz ein in Bezug auf
den Raum, und wäre es auch nur in Bezug auf jenen gleichen Punkt
des Raumes, in welchem sich etwa die Bahnen kreuzen. Die Anziehungskraft, welche ein Gestirn auszuüben vermag, hängt ab von
seiner Masse, nimmt aber mit dem Quadrate der Entfernung ab; die
Widerstandsfähigkeit eines Gestirns gegen äussere Anziehung hängt ab
von seiner Bahngeschwindigkeit, d. h. von jener Kraft, die ihn, der
Schwerkraft entgegenwirkend, auf seiner Bahn vorwärts treibt, und von
der Lage seiner Bahn, je nachdem er auf derselben Störungen ausgesetzt ist oder nicht. Selbst aus einem chaotischen Gewirre von
Welten müsste demnach unter der einzigen Voraussetzung der
Schwerkraft aller kosmischen Materie eine zweckmässige Verfassung
sich ergeben, indem unvermeidlich eine indirekte Auslese, eine Beseitigung der mechanischen Widersprüche, stattfinden würde. Das
Resultat wäre eine derartige Gruppierung der Gestirne, bei welcher
weitere Verwicklungen nicht mehr eintreten könnten, sodass ein
Beobachter, der lediglich das Resultat im Auge hätte, ohne in den
Entwicklungsprozess eingeweiht zu sein, wohl versucht sein könnte,
eine direkte Auslese vorauszusetzen.

Denken wir uns folgenden Fall: Es hätte sich eine Anzahl von
Mädchen, ohne in die Künste des Balletts eingeweiht zu sein, auf
weiter Ebene ohne irgend welche bestimmte Anordnung aufgestellt;
jede einzelne Tänzerin hätte eine beliebige Figur zu tanzen beschlossen, und zwar ohne alle Absicht einer gegenseitigen Harmonie
derselben und ohne sich irgendwie um die aus den Verschlingungen
der Figuren ergebenden Kollisionen der Tanzenden zu bekümmern.
Beim Anheben des allgemeinen Tanzes würden nun, unter der
Voraussetzung des Übereinkommens, sich gegenseitig nicht auszu-
weichen, zahlreiche Kollisionen eintreten. Angenommen nun, es sei

ferner verabredet worden, dass in Kollisionsfällen die Betroffenen austreten, so würden in Bälde, indem zahlreiche Mädchen den Reigen verliessen, alle unharmonischen Tanzfiguren eliminiert sein, und in indirekter Auslese würden nur solche Tänzerinnen übrigbleiben, welche, ohne sich mehr gegenseitig zu stören, ihre Bewegungen fortsetzen könnten. Das Gleiche aber würde eintreten, wenn statt der Verabredung auszutreten die Kollidierenden beschlossen hätten, ihre Bewegungen vom Kollisionspunkte aus gemeinschaftlich fortzusetzen; auch dann würden schliesslich nur wenige Gruppen von Tänzerinnen übrigbleiben.

Käme nun ein in den vorangegangenen Prozess nicht eingeweihter Zuschauer heran, so würde er beim Anblicke dieses Reigens, während die Tänzerinnen über das hübsche Resultat wohl selbst erstaunt wären, ohne Zweifel auf einen gewiegten Ballettmeister schliessen, der die Anordnung getroffen, und er würde diesem solche intellektuelle Eigenschaften beilegen, welche dem zweckmässigen Resultate entsprechen.

Es scheint mir, dass wir Menschen in Bezug auf den Reigen der Gestirne durchaus jenem zu spät gekommenen Zuschauer gleichen. Wir leben in dem Wahne, die Harmonie der Bahnen sei für die Gestirne vorgezeichnet, während sie doch nur durch die Gestirne selbst herbeigeführt worden ist, ganz wie der erwähnte Reigen nicht für die Tänzerinnen erdacht, sondern von diesen selbst erzielt wurde.

In unserem Vergleiche nun sind die Chancen für eine zweckmässige Bewegungsordnung möglichst ungünstig angenommen, und doch ist klar, dass ein zweckmässiges Resultat sich ergeben müsste, welches also noch viel wahrscheinlicher ist innerhalb einer Gruppe von Planeten, die schon durch ihre Abtrennung von der gemeinschaftlichen Sonne in eine gleiche Ebene verlegt und durch so weite Zwischenräume getrennt werden, dass die meisten der künftigen Störungen durch blosse Bahnveränderungen ausgleichbar sein werden, ohne dass ein Zusammenstoss erfolgt. Das Gleiche gilt von den Fixsternen in Ansehung der Centralsonne. In der That bieten uns die Meteoriten, als Bruchstücke ehemaliger Weltkörper, allein empirische Belege für die Möglichkeit von Zusammenstössen, während alle übrigen Störungen friedlich beseitigt werden. Da zudem die häufigsten Störungen im Anfang der Gestaltung der Systeme sich ergeben müssen, lange bevor die noch nebelartigen Planeten zu Trägern von Lebenserscheinungen sich entwickelt haben, so scheint der kosmische Kampf ums Dasein durch das Ineinanderfliessen von Nebelballen zwar eingeleitet und durch das Herabstürzen von Meteoriten zwar abgeschlossen zu werden, sonst aber nur in der milden Form von periodischen Störungen und Bahnveränderungen vor sich zu gehen.

Wenn in einem kosmischen Nebel durch das Gravitieren seiner Atome Bewegung überhaupt eingetreten ist, so müssen sich daraus nach natürlichen Gesetzen, durch blinde Mechanik, zweckmässige Bewegungen entwickeln. Aus der gegenseitigen Anziehung der Atome muss Verdichtung zu einer Mehrzahl von Nebelballen resultieren und von diesen werden nach entsprechender Zeit alle diejenigen, welche mechanische Widersprüche im Systeme bildeten, eliminiert sein, indem sie entweder mit anderen zusammenflossen oder im Sinne der Anpassung ihre Bewegungen änderten. Im Wesen der vollendeten Anpassung aber liegt es, konservativ zu sein; Zweckmässigkeit in der kosmischen Physik besagt nichts anderes, als Mangel an äusseren störenden Faktoren, die eben aufhören, störend zu sein, wenn die Anpassung an sie vollendet ist.

Jene Nebelballen also, welche nach zum Abschlusse gekommenem Eliminationsprozesse noch übrig sind, können naturgemäss nur solche von gegenseitiger Harmonie sein. Die zweckmässige Bewegung ist nur ein Spezialfall aller Bewegung und hat vor jeder anderen Bewegung nur das voraus, konservativ zu sein. Jede kosmische Entwicklung muss daher mit der Zeit diesen Spezialfall als einen überlebenden mit sich bringen, und wenn das Unzweckmässige längst vergangen ist, erhält sich noch das Zweckmässige. Durch den Kampf ums Dasein sind jene soliden Konstellationen der Gestirne auserlesen worden, deren Anordnung nun unser Erstaunen wachruft, weil wir die derzeitige Ordnung der Dinge für die ursprüngliche halten und unberechtigterweise die in allmählicher Entwicklung geschehene indirekte Auslese durch eine einmal geschehene direkte Auslese ersetzen wollen. Und doch hat schon der alte Lucretius in Versen, die es wohl verdienen, in Erinnerung gebracht zu werden, es

ausgesprochen, dass der Kampf ums Dasein das zweckmässige Gefüge dieser Welt herbeigeführt habe:

> Nam certe neque consilio primordia rerum,
> Ordine se suo quaeque sagaci mente locarunt,
> Nec quos quaeque darent motus pepigere profecto,
> Sed quia multa modis multis mutata per omne
> Ex infinito vexantur percita plagis,
> Omne genus motus et coetus experiundo
> Tandem deveniunt in talis dispositura,
> Qualibus haec rerum consistit summa creata.*)
>> (Lucretius: de natura rerum. I. 1021—1028.)

Jedes System von Kräften strebt nach einem Gleichgewichts-
zustande. Es gilt dieses ebensosehr vom Widerstreite der Vor-
stellungen in einem Menschengehirne, aus deren gegenseitiger
Accomodation die Resultante einer einheitlichen Weltanschauung ent-
springt, wie von den Gegensätzen im sozialen Organismus, von den
Kultur- und Machtverhältnissen benachbarter Völker, von den
meteorologischen Zuständen des Erdballs, von den mechanischen
Kräften eines Sonnensystems oder der Atome eines kosmischen Nebels.
Jeder Kampf der Elemente endet mit einem Vergleiche von idealer
Gerechtigkeit; denn jedes noch so geringfügige Kraftmoment erhält hier
seine Stimme nach Massgabe seiner Macht und der Dauer seiner
Wirksamkeit. Sogar den Stein höhlt der fallende Wassertropfen mit
der Zeit aus; und wäre es auch ein Felsenbett, durch welches das
Wasser rinnt, so wird dieses doch nicht eher ruhen, bis es den
Felsen geglättet und dadurch den Zustand geringster Reibung herbei-
geführt hat. In diesen Zustand muss sich jedes System diver-
gierender Kräfte von selbst versetzen.

---

*) Denn in der That, nicht haben die uranfänglichen Stoffe
Sich mit weisem Bedacht in gehörige Ordnung gefüget,
Und es bestand kein Plan der Bewegungen untereinander;
Sondern da viele derselben, in mancherlei Weise verändert,
Im unermesslichen All durch Stösse getrieben sich banden,
Jede Bewegungsart und jede Verbindung versuchend,
Haben zuletzt sie jene Gestalt und Lage bekommen,
Durch die jetzo die Summe geschaffener Wesen bestehet.

So liegt auch in der Entwicklung eines kosmischen Nebels zum Sternhaufen eine beständige Verminderung der Reibung der ursprünglich zerstreuten Atome, wobei von den möglichen Formen des Gleichgewichts jeweilig die zunächst erreichbare sich einstellt. Die mechanische Bewegung der Materie, welche ursprünglich in der weiten Ausdehnung eines kosmischen Nebels vor sich ging, wird allmählich in bestimmten Punkten konzentriert, in Himmelskörpern von verschiedener Masse und Geschwindigkeit kapitalisiert, in deren schliesslicher Gruppierung und Bewegung die Anzahl der stattfindenden Störungen und Zusammenstösse auf ein Minimum reduziert ist. Die Natur treibt überall, auf Erden wie am Himmel, Mathematik, und die Probleme des Himmels lösen sich allein nach den uns aus der Mechanik geläufigen Grundsätzen; ganz allein die natürlichen Gesetze der Materie sind es, welche den möglichst friedlichen modus vivendi der Gestirne herstellen.

Wenn Kant in seiner »Naturgeschichte des Himmels«, welche grundlegend für die moderne Astronomie geworden ist, das Wort ausspricht: »Gebt mir Materie, und ich will euch eine Welt daraus bauen«, so wollte er damit ausdrücken, dass die natürlichen Gesetze der Materie vollständig ausreichen, uns den Entwicklungsgang des uns näher bekannten Sonnensystems begreiflich erscheinen zu lassen, dass wir die Verfassung dieses feingegliederten Systems ganz allein nach mechanischen Gesetzen ableiten können aus jenem Zustande, da die Atome seiner Materie zu einem kosmischen Nebel zerstreut waren.

Ebenso sind es rein mechanische Gesetze, nach welchen sich die beweglichen Glieder des Sonnensystems im Zustande labilen Gleichgewichtes erhalten. Wir kennen hinlänglich genau die Massen unserer Planeten, ihren Sonnenabstand und die Anziehungskraft, welche die Sonne vermöge ihrer Masse und ihrer respektiven Entfernung auf die einzelnen Planeten ausübt; wir kennen die Tangentialgeschwindigkeit der Planeten, d. h. jene Kraft, welche dieselben auf ihrer Bahn vorwärts treibt und in solchem Verhältnisse zu ihrer Schwerkraft steht, dass die elliptische Bahn als Resultante dieser beiden Kräfte sich ergiebt; wir kennen ferner die Abweichungen der Planeten von dieser regelmässigen elliptischen Bewegung, herbeigeführt durch die störende Anziehung der Nachbarplaneten im

Verhältnis zur Masse und Annäherung derselben: — und diese Daten sind hinreichend, uns mit mathematischer Genauigkeit die Bewegungen des Systems zu erklären, dem unsere Erde angehört.

Ja, wären uns eine Sonne und Planeten in beliebiger Anzahl und von beliebiger Masse gegeben, so liesse sich daraus mit mathematischer Sicherheit eine Konstellation derselben herstellen, welche die Gewähr des Bestandes in sich trüge. Wir könnten genau berechnen, welche Tangentialgeschwindigkeit wir jeder einzelnen Kugel bei jedem beliebigen Abstande von der Sonne zu geben hätten, damit sie nicht in die Sonne falle; und da wir wissen, dass die Schwere mit dem Quadrate der Entfernung abnimmt, so könnten wir mit den im Sonnensysteme gegebenen Kugeln verschiedene Gleichgewichtslagen herstellen, neue Kombinationen von gleicher Zweckmässigkeit ersinnen, indem wir die Planeten gegenseitig versetzten und hiernach ihre Geschwindigkeit, d. h. ihre Widerstandsfähigkeit gegen die Anziehung des Centralgestirns, in der Weise reduzierten oder vermehrten, dass im Vereine mit der Schwerkraft die Bewegung in einer gekrümmten Bahn sich ergeben müsste.

In dieser Weise hat sich das Menschengeschlecht die Schöpfung des Weltalls gedacht. Aber die Wissenschaft spricht anders: Gebt mir einen kosmischen Nebel, und ich will euch beweisen, dass aus dieser sich selbst überlassenen Materie einzig nach dem Gesetze der Gravitation der Atome ein System entstehen muss, das eure Bewunderung erregen soll. Und nur die eine Bedingung wäre die Wissenschaft genötigt, dabei zu stellen, dass dieser Nebelmasse die entsprechende Zeit gelassen würde, sich zu einer zweckmässigen Kombination von Sternen zu entwickeln, weil eine indirekte Auslese des Zweckmässigen nur innerhalb eines langen Entwicklungsprozesses durch successive Beseitigung des Unzweckmässigen geschehen kann.

Jenes eben erwähnte Wort Kants war stolz und kühn für seine Zeit; aber gleichwohl ist der Standpunkt der Naturforschung darin nicht ganz gewahrt. »Ich will euch eine Welt daraus bauen«, — mit diesen Worten ist die Urheberschaft eines erkennenden und in direkter Auslese thätigen Wesens ausgedrückt, während doch Kant selbst eben in dieser seiner Schrift den Standpunkt der modernen Wissenschaft vorbereitete, welche der sich selbst überlassenen

Materie die Fähigkeit zuspricht, durch indirekte Auslese sich zweckmässig zu gestalten.

So widerlegen also auch die Erscheinungen am Himmel den
Irrtum, dass die ihren eigenen Gesetzen überlassene Materie es nicht
vermöge, aus der Unordnung des Chaos herauszukommen. Wir
sehen vielmehr auch hier, dass die sich selbst bestimmende Natur
zweckmässige Gebilde nicht etwa nur durch zufälliges Ineinanderspielen
der Kräfte hervorbringen kann — wobei solche Gebilde nur als
seltene Ausnahmen vorhanden sein könnten — sondern notwendig
herbeiführen muss — und hieraus erklärt sich das Überwiegen des
Zweckmässigen in der Natur — und dass in aller Entwicklung das
zweckmässige Resultat keineswegs etwa nur mit jener Wahrscheinlichkeit eintreten wird, mit welcher — um ein beliebtes Beispiel
der Teleologen zu gebrauchen — aus dem Durcheinanderschütteln
von Buchstaben ein homerischer Gesang entstehen kann, sondern
dass vielmehr die Teleologie dem Mechanismus immanent ist, und
das zweckmässige Resultat aus der natürlichen Entwicklung unfehlbar sich ergeben muss, weil eben der Prozess der indirekten
Auslese in jeder Entwicklung unausbleiblich ist und die Elimination
des Unzweckmässigen aus der Natur der Dinge eben so unvermeidlich folgt, wie der Bestand des Zweckmässigen. Bei jeder aus
der Anziehungskraft sich ergebenden Störung muss unvermeidlich
entweder ein Zusammenstoss erfolgen, oder eine Bahnveränderung.
Im ersteren Falle, der aber nur ausnahmsweise eintreten kann, weil
die Gestirne in den unermesslichen Räumen nur verschwindende
Punkte sind, wird die Störungsursache sofort beseitigt, im anderen
Falle aber nach und nach, weil die Bahnveränderung sich so oft
wiederholt, bis die Anpassung eintritt. Also muss aus jeder Störung
entweder sogleich oder allmählich sich ein zweckmässiges Resultat
ergeben, welches alsdann bestandesfähig ist.

Freilich wird es immer religiöse Gemüter geben, welche an
solchen Resultaten der Wissenschaft Anstoss nehmen werden; aber
doch wird es immer nur von Seite solcher geschehen, welche in
der jeweiligen Form des religiösen Bewusstseins der Menschheit die
einzig mögliche Form sehen und welche zudem über die Grenzen
der Naturwissenschaft und der Metaphysik im Unklaren sind. Das

Feld der Naturbeschreibung ist nicht das, auf welchem über die höchsten metaphysischen Probleme überhaupt etwas ausgemacht werden könnte, und der Gläubige mag eben aus der Gesetzmässigkeit alles Geschehens, welche ja die Wissenschaft betont, ja aus der blossen Existenz der Welt, immerhin die Gründe für seinen Gottesglauben entnehmen. Die Naturwissenschaft nimmt die Welt als gegeben an und sucht lediglich den Lauf derselben natürlich zu erklären; im Worte »Gott« aber liegt nur eine der möglichen Antworten auf die rein metaphysische Frage nach der Welturssache, um welche sich die Naturwissenschaft als solche nicht kümmert. Der Begriff des wunderwirkenden Gottes freilich hält vor der Naturwissenschaft nicht stand; denn diese setzt ihrem Begriffe gemäss die natürliche Erklärbarkeit der Erscheinungen voraus, sie kann demnach Probleme nicht durch Einführung des Übernatürlichen lösen, da sie hiedurch mit sich selbst in Widerspruch geriete. Aber es ist auch sehr die Frage, — will man sich überhaupt auf den theistischen Standpunkt stellen, — welche Vorstellung würdiger ist: die eines Gottes, der die Materie ein für allemal mit den seinen Absichten entsprechenden Eigenschaften ausgerüstet hat, oder die Vorstellung jenes Gottes, dessen Absichten durch die natürliche Wirksamkeit der Materie nur mangelhaft gedeckt werden, und der sich genötigt sieht, diesem Mangel durch wunderthätige Eingriffe nachträglich abzuhelfen. Entweder sah er nicht voraus, dass solche Eingriffe nötig werden würden, — wo bleibt dann seine Allweisheit? Oder er sah es zwar voraus, vermochte es aber nicht, den betreffenden Einzelfall in die Gesetzmässigkeit einzuschliessen, — wo bleibt dann seine Allmacht?

Wenn die Naturwissenschaft allerdings die erklärte Feindin des anthropomorphen und anthropopathischen Theismus ist, den der Gläubige innerhalb der Erscheinungswelt begründen und durch welchen er die für unser beschränktes Wissen vorhandenen Lücken der natürlichen Gesetze ausfüllen will, so hat sie doch gegen den Deismus, der das Kausalitätsgesetz unangetastet lässt, als solche nichts einzuwenden, gerät wenigstens in keinen Widerspruch mit ihm. Wenn daher Klarheit des Denkens ebenso häufig wäre, als sie selten ist, dann würde man allerdings einsehen, dass dieser Streit gar sehr durch Missverständnisse genährt wird. Der Naturforscher behauptet, dass innerhalb der Erscheinungswelt alles nach natürlichen Gesetzen geschieht; die empirische Existenz dieser Gesetze nachzuweisen, ist seine alleinige Aufgabe. Das Wesen dieser Gesetze metaphysisch zu erklären, ist nun eine ganz und gar andere Aufgabe, und die letztere ist es, die der Theismus in seiner Weise löst. Es liegt also gar kein Streitobjekt vor. Der Theist kann dem Naturforscher zugeben, dass alle Veränderungen gesetzmässig geschehen — nur etwa die Willensfreiheit wird er sich reservieren — und der Naturforscher kann als solcher den Theisten nicht widerlegen, wenn dieser eben in diesen Naturgesetzen die Vollzieher eines göttlichen Willens erkennt. Wenn der Naturforscher sagt, dass der Weltprozess mechanisch abläuft, so kann der Philosoph dem beifügen: dieser Mechanismus ist zugleich teleologisch; und der Theist kann beifügen: dieser Mechanismus ist zugleich physikotheologisch. Dagegen lässt sich logisch nichts einwenden. Unrecht aber hat der Gläubige und erweist sogar dem Theismus einen sehr schlechten Dienst, wenn er diesen am unrechten Orte, nämlich innerhalb des naturwissenschaftlichen Gebietes begründen will; denn alsdann ist ein Streitobjekt allerdings gegeben, und dieser Streit kann nur zu Ungunsten des Theisten ausfallen. Bleibt dagegen der Theist auf seinem Gebiete, so ist er gegen alle Angriffe des Naturforschers gesichert, wenngleich der Philosoph gegen ihn Bedenken verschiedener Art haben wird, die sich gegen seinen Dualismus und Anthropomorphismus richten werden. Andererseits ist der Naturforscher im Unrecht, wenn er in seinem Kampfe gegen den Glauben den veralteten Theismus, der das Wunder zwischen die Gesetze schiebt, mit dem wissenschaftlichen Theismus verwechselt, der das Kausalitätsgesetz gelten lässt und dem sogar zahlreiche verdiente Naturforscher anhängen. So freilich, wie Kant in seiner früheren Schrift »Allgemeine Naturgeschichte und Theorie des Himmels« meint, dass nämlich eben der Nachweis der Gesetzmässigkeit alles Geschehens die Allweisheit des Schöpfers nur in um so helleres Licht setze, — so verhält sich die Sache nicht ganz. Wer einen Mechanismus für Arbeitsleistungen herstellt, welche andere mit Händen verrichten, verrät allerdings eine höhere Intelligenz; aber so irrelevant ist es denn doch nicht, wenn man dem Schöpfer die schönsten und grössten Provinzen seiner Thätigkeit entzieht. Der Deismus enthält allerdings.

eine Veredlung des theistischen Gottesbegriffes; aber man sehe zu, dass dadurch nicht auch die Substanz desselben angegriffen werde. Ein unthätiger, nur für den Schöpfungsakt notwendiger Gott ist ein leicht entbehrlicher Gott, und mag auch die letzte Entscheidung in dieser Frage der Philosophie zukommen, nicht der Naturwissenschaft, so wird sich doch gegen letztere nichts einwenden lassen, wenn sie, ohne positiv zu entscheiden, ausspricht, wie Laplace es gethan hat, dass die Hypothese eines Schöpfers für die Erklärung der Erscheinungen eine überflüssige Hypothese sei. Darin hat die Naturwissenschaft ebensosehr recht, als sie unrecht hätte mit der Behauptung, dass die Naturgesetze einer weiteren Erklärung nicht bedürfen. Wer einsieht, dass das Naturgesetz unser letztes Wort nicht sein darf, andererseits aber die ungeheueren Schwierigkeiten erkennt, die der Theismus birgt, der schwebt über beiden Parteien und wird sich bescheiden dahin äussern, dass es dem menschlichen Geiste verwehrt ist, den Kern des ·Welträtsels zu erfassen. Unsere Vorstellungen von ·der Weltsubstanz haben sich im geschichtlichen Prozesse beständig verändert, werden es auch im weiteren Verlaufe thun, und nur die zunächstliegende Entwicklungsstufe dieser Vorstellungen kann jeweilig eingesehen werden. In dieser Hinsicht aber lässt sich heute nur sagen, dass die Naturwissenschaft unfähig ist, das Welträtsel zu lösen, dass aber, wenn ihre unwiderleglichen Resultate in unser Bewusstsein aufgenommen ·sein werden, auch unsere religiösen Anschauungen eine andere Gestalt annehmen müssen; denn die Kausalität, in die religiöse Formel eingeführt, verwandelt den Monotheismus in Pantheismus.

II.

Die Universalität der irdischen Gesetze.

———

Es steht einer besonnenen Naturforschung, wenn sie an die Erklärung der Erscheinungen des Himmels geht, wohl an, vorerst die Frage aufzuwerfen, unter welchen Bedingungen diese Erscheinungen überhaupt erklärbar sein können, und ob diese Bedingungen in der Wirklichkeit gegeben sind. Die Geschichte der Wissenschaften zeigt es ja nur zu sehr, ein wie grosses Kapital menschlicher Geisteskraft bereits auf fruchtlose Untersuchungen verschwendet wurde; und wenn man näher zusieht, so stellt es sich gar oft als Ursache des Misserfolges heraus, dass man es unterlassen hatte, die Basis zu prüfen, auf welcher der Mensch die stolzen Gebäude seiner Gedanken aufrichten wollte. Jahrtausende hindurch haben die Menschen philosophiert, ohne die Bedingungen zu untersuchen, unter welchen Philosophie überhaupt möglich ist, bis es der grosse Philosoph von Königsberg aussprach, dass, bevor wir noch an die Objekte der Erkenntnis gehen, vor allem das Organ der Erkenntnis untersucht werden müsse, dass also die Erkenntnistheorie die Basis und der Schlüssel aller Philosophie sei. Darum schrieb er die »Kritik der reinen Vernunft«. Seine Nachfolger aber haben diese Einsicht nicht mehr verloren; sie wissen es nun, dass die Entscheidungsschlacht auf dem Felde der Erkenntnistheorie geschlagen werden wird, zu der Kant den Grund gelegt hat, und dass das Misslingen der früheren Systeme eben daran liegt, dass zwischen Erkenntnisgründen und Realgründen nicht unterschieden wurde.

Auf den ersten Blick scheint zwar diese Vorsicht den Erscheinungen des Himmels gegenüber nicht geboten zu sein und mancher wird vielleicht glauben, da es sich hier lediglich um Objekte der Sinne handle, so genüge eine Voruntersuchung über die optische Beschaffenheit der Instrumente, die physiologische Natur unserer Sehorgane und über die Gesetze der Perspektive, um den subjektiven Anteil aufzudecken, den die Erscheinungen des Himmels für uns haben, während allerdings in auf Gegenstände unsinnlicher Art gerichteten Forschungen auch noch eine Untersuchung des Erkenntnisorgans geboten sei. Indessen, mag es auch dem Astronomen als solchem nicht zukommen, sich mit dem Probleme der »Intellektualität der Anschauung« und überhaupt des »transcendentalen Idealismus« zu beschäftigen, mag ihm auch die Kritik des Erkenntnisorgans nicht obliegen, so überzeugt er sich doch leicht, dass die Wege für die astronomische Forschung noch lange nicht geebnet sind nach Ausscheidung jenes subjektiven Anteils unserer Vorstellungen, welchen Optik, Physiologie und Perspektive uns erkennen lassen. Solche vorbereitende Untersuchungen würden nur dann genügen, wenn die Astronomie lediglich eine beschreibende Wissenschaft wäre, wenn der Astronom sich zu bescheiden vermöchte, der blosse Geograph des Himmels zu sein; aber ihre Unzulänglichkeit stellt sich sofort heraus gegenüber den Ansprüchen der modernen Astronomie, die gegenwärtige Verfassung des Kosmos auch in ihrem Werden zu begreifen, die Geschichte des Kosmos zu erforschen. Hier drängt sich unmittelbar die Frage nach den Gesetzen der kosmischen Veränderungen auf, und nicht nur darum handelt es sich, ob solche vorhanden sind, sondern auch welcher Art sie sind.

In den historischen Anfängen der Astronomie begnügte man sich in der That mit blosser Himmelsbeschreibung, und sogar in dieser verfiel man in schwere Irrtümer, die eben aus der Vernachlässigung des subjektiven Anteils der Erscheinungen entsprangen.

Die Astronomie der Alten ging vom illusorischen Augenscheine aus.

Die Erde stellte sich ihnen dar als ruhende Ebene. Alle diejenigen Veränderungen in der perspektivischen Lage der Gestirne welche auf die Achsendrehung und die fortschreitende Bewegung der

Erde zurückzuführen sind, übertrugen sie also auf die Gestirne selbst. Sie nahmen den optischen Schein für Wirklichkeit. Die tägliche Bewegung der Erde um ihre Achse und die jährliche um die Sonne wurden auf diese letztere, auf die Planeten und das grosse Heer der Fixsterne übertragen. Das ganze Himmelsgewölbe mit allen seinen Sternen liess man um die Weltachse sich herumschwingen, d. h. um jene gerade Linie, welche, als Verlängerung der Erdachse, die beiden Himmelspole miteinander verbindet. Ebenso liess man die Sonne, welche vom planetarischen Standpunkte aus unbeweglich ist — weil sie ja das Gefolge ihrer Planeten nach sich zieht, also nur eine solche Eigenbewegung besitzt, an der wir selbst teilnehmen — unter den Sternen vorrücken; die Planeten dagegen, von welchen wir nun wissen, dass sie in nahezu kreisförmigen Bahnen um die Sonne laufen, liess man ganz nach dem illusorischen Augenscheine in schlangenförmigen Linien sich bewegen, hinter welchen sich das Gesetzmässige ihres Verhaltens verbarg und fast ein Schein von Willkür in den strengen Gang der Natur hineinverlegt wurde, — jener Schein, auf den ohne Zweifel die göttliche Verehrung der Gestirne in früheren Zeiten zurückzuführen ist.

Die scheinbare Bewegung der Planeten ist eben eine kombinierte aus ihrer eigenen Bewegung und aus dem vermöge der Erdbewegungen sich ergebenden Wechsel unseres Standortes. Indem aber die Alten diesen Wechsel des Standortes nicht in Anschlag brachten, hielten sie die scheinbare Bewegung der Planeten zwischen den Fixsternen für die wirkliche. Scheinbar aber gehen die Planeten bald vorwärts, bald stehen sie ganz still, bald gehen sie rückwärts, beschreiben, in allerdings regelmässigen Perioden, Schleifen am Himmel, um dann wieder vorwärts zu gehen.

Die scheinbare Bewegung der Planeten ist also viel verwickelter als die wirkliche, und es war eine Riesenarbeit des menschlichen Geistes, diesen illusorischen Augenschein mathematischer Behandlung zu unterwerfen; — und diese Riesenarbeit war verschwendet. Ein Fortschritt der Astronomie war in der That nicht denkbar, solange man diesen subjektiven Anteil der Erscheinungen, die sich aus dem Wechsel unseres Standortes ergiebt, nicht durchschaut hatte.

Ähnliche Täuschungen entspringen auch aus der Perspektive:

die Ringe des Saturn, in Wirklichkeit rund, erscheinen uns oval, da wir sie von der Seite aus sehen; aus gleichem Grunde stellen sich die fast kreisrunden Bahnen seiner Monde als längliche Ellipsen dar. Die Monde Jupiters dagegen gehen scheinbar nur in gerader Linie hin und her, bald vor Jupiter, bald hinter ihm, weil ihre Bahnebenen mit unserer Gesichtslinie fast zusammentreffen.

So ist es denn kein Wunder, dass, solange aus der unmittelbaren sinnlichen Wahrnehmung der subjektive Schein nicht ausgeschieden war, die Gesetze der Planetenbewegung nicht entdeckt werden konnten. Nur langsam aber und nach mühevoller Arbeit gelang es dem Menschengeschlechte, vom Truge der Sinne sich zu befreien; ja, fast die ganze Geschichte der Astronomie besteht nur in dieser langsamen Befreiung des Menschengeistes von dem Scheine, der ihn umfangen hielt. Solange die Doppeltheit der Ursache für die Ortsveränderungen der Gestirne nicht eingesehen wurde, war die Erkenntnis der Bewegungsgesetze unmöglich, und je vollständiger die Trennung dieser beiden Ursachen geschah, deren eine die scheinbaren und deren andere die wirklichen Ortsveränderungen erzeugt, desto mehr wurde die Astronomie zur Lösung ihrer Probleme befähigt. Nach der physischen Ursache der wirklichen Bewegung fragen, — das konnte sie erst, nachdem sie jene Trennung ganz vollzogen und erkannt hatte, dass die wirkliche Bewegung ebenso einfach als konstant sei.

Die Lehre des Kopernikus über die Bewegung der Erde und den (in Ansehung der Planeten vorhandenen) Stillstand der Sonne hat den subjektiven Anteil der Sinne an den Erscheinungen mit einem Male als Illusion blossgelegt, und damit war eine lange Perspektive der fruchtbarsten Entdeckungen eröffnet. Erst so konnte die Aufgabe einer Himmelsbeschreibung vollständig gelöst werden. Aber wenn schon nach Kopernikus die Aufgabe vorlag, nun auch die Ursache kosmischer Bewegungen zu erforschen, so ist dieses noch mehr heute der Fall, nachdem das Fernrohr uns ungeahnte Tiefen des Himmels erschlossen und eine genauere Prüfung uns gezeigt hat, dass auch dort alles in beständiger Veränderung begriffen ist.

Die moderne Astronomie aber begnügt sich nicht mehr mit blosser Himmelsbeschreibung. Wie die übrigen Zweige der Wissenschaft ist auch sie aus Naturbeschreibung zur Naturgeschichte geworden; sie will die Vergangenheit des Himmels ergründen und die Entwicklungsformen erforschen, welche durchlaufen werden mussten, bis der Himmel jene Verfassung annahm, die wir allnächtlich bewundern. Ja, schon ist sie spekulativ geworden und forscht nach der Zukunft, der wir durch den Raum rollend entgegentreiben. Bei solchen Ansprüchen aber erscheint allerdings die Frage berechtigt, worauf die Hoffnung eines Resultates sich stützt, und welches die Bedingungen sind, unter welchen die Lösung der Aufgabe überhaupt möglich ist.

Welches also sind die Bedingungen, unter welchen Astronomie als Wissenschaft möglich ist?

Die allererste Voraussetzung des Erfolges einer jeden wissenschaftlichen Untersuchung ist die natürliche Erklärbarkeit der Erscheinungen unter Ausschliessung aller Wunder. Untersuchen heisst nach Gesetzen der Veränderungen forschen; Gesetzmässigkeit und Wunder schliessen sich aber ihrem Begriffe nach gegenseitig aus. Die Astronomie muss also die Allgemeingültigkeit des Kausalgesetzes für die Veränderungen am Himmel voraussetzen; sie muss davon ausgehen, dass die Aufeinanderfolge der Veränderungen ein Auseinanderfolgen sei. In der That: vergebliche Liebesmühe bliebe alle Forschung, wenn diese Voraussetzung nicht zutreffend wäre: wir wären dem absoluten Zufalle des Geschehens preisgegeben und müssten auf eine Wissenschaft der Astronomie vollständig verzichten.

Gesetzmässigkeit irgend einer Art anzunehmen für alles, was auf Erden und am Himmel geschieht, dazu sind wir durch Gründe der Logik gezwungen. Der Begriff der Kausalität ist keine Induktion, nicht aus der Erfahrung abgezogen, denn in diesem Falle würde ihm das Merkmal der Notwendigkeit mangeln; er ist keine im individuellen Leben erworbene Angewöhnung und Association des Denkens, sondern eine biologisch ererbte und befestigte Disposition unseres Gehirns, eine mit den Formen des äusseren Geschehens übereinstimmende Form des Denkens. Wäre aber der Begriff der Kausalität auch kein apriorischer Verstandesbegriff, so würde das bewusste Denken ihn gleichwohl erzeugen müssen; denn der Begriff ursachloser, sei es qualitativer, sei es räumlicher Veränderungen besagt, dass ein Ding aus sich seine Beschaffenheit wechseln, das bestimmte Etwas zu sein aufhören könne, und bringt demnach Merkmale in die Dinge, die sich widersprechen, einander aufheben. Das in sich Widersprechende kann in der Natur nicht gegeben sein, was nicht logisch ist, kann auch nicht wirklich sein; wir sind demnach logisch genötigt, allen am Himmel geschehenden Veränderungen, mögen auch dieselben ganz und gar von den uns bekannten irdischen Erscheinungen abweichen, eine Ursache unterzulegen.

Dabei bleibt es nun aber vorläufig noch ganz unentschieden, ob im ganzen weiten Gebiete des Kosmos eine und dieselbe Gesetzmässigkeit herrscht, oder etwa nicht. In Ansehung irdischer Objekte wäre nun bei der Frage nach der speziellen Natur der die Materie beherrschenden Gesetze die Antwort am Platze: diese zu bestimmen, könne erst Endziel der Forschung sein, sie sei aus der Erfahrung erst abzuleiten, und eine Nötigung, eine bestimmte Art von Gesetzmässigkeit bei der Untersuchung schon vorauszusetzen, sei unzulässig, gleiche vielmehr dem Ansinnen, erst dann ins Wasser zu gehen, wenn man schwimmen gelernt. Aber wenn es bei irdischen Objekten, die wir mit allen Hülfsmitteln der Wissenschaft zu untersuchen vermögen, deren Veränderungen wir auf das Genaueste erforschen können, ja, hinsichtlich welcher wir durch das Experiment die Antwort der Natur auf unsere Fragen erzwingen können, allerdings erst Endziel der Forschung gewesen ist und fernerhin sein wird, die spezielle Natur der Gesetze aus der Erfahrung zu bestimmen, so befinden wir uns in ganz anderer Lage den Himmelskörpern gegenüber. Hier erscheint es unumgänglich notwendig, nicht nur überhaupt eine Gesetzmässigkeit, sondern eine bestimmte Art derselben vorauszusetzen und zeitenweise wenigstens die deduktive Methode einzuschlagen; denn bei der spärlichen Anzahl wahrnehmbarer Veränderungen, worauf wir auf diesem Felde beschränkt sind, und bei der Unmöglichkeit genauerer Erforschung würden wir niemals in den Stand gesetzt werden, daraus Gesetze erst abzuleiten oder uns genaue Vorstellungen über die Eigenschaften der kosmischen Materie zu bilden, wenn wir die Induktion allein als zulässig gelten lassen wollten. Wenn jede Region des Himmels oder jedes Gestirn seine eigenen Naturgesetze haben sollte, dann wäre eine Wissenschaft

der Astronomie unmöglich. Wir müssen also für die kosmischen
Veränderungen eine bestimmte Art kausaler Verknüpfung voraussetzen, und haben dabei gar keine andere Wahl, wenn wir uns
nicht phantastischen Vorstellungen hingeben wollen, als die irdischen
Gesetze auf den Kosmos zu übertragen. Dass aber dieser Archi-
medische Punkt auch der einzige ist, an dem der Hebel der Erklärung angesetzt werden kann, ergiebt sich mit Notwendigkeit
daraus, dass ja eine einheitliche Erklärung der Natur nur im Falle
einheitlicher Naturgesetze möglich ist, welche die Veränderungen
am Himmel, wie auf Erden, umfassen.

Die unerlässliche Voruntersuchung gilt demnach der Frage:
Sind die Gesetze, welche auf der Oberfläche unseres
kleinen Erdballs herrschen, im ganzen Universum
geltend, oder nicht?

Man erkennt leicht, dass die Frage, ob den irdischen Gesetzen
Allgemeingültigkeit zukomme oder nicht, durchaus nicht zu umgehen
ist. Die Möglichkeit einer Astronomie ist von der bejahenden Antwort
auf diese Frage abhängig, die Universalität der irdischen Gesetze
ist Bedingung für die Erklärbarkeit des Kosmos. Wir stünden den
Erscheinungen des Himmels in vollständiger geistiger Hilflosigkeit
gegenüber, wenn es für die Gesetze derselben keine irdischen Analogien gäbe. Eine allfällige Verschiedenheit der Gesetze auf der Erde
und ausserhalb derselben würde uns ebenso ratlos lassen, wie der
vollständige Mangel gesetzlicher Verknüpfung, oder wie die Annahme
von Wundern.

Welche Gesetze herrschen im Kosmos?

Diese Frage kann demnach im Munde eines irdischen Indiv-
duums nur die Bedeutung haben: Welche von den mir bekannten
irdischen Gesetzen herrschen im Kosmos? Wir stehen vor der Alternative, entweder auf die Erklärung der Phänomene des Himmels
überhaupt zu verzichten, oder sie aus irdischen Gesetzen abzuleiten.

Es war ein kühner, ja, ein phantasievoller Gedanke Newtons —
angedeutet findet er sich bereits bei Plutarch, bei Kepler und bei
Borelli — in Bezug auf einen speziellen Fall diese Universalität
der irdischen Gesetze vorauszusetzen. Er that dies, so erzählt man,
als er einen Apfel vom Baume fallen sah, in Bezug auf das Gesetz

der Schwere. Den vom Zweige eines Baumes abgelösten Apfel lässt die Anziehung der Erde in gerader Linie zu Boden fallen. Das Gleiche würde geschehen, wenn der Apfel aus Kirchturmhöhe fallen gelassen würde. Wenn aber aus einer Höhe von mehreren Meilen? Auch dann? Newton sagte sich: Ja; — denn er wusste, dass die Anziehungskraft in dem Masse, als man sich vom Mittelpunkte der Erde entfernt, nur sehr langsam abnimmt. Wie weit erstreckt sich nun diese Fernwirkung der Anziehungskraft, und in welchem Verhältnis nimmt sie ab? Gesetzt den Fall, ihr Einfluss sei in einer Entfernung von 50 000 Meilen — dies ungefähr ist der Abstand des Mondes von der Erde — noch vorhanden, dann würde ein von solcher Höhe abgelassener Stein ebenfalls zur Erde fallen. Dann würde aber auch der Mond mit einem solchen Steine zu vergleichen sein; die Schwere wäre es, die ihn beständig von der geraden Richtung seines Laufes ablenkt und, indem sie seine Bahn krümmt, ihn zum Umlauf um die Erde nötigt. Als Newton sich fragte, ob es so sei, bejahte er nicht sofort; aber unter vorläufiger Zugrundelegung dieser Hypothese verglich er die wirkliche Bewegung des Mondes mit der — seine Schwere vorausgesetzt — theoretisch sich ergebenden, und — gab seine Bemühungen wieder auf: die Bewegung des Mondes liess sich mit der fallender irdischer Körper nicht in Übereinstimmung bringen.

Newton verwarf also seine Hypothese. Dreizehn Jahre später aber, in einer Sitzung der Akademie zu London, wurde derselben Mitteilung gemacht über eine neue, von Picard unternommene Gradmessung der Erde, aus der sich ergab, dass man den Halbmesser der Erde bisher um ein Sechstel zu gering angenommen hatte. Newton war anwesend und verfiel sofort auf die Vermutung, dass, da er damals die Entfernung der Erdoberfläche und somit auch die Entfernung des Mondes vom Mittelpunkte der Erde zu gering angeschlagen, vielleicht aus diesem Grunde seine früheren Rechnungen das gewünschte Resultat nicht ergaben. Er eilte nach Hause, nahm seine Rechnungen wieder vor, und mit jeder Minute wurde es ihm gewisser, dass das Gesetz der Mondbewegung mit dem fallender irdischer Körper übereinstimme, dass ihm also der Ruhm zugefallen, die universale Natur des Gesetzes der Schwere erkannt zu haben. Seine Aufregung war derart, dass er die Rechnung nicht zu Ende zu führen vermochte und einem eben eintretenden Freunde sich vertrauen musste, der nun den Griffel zur Hand nahm und sie vollendete. Es ergab sich der vollständige Beweis für die Richtigkeit der Hypothese Newtons.

Und wie diese Hypothese den Umlauf des Mondes um die Erde erklärte, so auch den der übrigen Monde um ihre respektiven Planeten, den der Planeten endlich um die Sonne. Ja, alle Unregelmässigkeiten in diesen Umlaufsbewegungen, alle Abweichungen von der regelmässigen Ellipse, ergaben sich als blosse Störungen infolge der gegenseitigen Anziehung der Planeten. Alle Bewegungsphänomene im Sonnensysteme waren nun erklärt; es war klar, dass die Eigenschaft der Schwere aller Materie des Sonnensystems zukomme. Dieselbe Eigenschaft der Materie, die auf der Erdoberfläche alle Bewegung bedingt, regelt also auch alle Bewegung innerhalb des Sonnensystems. Jedes materielle Element desselben übt eine Anziehungskraft nach allen Richtungen aus, welche in der Ferne abnimmt, wie die Quadrate der Entfernung zunehmen. Die Anziehungskraft der Glieder unseres Sonnensystems steht im direkten Verhältnisse zu ihrer Masse, und nach einem weiteren von Newton bewiesenen Gesetze ist die Gesamtwirkung aller materiellen Moleküle einer Kugel dieselbe, wie wenn sämtliche Moleküle im Mittelpunkte der Kugel vereinigt wären.

Wie bei dem zur Erde fallenden Steine, der mit jeder Sekunde schneller fällt, das heisst stärker angezogen wird, so ist auch das Gewicht eines umlaufenden Planeten nicht von seiner Masse abhängig, sondern von seinem Abstande vom Centrum des anziehenden Körpers. Die Schwere nimmt ab mit dem Quadrate der Entfernung. Wenn der Mond an sich 154 300 Trillionen Pfund wiegt, so wiegt er in seiner Erdferne nur 43 Trillionen Pfund. Die Erde an sich wiegt 6257 Trillionen Tonnen (zu 20 Centnern), bei ihrem bedeutenden Abstande vom Mittelpunkte der Sonne beträgt aber ihr Gewicht gegen diese nur gegen 4 Trillionen Tonnen. Weit entfernter noch als die Erde umkreist Uranus die Sonne; bei einem absoluten Gewichte von 123 950 Trillionen Tonnen beträgt daher seine Schwerkraft nur $^{1}/_{5}$ Trillion Tonnen.

Die Übertragung also einer gesetzmässig sich bethätigenden, allen irdischen Dingen zukommenden Eigenschaft auf ausserirdische Körper, — dieses ist der Schlüssel zur systematischen Begründung der Astronomie geworden. Unsere Mechanik ist also auch die Mechanik des Planetensystems. Zwar sehen wir die gewaltig schweren Massen der Planeten frei im Raume schweben, während irdische Dinge senkrecht zur Erde fallen; aber wir sehen auch den in horizontaler Richtung geworfenen Stein eine krumme Bahn beschreiben, und wissen, dass er nur darum so bald wieder gegen die Erde sich neigt, weil wir ihm beim horizontalen Wurfe nicht eine centrifugale Kraft zu erteilen vermögen, die seiner centripetalen Schwerkraft gleichwertig wäre. Könnten wir ihm eine Anfangsgeschwindigkeit von elf Kilometer in der Sekunde erteilen, so würde er nicht mehr zurückfallen, sondern die Erde als Mond umkreisen. Auch die Bewegung der Planeten in gekrümmter Bahn geschieht unter dem gleichzeitigen Einflusse von Centrifugal- und Centripetalkraft, nur dass sich hier diese Kräfte das Gleichgewicht halten und so die mittlere Entfernung der Planeten konstant bleiben lassen. Wenn wir eine Hohlkugel, die das gleiche spezifische Gewicht wie Wasser hat, in ein Wassergefäss setzen, so sinkt sie weder zu Boden, noch steigt sie an die Oberfläche, sondern schwebt frei im Wasser an dem Orte, wohin sie gestellt wird. Das Wasser hält ihrer Schwere gerade das Gleichgewicht. Wir haben also Ausgleich, Äquivalenz der Kräfte, bei irdischen wie bei kosmischen Erscheinungen.

Im Unterschiede von irdischen Körpern, deren Bewegungen bald zur Ruhe kommen, sehen wir allerdings die Planeten in unaufhörlicher Bewegung; aber erstere erfahren eben Widerstände — und wäre es auch nur Reibung mit der Atmosphäre — welche bei letzteren fehlen. Bei irdischen Erscheinungen zeigen sich also die Gesetze der Mechanik nie so rein als in der Sternenwelt. Auch die beständige Achsendrehung der Gestirne können wir an irdischen Objekten nicht experimental versinnlichen, weil eben das Moment der Reibung auch hier nicht zu beseitigen ist, während es bei der Erdkugel fehlt, deren Atmosphäre an der Drehung teilnimmt. Was aber die Richtung der Rotationsachse betrifft, die bei der Erde beständig nach dem Polarsterne weist und während der ganzen jährlichen Umlaufsbewegung sich parallel bleibt, so können wir in dieser Hinsicht die Identität irdischer und kosmischer Gesetze allerdings darstellen: die frei im Wasser schwebende Kugel behält, wenn sie in Rotation versetzt wird, die gleiche Achse, wie man auch das Wassergefäss wenden mag. Der Satz, dass die Mechanik irdischer Gegenstände auch die Mechanik des Planetensystems ist, behält demnach seine Geltung, wenngleich er nicht in jeder Hinsicht durch das Experiment versinnlicht werden kann.

Die glänzendste Rechtfertigung hat die Entdeckung Newtons in neuerer Zeit erhalten. Es ist bereits erwähnt worden, dass die gegenseitige Anziehung der Planeten Störungen verursacht, die sich durch geringe Abweichungen ihrer Bahnen von der Ellipse zeigen. Der Grad der Störung muss sich nach der Anziehungskraft des störenden Körpers richten, und ist dies ein Hilfsmittel der Astronomen geworden, die Masse der Planeten zu bestimmen. So gestattete z. B. das Verhalten des Kometen de Vicos in der Nähe des Mars, die Masse des letzteren der Rechnung zu unterwerfen. Eine solche Abweichung von der regelmässigen Bahn hatte man schon längst bei Uranus erkannt, eine geringe, periodenweise eintretende Anschwellung seiner Ellipse. Der französische Astronom Leverrier, der dieses zum Gegenstande seiner Untersuchung machte, berechnete hieraus den Ort und die ungefähre Masse desjenigen Planeten, der, ausserhalb des Uranus kreisend, vermutlich diese Störung verursachte. In der That wurde Neptun in der Nähe des angegebenen Ortes entdeckt. So war also gleichsam eine Astronomie des Unsichtbaren eingeleitet und zugleich ein neuer Beweis für die Allgemeingültigkeit des Gesetzes der Schwere geliefert worden.

Greifen wir nun aber hinaus über das Sonnensystem in die Region der Fixsterne. Auch bei diesen hat man Bewegung nachgewiesen. Geschieht auch diese nach dem irdischen Gesetze der Schwere? Die doppelten und mehrfachen Sterne bestätigen es so sehr, dass aus den Bewegungen des umlaufenden Sternes um den Centralstern sogar die Anziehungskraft des letzteren sich berechnen lässt. Bei Doppelsternen, die im Gravitationsverbande stehen, ist die Bewegung des einen eine Ellipse, in deren Brennpunkt der andere steht, wie die Sonne im Brennpunkte der elliptischen Planetenbahnen steht. Nun hat aber Newton bewiesen, dass diese elliptischen Bahnen eine Folge des Gesetzes der Schwere sind, welches demnach auch für Doppelsterne gültig sein muss. Trotz der erstaunlichen Entfernung solcher Sterne haben wir also ein Mittel, die Masse derselben so zu bestimmen, wie wenn wir sie auf die Wage legen könnten. Der Stern 61 im Schwan hat beispielsweise 0,353 der Sonnenmasse. Erst seit etwa hundert Jahren hat man Doppelsterne beobachtet und sehr verschiedene Umlaufszeiten derselben berechnet, von 37 bis zu 1000 Jahren, so dass also bei mehreren schon ein vollständiger Umlauf gesehen wurde; auch bei ihnen hat sich bestätigt, dass ihre Bewegungen nach den Gesetzen von Kepler und Newton geschehen. Mehr noch: auch bezüglich der Doppelsterne giebt es eine Astronomie des Unsichtbaren. Bessel beobachtete am Sirius und Procyon Bewegungen, die ihn zur Annahme dunkler Begleitsterne nötigten; Peters berechnete sogar die Bahn des dunklen Sirius-Begleiters, und als dieser elf Jahre später entdeckt wurde, ergab sich die vollkommene Übereinstimmung der wirklichen Bahn mit der theoretisch gefundenen. Seither sind noch 5 weitere Begleiter des Sirius entdeckt worden. Auch die Bahn des Procyon-Begleiters ist bereits berechnet worden, doch hat ihn noch kein Fernrohr gesehen, so dass er wohl als eine bereits erkaltete Sonne zu betrachten ist. Die Masse derselben ist auf 7 Sonnenmassen berechnet worden, während Procyon selbst auf die ungeheuere Grösse von 80 Sonnenmassen geschätzt wird. Demnach dürfte auch sein Volumen das der Sonne ungefähr achtzigmal übertreffen; denn sein leuchtender Zustand lässt auf eine geringe Verdichtung seiner Materie schliessen, ähnlich der unserer Sonne.

Gehen wir nun von den Fixsternen zu den kosmischen Nebeln über, um vielleicht auch bei ihnen Anhaltspunkte für die Universalität der Schwere zu gewinnen. Von vielen derselben steht es ausser Zweifel, dass sie aus Gasen von äusserst geringer Dichtigkeit bestehen. Es ist dies jene Urmaterie, ohne deren Auffindung und qualitative Bestimmung alle Spekulationen der Astronomie über die Vergangenheit des Kosmos lediglich Hypothesen wären. Man kennt nun Doppelnebel und mehrfache Nebel, die nach Art der Doppelsterne und mehrfachen Sterne ein System zu bilden scheinen.

Indessen ist ihre Entfernung und Ausdehnung so gross, dass wohl Jahrtausende nicht genügen, eine vollendete Umlaufsbewegung zu konstantieren, woraus sich auf ihr dem Gesetze der Gravitation entsprechendes Verhalten schliessen lassen könnte. Dagegen lassen sich indirekte Beweise hierfür beibringen.

Nach mechanischen Gesetzen ist zu erwarten, dass Dunstmassen von so geringer Dichtigkeit, wenn sie Achsendrehung besitzen sollten, nicht sphäroidisch sich gestalten, das heisst mit geringer Abplattung der Pole und geringer Anschwellung des Äquators, sondern linsenförmig, das heisst, dass Abplattung und Anschwellung sehr beträchtlich sein werden. Prüfen wir in dieser Richtung die Nebel, so sehen wir zwar, dass die einen kreisförmig, die anderen elliptisch, wieder andere pfriemenartig gestaltet sind; aber gerade hierin liegt ein Beweis der Gültigkeit unserer mechanischen Gesetze für die Materie der Nebel; denn diese drei Formen sind nur verschiedene Projektionen der Linsenform; — mit anderen Worten: die Linse erscheint je nach dem Standorte der Betrachtung in einer der drei angegebenen Formen. Wir haben also bei den kosmischen Nebeln Rotation mit centrifugaler Anschwellung der äquatorealen Teile und Verkürzung der Rotationsachse durch das Sinken der Pole, gemäss dem Gesetze der Schwere.

Die irdische Schwerkraft ist demnach übertragbar auf jene Urmaterie, aus der wir den Ursprung der Fixsternsysteme und unseres Sonnensystems ableiten.

III.

Die Gleichheit der kosmischen Stoffe.

———

ie Universalität des Gesetzes der Schwere für alle kosmische Materie, — dies ist das bedeutsame Resultat, zu dem die Astronomie gelangt ist. Bevor wir jedoch zu den ebenso bedeutsamen Folgerungen übergehen, die sich daraus ergeben, dürfte es am Platze sein, noch die weitere Frage aufzuwerfen, ob sich vielleicht eine solche Universalität auch noch bezüglich anderer Eigenschaften erweisen lässt, die wir an irdischen Körpern ohne Ausnahme erkennen und deren Übertragung auf die kosmische Materie uns vielleicht noch andere Phänomene des Himmels erklärbar machen könnte.

Ausser den Veränderungen des Ortes bemerken wir an den Gestirnen auch noch gegenseitige Unterschiede und Veränderungen des Lichtes in Bezug auf Farbe, Intensität und physikalische Zusammensetzung, und es erscheint umsomehr geboten, eine Erklärung derselben zu versuchen, als wir bezüglich der Gestirne lediglich auf Veränderungen des Ortes und des Lichtes beschränkt sind, so dass aller Fortschritt in der Astronomie mit dem Fortschritte dieser Untersuchung zusammenfällt.

Aber wie bezüglich der Bewegungs-Phänomene, so haben wir auch bezüglich der Phänomene des Lichtes keinen andern Weg der Erklärung, als den, die Eigenschaften des irdischen Lichtes vorerst hypothetisch auf das Licht der Gestirne zu übertragen und zu untersuchen, ob unter der Voraussetzung der Universalität dieser Eigenschaften die an Gestirnen bemerklichen Erscheinungen sich derart ableiten lassen, dass sie ohne Rest darin aufgehen. Die Hoffnung, auch in dieser Hinsicht die Identität irdischer und kosmischer Gesetze zu konstatieren, scheint sich schon aus dem Umstande zu rechtfertigen, dass wir bei Sonnen- und Mondfinsternissen die Flächen der Schatten und Halbschatten ganz irdischen Vorgängen analog zu bestimmen vermögen. Auch die Monde Jupiters und Saturns werden verfinstert, wenn sie in die Schatten ihrer Centralkörper treten, und wiederum zeigen sich auf diesen die Schatten ihrer Monde. Der Ring des Saturn wirft au diesen einen Schatten und wird umgekehrt von ihm beschattet.

Es ist nun in der That der modernen Wissenschaft nicht nur gelungen, auch bezüglich des Lichtes die Gleichheit irdischer und kosmischer Gesetze nachzuweisen, sondern es ist auch in dieser erweiterten Untersuchung die Frage nach dem Warum dieser Gleichheit in einer Weise gelöst worden, dass von nun an die Wissenschaft kein Bedenken mehr zu haben braucht, alle diejenigen Eigenschaften, welche irdischen Körpern ausnahmslos zukommen, auf alle Materie des Kosmos zu übertragen.

Die Universalität der Schwere, aus der auch die Universalität aller aus der Schwerkraft ableitbaren mechanischen Prinzipien folgt, giebt uns noch keinerlei Aufschluss über die materielle Beschaffenheit der Himmelskörper; denn die Schwere ist ganz allein abhängig von der Masse, und nicht von der Qualität der Materie. Quantitativ gleiche Massen üben die gleiche Anziehungskraft aus, mögen sie aus welchen Stoffen immer bestehen, aus Luft, Wasser, Metall etc. Ein Pfund Wolle ist ebenso schwer wie ein Pfund Eisen; die Gewichtsbestimmung besagt demnach nichts über die Natur der Körper. Welche andere Mittel haben wir nun noch, hierüber Aufklärung zu erlangen?

Die einzige Sprache der Sterne für uns ist ihr Licht, das noch aus unberechenbar weiter Ferne zu uns dringt, aber gleichwohl, wie die Schwere, mit dem Quadrat der Entfernung abnimmt. Dieses Verhältnis der Abnahme muss eben jeder Kraft eigentümlich sein, die, von einem Punkte ausgehend, nach allen Seiten geradlinig wirkt; auf immer grössere Räume sich verteilend, muss sie notwendig eine solche Abschwächung erfahren. Wenn aber trotz dieser

Abschwächung und trotz ihrer ungeheuren Entfernung die Fixsterne uns dennoch leuchten, so können wir in ihnen nur Quellen des intensivsten Lichtes erkennen, deren Anblick die Nerven unseres Auges nur dieser Entfernung wegen nicht verletzt, wie es das Licht der Sonne thut, und die nur darum uns keine fühlbare — wenngleich messbare — Wärme zusenden, gleich der Sonne, weil eben auch die Wärme mit dem Quadrate der Entfernung abnimmt.

Licht ist unzertrennlich von Wärme. Aber so alltäglich diese Phänomene sind, so hat doch erst die neuere Wissenschaft sie erklärt. Dass die Wärme nicht, wie man früher annahm, ein materieller Stoff ist, beweist ein einfaches Experiment: Ein in Sauerstoff verbrannter Metallkörper ist nach der Verbrennung genau um den gleichen Betrag schwerer, als der Sauerstoff an Gewicht verloren hat; er hat sich also nur mit dem Gase verbunden, aber nicht etwa noch weiter mit einem Wärmestoffe. Stoff zu Stoff gethan giebt immer mehr Stoff, und da alle kosmische Materie die Eigenschaft der Schwere besitzt, muss eine Vermehrung des Stoffes wägbar sein. Der hypothetisch angenommene Wärmestoff aber würde in unserem Experimente unwägbar sein; also ist Wärme keine Materie.

Wärme ist Bewegung. Sie ist nichts anderes als eine lebhafte Erschütterung der kleinsten Theile einer Materie, eine lebhafte Bewegung ihrer Moleküle. Es ändern sich also im Zustande der Wärme nur die räumlichen Beziehungen der atomistischen Einheiten des Körpers, der allgemeine Schwerpunkt der Masse dagegen bleibt in Ruhe, das heisst, der Körper ändert nicht seine räumliche Beziehung zu ausserhalb befindlichen Gegenständen. Je schneller die molekulare Bewegung der Einheiten eines Körpers, desto grösser die Wärme; bei hinlänglicher Geschwindigkeit dieser Bewegung aber wird die Wärme als Licht empfunden. Objektiv genommen ist also der Vorgang bei Wärme wie bei Licht der gleiche, und die durch die Natur des aufnehmenden Körpers bedingten Unterschiede sind subjektiver Art.

Wärme dehnt aus, das heisst erwärmte Körper ändern ihren
^----------------- wie etwa die Quecksilbersäule des Thermometers,
.rme Hand an den Kolben legen. Was wir aber

subjektiv als Licht empfinden, ist eine so lebhafte Bewegung der kleinsten Teile eines Körpers, dass derselbe nicht nur seinen Aggregatzustand ändert, sondern auch noch das Band der chemischen Attraktionskräfte gelockert wird. Wärme, die mit Lichtentwicklung verbunden ist, muss demnach so bedeutend sein, dass Auflösung chemischer Verbindungen dabei stattfindet. Je grösser die Wärme, je stärker also das Licht, desto mehr chemische Verbindungen lösen sich auf, die bei geringerer Wärme noch widerstanden haben. Es muss uns also das Licht Aufschluss geben über die chemischen Attraktionskräfte, das heisst über die chemische Beschaffenheit des Körpers, von dem es ausgesendet wird.

Der Lichtstrahl erscheint farblos und würde eine uns unverständliche Sprache reden, hätten wir es nicht in der Hand, ihn in seine Bestandteile zu zerlegen und hiernach die chemische Qualität der Lichtquelle zu bestimmen. Diese Zerlegung geschieht durch das Prisma. Wie der ins Wasser getauchte Stock uns gebogen erscheint, weil Lichtstrahlen, welche durch Wasser hindurchgehen, in anderer Richtung abgelenkt werden als in der Luft, so findet auch eine Ablenkung von der ursprünglichen Richtung statt beim Übergang eines Strahles aus der Luft durch Glas, weil Licht durch die Luft schneller als durch Glas sich bewegt. Die Geschwindigkeit der Fortpflanzung ist bei jedem Durchgangsmedium verschieden, und das Verhältnis der Geschwindigkeiten in verschiedenen Medien bestimmt den Brechungsbetrag beim Übergange. Qualitativ verschiedene Lichtstrahlen oder Bestandteile eines Lichtstrahles werden aber in verschiedenem Betrage abgelenkt, und zwar derart, dass die Reihenfolge der Regenbogenfarben — Rot, Orange, Gelb, Grün, Blau, Indigo, Violett — zugleich die Reihenfolge in der Stärke der Ablenkung bezeichnet. Mit der Richtungsänderung eines Lichtstrahles ist demnach sein Zerfall in die prismatischen Farben verbunden. Rote Strahlen erfahren die geringste, violette die stärkste Ablenkung. So kommt es, dass ein Lichtstrahl, wenn er ein Prisma passiert, eine andere Richtung gewinnt, und nicht mehr als einfache helle Linie erscheint, sondern als eine gegen die frühere Richtung verschobene ausgebreitete Fläche von verschiedenen Farben. Wenn man die durch das Prisma erzeugten Farben abermals durch ein Prisma leitet, so werden sie nicht weiter zerlegt; sie sind also einfache homogene Farben, Grün z. B. keine Mischung von Blau und Gelb. Vereinigt man dagegen die prismatischen Farben durch eine Sammellinse, so erhält man wieder weisses Licht.

Das prismatische Farbenbild nennt man Spektrum. Qualitativ verschiedene Lichtstrahlen erzeugen aber verschiedene Spektra. Während also der verbundene Strahl eines Sternes für uns stumm ist, redet der zerlegte eine sehr verständliche Sprache. Wir brauchen nur die Farbenbilder der Lichtstrahlen der Gestirne mit jenen irdischer Stoffe zu vergleichen, so wissen wir auch, ob die ausstrahlenden Körper chemische Elemente gemeinsam haben oder nicht.

Die Spektra der irdischen chemischen Elemente sind sehr verschieden, das heisst sie zeigen in der Zerlegung eine verschiedene Anzahl von Linien an. Während zum Beispiel Eisen mehr als 600 Linien zeigt, zerfällt der Strahl von erhitztem Lithiondampf nur in die Linien Rot und Orange, und giebt Natrondampf nur eine helle gelbe Linie. Anzahl, Lage und Farbe dieser Linien sind aber für jede Substanz charakteristisch verschieden und unveränderlich. Bei der Untersuchung der Spektra der Gestirne hat sich übrigens herausgestellt, dass manche derselben in den verschiedenen Farben sehr feine, dunkle vertikale Linien zeigen, über deren Bedeutung Kirchhoff uns Aufschluss erteilt hat. Lässt man nämlich einen Lichtstrahl der Sonne durch einen Spalt auf das Prisma fallen, so jedoch, dass der Strahl unterwegs, zwischen Spalt und Prisma, eine Lithionflamme passieren muss, so erscheint im Spektrum eine dunkle Linie mehr, als sonst im Sonnenspektrum zu finden ist; sperrt man sodann den Sonnenstrahl ab, sodass der Lithionstrahl allein das Prisma passiert, so zeigt sich die helle Lithionlinie genau an derselben Stelle, wo vorher die dunkle Linie lag. Der Sonnenstrahl verliert also, durch Lithion hindurchgehend, eben den im Lithion liegenden Bestandteil. Das Durchgangsmedium eines Lichtstrahles absorbiert von diesem die Strahlen von der gleichen Brechbarkeit, die es selbst hat, also eben jene Bestandteile, welche das Medium, wenn erhitzt, selber ausstrahlt. Das Ausstrahlungsvermögen und das Absorptionsvermögen betrifft die gleichen Strahlen. Dunkle Linien im allgemeinen zeigen also das Vorhandensein eines Durchgangsmediums an, und durch die Lage und Verteilung der dunklen Linien deutet der Strahl gleichsam mit dem Finger darauf, dass dieses oder jenes Element im Medium enthalten sei.

Diese sogenannten Frauenhoferschen Linien werden also durch Gase erzeugt, die entweder in der Atmosphäre der Sonne oder in der unserer Erde vorhanden sein müssen. Die Vergleichung irdischer Spektra mit dem der Sonne hat nun ergeben, dass die dunklen Linien des letzteren zusammenfallen mit den Linien von Natron, Eisen, Titan, Magnesium etc. — Elemente, die sich in unserer Atmosphäre nicht finden, im leeren Raume, der uns von der Sonne trennt, schon wegen des Mangels der für ihr gasförmiges Auftreten notwendigen Temperatur nicht vorhanden sein können, welche demnach in der Atmosphäre der Sonne liegen müssen. Diese Atmosphäre besitzt also eine so hohe Temperatur, dass Eisen darin bis zur Gasform verflüchtigt wird.

Eine andere Verschiedenheit der Spektra besteht darin, dass bei manchen die Farben ganz allmählich ineinander übergehen, also ein kontinuierliches Spektrum bilden, worin nur je nach den Durchgangsmedien dunkle Linien verteilt sind, während andere nicht kontinuierlich sind, oder aus einzelnen hellen Linien bestehen. Erstere gehören festen oder glühend flüssigen Körpern an, letztere verdünnten glühenden Gasen. Das Spektroskop verrät uns also nicht nur die chemischen Elemente des ausstrahlenden Körpers, sondern auch den Aggregatzustand desselben. Die Sonne giebt ein kontinuierliches Spektrum, d. h. sie ist als ein glühender, starrer oder flüssiger Körper zu betrachten; da aber dieses Spektrum von zahlreichen dunklen Linien senkrecht durchzogen, d. h. ein sogenanntes Absorptionsspektrum ist, so muss dieser glühende Körper umhüllt sein von glühenden Dämpfen. An sich würden dieselben helle Linien erzeugen; indem aber diese Dämpfe die korrespondierenden Strahlen des Centralkörpers, d. h. jene von gleicher Brech-

barkeit, also Qualität, absorbieren, werden ihre hellen Linien in
dunkle verwandelt.

Als dagegen Huggins im Jahre 1864 den Nebel 4374 des
Herschelschen Katalogs um seine Bestandteile befragte, erhielt
er von diesem ein kurzes und bündiges Farbentelegramm: drei
helle Linien auf dunklem Grunde. Die erste Linie deutete durch
ihre Lage Stickstoff an, die zweite Wasserstoff, während die dritte
mit keiner von irdischen Elementen zusammenfiel, also einen uns
unbekannten Stoff verriet. Wenn Stickstoff und Wasserstoff durch
Elektricität glühend gemacht werden, zeigen sich nun allerdings noch
andere Linien, als welche im Spektrum dieses Nebels sichtbar waren;
aber der Versuch hat dargethan, dass diese Linien nach und nach
verschwinden, je weiter man diese Gase von der Spalte des Spektrums
entfernt, und dass schliesslich nur diejenigen beiden Linien übrigbleiben, die auch im Spektrum des erwähnten Nebels sich zeigten.
Es war dieses Spektrum ein nicht kontinuierliches; das Telegramm
enthielt also die Nachricht, dass der Nebel im Zustande der Gasform
sich befinde. Damit aber war jene Urmaterie, welche die
Astronomen bis dahin nur hypothetisch vorausgesetzt
hatten und deren Auffindung als empirischer Beleg für die
Richtigkeit der Nebularhypothese erhofft wurde, nun
wirklich entdeckt. Kant und Laplace dachten sich das
Sonnensystem entstanden aus einem ursprünglichen Gasballe, und
die Spektralanalyse hat den Beweis geliefert, dass in anderen Regionen solche Gasbälle in der That vorhanden sind, die sich nach
mechanischen Gesetzen in Sonnensysteme verwandeln müssen.

Wie also die Mechanik durch die Entdeckung der Gravitation
ihre kosmische Erweiterung erfahren hat, so die Experimentalphysik
durch die Spektralanalyse, welche beweist, dass die kosmische Materie
von der gleichen Natur und den gleichen Gesetzen unterworfen ist,
wie die irdische.

Die Resultate, die wir dem Spektroskope noch verdanken
werden, lassen sich gar nicht absehen. Schon jetzt, nachdem man
kaum begonnen, sich dieses ebenso einfachen, wie merkwürdigen
Instrumentes zu bedienen, hat es uns bereits so bedeutende Dienste
geleistet, dass wir über die chemische Beschaffenheit der Gestirne

besser orientiert sind, als über ihre Bewegungen. Es hat sich herausgestellt, dass unsere irdische Atmosphäre fast gar keinen absorbierenden Einfluss auf das Licht der Fixsterne ausübt, und dass diese, bei grosser chemischer Verwandtschaft mit der Sonne, gleich letzterer aus einem glühenden Kerne bestehen, dessen Licht durch ihre Atmosphäre teilweise absorbiert wird. Ihre Spektra zeigen je nach der Himmelsregion, der sie angehören, grosse Übereinstimmung unter sich, sodass also räumliches Nebeneinander der Gestirne auch auf bedeutendere stoffliche Verwandtschaft schliessen lässt, während die geringen wirklichen Verschiedenheiten derselben aus der verschiedenen Zusammensetzung und Tension ihrer respektiven Atmosphäre entspringen. Aber auch Veränderungen in den Spektren der Gestirne sind nachgewiesen worden, welche nur sehr heftigen physikalischen oder chemischen Vorgängen auf denselben entsprechen können.

Die Anwesenheit von Stickstoff und Wasserstoff in den gasförmigen Nebeln, und verschiedener anderer Stoffe in den Fixsternen, begründet also die stoffliche Verwandtschaft derselben mit der Sonne und der Erde. Um nur an einzelnen Beispielen die Resultate derartiger Untersuchungen anzuführen, so findet man im Spektrum von Beteigeuze (α Orionis) Eisen, Wismut, Wasserstoff, Natrium, Calcium, Thallium, Stickstoff, Gold, Magnesium; in Arktur (α Bootis) wurden nachgewiesen: Wasserstoff, Natrium, Calcium, Magnesium, Eisen und Chrom; Aldebaran (α Tauri) zeigt an: Wasserstoff, Natrium, Calcium, Magnesium, Eisen, Wismut, Tellur, Antimon und Quecksilber; Pollux (γ geminorum) enthält: Wasserstoff, Calcium, Magnesium, Natrium und Eisen.

Es ist bereits erwähnt worden, dass die Anwesenheit von Stickstoff und Wasserstoff in den Spektren gasförmiger Nebel nicht aus dem diesen Stoffen entsprechenden vollständigen Farbenbilde erkannt wird, sondern nur aus je einer Linie derselben, während die übrigen Linien wohl nur darum unsichtbar bleiben, weil sie zu schwach sind, um vom dunklen Grunde sich abzuheben. So kann es aber auch sein, dass andere Stoffe ihre Anwesenheit gar nicht verraten, weil ihr Licht entweder zu geringe Kraft besitzt oder bei so ungeheuerer Wanderung uns gar nicht mehr erreicht, das heisst in der

Fortpflanzung durch den Raum absorbiert wird, wobei jedoch nicht alle Bestandteile des Strahles die gleiche Absorption erfahren. Es fällt also wohl in keinem Spektrum die Anzahl der sich kundgebenden Stoffe mit der wirklichen Anzahl derselben zusammen. Wenn daher viele Fixsterne grosse Gemeinsamkeit der Stoffe mit der Sonne nachweisen, so ist daraus auf Abwesenheit der übrigen Sonnenelemente noch nicht zu schliessen; denn die Vollständigkeit des Spektrums entspricht der optischen Intensität des Glanzes, die ihrerseits abhängig ist von der räumlichen Entfernung des Gestirns und seiner wirklichen Emissionskraft. Die hellen Linien im Farbenbilde der gasförmigen Nebel sind vielleicht nur die lichtstärksten Linien derselben, und mit schärferen Instrumenten lassen sich möglicherweise noch andere Stoffe vom dunklen Grunde des Spektrums ablesen. Es scheint zudem auch die Tension der Gase von Einfluss auf ihr Spektrum zu sein; denn ihre Linien verbreitern sich bei höherem Drucke und verlieren dabei ihre scharfe Begrenzung, sodass das Fehlen mancher Linien vielleicht nur einem zu geringen Drucke der Gase zuzuschreiben ist.

Aus alledem geht hervor, dass wir wahrscheinlich nur der relativen Nähe der Sonne den Reichtum ihres Spektrums zu verdanken haben, sodass eine überraschende Zahl irdischer Elemente sich darin nachweisen lässt, während die bezügliche Armut in den Spektren anderer Fixsterne, bei welchen mit zunehmender Ferne die Anzahl der Linien sich zu verringern scheint, nur als Unvollständigkeit der Bilder zu deuten sein möchte.

Man hat im Spektrum der Sonne über 5000 dunkle Linien gezählt, und zwar unabhängig von dem Stoffe, aus welchem das Prisma besteht; manche früher für einfach gehaltene Linien haben sich bei Anwendung stärkerer Instrumente als doppelte und mehrfache ergeben, und Cooke, der einen grossen Apparat von neun Kohlenstoffprismen anwendete, fand so viele Linien, dass er ihre Anzahl nicht zu schätzen wagte. Erinnert man sich nun, dass dunkle Linien dann entstehen, wenn ein Lichtstrahl eine Atmosphäre passiert, welche gleiche Bestandteile enthält, und dass, da die Farbenreihe eine ganz bestimmte ist, durch die blosse Lage einer dunklen Linie gleichsam der Stoff benannt wird, der im ausstrahlenden Körper und in seiner Atmosphäre gleichzeitig vorhanden ist, so erhellt, dass dunkle Linien ebenso bezeichnend sind wie farbige. Ja, es sind dunkle Linien insofern sogar belehrender, als wir durch dieselben gleichzeitig über die Natur der Sonne und ihrer Atmosphäre belehrt werden, während farbige Linien uns nur einseitigen Aufschluss geben. Freilich ist auch noch die irdische Atmosphäre als Durchgangsmedium für den Sonnenstrahl anzusehen, und sie scheint nicht ganz ohne Einfluss zu sein. Manche dunkle Linie erscheint um so schwärzer, je tiefer die Sonne am Himmel steht, d. h. je länger der Weg ist, den ihr Strahl durch die irdische Atmosphäre zurückzulegen hat. Gleichwohl ist dieser Einfluss kein bedeutender, und es ist auf keinen Fall gestattet, alle dunklen Linien im Sonnenspektrum der irdischen Atmosphäre zuzuschreiben; wäre nämlich diese die Ursache, so müssten alle Spektra der Fixsterne in Anzahl und Lage dunkler Linien übereinstimmen, was nicht der Fall und nur daraus zu erklären ist, dass die Fixsterne verschiedene Atmosphären besitzen. Dies aber ist ein wichtiger Beleg dafür, dass die Sterne in verschiedenen Stadien der Entwicklung sich befinden.

Für die Übereinstimmung irdischer und kosmischer Stoffe hat die Spektralanalyse durch Untersuchung des Sonnenballes sehr gewichtige Beweise geliefert. Es ist in unserer Sonne nachgewiesen worden die Anwesenheit von Eisen, Magnesium, Chrom, Nickel, Kobalt, Barium, Kupfer, Zink, Mangan, Wasserstoff, Titan, Calcium, Schwefel, Cer, Natrium, Strontium, Erbium, Lanthan, Rubidium, Iridium, Cadmium, Chrom, Uran, Blei etc. Dagegen fehlen Gold, Silber und Quecksilber. Vielleicht lässt sich aus diesem Mangel der Schluss ziehen, dass diese Elemente zusammengesetzter Natur sind, wie es das ganze Mittelalter hindurch geglaubt wurde, und dass die Bedingungen für die chemische Verbindung ihrer Bestandteile in der heissglühenden Sonnenatmosphäre fehlen, während das Vorhandensein der übrigen chemischen Elemente die einfache Natur derselben wenigstens als wahrscheinlicher erscheinen lässt. Vielleicht würde sogar die Mehrzahl der chemischen Elemente, die wir als einfache Stoffe betrachten, bei Temperaturen, welche zu erzeugen wir nicht imstande sind, in ihre Bestandteile zerlegt werden; ja, man kann sich des Gedankens kaum erwehren, dass die Anzahl ihrer Bestandteile mindestens der ihrer Farbenlinien im respektiven Spektrum gleichkommen müsse. Denn dass in der That bei ausserordentlichen Temperaturen Stoffe verflüchtigt und zerlegt werden, die bei geringerer Temperatur chemische Verbindungen eingehen, wird durch die Thatsache bestätigt, dass, wenn das Spektroskop auf Sonnenflecken gerichtet wird, einzelne Linien eine Verbreiterung erfahren und neue Linien auftreten. Dies kann aber bei der nachweisbar geringeren Temperatur der Flecken nur darin seinen Grund haben, dass in der über denselben liegenden abgekühlteren Atmosphärenschicht chemische Verbindungen vorübergehend einzutreten vermögen. Die gewaltigen Vorgänge im Sonnenball lassen eben auch bezüglich seines Spektrums zeitenweise Veränderungen erwarten.

Die chemische Verwandtschaft der Sonne mit der Erde ist also so sehr konstatiert, dass man bisher nur eine Substanz im Sonnenspektrum gefunden hat, die mit keiner irdischen korrespondiert und den Namen Helium erhalten hat.

So hat also die Spektralanalyse in alle Erwartung übertreffender Weise die Gleichheit der allgemeinen Eigenschaften der Materie bestätigt, — jene Hypothese, welche zuerst Newton in Bezug auf die Eigenschaft der Schwere aufzustellen gewagt hat. Bis in die Region der Fixsterne und Nebelflecke ist diese Gleichheit irdischer und kosmischer Stoffe begründet worden. Wir sind demnach berechtigt, nun auch die Gleichheit der Gesetze gerade so weit auszudehnen, als diese aus der Gleichheit der Stoffe folgt; denn die besondere Art gesetzmässiger Wirksamkeit einer Materie ist unmittelbarer Ausfluss aus ihrer chemischen Beschaffenheit.

Bisher mussten wir zugestehen, dass astronomische Forschungen nur im Falle der Universalität irdischer Gesetze von Erfolg begleitet sein können, und es ergab sich, dass wir nicht anders können, als bei allen Erscheinungen des Himmels wenigstens hypothetisch eine Eigenschaft irdischer Materie zu Grunde zu legen und sodann zu versuchen, die Erscheinungen daraus abzuleiten. Nun aber, da wir die Universalität der chemischen Stoffe erkannt haben, aus der ihr gleichmässiges Wirken unmittelbar folgt, nun stellt sich heraus, dass, wenn es sich um Erklärung der Phänomene der Gestirne handelt, wir nicht anders dürfen, als eine entsprechende Eigenschaft irdischer Materie zu Grunde zu legen; denn das gesetzmässige Wirken der Materie ist dieser keineswegs nur äusserlich angeklebt und unabhängig von ihrer Qualität, sondern entspringt aus ihrer Wesenheit, aus ihrer chemischen Natur; gleichmässige molekulare Beschaffenheit zieht gleichmässige Kräfte unmittelbar nach sich. Die Qualität der Stoffe bestimmt ihr Verhalten zu einander, und dieses spricht sich eben in den Gesetzen auf eine bestimmte Weise aus. Die Gesetze und die Stoffe des Kosmos können daher nur begrifflich getrennt werden.

Gleichheit der Stoffe bedeutet demnach Gleichheit der Kräfte, die allüberall in gesetzmässiger Weise sich äusserlich kundgeben. Wie den Bewegungen der Gestirne müssen wir also auch ihren Licht-Phänomenen irdische Kräfte zu Grunde legen.

Alle elementaren Kräfte sind nach den Anschauungen der modernen Physik bewegende Kräfte, d. h. sie beruhen auf Bewegungen der Materie oder des Alles durchdringenden Äthers. Auch das Phänomen der Farbe, ein lediglich subjektives, von der Beschaffenheit unserer Sinne abhängiges Phänomen, beruht, objektiv genommen, auf schwingenden Bewegungen. Wie der Schall auf Schwingungen der Luft, so beruht das Licht auf Schwingungen des Äthers. Und wie das Ohr eingerichtet ist, die ihm zukommende Empfindung durch eine unbewusste kausale Funktion auf eine bestimmte Anzahl von Luftschwingungen zu beziehen und hiernach Höhe und Tiefe der Töne zu unterscheiden, so empfindet das Auge die wechselnde Anzahl der Ätherschwingungen in gleichen Zeiten als Farbenunterschiede. In der Reihe der Regenbogenfarben — Rot, Orange, Gelb, Grün, Blau, Indigo, Violett — nimmt die Schnelligkeit, womit die Schwingungen aufeinanderfolgen, von Rot bis Violett ungefähr gleichmässig zu und ist bei Violett ungefähr noch einmal so gross als bei Rot. Schwingungen, welche langsamer geschehen als bei Rot, oder schneller als bei Violett, werden vom Auge nicht mehr wahrgenommen, gleichwie auch das Ohr nur innerhalb bestimmter Grenzen der Schwingungszahlen Töne vernimmt. Das Ohr empfindet Luftschwingungen als Ton, wenn deren mindestens 20 und nicht mehr als 30—40 Tausend in der Sekunde stattfinden. Ätherschwingungen, von welchen 470—760 Billionen auf die Sekunde treffen, wirken auf den Sehnerven; bei beträchtlich kleinerer Schwingungsanzahl wird nur das Gefühl der Wärme hervorgerufen, bei beträchtlich grösserer noch chemische Wirkung auf photographisches Papier erzielt.

Es bedarf wahrlich nicht mehr, als der Vorstellung, dass der Lichtstrahl eines entlegenen Fixsternes, wenn er nach jahrtausendlanger Wanderung die Netzhaut unseres Auges trifft, durch Übertragung seiner Bewegung auf diese Netzhaut sie erregt, um den innigen Zusammenhang aller Erscheinungen des Kosmos und die Gleichmässigkeit gesetzmässigen Wirkens aller Materie zu erkennen.

Das Spektroskop scheint bestimmt zu sein, sogar eine rein astronomische Aufgabe zu lösen, welche auf anderem Wege zu lösen kaum gelingen wird, nämlich die Berechnung der Eigenbewegung der Fixsterne. Die astronomische Beobachtung kann solche Eigenbewegung nur für solche Gestirne konstatieren, welche an unserem Auge vorüberziehen, d. h. deren Bewegung in einer zur Gesichtslinie ungefähr senkrechten Richtung geschieht, nicht aber für Gestirne, welche in der Richtung dieser Gesichtslinie selbst sich bewegen, sei es gegen uns, oder von uns weg. Aber eben diese astronomisch unkontrollierbare Bewegung verrät das Spektroskop. Wenn ein Strahl von einer Lichtquelle ausgeht, die nicht in Ruhe, sondern in Bewegung ist, so muss die Aufeinanderfolge der Lichtschwingungen rascher oder langsamer vor sich gehen, je nachdem sich die Lichtquelle nähert oder entfernt. Da nun der Ablenkungsbetrag durch das Prisma abhängig ist von der Fortpflanzungsgeschwindigkeit, so muss bei beweglicher Lichtquelle die Ablenkung eine andere sein, als bei in Ruhe befindlicher; die Bewegung muss sich durch Verschiebung der Linien kundgeben. Man hat z. B. beobachtet, dass die Linie F des Sonnenspektrums in der Nähe eines Sonnenfleckes nicht, wie die übrigen dunklen Linien, gerade, sondern an einigen Stellen nach rechts oder links ausgebogen, also gewunden erscheint. Diese durch Wasserstoff hervorgerufene Linie zeigt daher die Bewegung des Wasserstoffgases in der Atmosphäre der Sonne an. Hebt sich nun ein solcher Gasstrom gegen die Erde, so kommt dieses in der Wirkung einer Vermehrung, bei Senkungen einer Verminderung der Geschwindigkeit seines Lichtes gleich, es wird somit anders gebrochen. Wenn also diese Linie nach dem Violett des Spektrums ausbiegt, so beweist dieses eine Hebung, biegt sie gegen Rot aus, eine Senkung des Wasserstoffes. Die Grösse der Ausbiegung aber verrät den Betrag der Bewegung und man hat in dieser Weise mehrmals eine solche von 8—25 Meilen für den aufsteigenden oder niederstürzenden Gasstrom gefunden; und während für eine bestimmte Stelle des Sonnenrandes das Spektrum einen gegen die Erde gerichteten Gasstrom anzeigte, ergab sich an einer 340 Meilen davon entfernten andern Stelle des Sonnenrandes ein mit gleicher Geschwindigkeit von der Erde sich entfernender Gasstrom, woraus auf einen gewaltigen Wirbelsturm von 340 Meilen Durchmesser geschlossen werden konnte.

Nach diesem Prinzip hat Zöllner sein sogenanntes Reversionsspektroskop hergestellt, um die Eigenbewegung der Fixsterne zu bemessen. Bei diesem Instrumente sind zwei Prismensysteme in entgegengesetzter Lage übereinandergelegt, so dass zwei Spektra mit entgegengesetzter Reihenfolge der Farben übereinander erscheinen. Hat man nun die Vorrichtung getroffen, dass eine bestimmte Linie des einen Spektrums in der Verlängerung der korrespondierenden Linie des andern Spektrums liegt, so wird bei vorhandener Bewegung des Gestirns diese Linie in dem einen Spektrum nach rechts, in dem andern nach links rücken, und das Mass dieser Abweichung enthüllt einen bestimmten Betrag der Bewegung, der leicht zu bestimmen ist, weil sich das Experiment auch an Spektren der Planeten vornehmen lässt, deren Bewegungselemente genau bekannt sind, und weil die ebenfalls bekannte Bewegung der Erde immer in Anschlag gebracht werden kann.

In dieser Weise hat z. B. Vogel den Stern α Lyrae geprüft und eine Bewegungsgeschwindigkeit von 11 Meilen in der Sekunde gefunden; desgleichen ergab sich für α Aquilae eine solche von 10 Meilen. Der Orionnebel verriet bei gleicher Prüfung eine Geschwindigkeit von 3 Meilen in der Sekunde in einer von uns abgekehrten Richtung. Nach Huggins, der ebenfalls die Bewegung der Erde in Abzug brachte, ergiebt sich, dass Arktur mit einer Geschwindigkeit von 11, Wega von 10, Daneb von 7,8, Pollux von 9,8 geographischen Meilen sich der Sonne nähern; dagegen entfernt sich Sirius von der Sonne mit einer Geschwindigkeit von 4, Beteigeuze von 4,4, Rigel von 3, Castor von 5, Regulus von 4,5 geographischen Meilen.

Das Zöllnersche Reversionsspektroskop bietet auch noch den weiteren Vorteil einer genaueren Bestimmung der chemischen Beschaffenheit der Gestirne, indem die tellurischen, von der Atmosphäre der Erde herrührenden Linien vermöge ihres Stillstandes von jenen mit seitlicher Abweichung, die eine Bewegung des Fixsternes andeuten, sich unterscheiden lassen.

Es ist also gegründete Hoffnung vorhanden, dass das Spektroskop mit der Zeit zu einem Instrumente sich entwickeln wird, das uns gleich wertvolle Aufschlüsse geben wird über die chemische Natur der Himmelskörper, wie über ihre Ortsbewegung.

IV.

Der Kreislauf der Welten.

1. Die Verwandlung kosmischer Nebel in Sternhaufen.

Die Gleichheit der irdischen und kosmischen Gesetze, begründet durch die Gleichheit der irdischen und kosmischen Stoffe, — dies ist die aus empirischen Thatsachen gewonnene feste Basis der modernen Astronomie. Mit dieser Erkenntnis ist die Frage, ob die Erscheinungen des Himmels dem Menschengeiste zugänglich sind, und eine wissenschaftliche Erklärung derselben möglich ist, in bejahendem Sinne beantwortet. Es ist damit der Wissenschaft nicht nur die Erlaubnis, sondern die Verbindlichkeit zuerkannt, alle Phänomene des Kosmos nach Analogie irdischer Vorgänge zu erklären. Die Physik der Erde ist damit zur Physik des Kosmos erweitert worden.

Wenn die frühere Astronomie, indem sie die der irdischen Materie zukommende Eigenschaft der Schwere auf die kosmische Materie übertrug, hierdurch nur die Ortsbewegungen der Gestirne zu erklären vermochte, so hat die moderne Astronomie, indem sie die Universalität noch weiterer Eigenschaften der Materie erkannte, hierdurch den Schlüssel zur Erklärung auch der übrigen Veränderungen der Gestirne, abgesehen von ihren Ortsbewegungen, gefunden, und es erfreuen sich gerade in unseren Tagen die Untersuchungen über die physische Beschaffenheit der Gestirne, hauptsächlich seit Entdeckung der Spektralanalyse, des besten Erfolges. Die Astrophysik, als Vereinigung der Physik und Chemie mit der Astronomie zu höherer Einheit, wird, indem ihr alle Errungenschaften dieser Einzelwissenschaften zugute kommen, mit der Zeit den gleichen Aufschwung erfahren, den diese genommen haben.

Die Erkenntnis von der wesentlichen Gleichheit irdischer und kosmischer Vorgänge ist von der höchsten Bedeutung. Sie bedeutet nicht weniger, als dass die Wissenschaft hierdurch in den Stand gesetzt ist, die Geschichte des Kosmos in Richtung der Vergangenheit wie der Zukunft zu konstruieren, und zwar in einer Weise, dass sich dieselbe weit über die Bedeutung einer blossen Hypothese erhebt.

Wir sehen die Materie des Himmels in unterschiedlichen Zuständen befindlich; wir wissen, dass sie den irdischen Gesetzen unterworfen ist, und dass hiernach ihre Wandlungen bestimmt werden; wir sind demnach berechtigt, die verschiedenen Erscheinungsformen, wie sie räumlich nebeneinander am Himmel sich darstellen, als zeitliche Folgezustände, als verschiedene Entwicklungsphasen anzusehen, welche alle kosmische Materie nacheinander durchlaufen muss. Die uns bekannten irdischen Naturgesetze aber sind es, mit Hilfe welcher wir die Reihenfolge dieser Entwicklungsphasen festzustellen haben. Indem wir also jene Urmaterie, die uns in den kosmischen Nebeln empirisch gegeben ist, zum Ausgangspunkt nehmen für alle weiteren Veränderungen, müssen wir versuchen, die ganze reiche Fülle der Erscheinungen des Himmels daraus abzuleiten und derart aneinanderzureihen, dass hieraus eine nach naturwissenschaftlichen Prinzipien mögliche Geschichte des Kosmos, frei von inneren, physikalischen Widersprüchen, resultiert. Wenn sich aber sodann aus der einfachen Voraussetzung einer den irdischen Gesetzen unterworfenen Urmaterie theoretisch eine Verfassung der Dinge ableiten lässt, wie sie beispielsweise durch unser Sonnensystem repräsentiert wird, und wenn zudem in der theoretisch gefundenen Reihenfolge der Zustände der Urmaterie alle Glieder vertreten sind, die als empirische Erscheinungen am Himmel zu erkennen sind, dann verleiht diese Übereinstimmung der in apriorischer Konstruktion gefundenen Glieder mit den empirisch gefundenen der anfänglichen Hypothese den höchsten Grad von Wahrscheinlichkeit, und wir werden genötigt, alle unterschiedlichen

Erscheinungsformen der kosmischen Materie am Himmel, in die rich
tige Reihenfolge gestellt, auseinander abzuleiten, so dass dieselben
gleichsam als Petrefakte aus der Geschichte unseres eigenen Systems
angesehen werden können, oder zukünftige Zustände kundgeben,
welchen dieses entgegentreibt.

In den Nebelflecken, Nebelsternen, Sternhaufen, im Auflodern
neuer Sterne etc. erzählt uns der Himmel die wichtigsten Kapitel
aus der Geschichte des grossen Fixsternsystems, dem wir angehören,
während die Erscheinung veränderlicher und verschwindender Sterne
uns Epochen aus jener fernen Zukunft verkündet, der unser Sonnenball im Raume entgegenrollt.

Die kosmischen Nebel sind von verschiedener Natur. Viele
derselben lassen sich nämlich teleskopisch auflösen, das heisst, während sie dem Auge als matter Schein sich darstellen, zerfallen sie,
durch das Teleskop. gesehen, in ein so dichtes Gewimmel von
Sternen, dass bei einem scheinbaren Durchmesser des Nebels von
einem Zehntel der Mondscheibe die Zahl der ihn bildenden Sterne
annähernd auf 20 000 geschätzt wird. Dagegen ist von anderen
Nebeln die gasförmige Natur durch die Spektralanalyse unzweifelhaft festgestellt worden. Nur diese wirklichen Nebel, nicht die
bloss optischen, sind es, die wir zum Ausgangspunkt unserer Untersuchung nehmen können, und da ihre Materie bis zum höchsten
Grade der Verdünnung verflüchtigt erscheint, so ist die einzig
zulässige Annahme die, dass wir uns diese Urmaterie allen physikalischen Gesetzen unterworfen denken, welche für leicht verschiebbare irdische Materie, sei es gasförmige oder flüssige, Geltung
haben. Indem wir aber sodann bei jeder weiteren theoretisch sich
ergebenden Veränderung in der Struktur und physikalischen Beschaffenheit auch die Geltung anderer physischer Gesetze in Anspruch nehmen, welche einer so gestalteten Materie entsprechen
und immer jene höchsten Generalisationen und allgemeinsten Er-
klärungsformeln der Naturwissenschaft in Anwendung bringen, nämlich die Erhaltung der Kraft und die Umwandlung der Kräfte bei
...ischen Vorgängen, müssen bei richtiger Anwendung dieser Prinzipien alle Erscheinungsformen der kosmischen Materie aus den
gasförmigen Nebeln, als ihrem Ursprung, sich ableiten lassen.

Die unregelmässig gestalteten Nebel von unbestimmter Begrenzung, die runden und linsenförmigen Nebel, die von Ringen umgebenen Nebel, die Spiralnebel, die planetarischen Nebel, d. h. solche, deren Licht bei scharf ausgeprägter Kreisform oder Linsenform gleichmässig über die ganze Scheibe verbreitet ist, ferner die Nebelsterne, d. h. Nebel, in deren Centrum ein glänzender Verdichtungskern sich zeigt, die Nebel mit zahlreichen glänzenden Verdichtungscentren und endlich die Sternhaufen, die nur optisch genommen als Nebel zu bezeichnen sind — alle diese Gebilde repräsentieren nur verschiedene Altersstufen in der Entwicklung der kosmischen Materie, und die Naturwissenschaft hat zu bestimmen, in welcher Reihenfolge diese verschiedenen Gebilde aneinander zur Kette zu fügen sind.

Alle Lehrsätze der Physik über die Bewegung der Körper von leicht verschiebbarer Materie müssen also auf die gasförmigen Nebel angewendet werden, wenn wir die Eigenschaft der Schwere auf die Materie derselben übertragen. Es müssen demnach in diesen Gebilden von ausserordentlich geringer Dichtigkeit und schwachem Zusammenhange Bewegungen nach verschiedenen Anziehungsmittelpunkten entstehen, während gleichzeitig diese Anziehungscentren samt der um dieselben sich anlagernden Materie der Anziehung des gemeinschaftlichen Schwerpunktes unterliegen, wie etwa ein irdischer Nebel, schon während er sich zur Erde senkt, sich zu einzelnen Tropfen verdichtet. Nach mechanischen Gesetzen müssen aber diese Verdichtungskerne, da sie nicht im leeren Raume sich niederschlagen, sondern durch ein widerstehendes Medium sich bewegen, krummlinige Bahnen gegen den allgemeinen Schwerpunkt beschreiben und allmählich in Achsendrehung übergehen.

Man braucht nur die verschiedenen Gestalten der Nebel zu betrachten, um zu erkennen, dass auch hier die Prinzipien der Mechanik diese ursprünglich strukturlos und chaotisch ausgebreiteten Stoffe allmählich in Gestaltungen von immer ausgeprägterer Bestimmtheit überführen. In manchen Fällen ist freilich die unregelmässige Gestalt nur eine optische, eine Wirkung der Perspektive, indem mehrere Nebel, die für unser Auge in die gleiche Gesichtslinie fallen, mögen sie nun systematisch verbunden oder auch zu-

sammenhangslos sein, in unregelmässiger Form erscheinen müssen;
bei anderen wiederum ist die unregelmässige Gestalt mit unbestimmter Abgrenzung eine wirkliche. Bei diesen nun muss der
langsame Kondensationsprozess eine allmähliche Abrundung der
Masse herbeiführen; sowohl in Hinsicht auf die äusseren Merkmale wird infolge der Verdichtung grössere Bestimmtheit eintreten, als auch in Hinsicht der Achsendrehung, indem aus den
anfänglichen Schwankungen in der Rotationsachse allmählich eine
unveränderliche Achse sich fixiert; auch werden die verschiedenen
lokalen Verdichtungscentren, die im Beginne des Prozesses in verschiedenen Ebenen um den allgemeinen Schwerpunkt kreisen, allmählich eine gemeinschaftliche Ebene zu gewinnen suchen. Aus
der Unveränderlichkeit der Rotationsachse aber ergiebt sich bei
leicht verschiebbaren Materien Abplattung der Pole und Anschwellung des Äquators in um so höherem Masse, in je aufgelocker-
terem Zustande die Materie sich befindet, so dass flüssige, in Drehung befindliche Körper die sphäroidische Form annehmen und
nach der Erstarrung beibehalten, die wir an Planeten wahrnehmen,
während gasförmige Körper bis zur Linsenform sich abplatten.
welche — bezw. deren Projektionen als Kreisform, elliptische Form
oder Pfriemenform — wir an den kosmischen Nebeln wahrnehmen.
Die sogenannten planetarischen Nebel, jene runden Gebilde
mit scharfen Umrissen und gleichmässig über die ganze Scheibe
verbreitetem Lichte, scheinen allein den Prinzipien der Mechanik
nicht zu entsprechen, da ja eine gleiche Verteilung der Materie
schon dem Gesetze der Gravitation gemäss ausgeschlossen und nur
als Anfangszustand denkbar ist, der aber mit grosser Unbestimmt-
heit der äusseren Form verbunden sein muss; wir müssen daher
annehmen, dass auch in diesen Nebeln ein centraler Verdichtungskern von grösserer Lichtstärke vorhanden ist, welche aber die
ausgedehnte umgebende Gashülle nicht zu durchdringen vermag.
so dass nur das gleichmässige Licht dieser letzteren uns sichtbar
ist, während der Kern optisch für unser Auge verschwindet. Diese
planetarischen Nebel müssen daher in Wirklichkeit für Nebelsterne
gelten, wenn sie auch erst später, nachdem im Verlaufe der Verdichtung die umgebende Dunsthülle sich mehr niedergeschlagen hat,

als solche sich darstellen werden. Denn nach dem Gesetze der Schwere muss jede Nebelmasse die Phase des Nebelsternes erreichen; es muss eine centrale Verdichtung eintreten, und indem immer mehr Materie sich anlagert, wird ein grosser, glänzender Kern entstehen, dessen Licht die Dunsthülle durchdringt. Ein solches Übergangsgebilde wird auch spektroskopisch seine Natur verraten, nämlich ein doppeltes Spektrum liefern. So fand Huggins im Spektrum des glänzenden Nebels im Drachen leuchtende Linien, welche den gasförmigen Zustand der Hauptmasse verrieten, darunter aber ein schwach zusammenhängendes Farbenbild von geringer Breite, welches auf einen kleinen leuchtenden Kern von nichtgasförmiger Natur in der Mitte des Nebels schliessen liess.

Die Erscheinung der Nebelsterne ist eine sehr häufige; indessen ist auch hier zu bemerken, dass diese Form in manchen Fällen auch nur optisch sein, bezw. aus zwei sehr weit voneinander entfernten Gebilden bestehen kann, die nur von unserem Standorte aus aufeinander sich projicieren.

Wenn schon die Linsenform der meisten kosmischen Nebel auf eine Achsendrehung derselben schliessen lässt, wobei die kurze Achse des Ellipsoids als Rotationsachse zu betrachten ist, so verschwindet jeder Zweifel an der Wirklichkeit dieses Vorganges bei der Betrachtung. der sogenannten Spiralnebel, welche den überzeugendsten Eindruck der Rotation hervorbringen. Die spirale Struktur lässt auf die heftigsten Wirbelbewegungen in diesen Gebilden schliessen, wobei die verschiedenen Arme der Spira, nach gleicher Richtung zurückgebogen, unverkennbar anzeigen, dass die gegen den Centralkern gravitierende Nebelmaterie in die Rotation desselben mehr und mehr hineingezogen wird, so dass · allmählich durch die Vereinigung der Spira eine schneckenartig gewundene Nebelform entsteht, deren Rotationsachse senkrecht auf den Armen der Spira liegt. Ist endlich die ganze Materie eines solchen Nebels in die gleichsinnige Drehung gezogen, so wird er die Linsenform annehmen.

Unter der einzigen Annahme also, dass im Raume jene kosmische Urmaterie, deren Anwesenheit in den kosmischen Nebeln

die Spektralanalyse bestätigt, im Zustande chaotischer Zerstreuung
vorhanden sei, und dass dieser Materie die. Eigenschaft der
Schwere zukomme, erhalten wir theoretisch eine Kausalreihe allmählicher Veränderungen, welche vollständig übereinstimmt mit
den empirisch gefundenen Gestaltungen der kosmischen Nebel.
Dieses Resultat aber beweist den hohen wissenschaftlichen Wert
der Voraussetzung, in wel_her die Eigenschaft der Schwere auf
jene kosmische Urmaterie übertragen wurde, und verleiht ihr eine
Zuverlässsigkeit, die nichts zu wünschen übrig lässt.

Es ist nun weiter zu untersuchen, ob in der Fortsetzung dieser
theoretischen Kausalreihe, wobei ausser Formveränderungen auch
noch Änderungen der Lichtverhältnisse als physikalisch notwendig
eintreten werden, dieselbe Übereinstimmung mit empirischen Erscheinungen am Himmel sich ergeben wird.

Wenn der Durchmesser eines Nebels durch Verdichtung seiner
Materie sich immer mehr verringert, so muss nach mechanischen
Gesetzen die Schnelligkeit seiner Rotation in gleichem Verhältnisse sich beschleunigen; bei einem gewissen Grade von Rotations-
·geschwindigkeit aber muss an dem äquatorealen Gürtel des Nebels
das Phänomen der Abtrennung äusserer Ringe eintreten. Der
Nebel im Wassermann und noch andere zeigen nun in der That
diese Struktur an, für die wir auch in unserem Sonnensysteme
ein Analogon besitzen: den von konzentrischen Ringen umgebenen
Planeten Saturn.

Es bedarf dieser Prozess der Ringbildung einer näheren Erläuterung, die umsoweniger übergangen werden kann, als solche
Prozesse sehr deutlich die Übertragbarkeit der mechanischen Gesetze auf die Himmelskörper beweisen.

Wenn man durch drehende Bewegung der Hand einen an
einem Faden hängenden Stein schwingen lässt, so wird derselbe
die Tendenz zeigen, sich von der Drehungsachse zu entfernen;
es wird sich dies durch starke Anspannung des Fadens kundgeben, der, ist er nicht fest genug, hei zunehmender Drehungsgeschwindigkeit auch wohl zerreisst. Jede Achsendrehung erzeugt
also die sogenannte Fliehkraft. Streckt man nun den Zeigefinger
·der Hand wagrecht aus, so dass sich der Faden des Steines an

demselben aufwickelt, so wird der Durchmesser des vom Steine beschriebenen Kreises immer kleiner, und nur wenn bei den kleineren Kreisen eine entsprechende Verminderung der drehenden Kraft in Anwendung käme, würde der Stein auch die kleineren Kreise in der gleichen Zeit beschreiben, wie anfänglich die grösseren; wird hingegen die gleiche Kraft der Schwingung beibehalten und auf das Beschreiben der kleineren Kreise verwendet, so geschieht der Umschwung in dem Verhältnisse schneller, als der Kreisdurchmesser abnimmt; der Stein schwingt immer schneller und damit steigert sich auch seine centrifugale Tendenz; der Faden wird immer fester gespannt und drückt sich in empfindlicher Weise in das Fleisch des Fingers. Die Fliehkraft nimmt also mit der Schnelligkeit der Achsendrehung zu, wie jeder Knabe weiss, der sich der Schleuder bedient.

In einer rotierenden Dunstmasse nun haben die Teile eine um so grössere Schnelligkeit der Bewegung, je weiter sie von der Drehungsachse entfernt sind, die Äquatorteile also die grösste, da sie am weitesten entfernt sind und einen grösseren Kreis zu beschreiben haben, als näher gelegene Teile in der gleichen Zeit. So haben zum Beispiel die an den beiden Polen des rotierenden Erdballes gelegenen Punkte eine Geschwindigkeit von Null, — d. h. sie beschreiben überhaupt keinen Kreis, — die am Äquator eine Geschwindigkeit von 1500 Fuss in der Sekunde, also von 225 Meilen in der Stunde.

Das Phänomen der Fliehkraft muss sich also von den Polen zum Äquator herab immer mehr äussern, daher denn jede rotierende Dunstmasse am Äquator eine bedeutende Anschwellung erleiden wird, während sie sich an den Polen abplattet. Bei zunehmender Verdichtung der Masse und Verkürzung ihres Durchmessers verringert sich nun zwar für die äquatorealen Teile die Grösse des zu beschreibenden Kreises, dem Gesetze der Trägheit gemäss aber behalten sie die ursprüngliche Drehungsgeschwindigkeit bei. Die Verdichtung bringt also eine beständige Annäherung der Äquatorteile zuwege und die sich gleich bleibende Rotationskraft derselben wird auf immer kleinere Kreise verwendet, die somit immer rascher durchlaufen werden. Bei verschiebbaren Massen aber wird dies zur Folge haben, dass die schnellstumlaufenden Äquatorteile ihre Schnelligkeit durch Adhäsion und Reibung an die tiefer gelegenen, langsameren Schichten mitteilen, und in dem allgemeinen Ausgleich dieser Geschwindigkeiten gewinnt allmählich die ganze Masse eine um so grössere Rotationsgeschwindigkeit, je mehr die Verdichtung fortschreitet.

Dieser Prozess geht indessen nur bis zu einem gewissen Zeitpunkte in der gleichen Weise fort. Denn da mit jeder Rotation Fliehkraft verbunden ist, die Vermehrung der Rotationsgeschwindigkeit aber vermehrte Fliehkraft nach sich zieht, so muss diese Fliehkraft schliesslich zu einem Betrage anwachsen, dass sie der Schwerkraft der gleichen Teile, also der Anziehungskraft der übrigen Dunstmasse, das Gleichgewicht hält, und gleichwie der an einem Faden hängende schwingende Stein schliesslich den Faden zerreissen wird, so werden auch die von diesem Gleichgewichte der Kräfte betroffenen äquatorealen Theile ihren Zusammenhang mit der rotierenden Dunstmasse lösen, sie werden rings um den Dunstball ihre Rotation zwar fortsetzen, aber an der weiteren Verdichtung desselben nicht mehr teilnehmen; es wird eine freie Zone zwischen dem Centralkern und den frei umschwebenden Ringen entstehen, — jenes Phänomen, das in der That an manchen Nebeln sich beobachten lässt.

Es versteht sich von selbst, dass nur bei gasförmigen oder flüssigen Körpern eine centrifugale Anschwellung des Äquators und schliessliche Abtrennung von Ringen stattfinden kann, nicht mehr aber bei erstarrten Körpern. Wir können also auch aus der Ringbildung bei kosmischen Nebeln den Zustand grosser Zerstreuung ihrer Materie erschliessen, den schon ihre Linsenform verrät und den zudem die Spektralanalyse in unzweifelhafter Weise festgestellt hat. Es ergiebt sich ferner auch die äussere Gestaltung dieser kosmischen Gebilde als eine notwendige Wirkung der Gültigkeit der mechanischen Gesetze für dieselben.

Wenn endlich die in einem kosmischen Nebel sich bildenden Verdichtungscentren die ganze Materie desselben an sich gezogen haben, dann wird sich dieser Entwicklungszustand teleskopisch durch seine Auflösbarkeit in Sterne verraten. Die weitere Entwicklung eines solchen Sternhaufens zerfällt hiermit vorläufig in die der Einzelgestirne.

Für die Beantwortung der Frage, welche Veränderungen ein Gestirn an sich erfahren wird, besteht nun die einzige zulässige Annahme wieder darin, dass wir die bis dahin thätig gewesenen natürlichen Gesetze als weiter wirksam annehmen und zusehen, ob die theoretisch ableitbaren Zustände übereinstimmen mit solchen Zuständen der Gestirne, die sich empirisch wahrnehmen lassen. In dieser gegenseitigen Kontrolle der auf zwei verschiedenen Wegen erlangten Resultate ist allein die nötige Sicherheit zu gewinnen und liegt im Falle der Übereinstimmung allein die Gewähr für die Richtigkeit der gemachten Voraussetzungen.

Die im Übergange von den kosmischen Nebeln zu den Sternhaufen sich bildenden Verdichtungscentren, welche die umlagernde Materie mehr und mehr an sich ziehen und, ihren Zusammenhang verlierend, zu scharf umgrenzten Bällen sich scheiden, werden vermöge ihrer hohen Anfangstemperatur noch in ihre chemischen Bestandteile getrennt sein, im glühend gasförmigen Zustand verharren, bis sie, durch fortgesetzte Wärmeausstrahlung in den Raum und weitere Verdichtung, chemische Verbindungen eingehen und in den tropfbar flüssigen Zustand übergehen. Es ist dieser Übergang in den flüssigen Zustand für die verschiedenen chemischen Stoffe an bestimmte Temperaturen gebunden, tritt daher nicht für alle gleichzeitig, aber bei der Annäherung an die entsprechenden niedrigeren Temperaturen ziemlich plötzlich ein. Diese Veränderung des Aggregatzustandes ist, abgesehen von der Verringerung des Durchmessers solcher Körper, deren Bestandteile nur teilweise noch in Gasform sie umgeben, vermöge der geringeren Verschiebbarkeit flüssiger Massen von einer Verringerung der Anschwellung des Äquators und der Abplattung an den Polen begleitet. Glühend flüssige Körper werden also die Linsenform ihrer vormaligen Dunstbälle mit der von fast kugelförmigen Sphäroïden vertauschen.

Dass die Mehrzahl der Gestirne im glühend flüssigen Zustande sich befindet, hat die Spektralanalyse in unzweifelhafter Weise festgestellt. Nehmen wir nun diesen Zustand als Basis für die weiter eintretenden Veränderungen, so fordert die Theorie nach Analogie irdischer Vorgänge, dass solche Massen bei ihrem grösseren Absorptionsvermögen für Licht und Wärme auch eine grössere Ausstrahlung von Licht und Wärme entwickeln, und dass der Prozess der Abkühlung solcher Massen im intensiv kalten Raume während dieser Entwicklungsperiode viel rascher vor sich gehen wird.

Was nun die Wärmeentwicklung der Fixsterne betrifft, so ist dieselbe ungeachtet der ungeheueren Entfernungen derselben direkt messbar, ohne dass jedoch ein bestimmtes Verhältnis ihrer Wärme zu ihrer, weil auch von der räumlichen Entfernung abhängigen Helligkeit vorhanden wäre. Ein quadratisches, 100 Grad Celsius warmes Kupferblech von neun Centimeter Seitenlänge würde, in eine Entfernung von 567 Meter gebracht, eine Wärmewirkung hervorbringen gleich der des Sternes Wega (α Lyrae). Die Wärmewirkung Arkturs ist, nach Stone, der gleich, die ein mit siedendem Wasser gefüllter Würfel von drei Zoll Seitenlänge in einer Entfernung von 400 Yards hervorbringt, — also mehr als doppelt so stark wie die Wegas. Huggins liess das durch einen achtzölligen Refraktor konzentrierte Licht von Fixsternen auf eine thermoelektrische Säule wirken, wobei der durch Licht und Wärme entstehende Strom in der Säule die Nadel des mit ihr verbundenen Galvanometers bei Arktur um $3^1/_4$, bei Regulus um 3, bei Sirius um 2 und bei Pollux um $1^1/_2$ Grad ablenkte. Es versteht sich, dass so geringe Wärmemengen für unsere Erde umsoweniger Bedeutung haben können, als sie durch Wolkenbildungen und Feuchtigkeit der Atmosphäre gänzlich absorbiert werden müssen. Endlich hat man von einzelnen Fixsternen auch photographische Bilder erhalten; wir erhalten also von ihnen nicht nur leuchtende und wärmende, sondern auch chemisch·wirksame Strahlen, wie von der Sonne.

Aus der wirklichen Lichtstärke des Sirius und der Wega hat sich unter Berücksichtigung ihrer respektiven Entfernungen von der Erde ergeben, dass Sirius 63 Mal, Wega 12 Mal die Lichtstärke der Sonne übertrifft. Die Wärmequantität der Fixsterne ist nun ihrer scheinbaren Helligkeit keineswegs proportional; aber es mag der Wissenschaft vielleicht einst gelingen, wenn ihr diese

Beziehungen klar geworden sein werden, aus der vergleichenden Licht- und Wärmestärke der Fixsterne Schlüsse von einiger Wahrscheinlichkeit auf die Altersunterschiede derselben zu machen, wenn es erlaubt ist, für gleiche Volumina gleiche Anfangstemperaturen anzunehmen und die Licht- und Wärmedifferenzen durch Ausstrahlung in verschiedenen Zeitlängen zu erklären.

Anders verhält es sich mit der Wärme des uns nächsten Fixsternes: der Sonne. Nach den Ergebnissen der Spektralanalyse lässt es sich nicht mehr bezweifeln, dass die Sonne eine in höchster Glut befindliche Masse ist. Wenn gasförmige Stoffe im Eingehen chemischer Verbindungen die tropfbar flüssige Form annehmen, so erzeugen die stattfindenden Wärmeentbindungen Temperaturgrade, welche dem Schmelzpunkte dieser Stoffe mindestens entsprechen, bei einzelnen Verbindungen aber die Schmelzhitze weit übersteigen. Aber solche chemische Vorgänge erscheinen ganz ungenügend, die ungeheuere Temperatur unseres Sonnenballes zu erzeugen, welche neuerdings von Secchi durch Vergleichung der Sonnenstrahlung und der Strahlung elektrischen Lichtes auf 170 000 Grad Celsius berechnet wurde. Nach Analogie irdischer Vorgänge ist eine so hohe Temperatur nur erklärlich aus der Lehre von der Umwandlung der Kräfte, indem angenommen wird, dass hohe Beträge von räumlicher Bewegung in molekulare Bewegung, das heisst Wärme, verwandelt wurden. Die Materie der Sonne muss also aus so grosser anfänglicher räumlicher Entfernung sich verdichtet haben, als einer so hohen Temperatur nach den Gesetzen von der Äquivalenz der Kräfte entspricht. Die Sonne muss also ursprünglich ein Nebel gewesen sein, dessen Stoffe sich vermöge der Schwerkraft gegen den Mittelpunkt niedersenkten, wobei die durch den Widerstand gehemmte räumliche Bewegung in Bewegung der kleinsten Teile sich verwandelte, worin, objektiv genommen, die Wärme besteht. Die im gegenseitigen Widerstande verlorene lebendige Kraft, mechanische Arbeitskraft, hat nur eine andere Form, die der Wärme, angenommen.

Bei dem festen Wechselverhältnisse zwischen Wärme und mechanischer Arbeit lässt sich auch umgekehrt die der Sonnenwärme entsprechende Arbeitskraft berechnen. Man versteht unter

Wärmeeinheit diejenige Wärmemenge, welche nötig ist, um die Temperatur von einem Kilogramm Wasser um 1^0 Celsius zu erhöhen, und hat gefunden, dass jede ohne Verlust in mechanische Arbeitsleistung umgesetzte Wärmeeinheit 424 Arbeitseinheiten ergiebt. Unter letzterem Ausdruck versteht man diejenige Kraft, welche nötig ist, ein Kilogramm auf die Höhe eines Meters zu heben, daher die Arbeitseinheit auch als Kilogramm-Meter bezeichnet wird. Die der Erde in jeder Minute von der Sonne zugesendete Wärmemenge repräsentiert aber, in mechanische Arbeitskraft verwandelt, 952 665 114 016 000 000 Arbeitseinheiten. Denkt man sich diese Arbeit durch 2000 grosse Dampfmaschinen von je 100 Pferdekräften geleistet und nimmt man an, dass ein Pferd bei mittlerer Leistung in jeder Sekunde 75 Kilogramm auf die Höhe eines Meters heben kann, sodass eine Pferdekraft 75 Kilogramm-Metern oder Arbeitseinheiten entspricht, so ergiebt sich nach Forster, dass, wenn diese Dampfmaschinen ihre Arbeit zur Zeit von Christi Geburt begonnen und ohne Unterbrechung fortgesetzt hätten, ihre Aufgabe noch immer nicht erfüllt wäre, dass sie vielmehr noch bis Mitte August 2012 fortarbeiten müssten. Dies mag ungefähr eine Vorstellung geben von der Wärmemenge, welche die Erde in jeder Minute von der Sonne empfängt. Nun ist aber noch zu bedenken, dass die Sonne ihre Strahlen nach allen Richtungen des Raumes gleichmässig entsendet, sodass, wenn sie im Mittelpunkte einer grossen Hohlkugel stünde, deren Äquator mit der Erdbahn zusammenfiele und — da die Erde 20 Millionen Meilen von der Sonne entfernt ist — einen Durchmesser von 40 Millionen Meilen hätte, jeder Oberflächenteil dieser Hohlkugel die gleiche Wärmemenge empfangen würde. Diese Oberfläche wäre aber 2300-millionenmal grösser als die bestrahlte Erdoberfläche; die Wärmeausgabe der Sonne in jeder Minute ist demnach 2300-millionenmal grösser als der Teil, welchen die Erde empfängt.

Da wir nun diese hohe Temperatur der Sonne nicht anders entstanden uns denken können, als durch gehemmte Bewegung und Verwandlung räumlicher Bewegung in molekulare Bewegung — welche eben Wärme ist —, endlich aber alle Umwandlungen der Kräfte in gleichwertigen Beträgen geschehen, so muss der dieser Temperatur zu Grunde gelegene Betrag an räumlicher Bewegung ein ungeheuerer gewesen sein, die Materie der Sonne muss aus ungeheueren Entfernungen sich verdichtet haben. Den ganzen Raum bis zu jenen gleichwertigen Entfernungen aber konnte die Sonne nur in Gasform erfüllt haben. Das Sonnensystem war demnach uranfänglich ein kosmischer Nebel.

2. Die veränderlichen Sterne.

Wenn räumliche Bewegung gehemmt wird, so entsteht unsichtbare Bewegung der kleinsten Teile, d. h. Wärme. In unbewusster Anwendung dieses Gesetzes entzündet der Indianer Holz durch Reibung, stossen wir die Füsse auf den Boden und reiben die Hände aneinander, wenn wir in der Kälte stehen. Eine aus dem Laufe geschossene Flintenkugel, wenn sie, von einer Mauer aufgefangen, zu Boden fällt, wird derart erhitzt, dass wir nicht vermögen, sie in die Hand zu nehmen. Bei jeder Verlangsamung der Bewegung, wie bei gänzlicher Aufhebung derselben, ist der daraus entstehende Wärmebetrag dem Verluste gleichwertig. Das Mass der Wärme verrät also den Betrag an verlorener Bewegung, aus der sie entstanden ist.

Die hohe Temperatur der Sonne erklärt sich demnach aus dem Ursprung selbst der Sonne, aus der Verdichtung ihrer Bestandteile, welche, ehemals bis zu ungeheuerer Ausdehnung verflüchtigt, in ihrer gegenseitigen Annäherung sich hemmten, wobei der Bewegungsverlust in Wärme umgewandelt wurde. Man hat berechnet, dass, wenn der Sonnenball ursprünglich selbst nicht weiter ausgedehnt gewesen wäre, als bis zur Entfernung des äussersten und ersten Planeten, der sich von ihr abtrennte — des Neptun —, und wenn sodann infolge der intensiven Kälte des Raumes diese Masse sich zusammenzog, und Verdichtung gegen den allgemeinen Schwerpunkt eintrat, den die Sonne noch einnimmt, hierdurch eine Temperatur von 500 Millionen Grad entstehen musste. Dieses also ungefähr musste die Anfangstemperatur der Sonne gewesen sein, sodass ihre gegenwärtige Temperatur nur als ein geringer Restbetrag derjenigen anzusehen ist, welche die Gravitation ihrer Stoffteile erzeugte. Die Sonne muss demnach einen starken Abkühlungsprozess erfahren haben, wie einen solchen — die Universalität irdischer Gesetze vorausgesetzt — die Theorie für jeden frei im kalten Raume schwebenden Körper erfordert.

Da nun die Fixsterne in Bezug auf stoffliche Zusammensetzung sehr viel Verwandtschaft mit der Sonne verraten, und die Spektralanalyse den Nachweis führt, dass auch bei ihnen das Licht von einem glühend flüssigen Kerne ausstrahlt und, wie die dunklen Linien im Spektrum beweisen, zum Teile von einer Atmosphäre absorbiert wird, so besitzen wir alles Recht, das Entwicklungsstadium der Sonne als ein solches anzusehen, welches alle Fixsterne ohne Ausnahme entweder vor sich oder bereits hinter sich haben. Die an den Fixsternen, wie an der Sonne, wahrnehmbaren Erscheinungen und Veränderungen sind demnach anzusehen als verschiedene Kapitel in der allen Gestirnen gemeinsamen Geschichte, und wenn es unternommen wird, diese Geschichte zu konstruieren, — wobei wiederum nur von der Universalität irdischer Gesetze ausgegangen werden darf, — so müssen in der theoretisch sich ergebenden Reihenfolge von Veränderungen die empirisch wahrnehmbaren Zustände enthalten sein; die Unterschiede der Gestirne müssen sich als blosse Altersunterschiede erweisen, manche müssen als jünger, andere als älter denn die Sonne angesehen werden.

Die kosmischen Nebel verwandeln sich in ebenso viele Gestirne, als von der ursprünglich vorhandenen Anzahl von Verdichtungscentren indirekt ausgelesen wurden, indem diejenigen Nebelballen ineinander flossen, deren gegenseitige Beziehung einen mechanischen Widerspruch im Systeme bildete. Aus gasförmiger Materie also haben sich alle Fixsterne verdichtet, und sie können diesen gasförmigen Zustand lange beibehalten haben; denn nach Regnaults Versuchen können gesättigte Dämpfe bei hohem Drucke fast so dicht sein als die Flüssigkeit, in welche überzugehen sie bereit sind, ohne dass sie doch bei dem diesem Zustande der Kompression entsprechend hohen Wärmegrade die Gasform verlassen. Die Wärmeausstrahlung in den Raum nimmt aber ihren Fortgang, und so muss schliesslich jene niedrigere Temperatur erreicht werden, welche chemische Verbindungen und den Übergang in die tropfbar flüssige Form zulässt.

Auf diesen unzweifelhaften Vorgang der Abkühlung, den jeder glühende, kosmische Körper im kalten Raume erfahren muss, lassen sich in der That die an Fixsternen wahrnehmbaren Erscheinungen der Art zurückführen, dass sie verschiedenen Stadien der Abkühlung, also blossen Altersunterschieden, entsprechen. Die Spektralanalyse eignet sich dabei vorzugsweise zur Kontrolle der Übereinstimmung der theoretisch abgeleiteten Entwicklungszustände mit den empirisch wahrnehmbaren. Vogel stellt nach den Spektren der Fixsterne drei vorzüglich geschiedene Typen auf, welche verschiedenen Abkühlungsstadien derselben entsprechen. Er unterscheidet weisse, gelbe und rote Sterne. Bei ersteren erzeugt der Zustand höchster Weissglühhitze eine so hohe Temperatur, dass die in den Atmosphären enthaltenen metallischen Dämpfe nur eine geringe Absorption ausüben, so dass entweder keine oder nur äussers zarte Linien im Spektrum erscheinen. Hierher gehören Sirius, Wega, dann β in der Leyer und γ in der Cassiopeja, bei welchen die Wasserstofflinie hell erscheint, und im Orion die Sterne β, γ δ und ε, welche keine Wasserstofflinien zeigen. Bei gelben Sternen kündigen sich die in den Atmosphären enthaltenen Metalle durch kräftige Absorptionslinien im Spektrum an; hierher gehören Aldebaran, Arktur, Capella und unsere Sonne, deren Atmosphären durch Wärmeverluste dichter und kühler geworden. In den roten Sternen endlich ist die Glühhitze soweit erniedrigt, dass Associationen der Stoffe in der Atmosphäre eintreten können, die durch mehr oder weniger breite Absorptionsstreifen, dunkle Banden, angezeigt werden: α im Herkules, α im Orion und β im Pegasus.

Die blosse Sichtbarkeit der Gestirne auf unmessbar grosse Entfernungen beweist hinlänglich ihre grossartige Lichtentwicklung. Licht und Wärme aber sind untrennbar. Die im Verdichtungsprozesse durch Verwandlung lebendiger Bewegung in Molekularbewegung erzeugte Wärme muss anfänglich einen beständigen Überschuss über jene ergeben, die in den Raum ausgestrahlt wird. Gleichwie aber Verdichtung der Materie nur bis zu einem gewissen Grade denkbar ist, so auch die Zunahme der daraus entstehenden

Wärme. Jedes Gestirn muss demnach einmal einen Höhepunkt seines Glanzes erreichen. Vorerst wird dann ein Gleichgewichtszustand zwischen Wärmeeinnahme und Wärmeausgabe eintreten, welcher, kosmisch genommen, nur kurze Zeit sich erhalten kann. Wir Menschen freilich, die wir das Miniaturmass historischer Zeitlängen an kosmische Perioden legen, sind leicht geneigt, unveränderliche Zustände anzunehmen, wenn wir beispielsweise erfahren, dass bei der Sonne eine Störung dieses Gleichgewichts, eine Abnahme ihrer Temperatur, sich seit 2000 Jahren nicht nachweisen lässt. Aber der ursprünglich auf Seite der Einnahme bestehende Überschuss muss notwendig mehr und mehr nach der Ausgabeseite verrückt werden, und für jedes Gestirn muss der Tag anbrechen, von welchem an es nur mehr vom Kapital seiner Wärme zehrt und dem Schicksale entgegengeht, das mit solchem Verfahren verbunden ist.

Irdischen Prozessen analog muss jede Abkühlung von Veränderungen in der Intensität und Farbe des Lichtes begleitet sein, und wie für alle uns bekannten Stoffe muss auch für die Gestirne beim Übergange aus dem glühenden Zustand in den nichtglühenden, vom Anfangsstadium der Weissglut zum Endstadium des Verlustes der Leuchtkraft, das Stadium der Rotglut in der Mitte liegen. Da nun im Zustande der Rotglut notwendig die Bildung von Schlacken eintreten muss, die bei einem rotierenden Weltkörper abwechselnd sich uns zukehren und je nach den jeweilig zugekehrten Oberflächenteilen eine veränderliche Lichtstärke erzeugen werden, so ergiebt sich der Theorie gemäss ein Phänomen, welches wir am Himmel in der That wahrnehmen: die veränderlichen Sterne; und zwar ist es für die Richtigkeit der Theorie von hoher Bedeutung, dass die Mehrzahl veränderlicher Sterne von roter Farbe ist. Indem wir also ausgehen von der Universalität der irdischen Gesetze und der Gleichheit der kosmischen Stoffe, ergiebt sich die Geschichte der Gestirne als ein wesentlich gleicher Abkühlungsprozess, darnach in einem bestimmten Stadium die Schlackenbildung, und hieraus für rotierende Weltkörper die periodische Veränderlichkeit, hauptsächlich für rote Sterne ein empirisch gegebenes Phänomen.

Bekanntlich zeigt auch unsere Sonne sogenannte Flecken, in welchen wohl nur die Anfänge der Bildung von Schlackenfeldern gesehen werden können. Diese Schlacken, welche häufig die Oberfläche unserer Erde an Ausdehnung übertreffen, schwimmen unter zeitweiliger Auflösung auf dem flüssigen Kern der Sonne herum. Sie allein sind es, auf deren Beobachtung sich die Berechnung der Achsendrehung der Sonne innerhalb etwa 25 Tagen gründet; doch verraten sie ausser dieser relativen Bewegung noch eine Eigenbewegung, die sich aus ihrer veränderlichen gegenseitigen Entfernung nachweisen lässt und heftige Strömungen auf der Oberfläche des Kernes anzeigt. Freilich muss für die veränderlichen Fixsterne eine Ausdehnung ihrer Schlackenfelder angenommen werden, welche die der Sonne weit übertrifft.

Insofern nun für unsere Sonne maximale und minimale Perioden in der Bildung von Flecken bestehen, muss auch sie als ein periodisch veränderlicher Stern angesehen werden. Man hat bei ihr eine kürzere Periode von $11^1/_6$ und eine längere von 67 Jahren gefunden. Wenn aber diese Schlackenfelder gegenwärtig noch in der allgemeinen Glutmasse zeitweilig sich auflösen, wenn sie infolge gewaltiger Strömungen an wärmere Stellen getrieben werden, so werden sie doch mit der Zeit bei fortgesetzter Abkühlung immer mehr anwachsen, ein Zusammenhang zwischen ihnen und eine Anstauung an bestimmten Oberflächenteilen wird eintreten, wie bei den Eisschollen eines Gewässers, und wenn sie schliesslich ihre Eigenbewegung ganz verloren haben werden, wird die Sonne aus Fixsternweite einem veränderlichen Sterne von kurzer, regelmässiger Periode gleichen. Solche Gestirne übertreiben daher nur jenes Phänomen, das wir gegenwärtig an der Sonne wahrnehmen. Solange dagegen solche Schlackenfelder noch keinen Zusammenhang und noch keine feste Stellung gewonnen haben, d. h. viel Eigenbewegung besitzen, kann die beständige Verschiebung die Periodizität insofern modifizieren, als die zwischen Maximal- und Minimalzuständen verstreichenden Zeitlängen einem Wechsel unterliegen. Veränderliche Sterne von unregelmässiger Periode lassen sich in der That beobachten; bei einigen tritt eine Verkürzung, bei anderen eine Verlängerung der Periode ein, je nachdem der leuchtende Oberflächenteil nach der Rotationsrichtung oder nach der entgegengesetzten Richtung verschoben wird. Aber auch die Bewegung solcher Fixsterne von der Erde weg oder gegen die Erde, kann Verkürzung oder Verlängerung der Periode bewirken. Wenn z. B. bei β in der Leyer jede Periode des Lichtwechsels um $^7/_{10}$ Sekunde länger ist als die vorhergehende, so würde eine solche Verlängerung als nur optisch anzusehen sein, wenn diesem Sterne eine von uns abgewendete Bewegung von 28000 Meilen innerhalb 12 Tagen und 22 Stunden zukäme, indem alsdann sein Licht, um diese verlängerte Strecke zu durchlaufen, etwa $^7/_{10}$ Sekunde mehr Zeit nötig haben würde. Ebenso kann eine Verkürzung der Periode bei Sternen eintreten, welche sich in der Richtung gegen die Erde bewegen.

Aber auch das merkwürdige Phänomen veränderlicher Sterne, welche gleichzeitig ihren Glanz und ihre Farbe ändern, erklärt sich ungezwungen aus der Abkühlungstheorie: Wenn Schlackenfelder einen glühend flüssigen Teil der Oberfläche vollständig einschliessen, sodass derselbe keinen Temperaturaustausch mit der übrigen Glutmasse eingehen kann, so muss ein solcher Oberflächenteil rascher abkühlen und früher in den Zustand der Rotglut übergehen.

Nicht alle veränderlichen Sterne sind rot, und dieses allein schon muss uns abhalten, die Veränderlichkeit aus dem einen Erklärungsprinzip der Schlackenbildung abzuleiten. Da nun die Universalität irdischer Gesetze und die Gleichheit kosmischer Stoffe uns nötigen, den Entwicklungsgang der Sonne als typisch für alle Fixsterne anzusehen, so müssen wir innerhalb des Sonnensystems nach Erscheinungen forschen, welche, wenn auch nur optische, Veränderlichkeit des Sonnenglanzes herbeiführen können. Im Grossen ist eine solche Erscheinung gegeben in den Sonnenfinsternissen, wenn der dunkle Mondkörper zwischen uns und die Sonne sich schiebt; die Vorübergänge des Merkur und der Venus dagegen sind als analoge Erscheinungen in kleinerem Massstabe anzusehen.

Auch die Fixsterne trennen Planeten ab. Die Theorie nötigt uns zu dieser Folgerung, da wir wissen, dass die Fixsterne, aus rotierenden Nebelballen entstehend, selbst rotieren müssen; die Erfahrung bestätigt diese Folgerung durch das Phänomen der perio-

dischen Veränderlichkeit roter Sterne, für welche die Schlackenbildung auf der Oberfläche erst im Zusammenhange mit ihrer Rotation eine genügende Erklärung bietet, und diese Rotation muss
bei allen Sonnen mit Abtrennung planetarischer Begleiter verbunden sein. Wir können also schliessen, dass zeitweilig dunkle Begleiter zwischen uns und jene fernen Sonnen sich einschieben und,
indem sie eine Art Sonnenfinsternis für uns herbeiführen, uns ihr
Licht schmälern und das Phänomen periodischer Veränderlichkeit
erzeugen. Bedenken wir aber, dass beispielsweise die an der
Sonnenscheibe vorübergehende Venus nur als schwarzer Punkt erscheint, so dürfte die Veränderlichkeit von Sternen, die sich nicht
im Zustande der Rotglut befinden, wohl besser durch dunkle oder
wenigstens für uns unsichtbare Nebensonnen sich erklären, mit
welchen sie zu einem Binarsystem sehr enge verbunden sind. Hierher gehört wohl der Stern Algol im Medusenhaupte, der jährlich
127 Perioden, jede von etwa 69 Stunden durchläuft und hierbei
zwischen 2. und 4. Grösse schwankt. Sein Spektrum behält dabei
immer den gleichen Typus; es kann also seine Veränderlichkeit
weder auf dem Entstehen von Protuberanzen, noch auf seiner
Achsendrehung beruhen, sondern muss einem dunklen Begleiter
zugeschrieben werden, der in regelmässiger Wiederholung eine teilweise Algolverfinsterung erzeugt. Auch der Stern Mira Ceti mit
einer Periode von 331 Tagen und 20 Stunden ist vielleicht hierher
zu rechnen, der zwischen 2. und 11. Grösse schwankt und etwa
4 Monate mit blossem Auge sichtbar bleibt, ohne dass er jedoch
die Extreme seines Glanzes in jeder Periode erreicht. Dies und der
Umstand, dass Mira Ceti von roter Farbe ist, dürfte vielleicht seine
Veränderlichkeit durch das kombinierte Phänomen der Schlackenbildung und des Vorüberganges eines dunklen Körpers erklären.
   Wenn aber manche Fixsterne sowohl in ihrer Schlackenbildung, wie im Vorübergange eines dunklen Begleiters, Erscheinungen des Sonnensystems nur in vergrössertem Massstabe darstellen, so erklärt sich doch hierdurch nur die periodische
Veränderlichkeit solcher Gestirne, nicht aber der empirisch zu
beobachtende, sehr unregelmässige Lichtwechsel mancher Sterne, der
nur Vorgängen entsprechen kann, die auf der Oberfläche selbst

sich ereignen, und welche, wenn erst durch sie die Sichtbarkeit
des Gestirnes herbeigeführt werden sollte, uns das Phänomen neuer
Sterne bewirken müssten.

3. Das Auflodern neuer Sterne.

Wenn wir die bedeutenden Entfernungen der Fixsterne bedenken und uns vergegenwärtigen, dass das Licht des uns nächsten Fixsterns, α Centauri, $3^1/_2$ Jahre bedarf, um zu uns zu
gelangen, aber die äussersten, jedoch innerhalb der Milchstrasse
noch gelegenen, Gestirne eine Lichtzeit von 3541 Jahren haben,
so liegt es auf der Hand, dass solche Lichtveränderungen, die
weder durch abwechselnd sich uns zukehrende Schlackenfelder,
noch durch den Vorübergang dunkler Körper erzeugt werden, nur
kosmischen Ereignissen von ausserordentlicher Wichtigkeit entsprechen können. Wenn diese Weltkörper, die trotz ihres erstaunlichen Umfangs uns selbst teleskopisch nur wie Punkte erscheinen,
ihren Glanz sogar auffallend ändern, so kann solcher Wechsel nur
durch Umwälzungen auf ihnen erklärbar sein, die, je nach der
Differenz des maximalen Lichtzustandes vom normalen, mehr oder
minder gewaltig sein müssen. Solche liegen nun unzweifelhaft vor
bei jedem plötzlichen Lichtwechsel bekannter, sowie beim Auflodern
neuer Sterne. Diese beiden Phänomene sind wohl identischer Natur
und nur quantitativ unterschieden; denn der Beginn teleskopischer
Sichtbarkeit eines Gestirns kann so wenig eine Neubildung bedeuten, als das Aufhören dieser Sichtbarkeit, das teleskopische Verschwinden, eine Vernichtung, und mancher neue Stern mag nur
wegen der Schwäche seines Glanzes der Beobachtung früher ent-
gangen sein.

Wenn die Theorie von der allmählichen Erkaltung der Gestirne
richtig ist, so muss sie auch die seltene Erscheinung des Aufloderns
von Gestirnen zu erklären vermögen, und zwar muss sich dieselbe mit
innerer, physikalischer Notwendigkeit aus dem spektralanalytisch
bewiesenen feurig-flüssigen Zustande derselben ergeben. Nach
Analogie irdischer Vorgänge aber können wir so bedeutende
Wärme- und Lichtentwicklungen nur erklären entweder aus dem

Herabsturze einer gewaltigen Körpermasse, deren räumliche Bewegung, indem sie gehemmt wird, nach physikalischen Gesetzen in Atombewegung, d. h. Wärme und Licht, sich umsetzt, — wobei es zunächst liegt, an einen Planeten zu denken, — oder durch innere Umwälzungen, Explosionen innerer Gase oder Eruptionen der inneren Glutmasse, welche die bereits gebildete Kruste sprengen und überfluten.

Solche Phänomene werden bei der grossen Entfernung der Fixsterne in den allermeisten Fällen nur teleskopisch wahrzunehmen sein. Es bedarf daher des ganzen Ansehens eines Tycho, wenn wir seinem Berichte Glauben schenken, dass im Jahre 1572 in der Cassiopeja ein Stern plötzlich und so auffallend aufleuchtete, dass er sogar einen Zusammenlauf von Menschen erregte, durch den Tycho selbst erst darauf aufmerksam gemacht wurde. Der Stern überstrahlte, alle übrigen der Art, dass er nachts selbst durch mässige Wolken und sogar bei Tage bequem gesehen werden konnte. Er schien später ganz verschwunden zu sein und erst 1840 hat man an seiner Stelle einen Stern, jedoch von nur 10. Grösse, gefunden. Auch wegen seiner Farbenänderung ist dieser Stern merkwürdig. Der Theorie nach ist nämlich anzunehmen, dass Gestirne, welche im Begriffe sind, sich mit einer Kruste zu überziehen, in um so rötlicherem Lichte erscheinen müssen, je schwächer ihr Licht wird. Bei der langen Dauer ihrer Entwicklungsperioden ist aber nicht anzunehmen, dass solche Farbenänderungen innerhalb historischer Zeiten sich nachweisen lassen; wohl aber treten im Falle von Katastrophen Umstände ein, bei welchen der Übergang aus dem glühenden Zustand in den nichtglühenden ungleich schneller vor sich gehen muss, wie dieses bei dem erwähnten Sterne der Fall war. Aus der genauen Beschreibung, welche Tycho gegeben hat, ist in der That zu entnehmen, dass der Stern in um so rötlicherem Lichte erschien, je mehr seine Helligkeit abnahm.

Man vermutet für diesen Stern eine Periode der Veränderlichkeit von 315 Jahren. Klinkerfues macht darauf aufmerksam, dass, wenn die Richtigkeit dieser Periode sich durch ein Lichtmaximum gegen das Jahr 1887 bestätigen sollte, sich noch ein anderes Interesse an diesen Tychonischen Stern knüpfen würde. Es würde sich nämlich alsdann ergeben, dass seit Christi Geburt — welche nach den Untersuchungen der Chronologen vier Jahre vor Beginn unserer Zeitrechnung stattfand — bis zum Jahre 1572 fast genau fünf Perioden des Sternes verstrichen sein müssten, und dass in die Zeit von Christi Geburt ein Maximum des Glanzes fallen würde, welches in Zusammenhang gebracht werden könnte mit der biblischen Tradition des Sternes der Weisen aus dem Morgenlande.

Bei der Einteilung der Fixsterne in Grössenklassen gilt nicht ihre, nur in seltenen Fällen bestimmbare, wirkliche Grösse als massgebend, sondern lediglich ihr Glanz, der in keinem direkten Verhältnisse zur Grösse steht. Prüfen wir nun mit diesem Massstabe das Phänomen des Aufloderns in einem konkreten Falle aus neuerer Zeit. Im Mai 1866 loderte im Sternbilde der Krone ein Stern auf, den man anfänglich für einen neuen hielt, bald aber als einen schon bekannten Stern von 9.—10. Grösse bestimmte. In der Nacht vom 12.—13. Mai durchlief sein Glanz zunehmend innerhalb weniger Stunden drei Grössenskalen, d. h. er wuchs vom Stern 5. Grösse zu 2. Grösse, welches einer Vermehrung seines Glanzes mindestens um das Sechzigfache gleichkommt. Die spektralanalytische Untersuchung ergab ein glühendes, von heissen Dämpfen umwalltes Licht — vermutlich des Kerns — und hochglühende Gasmassen. Die Lichtabnahme dauerte bis Anfang Juli fort, zu welcher Zeit der Stern seine normale Helligkeit wieder erreicht hatte. Man hat in verschiedener Weise versucht, dieses grossartige Phänomen in Einklang zu bringen mit der eingewurzelten Ansicht von der ungestörten Ordnung in der Sternenwelt; aber die Gesamtheit der Wahrnehmungen lässt es als wahrscheinlich erscheinen, dass der Herabsturz eines Planeten die Katastrophe herbeiführte, die aber, auch wenn ihr ein anderes Ereignis zu Grunde gelegen haben sollte, doch in ihren Wirkungen auf die Planetenwelt jener Sonne sich erstrecken musste; denn eine plötzliche Vermehrung des Lichtes und der damit verbundenen Wärmestrahlung unserer Sonne würde die verderblichsten Folgen für unsere Erde nach sich ziehen.

Es ist bemerkenswert, dass, wie beim Sterne in der Krone, so überhaupt bei den sogenannten neuen Sternen das Auflodern gewöhnlich plötzlich geschieht, während die Abnahme des Lichtes, wie es ganz einer Katastrophe entspricht, sehr langsam vor sich geht, sodass die Dauer der Sichtbarkeit solcher Sterne, die sehr verschiedene Grade von Helligkeit erreichen, zwischen wenigen Wochen und vielen Jahren schwankt.

Dass nun das Herabstürzen der Planeten gegen ihre Sonnen nicht nur im Bereiche der Möglichkeit liegt, sondern unvermeidlich eintreten muss, wird eine spätere Untersuchung ergeben. Dass aber auch innere Umwälzungen eines Gestirns Katastrophen herbeiführen können, ergiebt sich unter der Voraussetzung der Abkühlungstheorie mit physikalischer Notwendigkeit:

Der Prozess der Schlackenbildung bei erkaltenden Sonnen muss naturgemäss dahin führen, dass allmählich der ganze Körper mit einer Aussenrinde sich umgiebt, die, noch bevor sie ihre Leuchtkraft ganz verloren, das optische Verschwinden des Sternes für uns zur Folge haben wird. Solange diese Rinde in teigartigem, zähflüssigem Zustande sich befindet, wird sie vermöge ihrer Schwere jeder weiteren Verdichtung der inneren Glutmasse folgen, ja sogar, da sie bedeutendere Wärmeverluste erleidet, also bedeutendere Kontraktionen erfährt, einen Druck auf die Centralmasse ausüben, in der Reaktion gegen welchen von der nach Massgabe ihrer Erstarrung ihre Nachgiebigkeit verlierenden Rinde in unregelmässigen Perioden grössere oder kleinere Teile gesprengt und von der feurigflüssigen Masse wieder überschwemmt werden müssen. Dadurch werden diese Rindenteile nicht nur selbst wieder leuchtend, sondern auch ihre chemischen Verbindungen müssen teilweise wieder zersetzt werden, sodass grossartige, mit Licht- und Wärmeentwicklung verbundene Verbrennungsprozesse eintreten. Die Erscheinung veränderlicher Sterne von unregelmässiger Periode findet so ihre naturgemässe Erklärung, und wenn der normale Glanz für die Sichtbarkeit nicht mehr genügend war, so müssen solche Sterne, optisch genommen, als neue Sterne erscheinen.

Jeder erkaltende Weltkörper muss früher oder später in diese vulkanische Entwicklungsphase eintreten; denn bei jedem wird die innere Glutmasse durch die umgebende Rinde vor Ausstrahlung geschützt, muss also eine viel langsamere Verdichtung erfahren, als die Rinde selbst, die in beständiger Berührung mit dem kalten Raume bleibt und daher infolge rascherer Kontraktion einen immer stärkeren konzentrischen Druck auf die in ihrem Flüssigkeitszustande wenig komprimierbare innere Glutmasse ausübt. Dieser Druck von aussen und die ausserordentliche Expansivkraft der bei eintretenden chemischen Verbindungen des Inneren freiwerdenden Gase werden imstande sein, selbst eine erstarrende Kruste zeitweilig wieder zu zersprengen. Sind solche Eruptionen nur lokaler Natur, so wird ein neuauflodernder Stern sichtbar werden, der zugleich, mit Rücksicht auf seine Rotation, veränderlich ist; bei grossartigen Katastrophen dagegen wird die ganze Oberfläche des Sternes über- flutet werden, und kann dabei eine um so intensivere Lichtent- wicklung stattfinden, wenn unter dem Einflusse einer längeren Abkühlung die Atmosphäre aus solchen Gasen besteht, welche in der Berührung mit den hervorquellenden glühenden Metallmassen sehr lebhafte Verbrennungsprozesse bewirken. Da aber mit zu- nehmender Erkaltung immer neue chemische Verbindungen des Inneren eintreten, und Gasmengen von gewaltiger Expansivkraft frei werden, so werden solche Katastrophen noch lange nach der Krustenbildung sich immer wieder erneuern.

Auch hier können wir einen Seitenblick auf die Sonne werfen, um von der Gewalt solcher Vorgänge eine Vorstellung zu gewinnen. Die Flammensäulen, welche von der Sonne emporgeworfen werden, Protuberanzen genannt, erreichen oft eine Höhe von 10, ja bis zu 60 Tausend Meilen, und züngeln mit einer Schnelligkeit von 50—500 Kilometern in der Sekunde empor, als Zeugen von der furchtbaren Gewalt des Kampfes, den die Gravitation mit der Wärme im Inneren der Sonne führt, indem die Gravitation die Masse zu immer stärkerer Verdichtung zwingt, während die dadurch noch gesteigerte Wärme sie wieder zu verflüchtigen sucht. Aber während die Wärme fortwährende Verluste durch Ausstrahlung in den Raum erleidet, bleibt die Gravitation ungeschwächt, und nur ihr kann der Sieg zufallen. Gerade jene Orte, über welchen diese riesenhaften Wasserstoffgasflammen emporlodern, sind es, an welchen infolge des bedeutenden Wärmeverlustes die Sonnenflecken entstehen, wie es die Theorie erfordert und die Erfahrung bestätigt. Aber auch noch in einer späteren Periode, wenn die Aussenrinde infolge wiedereingetretener Abkühlung als dunkle Masse den Kern bedeckt, und in Erstarrung übergegangen ist, können noch Rückfälle eintreten. Denn diese Erstarrung muss schliesslich einen Betrag erreichen, dass die Kohäsion der Rindenteile ihrer Schwerkraft das Gleichgewicht hält, sodass sie der weiteren Verdichtung des Kernes nur mehr in selteneren Senkungsbewegungen folgen; der Stern 'wird nicht mehr die regelmässige Gestalt eines Rotationssphäroids haben, sondern Hohlräume werden zwischen Kern und Rinde entstehen, die sich längere oder kürzere Zeit erhalten können. Hauptsächlich in den Polarzonen werden solche unregelmässige Nachsenkungen eintreten, nicht nur weil die Schwere bei denselben beträchtlicher ist als bei den mit Centrifugalkraft behafteten Äquatorteilen, sondern bei Planeten, die ja die gleiche Entwicklung durchlaufen, auch aus dem Grunde, weil die Polarzonen ihre Wärme schneller an den Raum abgeben, während in den Äquatorbreiten die Erstarrung durch eingestrahlte Sonnenwärme verzögert wird. Die Unregelmässigkeit in den Senkungsbewegungen folgt demnach ganz notwendig aus der ungleichen Schwere der Rindenteile und aus der Ungleichheit äusserer Einflüsse. Bei fortschreitender Erstarrung werden solche Hohlräume im Widerstande gegen die Schwere immer länger sich erhalten, indem die Rindenteile sich wechselseitig stützen und eine natürliche Kuppel bilden. Je beträchtlicher aber die vertikale Ausdehnung der darunter liegenden Hohlräume durch die weitere Verdichtung der Kernmasse wird, desto stärker wird auch die Krümmung und Spannung der Kuppel werden, und muss schliesslich einen Betrag erreichen, der den plötzlichen Einbruch nach sich zieht, sodass der Stern, der die veränderliche Lichtstärke der vorhergehenden Entwicklungsphase längst nicht mehr gezeigt, und optisch längst verschwunden war, abermals überflutet wird, und als ein neuer Stern aufleuchtet.

Die Weltkörper werden demnach als Nebelballen und in der späteren feurigflüssigen Form die regelmässige Gestalt von Rotationssphäroiden haben, in der Erstarrung aber mehr oder weniger davon abweichen. Dieses wird empirisch bestätigt durch die Gestalt der Erde, welche auf unregelmässige Senkungsbewegungen ihrer Rinde deutet. Der Polardurchmesser ist um $^1/_{289}$ kürzer als der am Äquator; vom Pole zum Äquator fortschreitend erhält man daher eine regelmässige Verlängerung des Durchmessers, und lässt sich dieser für jeden Ort berechnen, wie er bei regelmässiger Gestalt der Erde sein müsste. Aber nach den neuesten Tiefseeforschungen stimmen die theoretisch sich ergebenden Längen des Durchmessers mit den wirklichen nicht überein: die Form des Meeresbodens entspricht nicht ganz derjenigen einer um $^1/_{289}$ abgeplatteten Kugel, und zeigt im 45. Grade, nördlich wie südlich vom Äquator, eine wulstartige Anschwellung; desgleichen ist der Halbmesser der Erde vom Mittelpunkte zum Äquator an der östlichen Küste Afrikas um 7—800 Meter länger als an den Mündungen des Amazonenstroms. Es lässt sich dieses wohl nur aus den früheren unregelmässigen Senkungsbewegungen der Erdrinde erklären, wobei geringe Hohlraumbildungen erhalten blieben.

Da die Rotation gasförmiger oder flüssiger Körper es ist, welche Abplattung der Pole und Anschwellung des Äquators herbeiführt, so muss der Betrag der Abplattung und Anschwellung unter sonst gleichen Umständen im direkten Verhältnisse zur Rotationsgeschwindigkeit stehen. Diese Übereinstimmung scheint bei unseren Planeten fast regelmässig vorhanden zu sein: der Abplattung der Erde um $^1/_{289}$ ihres Durchmessers entspricht eine Rotationszeit von fast 24 Stunden; Jupiter dreht sich innerhalb nahezu 10 Stunden um seine Achse, aber seine Abplattung erreicht auch $^1/_{14}$ seines Durchmessers, während Saturn bei einer Rotationszeit von etwas mehr als 10 Stunden um $^1/_{10}$ abgeplattet ist. Wenn aber schon hieraus ersichtlich ist, dass die aus den Umdrehungsgeschwindigkeiten abgeleiteten Beträge der Abplattung nicht ganz genau mit den wirklichen übereinstimmen, so erklärt sich dieses aus den verschiedenen Dichtigkeiten der Planeten, indem ein um seine Achse rotierender Körper umsomehr die Linsenform annehmen wird, je lockerer seine Materie ist, dagegen um so näher der Kugelform kommen wird, je dichter er ist.

Aber auch noch ein anderer Umstand ist zu erwähnen, aus

welchem individuelle Unterschiede der Planeten sich ergeben müssen: die Verschiedenheit der Schwere auf ihren Oberflächen. Die Anziehungskraft eines Körpers ist abhängig von seiner Masse, und wirkt nach einem Gesetze Newtons bei der Kugelform der Art, als ob die ganze Masse in seinem Mittelpunkte vereinigt wäre. Da nun ferner die Anziehungskraft proportional mit den Quadraten der Entfernung vom Mittelpunkte sich vermindert, die Schwere des angezogenen Körpers also abhängig ist von seinem Abstande vom Mittelpunkte des Planeten, so müssen die Gewichtsverhältnisse auf der Oberfläche jedes Planeten diesem eigentümlich sein, da die Begleiter unserer Sonne sowohl in Hinsicht ihrer Massen, wie der Längen ihrer Halbmesser, sehr verschieden sind; es lässt sich also das Gewicht eines Körpers auf der Oberfläche eines bestimmten Planeten berechnen, indem man die Masse des Planeten durch das Quadrat seines Halbmessers dividiert. Die Schwere ist daher keine unveränderliche Eigenschaft der Dinge, und ein irdischer Körper, auf die Oberfläche eines anderen Planeten versetzt, würde auch ein anderes Gewicht annehmen. Pendelmessungen haben sogar ergeben, dass auf der Erde selbst eine Abnahme der Schwere von den Polen bis zum Äquator eintritt, da die Länge des Halbmessers der Erde, also der Abstand der Oberfläche vom Mittelpunkte, von den abgeplatteten Polen aus bis zum Äquator wächst. Es beschreibt zudem ein Körper auf der Oberfläche innerhalb einer Achsendrehung der Erde einen um so grösseren Kreis, besitzt demnach eine um so grössere Centrifugalkraft, je näher er dem Äquator liegt; es muss demnach auch aus diesem Grunde die Schwere von den Polen bis zum Äquator abnehmen.

Es erhellt daraus, dass die bedeutenden Unterschiede der Planeten in Bezug auf ihre Masse und die Länge ihrer Halbmesser auch ihre Rindenbildung beeinflussen müssen. Bei kleineren Planeten erfahren nicht nur die Centrifugalkräfte an der Schwere der Rindenteile einen geringeren Widerstand, sondern auch in einer späteren Periode entwickeln die explosiven und eruptiven Kräfte des Inneren eine bedeutendere Wurfkraft; wenn ferner unter der erstarrten Rinde infolge der weiteren Verdichtung der Kernmasse Hohlräume entstehen, so können dieselben um so leichter zu abnormer Grösse anwachsen und um so länger sich erhalten, je geringer die Schwere der Rindenteile auf dem betreffenden Planeten oder Monde ist, dagegen sie um so früher zerstört werden müssen, je bedeutender die Schwere ist, welche das betreffende Gestirn vermöge seiner Anziehungskraft den Teilen der überlagernden Kruste erteilt.

Glänzende Sterne von unveränderlichem Lichte, veränderliche Sterne von langer, sodann von kurzer Periode bei beständig abnehmender Helligkeit, die unregelmässig eintretenden Lichtveränderungen und schliesslich das optische Verschwinden von Sternen, welches sich konstatieren lässt aus der Vergleichung älterer Kataloge mit neueren in Bezug auf die Anzahl der in den Sternbildern vorhandenen Gestirne: — in diesen Phänomenen erzählt uns der Himmel in grossen Zügen die Geschichte, welche alle Weltkörper durchlaufen müssen. Der Forschung obliegt es nur, das räumliche Nebeneinander dieser Erscheinungen in ein zeitliches Nacheinander zu verwandeln, d. h. die Reihenfolge dieser Kapitel in der kosmischen Entwicklungsgeschichte zu bestimmen; aus der Universalität der irdischen Gesetze ergiebt sich aber von selbst, dass diese Aufeinanderfolge eine natürliche Kausalreihe darstellen muss. Die Richtigkeit dieses Verfahrens erhellt aber mit Evidenz daraus, dass — die Ergebnisse der Geologie beweisen es — die kosmischen Entwicklungsphasen sowohl hinsichtlich ihres Charakters, wie ihrer Reihenfolge vollständig übereinstimmen mit jenen, welche unser eigener Planet durchlaufen musste, um seine gegenwärtige Gestalt und Beschaffenheit zu erwerben.

Das Verzeichnis sogenannter neuer Sterne ist ein sehr geringes. Aber wenn wir bedenken, dass Lichtveränderungen in der Regel nur teleskopisch sich beobachten lassen, und geringe Umwälzungen für uns überhaupt nicht bemerklich werden können, sondern nur die gewaltigsten, deren Wirkung in langandauernden abnormen Zuständen sich äussert, so erscheint der Schluss nicht mehr gewagt, dass manche Katastrophen in der Region der Fixsterne sich ereignen mögen, von welchen wir niemals Kunde erhalten.

Die Annahme von Katastrophen im Weltall widerspricht nun

allerdings unseren liebgewordenen Ansichten über die Sternenwelt so sehr, dass wir nur ungern in unserer Vertrauensseligkeit
uns erschüttern lassen. So würden aber auch wohl die allfälligen
Bewohner solcher Sterne, deren ehemals feurigflüssiges Innere bereits erhärtet ist, es als unglaublich anhören, wenn man ihnen
berichtete, dass auf unserer Erde noch Umwälzungen stattfinden,
wobei Tausende von Menschenleben zu Grunde gehen; Erdbeben,
wie jenes, welches 1755 Lissabon zerstörte, und das sich über
mehr als den zwölften Teil der Erdoberfläche erstreckte, über
Frankreich und Deutschland nach Schweden, Island und Grön-
land und über die Meere bis nach Afrika und Amerika; oder jenes
von 1868 in Südamerika, dessen Ausdehnung als noch grösser
geschätzt wird.

Es widerstrebt unseren Gefühlen, uns die Natur von solcher
Gleichgültigkeit gegen ihre eigenen Werke zu denken, dass sie
ganze Weltkörper der Vernichtung preisgeben sollte, — wobei wir
jedoch, wie sich später ergeben wird, nicht an bewohnte Sterne
zu denken haben; — aber doch können wir Erscheinungen, die
sich nur quantitativ davon unterscheiden, jederzeit auf unserer
eigenen Erde beobachten. Die Natur ist weder grausam, noch
liebevoll, weder gütig, noch hartherzig; sie ist einfach gesetzmässig,
und im ganzen Weltall bewegt sich nicht ein Atom anders als
gesetzmässig, und würde selbst infolge einer einzigen Atombewegung
der ganze Kosmos in seinen Angeln erschüttert werden. Es wird
nachgerade Zeit, dass wir uns daran gewöhnen, der Natur ins
Antlitz zu schauen, statt uns ein idealisiertes Bild von ihr zu entwerfen, wobei unsere Wünsche den Pinsel führen. Nie wird der
Absolutismus der Natur sich in jenen Konstitutionalismus verwandeln, zu dessen Herstellung wir als Mandatare der Wünsche
unseres Herzens ein transcendentes Wesen über sie gestellt haben.
Es wird sich aber später zeigen, dass der Pessimismus darum
noch lange nicht das letzte Wort der Philosophie zu sein braucht.

4. Die Verwandlung der Sternhaufen in kosmische Nebel.

Jene Sonnen des Himmels, welche ihre Leuchtkraft verloren haben, sind für uns stumm geworden. In seltenen Fällen nur verkündigen sie dem Astronomen noch ihre Existenz. Wenn sie nämlich einem Systeme von Doppelsternen angehören, dann lässt sich aus den Bewegungen des noch leuchtenden Begleiters das Vorhandensein eines unsichtbaren Sternes erschliessen, ja sogar seine Stellung und seine Masse berechnen. Aber die Entwicklungsgeschichte solcher ausgelöschter Weltleuchten ist für uns abgeschlossen, und würden sie nur in dem einen Falle wieder zu uns reden, wenn ihre Spezialgeschichte wieder einmünden sollte in den allgemeinen Strom der Geschichte jenes Sternhaufens, dem sie angehören; vorausgesetzt natürlich, dass hierbei wieder Phänomene des Lichtes eintreten sollten, in welcher Sprache allein die Sterne zu uns reden können.

Da wir für alle Fixsterne den gleichen Verlauf der Entwicklung anzunehmen genötigt sind, so folgt daraus allerdings vorerst, dass in unermesslichen Zeiten auch Sternhaufen so gewiss optisch verschwinden müssen, als Einzelgestirne. Freilich ist es auch dann noch eine lange Reihe von Veränderungen, welche die Gestirne eines solchen Sternhaufens zu durchwandern haben; aber die Untersuchung über den Kreislauf der Welten muss diese weiteren Phasen überspringen und kann die Geschichte erkalteter Sonnen erst an dem Punkte wieder aufnehmen, wo sie mit der Geschichte des Sternhaufens als Ganzen sich wieder vereinigt. Einer späteren Untersuchung mag es vorbehalten bleiben, auch von den hier zu übergehenden Entwicklungsphasen zu reden, wobei der Vergleich mit uns näher gelegenen erkalteten Gestirnen, den Planeten, uns leiten soll, welche, dank dem auf sie fallenden Sonnenlichte, uns sichtbar bleiben und weitere Entwicklungszustände uns verraten.

Das allein kann hier mit Sicherheit vorausgesetzt werden, dass die erkalteten Sonnen ihre gravitierende Bewegung im Raume fortsetzen werden; denn hierfür ist es ohne allen Belang, ob sie im Zustande des Leuchtens sich befinden oder nicht.

Wohin führt nun diese gravitierende Bewegung? Für die
Materie eines Sternhaufens so gut, wie für die eines Einzelgestirnes,
bedeutet Gravitation Verdichtung, allmähliche Annäherung und
schliessliche Vereinigung; und wie für die Materie eines Gestirnes
muss auch für die eines Sternhaufens diese Vereinigung Bewegungsverluste und Verwandlung lebendiger Bewegung in Molekularbewegung, in Wärme und Licht, nach sich ziehen.

Mit dem hieraus entstehenden physischen Lichte wird aber
auch wieder Licht in die Geschichte des Sternhaufens kommen,
der unberechenbare Zeiten hindurch verschwunden war.

Aber dieser rein theoretischen Folgerung, so unabweislich sie
auch ist, steht keine empirische Wahrnehmung unterstützend zur
Seite; es muss daher versucht werden, dem Probleme von anderer
Seite beizukommen.

Entsprechend dem Worte Goethes, dass der Mensch nicht
geboren sei, das Problem der Welt zu lösen, sondern zu suchen,
wo das Problem angeht, wurde oben in der Frage nach dem
Anfangszustande des Kosmos von den kosmischen Nebeln ausgegangen, und wurde die weitere Frage, woher denn diese Nebel
entstanden seien, vorerst von der Hand gewiesen. Indessen hat
sich im Verlaufe der Darstellung wenigstens soviel ergeben, dass,
welche Erscheinung immer am Himmel sichtbar sein mag, ·wir
keine andere Erklärung derselben uns erlauben dürfen, als die
nach irdischen Gesetzen; denn die Universalität derselben ist für
die Wissenschaft über jeden Zweifel erhaben. Indem also die
Frage nach dem Ursprunge der kosmischen Nebel, aus welchen
alle übrigen Erscheinungen des Himmels abgeleitet wurden, hier
wieder aufgenommen wird, erfährt sie zugleich die Antwort, dass
wir uns denselben nur nach Analogie irdischer Vorgänge
denken dürfen.

Die Materie der kosmischen Nebel befindet sich aber im
Zustande denkbar grösster Zerstreuung; diese Urgebilde sind auf-
gelöst in die einfachsten ihrer chemischen Elemente, und wir
dürfen wohl annehmen, dass diejenigen Stoffe, welche uns das
Spektrum der gasförmigen Nebel anzeigt, in der That als einfache
Elemente anzusehen sind, während die Mehrzahl der für einfach

geltenden irdischen Elemente nur eines entsprechenden Temperaturgrades bedürfen, um sich als Verbindungen darzustellen, — einer Temperatur, die wir mit allen unseren Hilfsmitteln, selbst unter Anwendung elektrischen Lichtes, nicht herzustellen vermögen.

Kosmische Nebel sind also ausgedehnte Materie. Ausdehnung aber und Trennung chemischer Verbindungen ist für uns nur denkbar als Wärmewirkung, als Resultat jener zweiten Grundkraft, die als Umwandlungsform der Gravitation mit dieser in Widerstreit tritt.

Die Kräfte sind unzerstörbar, aber sie sind wandelbar. Alle irdischen Erscheinungen lassen sich zurückführen auf Erhaltung und Umwandlung der Kraft. Wo immer eine Kraft scheinbar verschwindet, muss sie in anderer Form wieder auftauchen. Bewegung, Wärme, Licht, Magnetismus, Elektricität, chemische Affinität gehen ineinander über, sind nur verschiedene Gestalten einer und derselben Urkraft, und jede kann, wenn nicht direkt, so doch indirekt, in die alte Form zurückverwandelt werden, von der sie ausgegangen ist.

Grove hat einen interessanten Versuch gemacht, um dieses Verwandtschaftsverhältnis der Kräfte darzulegen, bei dem sich zeigt, dass es nur der entsprechenden Umstände bedarf, damit eine Kraftform gleichzeitig in alle übrigen Formen sich umwandelt. Es ist dieses Experiment so instruktiv, dass es jede weitere Erörterung des Themas entbehrlich macht, daher es gestattet sei, es hier anzuführen: »Eine präparierte Daguerreotypplatte wird in einen mit Wasser gefüllten Kasten gebracht, dessen eine Seite aus einer Glaswand besteht, aber von einer Schieblade verschlossen ist. Zwischen dieser Glaswand und der Platte befindet sich ein rostförmiges Silberdrahtgeflecht, und die Platte ist mit dem einen Ende der Umwicklungen eines Galvanometers, der Drahtrost mit einem Ende einer Breguetschen Spirale verbunden — einem zierlichen Instrumente, bestehend aus zwei zu einer Spirale geformten zusammengelöteten Metallen, deren Ungleichheit in der Ausdehnung die geringsten Temperaturwechsel erkennbar macht; endlich verbindet ein Draht die beiden anderen Enden des Galvanometers und der Spirale. Die Nadeln sind auf Null gebracht. Sobald man nun einen Lichtstrahl, sei es Tageslicht oder Hydrooxygenlicht, durch das Heben der Schieblade auf die Platte fallen lässt, werden die Nadeln sofort abgelenkt. So erhalten wir aus dem Lichte, als anfänglicher Kraft, chemische Thätigkeit auf der Platte, Elektricität durch die Drähte fliessend, Magnetismus in den Umwindungen des Galvanometers, Wärme in der Spirale und Bewegung in den Nadeln.«

Kräfte sind unzerstörbar, und ihre Verwandlungen geschehen in gleichwertigen Beträgen; aber es ist bisher der Wissenschaft nicht gelungen, die sich entsprechenden Beträge von Wärme, Licht, Elektricität, Magnetismus und chemischer Kraft zu bestimmen; dagegen ist das Äquivalent zwischen Bewegung und Wärme — womit wir in kosmologischen Problemen es allein zu thun haben — festgestellt: die Wärme, welche 1 Kilogramm Wasser um 1° Celsius erhitzt, vermag 1 Kilogramm auf die Höhe von 424 Metern zu heben. 424 Kilogramm-Meter sind demnach der Betrag an mechanischer räumlicher Bewegung, in welche der erwähnte Wärmebetrag sich verwandeln kann; umgekehrt aber wird sich dieser Bewegungsbetrag, wenn er durch Hemmung verloren geht, in Wärme von der eben angegebenen Temperatur verwandeln.

Wie wir nun die ausserordentliche Temperatur der Sonne und der übrigen Fixsterne nur erklären können aus der Umwandlung der Kraft, indem das Gravitieren ursprünglich zerstreuter Stoffteile räumliche Bewegung erzeugte, welche in der Verdichtung verloren ging und in den gleichwertigen Betrag von Wärme sich verwandelte, so lässt sich umgekehrt der Zerstreuungszustand kosmischer Nebel nur erklären aus einer Bewegungsgrösse, der ein äquivalenter Betrag von Wärme zu Grunde liegen musste. Die Wärme, die wir für eine so ausserordentliche Verflüchtigung von Materie voraussetzen müssen, ist nun freilich eine ungeheure; sie muss weit bedeutender sein als die von der Sonne gegenwärtig ausgestrahlte Wärme, da selbst diese es nicht vermag, die Materie der Sonne in den nebeligen Zustand zu verflüchtigen.

Wenn aber die Wärme, welche hinreichen soll, einen Nebel zu erzeugen, weit bedeutender als die Sonnenwärme sein muss, dann muss sie auch aus weit bedeutenderen Verlusten an räumlicher

Bewegung entstanden sein, als welche bei der Sonnenbildung verloren ging, das heisst weit mehr Stoffteile, als welche zur Sonne sich verdichtet haben, müssen bei der der Bildung von Nebeln vorausgehenden Wärmeentwicklung ihre Bewegung eingebüsst haben. Wenn aber die Materie einer Sonne nicht hinreicht, solche Bewegungsverluste zu erklären, dann müssen wir eben ganze Komplexe von Sonnen zur Erklärung heranziehen und einen Prozess voraussetzen, bei welchem diese Komplexe von Sonnen ihre Bewegung verloren.

Die kosmischen Nebel müssen daher aus Sternhaufen entstanden sein, und zwar unter einem Prozesse, wobei alle Glieder dieser Sternhaufen ihre gravitierende Bewegung verloren. Dies konnte aber nur geschehen, indem die gesamte Materie solcher Sternhaufen zu einem Ganzen vereinigt wurde.

Gleichwie wir also die Sternhaufen mit ihrer kaum annähernd zu schätzenden Anzahl von Gestirnen, deren jedes unvorstellbare Mengen von Licht und Wärme entsendet, nur ableiten konnten aus Verdichtung kosmischer Materie durch Umwandlung gravitierender Bewegung in Wärme — und jede der hierbei zu durchwandernden Entwicklungsstufen ist durch entsprechende Gebilde am Himmel empirisch belegt worden — so können wir auch umgekehrt die kosmischen Nebel nur wieder ableiten aus den Sternhaufen durch Verwandlung der in ihrer letzten Entwicklungstufe erzeugten Wärmemenge in zerstreuende Bewegung. Freilich fehlt uns für diesen umgekehrten Schluss die empirische Bestätigung; aber er ist nicht minder sicher als jener, da bei beiden die gleichen Gesetze vorausgesetzt werden. Wärme und Bewegung sind die beiden Faktoren, woraus wir die Geschichte des Kosmos konstruieren müssen. Diese beiden Faktoren bedingen sich gegenseitig. Wo Wärme vorhanden ist, muss Bewegung vorhergegangen sein, wo Bewegung, Wärme.

Obwohl es daher eine rein theoretische Folgerung ist, der keine empirische Wahrnehmung zur Seite steht, so steht es doch wissenschaftlich fest, dass, da jede Gravitation Verdichtung bedeutet, auch das Gravitieren der ungezählten Gestirne eines Sternhaufens zu ihrer Vereinigung führen muss, und dass die damit verbundene Vernichtung centripetaler Bewegung molekulare Bewegung erzeugen muss. Das Axiom von der Äquivalenz der Kräfte, nach welchem die Umwandlung derselben immer in gleichwertigen Beträgen geschieht, zwingt uns zu der Folgerung, dass die durch den Zusammensturz von Welten erzeugte Wärmemenge gerade so gross sein muss, dass sie ihrerseits wiederum dieselbe Bewegungsgrösse erzeugt, durch deren Vernichtung sie entstanden ist. Mit anderen Worten: Die Vereinigung der Materie eines Sternhaufens muss eine Wärmemenge erzeugen, welche hinreicht, diese Materie wieder ebenso stark zu zerstreuen, als sie es ursprünglich war, sie ebenso weit in den Raum wieder hinauszutragen, als sie hergekommen ist. Nun ist die kosmische Nebelform die letzte, bis zu der wir die Materie des Himmels zurückverfolgen können; es muss also, wenn Sternhaufen verflüchtigt werden, die Zerstreuung ihrer Materie in demselben Betrage geschehen, dass diese Nebelform wieder erreicht wird.

Damit fällt nun allerdings wieder Licht in die Geschichte jener Sternhaufen, die nach der Verfinsterung ihrer Sonnen für uns plötzlich abbrach; aber diese ihre Geschichte erweist sich zugleich als ein ewiger Kreislauf. Wir kommen damit zur niederschlagenden Erkenntnis, dass die Erforschung der Geschichte des Kosmos weder nach Seite der Vergangenheit noch der Zukunft, und mögen wir auch noch so grosse Fortschritte in dieser Erforschung machen, geeignet sein kann, uns Aufschlüsse zu geben über das alte Rätsel der Welt, das, indem es uns zum Bewusstsein kommt, uns als Fremdlinge in dieser Welt fühlen lässt und zur Erforschung ihrer Geschichte uns antreibt. Nur in einem Endziele, dem die Welt entgegeninge, könnte vielleicht eine Aufklärung über ihre Bedeutung für uns liegen; im Kreislaufe der Welten dagegen verbirgt sich uns das Geheimnis für immer. Aber die Wissenschaft hat nichts zu fragen nach dem praktischen Werte ihrer Resultate, und der Kreislauf des Geschehens, dem wir nicht entrinnen können, ist wenigstens an sich vorstellbar, während andererseits der philosophisch wie naturwissenschaftlich gleich unvorstellbare Anfang der Schöpfung zu jenen Dingen gehört, die

— um mich eines Wortes Shakespeares zu bedienen — zwar „gezungt" werden können, aber nicht „gehirnt".

So führt uns also die moderne, exakte Naturwissenschaft mit unerbittlicher Konsequenz vor den ewigen Kreislauf der Welten, vor das $\pi\acute{\alpha}\nu\tau\alpha$ $\acute{\varrho}\epsilon\~\iota$ des alten Ephesiers; sie mündet ein in jene uralten Ahnungen des Menschengeschlechtes, die schon einmal im fernen Hindostan durch Çakhya-muni zum religiösen System erhoben wurden, — durch jenen Buddha, der mit den Worten seinen Geist aufgab: „Alles ist dauerlos!"

Von Nebelflecken durch Konzentration zu Sternhaufen, von Sternhaufen durch Verflüchtigung zu Nebelflecken, vom Nirvana zur Sansara und wieder zurück ins Nirvana: so atmet der grosse Pan auf und nieder. Kein finaler Zustand der Dinge kann je eintreten. Schon Gründe der Logik verbieten uns die Annahme eines solchen; sie widerspricht der Form selbst unseres Denkens, da ja der regressus in der Zeit ein regressus in infinitum ist, also der finale Zustand schon längst eingetreten wäre, wenn er überhaupt möglich wäre.

Schliesslich tritt aber noch eine Frage an uns heran, die ihres hohen Interesses wegen untersucht zu werden verdient, so gering auch die Aussicht ist, dass sie nach dem gegenwärtigen Stande unserer Kenntnisse eine genügende Antwort erfahren werde; die Frage nämlich: Innerhalb welcher Zeiten vollzieht sich der Kreislauf der Welten, und in welchem Stadium desselben befindet sich der grosse Komplex von Fixsternen, dem wir angehören?

Bei derartigen Fragen müssen wir uns vor allem abgewöhnen, das Miniaturmass historischer Zeitlängen an sie zu ˙legen. Dasselbe erweist sich als unangemessen schon für die geologische Geschichte unserer Erde, und doch ist, wie die Erde, räumlich genommen, nur ein verschwindend kleines Atom in dem Gewimmel der Sterne ist, so auch ihre Geschichte zeitlich nur ein kurzer Augenblick des grossen Kreislaufes. Redtenbacher hat die Anfangstemperatur der Erde auf 55 200 Grad Celsius berechnet, und Bischof hat gefunden, dass eine Abkühlung derselben nur von 2000 Grad auf 200 Grad Celsius eine Zeit von 350 Millionen

Jahren erfordert. Nach Klein müssen etwa 2000 Millionen Jahre verflossen sein, seitdem die Erde zu erkalten begann und mit jener Aussenrinde sich überzog, die gegenwärtig eine Dicke von ungefähr sieben Meilen besitzt. Damit ist jedoch über die noch entlegenere Zeit, da die Erde in Ringform von der Sonne sich abtrennte, noch nichts ausgesagt; dieser Abtrennung der Erde musste aber in unberechenbaren Zeiten die der äusseren Planeten vorhergehen und wieder jene Zeit, da das noch in Gasform zerstreute Sonnensystem sich zu verdichten begann.

Der Kreislauf der Welten bedeutet Wiederverwandlung der Sternhaufen in kosmische Nebel. Da nun diese Wiederverwandlung nur aus der schliesslichen Vereinigung der Gestirne resultieren kann, so müssen wahrnehmbare Beträge an Ortsveränderung uns als Massstab der Annäherung an die Schlusskatastrophe dienen. Demnach sind die Fragen zu untersuchen, ob die Fixsterne Eigenbewegung haben und welcher Betrag an Ortsveränderung innerhalb historischer Zeiten wahrnehmbar wurde.

Die Fixsterne haben Eigenbewegung. Jede frei im Raume schwebende Kugel muss eine in Ansehung des Centrums seitliche Bewegung haben, andernfalls vermöge der Universalität der Schwere nur ein gerader Sturz gegen das Centrum denkbar wäre, und eine Vereinigung der Materie unseres Sternhaufens längst eingetreten sein müsste. Dieses Gravitieren der Gestirne in elliptischen oder Kreisbahnen um den allgemeinen Schwerpunkt ist aber nur erklärlich aus der Achsendrehung des ursprünglichen Nebels, die sich auch in der linsenförmig abgeplatteten Form der kosmischen Nebel verrät, und wobei die mit jeder Achsendrehung verbundene Fliehkraft Abtrennung jener äusseren Schichten veranlasst, bei welchen die Fliehkraft bis zu einem der Schwerkraft gleichwertigen Betrage jeweilig angewachsen ist. Aber so wenig, als bei unseren Planeten, kann bei Fixsternen dieses Gravitieren in krummen Bahnen ein ewiges sein; auch sie bewegen sich in jenem widerstehenden Medium, dem kosmischen Äther, dessen Widerstand die jeder seitlichen Ortsbewegung zu Grunde liegende Kraft allmählich aufzehren und die elliptischen Bahnen in Spiralbahnen verwandeln muss. Nach Aufzehrung jener Kraft aber bestimmt allein noch die Schwerkraft die Bewegung, die alsdann nur mehr in gerader Linie gegen die Centralgruppe gerichtet sein kann. Die der Centralgruppe nächstliegenden Gestirne müssen es sein, welche zuerst mit derselben materiell vereinigt werden, wobei ihre Bewegungsgrösse in den gleichwertigen Betrag von Wärme verwandelt wird und ihre Verflüchtigung eintritt, während die entfernteren Sterngruppen vorerst noch ihre Bewegung um den alsdann gasförmigen Kern fortsetzen, der durch die räumliche Ausdehnung seiner Materie an Anziehungskraft natürlich nichts eingebüsst hat.

Der Übergang eines Sternhaufens zum kosmischen Nebel geschieht demnach von innen nach aussen. Indem aber dieser Centralkern verflüchtigt wird, stellt auch er für die nächstliegenden Schichten ein widerstehendes Medium dar, das den Ätherwiderstand noch verstärkt und die spiralförmige Annäherung der Gestirne an das Centrum zu einer noch entschiedeneren machen muss. So muss diese Verstärkung des die seitliche Bewegung hemmenden Widerstandes für jede nächstfolgende Sternschicht grösser werden. Von innen nach aussen also, und in immer beschleunigterem Tempo, geschieht die Umwandlung eines Sternhaufens in den kosmischen Nebel.

Die nach mechanischen Gesetzen notwendige Eigenbewegung der Fixsterne ist übrigens für mehr als 3000 derselben auch empirisch konstatiert, und — wie schon erwähnt — wird in Zukunft die Spektralanalyse ein viel feineres Hilfsmittel für diesen Nachweis sein, als es eine wahrnehmbare Ortsveränderung der Gestirne am Himmel sein kann; diese letztere nämlich erscheint niemals rein, sondern immer kombiniert mit der Eigenbewegung unserer Sonne; wir sind aber unvermögend, diese beiden Faktoren zu trennen, solange wir die Geschwindigkeit unserer Sonne und ihre Bewegungsrichtung nicht genau kennen.

Unsere Sonne besitzt nach Mädler eine Eigenbewegung von 8,28 Meilen in der Sekunde, während andere Forscher wieder andere Werte, zwischen $2^3/_4$ und 11 Meilen, gefunden haben. Wenn aber unser Sonnensystem auch als Ganzes im Raume fortrückt, dann muss geschehen, was bei irdischen Ortsveränderungen, die wir vornehmen, geschieht: die Gegenstände hinter uns rücken mehr und mehr zusammen, die vor uns treten auseinander, und die zur Seite weichen zurück. Wenn wir im Eisenbahnwagen sitzen, ändert sich die perspektivische Lage der äusseren Gegenstände rascher oder langsamer, nach Massgabe ihrer Entfernung. Die Telegraphenstangen des Dammes weichen augenblicklich zur Seite, während am Horizonte liegende Berge nur langsam sich verschieben. So entfernte Gegenstände aber, wie die Fixsterne, können in der, kosmisch genommen, so kurzen historischen Zeit trotz der Bewegungsgeschwindigkeit der Sonne fast gar keine Verschiebung erfahren haben; dass heisst: die Sternbilder müssen den Anschein der Unveränderlichkeit haben. Die Vergleichung derselben mit dem vor hundert Jahren angefertigten Kataloge Bradleys, worin möglichst viele Sterne mit genauester Bezeichnung ihres Ortes aufgeführt wurden, ergiebt nur für sehr wenige Sterne eine Veränderung desselben; selbst die grössten Beträge erreichen aber kaum die Hälfte der scheinbaren Breite' der Sonnenscheibe.

Seit der Gründung Roms hat Sirius seinen Standort am Himmel nur etwa um $1\frac{1}{2}$ Vollmondbreiten verändert, und man hätte niemals darauf verfallen können, die Fixsterne nach Sternbildern zu ordnen und die wegen der Nähe der Planeten und der Sonne weit bedeutenderen alltäglichen Verschiebungen der letzteren auf jene Bilder zu beziehen, wenn nicht jene in der That vom Standpunkte historischer Zeitlängen unveränderlich wären. Das südliche Kreuz, das Trapez, der Triangel und andere Sternbilder, die sich vermöge ihrer geometrischen Form besonders zur Vergleichung eignen, haben seit historischen Zeiten dieselbe nicht eingebüsst, und noch heute zeigt der grosse Bär die charakteristische Form wie in den Tagen Homers. So wenig, ja fast unmerklich, haben die Sterne ihren Standort geändert, dass dieselben Sternbilder — deren Form natürlich nur Wirkung der Perspektive ist, ohne dass ihre Einzelgestirne systematisch verbunden wären, d. h. in einem gegenseitigen Gravitationsverbande stünden — welche Hipparch zeichnete, auch von uns noch gezeichnet werden; ja schon Hiob spricht vom Sternbilde des Orion und der Plejaden.

Und doch muss einst ein Tag kommen, da das südliche

Kreuz in seine Einzelgestirne zerfallen, das Trapez zum Trape-
zoiden verschoben sein wird, und endlich ein Tag, an welchem
die Gluckhenne ihre Küchlein gesammelt, d. h. die Sterne unserer
centralen Plejadengruppe als solche aufgehört haben werden zu
sein. Dieser letztere Tag aber ist es, an welchem die Rück-
verwandlung unseres Sternhaufens in einen Nebel ihren Beginn
genommen haben wird.

5. Die Zeichen des Verfalls am Himmel.

Die anscheinende Unveränderlichkeit der Sternbilder beruht
allein auf ihrer grossen Entfernung. Trotz der in Wirklichkeit
sehr beträchtlichen Ortsveränderung der Fixsterne ist doch eine
Änderung in der gegenseitigen perspektivischen Lage derselben so
wenig bemerklich, dass man sie bis in die neuere Zeit für unbeweglich hielt. Selbst bei einer täglichen Bewegung von mehreren
tausend Meilen kann doch ein Fixstern innerhalb eines Jahrhunderts sich nur um eine anscheinende Fingersbreite verrücken; in
dieser Zeit aber beschreibt er nur einen verschwindend kleinen
Teil des grossen Kreises, auf dem er um den Centralpunkt läuft.
Von der Sonne wissen wir beispielsweise nur, dass ihre Bewegungsrichtung gegen das Sternbild des Herkules weist; aber dieses ist
lediglich die Richtung der Tangente jenes Kreises, den sie beschreibt, und viele Jahrtausende müssen vergehen, bis infolge der
Annäherung die Gestirne des Herkules auseinandertreten und
bis dann weiter eine kleine Abweichung in der Richtung einer
neuen Tangente gegen die frühere sich bemerklich machen wird.
Denn wie wir etwa räumlich, selbst auf hohen Bergen stehend,
eine Krümmung der Erdoberfläche nicht wahrnehmen, sondern
eine Ebene zu sehen glauben, weil der Krümmungsbetrag der
übersehenen Fläche zu gering ist, so verrät auch die Sonnenbahn
zeitlich seit Beobachtungszeiten noch keine Krümmung, weil die
seither durchwanderte Strecke zu gering ist.

Ein merklicher Krümmungsbetrag, der aber erst nach vielen
Jahrtausenden erreicht werden kann, würde uns in den Stand
setzen, den ganzen Kreis der Sonnenbahn zu konstruieren und

das Centrum desselben zu bestimmen. Wenn aber, wie es in hohem Grade wahrscheinlich ist, dieses Centrum in der Plejadengruppe liegt, so könnte die Sonne bei der ihr verliehenen Bewegungsgrösse nur etwa in 22 Millionen Jahren einen Umlauf vollenden.

Der Betrag an Bewegungsverlust, den infolge des Ätherwiderstandes jedes Gestirn erleiden muss, ist nur bei wenigen Kometen merklich; bei den Planeten dagegen haben vermöge der grösseren Massen derselben die mittleren Entfernungen von der Sonne noch keine berechenbare Abnahme erfahren, kein sichtbares Anzeichen ihrer spiralförmigen Annäherung an die Sonne hat sich noch gezeigt. So würden aber auch die noch viel massenhafteren Fixsterne, wenn das Menschengeschlecht Umläufe derselben um die Centralgruppe schon erlebt und beobachtet hätte, gleichbleibende mittlere Entfernungen bisher gezeigt haben. Kurz, so gewiss es ist, dass die Fixsterne sich bewegen, so lässt sich doch keine Vorstellung davon gewinnen, innerhalb welcher Zeit sie ihre Umläufe vollenden, wie viele Umläufe nötig sind, um einen merklichen Bewegungsverlust herbeizuführen, und welche Zahl von Äonen vergehen muss, bis sie mit der Materie ihrer Centralgruppe vereinigt sein werden.

Gleichviel: das Gesetz der Schwere gilt im ganzen Bereiche des Kosmos, und daraus folgt notwendig allmähliche Konzentration der Materie. Es müssen Ansammlungen der Gestirne stattfinden, und diese Ansammlungsgruppen wiederum müssen einander näher und näher gebracht werden. So ist der südliche Himmel weit konzentrierter, weit sternreicher als der nördliche. In ersterem wiederum können wir vielleicht die sogenannten „Magellanischen Wolken" als diejenige Region ansehen, wo der Konzentrationsprozess am weitesten vorgeschritten ist; die grössere dieser Wolken bedeckt 42, die kleinere 10 Quadratgrade des Himmels, während rings um dieselben die „Kohlensäcke", schwarze, sternlose Räume, sich dehnen. John Herschel hat in der grösseren Wolke gefunden: 291 Nebelflecke, 46 Sternhaufen und 582 einzelne Sterne; in der kleineren zählte er 37 Nebel, 7 Sternhaufen und 200 einzelne Gestirne. Die sternlose Wüste, in deren Mitte sie schweben, beweist es, dass sie entstanden sind aus der ursprünglich darin verteilten Materie. Dass aber in der Umgebung solcher Ansammlungen, die uns als kosmische Nebel erscheinen, nur wenige Sterne zu finden sind, ist eine so konstante Regel, dass, wenn Herschel durch sein unbewegliches Riesenteleskop sah, an welchem die Achsendrehung der Erde immer neue Regionen des Himmels vorüberführte, er beim Vorüberziehen sternloser Räume seinem Sekretär immer zu sagen pflegte: „Machen Sie sich bereit, zu notieren; nun werden wieder Nebelflecke erscheinen."

So sind also die wahrnehmbaren Ortsveränderungen der Gestirne ganz und gar unzulänglich, uns Aufschlüsse zu geben über die unvorstellbaren Zeiten, innerhalb welcher der Kreislauf der Welten geschieht; und sollte auch die Spektralanalyse der Zukunft uns über die im Spektrum kontrollierbaren Bewegungen der Fixsterne besser instruieren, als es eine selbst in Jahrhunderten kaum bemerkliche Verschiebung thun könnte, so bleibt doch die Berechnung der Umläufe bezüglich der Richtung allein abhängig von einer wahrnehmbaren Krümmung der beobachteten Bahnstrecken.

Aber auch für die weitere der oben aufgeworfenen Fragen, in welchem Stadium des Kreislaufes unser Fixsternkomplex sich befindet, sind kaum bessere Anhaltspunkte der Beantwortung zu finden.

Wenn die Abkühlungstheorie Zöllners richtig ist — und in keine andere lassen sich die Lichterscheinungen des Himmels so ungezwungen einreihen —, so zerfällt die Geschichte eines Fixsterns in zwei Perioden, die des Leuchtens und die der Verdunklung, deren Dauerunterschiede nach dem gegenwärtigen Stande unserer Kenntnisse nicht zu bestimmen sind. So viel nur ist sicher, dass individuelle Verschiedenheiten der Gestirne in Bezug auf die Abkühlungszeiten vorhanden sind, und nur so ist es zu erklären, dass Gestirne von annähernd gleicher Entstehungszeit in so verschiedenen Entwicklungsphasen sich befinden können, wie etwa Sonne und Planeten, oder wie jene Doppelsterne, deren einer noch intensiv leuchtet, während der andere optisch verschwunden ist. Bei der durchschnittlichen qualitativen Gleichartigkeit der Gestirne lässt sich im vornherein vermuten, dass die Abkühlungszeiten von der Quantität, das heisst vom Volumen, bestimmt werden, wie es die Theorie erfordert und das Sonnensystem bestätigt: die kleineren Planeten sind erstarrt und reflektieren nur Sonnenlicht, die grösseren sind weit weniger verdichtet, ja Jupiter, als der grösste, verrät noch Spuren von Selbstleuchten, während die Sonne noch grosse Mengen von Licht und Wärme entsendet.

Die Entfernung der Fixsterne ist nun allerdings zu bedeutend, als das sie, selbst durch das Teleskop gesehen, anders, denn als leuchtende Punkte sich darstellen könnten; für die Grössenschätzung derselben sind wir daher auf die Berechnung angewiesen. Aber zu dieser Methode geben uns nur die Doppelsterne Gelegenheit. Man kennt gegenwärtig etwa 6000 Doppelsterne, von welchen aber wohl die meisten nur optisch verbunden sind, indem sie in die gleiche Gesichtslinie fallen; von etwa 650 derselben ist aber die Bewegung um den gemeinschaftlichen Schwerpunkt nachgewiesen worden, der seinerseits wieder die Centralgruppe umkreist. Die relative Kleinheit der von ihnen um den gemeinschaftlichen Schwerpunkt beschriebenen Kreise lässt schon innerhalb weniger Jahre eine Krümmung ihrer Bahn wahrnehmen, welche die Berechnung derselben gestattet. Die Grösse der zu Binarsystemen verbundenen Sterne ist nun sehr verschieden; Sirius zum Beispiel ist auf 13,76, sein Begleiter auf 6,71 Sonnenmassen berechnet worden; dem Procyon wird die stärkste der bisher bekannten Massen zugeschrieben; man schätzt ihn auf 80, seinen Begleiter auf 7 Sonnenmassen. Aber auch ohne weitere Kenntnisse von Doppelsternen zu haben, muss es sich als ein Gesetz aussprechen lassen, dass dunkle Begleiter immer eine geringere Masse haben müssen als die leuchtenden Hauptsterne, andernfalls sich die ersteren nicht rascher abgekühlt haben könnten. Damit stimmt die Erfahrung überein, dass bei Doppelsternen die schwachen Begleiter häufiger rot erscheinen als die Hauptsterne. Bei geringeren Grössenunterschieden wird der Hauptstern eines dunklen Begleiters veränderlich sein, bei noch geringeren Differenzen sind beide leuchtend, oder beide veränderlich, oder beide dunkel. Wenn nun aber die Abkühlungszeiten der Gestirne von ihren Grössenunterschieden bestimmt werden, dann beweist schon die Gleichzeitigkeit von leuchtenden und dunklen Sonnen, dass bedeutende Grössenunterschiede vorhanden sein müssen.

Dies ergiebt sich auch noch aus anderen Gründen: die Helligkeit der Fixsterne hat mit ihrer Entfernung nichts zu thun. Der nächste Fixstern, α Centauri, ist viel weniger hell als andere, deren Entfernung unmessbar ist. Die Helligkeit der Fixsterne, weil nicht im Verhältnisse zu ihrem Abstande stehend, muss also aus Grössenunterschieden abgeleitet werden. Auch müssten, wenn die Helligkeit mit der Entfernung von uns abnehmen würde, die hellsten Sterne die grösste scheinbare Bewegung zeigen, die lichtschwächsten dagegen die geringste. Dies ist aber nicht der Fall; die Bewegung der Fixsterne ist ungefähr gleich gross, also muss ihre Helligkeit von ihrer Grösse abhängen.

Würden wir die Anzahl der dunklen Sonnen kennen, so hätten wir einen sicheren Anhaltspunkt für die Frage nach dem Entwicklungsstadium unseres Sternhaufens. Aber wir kennen diese Anzahl nicht; nur wenn der exceptionelle Fall eines Doppelsterns gegeben ist, ist die Existenz einer dunklen Nebensonne eventuell nachzuweisen; unter den Doppelsternen aber ist wiederum die Anwesenheit eines dunklen Begleiters als Ausnahmefall zu betrachten, die meisten Binarsysteme bestehen aus leuchtenden Sonnen. Wenn aber bei Doppelsternen Verdunklung nur ausnahmsweise vorkommt, so gilt das vielleicht auch für Fixsterne im allgemeinen, und daraus wäre zu folgern, dass die Verdunklung unseres Sternhaufens kaum erst begonnen hat, und derselbe noch im aufsteigenden Aste der Entwicklung sich befindet.

Zieht man von der Centralgruppe unseres Sternhaufens, den Plejaden, eine gerade Linie gegen unsere Sonne, und denkt man sich diese Linie als den Halbmesser einer Hohlkugel, in deren Mitte die Plejaden lägen, so wäre dadurch ein Raum eingeschlossen, in welchem selbst mit den besten Instrumenten nur etwa zwei Millionen Sterne sichtbar sind, während die Gesamtmasse der in dieser Hohlkugel schwebenden kosmischen Materie von Mädler auf 118 Millionen Sonnenmassen geschätzt wurde. Zieht man hieraus die Folgerung, dass in diesem Raume sehr viele dunkle oder für uns zu schwach leuchtende Sonnen schweben, so würde

hieraus im Gegensatze zu dem Resultate, zu dem uns die Doppelsterne führen wollten, ein schon weit fortgeschrittener Zustand der
Abkühlung unseres Sternhaufens sich ergeben. Aber es lässt sich
aus der Mädlerschen Berechnung auch die andere Folgerung
ziehen, dass die in dieser Hohlkugel schwebenden Sonnen unsere
Sonne an Masse bedeutend übertreffen, wobei allerdings das sich
ergebende Durchschnittsgewicht von 59 Sonnenmassen für jeden
Stern uns wieder sehr geneigt machen muss, an das Vorhandensein
dunkler Körper zu glauben.

Nun ist es aber wahrscheinlich, dass wir sehr viele Fixsterne
trotz ihres leuchtenden Zustandes selbst teleskopisch nicht sehen:
der Lichtglanz unserer Sonne nimmt schon gegen die äusseren
Grenzen der Planetenwelt so rasch ab, dass Neptun nur etwa noch
$^1/_{1000}$ des Lichtes erhält, das noch auf die Erde scheint. Aus
Fixsternweite wäre also die Sonne nicht mehr sichtbar, und
daraus wiederum folgt, dass wir nur solche Fixsterne sehen, deren
Leuchtkraft erheblich stärker ist als die unserer Sonne. Die Annahme lässt sich also vermeiden, dass innerhalb des von Mädler
bezeichneten Raumes sehr viele dunkle Sonnen schweben.

Somit sind wir für die Frage nach dem Entwicklungsstadium
unseres Sternhaufens an die leuchtenden Gestirne verwiesen. Dabei
werden uns vielleicht in Zukunft vergleichende Wärmemessungen
wertvolle Aufschlüsse erteilen; vorläufig aber müssen wir aus den
leuchtenden Sonnen wiederum diejenigen herausgreifen, welche
bereits im Übergangsstadium zur Verdunklung sich befinden; sie
nur können uns Aufschlüsse erteilen. Das erste Symptom der Verdunklung, die Fleckenbildung, wird aber erst dann wahrnehmbar
— unsere eigene Sonne bei ihrer relativen Nähe kann nicht als
massgebend betrachtet werden und dürfte aus Fixsternweite kaum
mehr als veränderlich erkannt werden —, wenn es jenen hohen
Betrag erreicht hat, der uns das Phänomen der Veränderlichkeit
bietet. Aus einer späteren Periode aber noch reden die neu auflodernden Sterne zu uns.

Die Häufigkeit oder Seltenheit veränderlicher und neu auf-
lodernder Sterne kann nun als ein ziemlich sicherer Massstab
bezüglich des Abkühlungsstadiums unseres Sternhaufens angesehen

werden, und die wirkliche Seltenheit dieser Phänomene scheint für den aufsteigenden Ast der Entwicklung zu sprechen. Da bei gleichem Alter kleine Gestirne rascher erkalten, als grosse, so müssen die Sonnen vom geringsten Volumen zuerst von Erkaltung betroffen werden. Im Verlaufe der Jahrtausende würde aber eine regelmässige Vermehrung des Phänomens der Veränderlichkeit und des Aufloderns sich nur dann ergeben können, wenn Minimum und Maximum der Fixsterngrössen durch sehr viele Zwischengrössen regelmässig verbunden wären; fehlen dagegen solche Übergänge, so würde während langer Zeiten die Anzahl veränderlicher Sterne stationär bleiben, und, optisch genommen, würde eine sprungweise Entwicklung unseres Sternhaufens sich bemerklich machen.

Es ist nur etwa bei hundert Fixsternen das Phänomen der Veränderlichkeit nachgewiesen worden, und weitere Entdeckungen dürften vorerst noch keineswegs als objektive Zunahme solcher Sterne gedeutet werden. Desgleichen ist das Auflodern neuer Sterne seit historischen Zeiten nur etwa zwanzigmal beobachtet worden. Wenn nun auch diese Beobachtungen keineswegs die wirkliche Anzahl der Phänomene erschöpfen können — dies gilt besonders von der Veränderlichkeit, da ein mit Schlacken bedeckter rotierender Fixstern nur dann seinen Glanz ändern kann, wenn seine Rotationsachse nahezu senkrecht zu unserer Gesichtslinie steht —, so kommen wir doch auch auf diesem Wege zu dem Resultate, dass unser Sternhaufen erst begonnen hat, in seine allmähliche Verdunklung überzugehen; denn die weitaus überwiegende Mehrzahl der Gestirne strahlt in unverändertem Glanze fort. Es wird dieser Schluss nur noch unterstützt durch die äusserst geringe Anzahl derjenigen Sterne, welche, in den Katalogen des Ptolemäus und Abdurrhaman-Suphi verzeichnet, seither optisch verschwunden sind, — wobei zudem Fehler in den Katalogen zu Irrtümern Anlass geben können, oder auch als Fixsterne fälschlich eingetragene Sterne, die nun fehlen, mit später entdeckten Planeten identisch sein mögen.

In den letzten drei Jahrhunderten genauerer Beobachtung ist das Auflodern neuer Sterne achtmal verzeichnet worden. Ein entschiedenes Anzeichen absteigender Entwicklung unseres Sternhaufens würde erst dann vorliegen, wenn eine überwiegende Mehrzahl in rotem Lichte leuchtender Sterne uns andeuten würde, dass diese Mehrzahl im Erkaltungsprozesse schon das Stadium der Rotglut erreicht hätte, wenn ferner das Phänomen des Aufloderns ebenso häufig wäre, als es derzeit selten ist, und wenn endlich die jetzt noch geringe Anzahl veränderlicher Sterne eine bedeutende Zunahme erfahren hätte. Eine genauere Aufzeichnung von Thatsachen, als sie mit Ausnahme der letzten Jahrhunderte bisher stattgefunden hat, würde uns alsdann im Verlaufe vieler Jahrhunderte auch noch in den Stand setzen, die Regionen des Himmels, von welchen aus diese abwärts gehende Entwicklung geschieht, sowie die Richtung, in der sie fortschreitet, zu bestimmen. Die bisherigen, freilich ganz unzulänglichen, Beobachtungen scheinen dafür zu sprechen, dass zwischen den Sternbildern des Adlers und des Skorpions der Erkaltungsprozess begonnen hat; denn dort ist das Auflodern neuer Sterne am häufigsten beobachtet worden. Es giebt ferner Regionen des Himmels, in welchen rote Sterne, deren Gesamtzahl auf gegen 300 geschätzt wird, häufiger vorkommen als in anderen und — da fünf Sechstel der veränderlichen Sterne rote Farbe haben — das Phänomen der Veränderlichkeit häufiger ist als in anderen Gegenden.

So muss es also der Zukunft vorbehalten bleiben, genauere Aufschlüsse zu geben, als es derzeit geschehen kann, über den Kreislauf der Welten, den die Fülle der in systematische Verbindung gebrachten Erscheinungen des Himmels predigt. Aufgabe der Naturwissenschaft wird es auch fernerhin sein, die empirischen Erscheinungen ohne Rücksicht darauf zu verzeichnen, ob die beobachteten Thatsachen schon jetzt zu verwerten sind oder nicht. Denn selbst scheinbar unwichtige und wissenschaftlich wertlose Erscheinungen gewinnen Bedeutung, sobald ihnen ihr Platz angewiesen ist in jenem begrifflichen Systeme, an welchem, als einem vollkommenen Abbilde des kosmischen Systems, der Menschengeist arbeitet. Früher oder später wird es immer gelingen, selbst weit auseinander liegende Beobachtungen in systematische Verknüpfung zu bringen — eine Aufgabe, zu welcher die Naturphilosophie unserer Tage nicht mehr die früheren Ikarusflügel anlegt, sondern die Einsicht mitbringt, dass sie nur von der Basis gesicherter Thatsachen ausgehen darf. Andererseits ist die Masse des empirisch angesammelten Materials schon so gross, dass schon jetzt sich das Bedürfnis kundgiebt, auf die Vermehrung von Beobachtungen keine unnütze Zeit zu verwenden, sondern vielmehr das bereits vorhandene Material in induktiven Verallgemeinerungen systematisch zu verbinden und jene Folgerungen daraus zu ziehen, welche implicite darin liegen. Denn dass es für den Fortschritt der Wissenschaften nicht so fast auf die Menge des Beobachtungsmaterials ankommt, als auf die logische Schärfe der Verstandesoperationen, durch welche ein, wenn auch geringes, Material ausgenützt wird, das beweisen die grossen Entdeckungen eines Kepler, Newton und Kant, welche aus einem so geringen Materiale von Beobachtungen so grossartige Schlüsse zogen, mit den geringsten Mitteln die grössten Leistungen vollbrachten.

So suchen denn auch gegenwärtig gerade die bedeutendsten Vertreter der Naturwissenschaft den Anschluss an die Philosophie, aber freilich so, dass sie als einzig berechtigte regula philosophandi die hinstellen, welche Buffon mit den Worten aussprach: »Réunissons des faits, pour avoir des idées.«

V.

Entwicklungsgang des Sonnensystems.

1. Die Planeten.

Als ein unzweifelhaftes Resultat früherer Untersuchungen hat sich der ursprünglich nebelartige Zustand des Sonnensystems ergeben. Dieser kosmische Nebel kann aber nur angesehen werden als einer der überlebenden jener Nebelballen, welche in grosser Anzahl aus der zerstreuten Materie unseres Fixsternsystems sich verdichtet haben mussten; denn der grosse Urnebel dieses Systems bestand nicht aus homogenen und gleich verteilten Stoffen, es konnte daher kein Zustand des absoluten Gleichgewichts dieser Stoffe vorhanden sein und erhalten bleiben, sondern mehrfache unregelmässig verteilte Verdichtungscentren mussten sich bilden. Die zweckmässige Gruppierung und Bewegung dieser Nebelballen kann aber nur angesehen werden als das Resultat indirekter Auslese, wobei die einen ineinander flossen, andere ihre Bahnen änderten; nur die in ihrer individuellen Begrenzung überlebenden dieser Nebelballen sind es, die sich mit der Zeit noch weiter verdichteten, und die wir nun als Fixsterne wahrnehmen.

Erst wenn durch den Prozess indirekter Auslese aus der ursprünglich grossen Anzahl mehr oder minder chaotisch geordneter Nebelballen eine geringere Anzahl zweckmässig verteilter hervorgegangen war, welche bei beträchtlichen gegenseitigen Abständen sich nicht mehr störten, sodass selbst ihre später abgetrennten Begleiter — mit Ausnahme vielleicht der sehr excentrischen — dem

Einflusse der Nachbarsonnen entzogen blieben, erst dann waren die ausgelesenen Nebelballen einer ungestörten Weiterentwicklung überlassen. So finden wir denn die Fixsterne durch weite leere Zonen voneinander getrennt, welche von aller störenden Materie gereinigt sind, da alle darin ursprünglich verteilten Stoffe dem Zuge der einen oder anderen Sonne gefolgt sind. Die Sonnensysteme können daher fast als voneinander isoliert betrachtet werden; denn die Schwerkraft wirkt zwar in die Ferne, nimmt aber mit dem Quadrate der Entfernung ab, und durch den Prozess der Auslese wurden eben solche Entfernungen erzielt, wobei die gegenseitigen Störungen nicht mehr zu einem Betrage anwachsen, der Katastrophen nach sich ziehen könnte.

So erklären sich die ungeheueren Abstände, welche die Fixsterne voneinander trennen, und von welchen nur solche Gestirne eine Ausnahme machen, die als Doppelsterne oder Gruppensysteme eine Gleichgewichtslage gefunden haben. Auch dort, wo optisch ein dichtes Gewimmel von Sternen erscheint, wie in der Milchstrasse, sind solche Abstände vorhanden; denn die Täuschung eines Gewimmels entsteht trotz der wirklichen Mehrzahl von Nebeln und Sternen nach dieser Richtung doch hauptsächlich dadurch, dass in unserem linsenförmig gestalteten Fixsternsysteme die überwiegende Mehrzahl der Sterne nahezu in gleicher Ebene (analog den Planeten) hintereinander liegt, nach der scharfen Kante jener Linse perspektivisch zusammengedrängt, und dass das Hintereinander vom Auge in ein Nebeneinander ohne Unterschiede der Tiefendimension verwandelt wird.

So erklären sich aber auch die ungeheuren Volumina der Sterne, die als Verdichtungsprodukte der ganzen, in den nun leeren Zonen einst zerstreuten Materie anzusehen sind.

Unser ganzes Sonnensystem ist gleichsam nur ein Punkt in dem Raume, der es rings von den nächsten Fixsternen trennt. Neptun, der äusserste Planet, hat einen Sonnenabstand von 744 Millionen Meilen, während α Centauri, der nächste Fixstern, $4\frac{1}{2}$ Billionen Meilen entfernt ist; das Licht des Neptun erreicht uns in 4—5 Stunden, das des nächsten Fixsterns in $3\frac{1}{2}$ Jahren. Wenn wir aber selbst die Kometen berücksichtigen und sogar den Kometen I. 1850 in Anschlag bringen wollen, welcher mit einer Umlaufszeit von 28 800 Jahren dem Sonnensysteme noch zugesprochen wird, so finden wir auch dann noch, dass der Halbmesser des Sonnensystems (37 000 000 000 Meilen) doch nur etwa $^1/_{120}$ der Entfernung des nächsten Fixsterns beträgt. Dieser könnte somit, bei gleicher Grösse mit unserer Sonne, auf die Planeten doch nur etwa den 40 millionsten Teil der Anziehung der Sonne ausüben. Da ein solcher Einfluss nur unmessbare Störungen bewirken könnte, und in der That unsere Planetenbewegungen sich erklären lassen, ohne dass messbare Einwirkungen der Nachbarsonnen nachzuweisen wären, so können wir unser System als eine Welt für sich betrachten.

In gleicher Weise ist das Heer der Fixsterne nach allen Seiten durch noch grössere leere Zonen von jenen entlegenen Sternhaufen und Nebelflecken geschieden, die sich selbst dem Teleskope nur als schwacher Schimmer verraten. So sind z. B. auch die Magellanschen Wolken, jenes merkwürdige Aggregat von Nebeln, Sternhaufen und einzelnen Sternen, welches als lichter Schimmer, ähnlich unserer Milchstrasse, den Südpol des Himmels umkreist, von den nächsten siderischen Systemen durch weit gedehnte, sternlose Wüsten getrennt, welche im Kontraste mit diesem Schimmer schwarz erscheinen, und deren Leerheit anzeigt, dass aus der Anhäufung der einst über diese »Kohlensäcke« zerstreuten Materie die Magellanschen Wolken entstanden sind.

Wir wissen nun einerseits, dass das Sonnensystem ursprünglich ein kosmischer Nebel war, andrerseits, dass im ganzen Kosmos die irdischen Gesetze Geltung haben. In der Verbindung dieser beiden Resultate aber muss sich uns die Frage lösen, welche Veränderungen das Sonnensystem erfahren hat von dem Zeitpunkte an, da es seiner ungestörten Entwicklung überlassen blieb. Indem wir die irdischen Gesetze, vor allem das Gesetz der Schwere, übertragen auf die weit zerstreute, leicht verschiebbare Materie des ursprünglichen Sonnensystems, werden wir die Entwicklungsgeschichte des letzteren theoretisch konstruieren können, wobei sich verschiedene Entwicklungsphasen ergeben werden; findet sich aber in der theoretisch abgeleiteten Reihenfolge derselben eine solche, welche mit der empirisch wahrnehmbaren gegenwärtigen Anordnung des Sonnensystems übereinstimmt, so erhalten die gemachten Voraussetzungen hierdurch eine neue Bestätigung. Auch hier also soll die Kontrolle geschehen durch Vergleichung des theoretischen Resultates mit der empirisch gegebenen Erscheinung.

Die Formveränderungen der kosmischen Nebel überhaupt müssen gemäss der Universalität der Schwere auch die des Sonnennebels gewesen sein, der demnach vermöge der gegenseitigen Anziehung seiner Teile die unbestimmt begrenzte Gestalt verlieren und in der eintretenden Achsendrehung allmählich eine unveränderliche Richtung der Achse, damit aber auch scharf gezeichnete Umrisse seiner Linsenform, erwerben musste. Berechnet man nämlich die Dichtigkeit der Materie des Sonnensystems für die Zeit, da sie noch nebelartig in jenem Raume zerstreut war, der vom äussersten Planeten umschrieben wird, so ergiebt sich, dass viele Millionen Kubikmeilen erst 1 Gran wägbarer Materie enthalten konnten. Bei so starker Verdünnung und Verschiebbarkeit dieser Materie musste daher mit eintretender Achsendrehung die Linsenform stark ausgeprägt werden. Es dürfte sich aber freilich schon hier der Zweifel regen, ob denn in der That in dem von der Neptunbahn eingeschlossenen Raume ehedem nicht mehr Materie vorhanden war, als welche derzeit in den sichtbaren Gliedern des Sonnensystems sich verdichtet findet.

In der zunehmenden Verdichtung der Nebelmasse musste ihr Volumen sich beständig verringern, die Schwerkraft bewirkte eine Annäherung der Teile; da aber mit jeder Rotation untrennbar Centrifugalkraft verbunden ist, welche die herumschwingenden Teile von der Achse zu entfernen strebt, so kann die Gestalt des Nebels nur die Resultante aus den beiden Kräften sein. Die verschiedenen Schichten einer rotierenden Nebelmasse haben aber eine verschiedene Rotationsgeschwindigkeit, also Centrifugalkraft, und zwar eine um so grössere, je weiter sie von der Achse abliegen; ein Punkt am Äquator beschreibt innerhalb einer Achsendrehung einen grösseren Kreis, als ein näher den Polen oder zwischen Äquator und Centrum gelegener Punkt. Es muss also der Durchmesser von Pol zu Pol sich verkürzen, der Äquator dagegen anschwellen·

Indem aber der Prozess der Verdichtung seinen Fortgang nimmt, kommen die sich senkenden Äquatorschichten mit einer grösseren Geschwindigkeit in ihre neue Lage, als es dieser entspricht, teilen durch Adhäsion und Reibung den tiefer liegenden, daher langsamer umschwingenden, Schichten ihre grössere Geschwindigkeit mit, und diese Mitteilung pflanzt sich bis zur Achse fort. Der allmähliche Ausgleich dieser verschiedenen Geschwindigkeiten muss also für die Gesamtmasse eine Beschleunigung der Rotation herbeiführen. So wird etwa auch ein Rad, das durch eine bestimmte Kraft in Drehung versetzt wird, umsomehr Schwingungen erfahren, je kürzer die Achse ist.

Zunehmende Verdichtung einer Nebelmasse, Verkürzung der Drehungsachse, bedeutet demnach zunehmende Rotationsgeschwindigkeit; im gleichen Verhältnisse muss aber auch die Centrifugalkraft der am schnellsten umschwingenden Äquatorschicht anwachsen und schliesslich einen Betrag erreichen, dass sie der Schwerkraft das Gleichgewicht hält. Eine solche Äquatorschicht, innerhalb deren sich die beiden Kräfte ausgleichen, wird alsdann keiner von beiden mehr folgen, d. h. sie wird an der weiteren Verdichtung des Nebels nicht mehr teilnehmen, sondern zurückbleiben.

Jede rotierende Nebelmasse muss also schliesslich vom Äquator eine ringförmige Schicht abtrennen, und zwar muss sich dieser Prozess öfter wiederholen, weil für die restierende Kernmasse der Verdichtungsprozess mit allen erwähnten Folgen seinen Fortgang nimmt.

Bei einem bestimmten Grade von Verdichtung wird aber Wärme erzeugt, und auf einer späteren Stufe wird Licht entwickelt. Wir können uns demnach vorstellen, dass das Sonnensystem einst jenen kosmischen Nebeln glich, in deren Mitte ein glänzender Kern wahrzunehmen ist, und dass dieser glänzende Sonnenkern von einer Anzahl konzentrischer Ringe umgeben war, — eine Erscheinung, die ebenfalls, wenn auch nicht mit geschlossenen Ringen, an kosmischen Nebeln zu beobachten ist. Die Bahnflächen dieser Ringe mussten zusammenfallen mit der Äquatorebene der Sonne — man denke sich die am Äquator durch die Sonne gehende Schnittfläche nach allen Seiten erweitert —; und ebenso mussten die Mittelpunkte dieser Ringe mit dem Mittelpunkte der Sonne kongruent sein. Es scheint sogar, dass das ganze Milchstrassensystem in eben solcher Weise entstanden ist. Der Sternhaufen, dem unsere Sonne angehört, scheint von einem doppelten Sternringe von westöstlicher Drehungsrichtung umgeben zu sein.

Freilich dürfen wir uns nicht vorstellen, dass der Prozess so mathematisch genau vor sich gegangen sei, und Kant, wie Laplace, scheinen in ihrer Hypothese von einer etwas idealisierten Wirklichkeit ausgegangen zu sein. Die Sonne besteht nicht aus durchaus homogenen, sondern qualitativ sehr verschiedenen Stoffen, deren Verdichtung von sehr ungleichartigen Bewegungen begleitet gewesen sein mag, während später der Eintritt chemischer Verbindungen gewaltige Umwälzungen herbeiführen musste. Die Gestaltung der Sonne zum genauen Rotationssphäroid konnte wohl nur annähernd geschehen, und ein Schwerpunkt musste sich ergeben, der, als veränderlich, mit dem stereometrischen Mittelpunkte nicht immer zusammenfiel; endlich mussten auch die successive gebildeten Planeten in ihrem Umlaufe flutartige Anstauungen auf der Oberfläche des restierenden Centralkörpers hervorrufen. Aus allen diesen Gründen konnte eine ungleiche Entfernung der Äquatorteile von der Achse sich ergeben, die von einer ungleichen Rotationsgeschwindigkeit begleitet sein musste, sodass es auch denkbar ist, dass statt eines geschlossenen Ringes sich lediglich lokal eine mehr oder minder bereits geballte Masse ablöste.

Was musste nun aus diesen successive abgetrennten Ringen werden? Vorerst ist klar, dass dieselben, vermöge ihres ursprünglichen Zusammenhangs mit dem Centralkörper, in Bezug auf Achsendrehung mit diesem und unter sich übereinstimmen müssen. Da aber auch diese Ringe nicht aus homogenen Stoffen bestehen, so ist an eine vollständig gleichartige Verteilung ihrer Materie kaum zu denken. Die Ringform konnte nicht erhalten bleiben; denn wenn an irgend einer Stelle des Ringes mehr Substanz vorhanden war, so musste diese als Anziehungspunkt auf die übrige Materie wirken, und — in Anbetracht der Rotationsbewegung des Ringes — musste die Bewegungsgeschwindigkeit der dem Anziehungspunkte voraneilenden Materie verlangsamt, die der nachfolgenden Materie beschleunigt werden, und eine allmähliche Aufzehrung der ganzen

Ringmaterie musste selbst dann eintreten, wenn vorübergehend mehrere Verdichtungsknoten sich gebildet haben sollten. So werden also schliesslich an Stelle der ursprünglichen Ringe in den gleichen Zonen Planeten kreisen, welche in Bezug auf die Richtung der Achsendrehung und der fortschreitenden Bewegung mit der Sonne und unter sich übereinstimmen. Dies aber ist in der That der empirisch wahrnehmbare Zustand des Sonnensystems.

Nur in zwei Punkten stimmt die theoretische Folgerung mit der Wirklichkeit nicht überein: die Planeten beschreiben nicht Kreise um die Sonne, sondern Ellipsen; die Ebenen der Planetenbahnen aber, d. h. die von diesen Ellipsen eingeschlossenen Raumflächen, fallen nicht ganz mit der Äquatorebene der Sonne zusammen, sondern sind gegen diese und gegeneinander etwas geneigt. Es erklärt sich übrigens diese Abweichung genügend schon aus dem Umstande, dass die abgelösten Ringe und späteren Planeten nicht nur vom Centralkörper angezogen werden, sondern auch gegenseitig sich anziehen, woraus notwendig Störungen hervorgehen mussten. Die Erhaltung des ursprünglichen Zustandes nämlich Kreisform der Bahnen und Gleichheit der Ebenen, wäre nur möglich gewesen bei vollkommen gleicher Einwirkung aller äusseren Kräfte; eine solche ist aber bei der den Gliedern des Systems zukommenden Bewegung nicht gegeben, indem der Wechsel in der gegenseitigen Stellung auch den Betrag der gegenseitigen Anziehung zu einem wechselnden machen muss. Zudem schreitet das Sonnensystem auch als Ganzes im Raume fort, muss demnach eine gravitierende Bewegung gegen ein entferntes Anziehungscentrum haben, das nicht alle Glieder des Systems gleichmässig beeinflussen kann. Aus beiden Gründen sind die Excentricitäten und Neigungen der Planetenbahnen auch heute noch Schwankungen innerhalb bestimmter Grenzen unterworfen.

Aber schon bei der Umwandlung der Kreisform in die Kugelform mussten die Bahnelemente Änderungen erfahren. Wenn nämlich die Elemente eines Ringes sich zur Kugel vereinigen, so wird die im Ringzustande vorhandene Entfernung vom Anziehungscentrum für jedes Ringelement geändert, womit auch eine Veränderung der Geschwindigkeit der einzelnen Elemente verbunden ist, wenn auch die Summe der Geschwindigkeiten die gleiche bleibt. Das hierdurch gestörte Gleichgewicht stellten die Planeten durch Umwandlung ihrer kreisförmigen Bahnen in elliptische Bahnen wieder her, der Art, dass der Betrag der Störung den Betrag der Excentricität bestimmte.

Es ist sehr die 'Frage, ob alle Planeten diese Umwandlung der Ringform zur Kugelgestalt überleben konnten; denn der in der Kreisbewegung gleichmässige Abstand vom Centralkörper verwandelte sich in der elliptischen Bewegung in einen veränderlichen Abstand mit einer Sonnennähe und Sonnenferne — Perihelium und Aphelium —, und jene Planeten, welche hierbei eine zu grosse Sonnennähe erwarben, mussten sich in energischen Spiralen mit der Sonne wiederum vereinigen. Es kann übrigens die Frage, ob ehemals vorhandene Begleiter der Sonne in dieser Weise ihre Sonderexistenz wieder einbüssten und von der Sonne wieder aufgesaugt wurden, hier füglich übergangen werden; denn wir werden gleich sehen, dass noch andere gar nicht abzuweisende Gründe uns dazu nötigen, die derzeit vorhandene Anzahl der Begleiter der Sonne lediglich als eine in natürlicher, indirekter Auslese erhaltene Restzahl aus einer ursprünglich weit grösseren Menge von Weltkörpern anzusehen. Schon die erstaunliche Zweckmässigkeit in der Mechanik des Planetensystems zwingt uns zu dieser Folgerung; denn die Wissenschaft ist ihrem Begriffe gemäss genötigt, alle Zweckmässigkeit in der Natur als das Resultat einer indirekten Auslese zu betrachten. Wenn die Massenverteilung im Planetensysteme eine so zweckmässige ist, dass die bei der Fernwirkung der Anziehungskraft unvermeidlichen Störungen sich immer wieder ausgleichen oder in bestimmte Grenzen eingeschlossen sind, innerhalb welcher sie zu- und abnehmend sich bewegen, so können wir darin nur ein nach natürlichen Gesetzen sich ergebendes Endresultat eines längeren Entwicklungsprozesses sehen, in welchem zahlreiche unzweckmässig verteilte Gebilde eliminiert und nur wenige zweckmässig gruppierte indirekt ausgelesen wurden.

Die Eigenschaft der Schwere kommt aller kosmischen Materie zu; es konnte daher mit der Abtrennung einer beliebigen Anzahl sich gegenseitig anziehender Begleiter der Sonne noch kein definitiver Zustand geschaffen sein, vielmehr musste sofort das Prinzip der indirekten Auslese unter den nach Massgabe ihrer Masse und Entfernung sich störenden Planeten seine Thätigkeit beginnen, und jener Prozess eingeleitet werden, als dessen Resultat die mechanische Vollkommenheit des Systems sich ergab. Wir sind in keiner Weise berechtigt, die zweckmässige Massenverteilung als ursprünglichen Zustand anzusehen und anzunehmen, dass die Sonne gerade Planeten von solchen Massen und in solchen Zeitintervallen, d. h. von solchen gegenseitigen Abständen, abgetrennt habe, dass ein friedliches Zusammenleben derselben möglich war. Nicht immer sind die späteren Kinder einer Mutter mit solchen Eigenschaften begabt, dass die Verträglichkeit mit den früheren Kindern daraus sich ergeben müsste.

Jede Abtrennung eines Ringes von der Sonne muss als ein Fall für sich angesehen werden, der keineswegs in Anpassung an die früheren Fälle geschah, sondern rein durch interne Zustände der Sonne bestimmt wurde, sowohl was die Masse eines solchen Begleiters betrifft, als seinen Abstand vom zuletzt abgetrennten. Die derzeitige harmonische Massenverteilung der Planeten kann demnach nicht ursprünglich gewesen sein, sondern erst im Verlaufe des Prozesses sich eingestellt haben.

Jeder unzweckmässige Zustand ist ein unhaltbarer Zustand. Wie in allen Naturreichen, so gilt dieses auch in der kosmischen Physik. Hier bedeutet Unzweckmässigkeit einen mechanischen Widerspruch, und es liegt in der Natur der Dinge, dass solche Widersprüche beseitigt werden, und müsste es auch durch Katastrophen geschehen. Die Natur ist ihr eigener Arzt, und gerade in ihrem gesetzmässigen Wirken liegt ein natürliches Heilverfahren, wodurch das Unzweckmässige beseitigt wird, sodass, indirekt ausgelesen, schliesslich nur mehr das Zweckmässige übrigbleibt.

Da nun also auch die zweckmässige Konstellation unseres Planetensystems nur angesehen werden kann als das Produkt einer indirekten Auslese, nur erzielt worden sein kann durch allmähliche Beseitigung früher bestandener mechanischer Widersprüche, so ergiebt sich daraus unmittelbar, dass die ursprünglich vorhandene Anzahl der Planeten weit grösser gewesen sein muss, und dass wir in den derzeitigen Planeten nur die überlebende Restzahl der ursprünglichen Begleiter erkennen können. Wir müssen daher annehmen, dass die Planetenwelt erst nach mehrfachen Umwälzungen, nach wiederholter Auflösung unzweckmässiger Kombinationen den derzeitigen Zustand des Gleichgewichts erreicht hat. Diese logisch notwendige Folgerung erhält noch eine weitere Stütze durch die Erwägung, dass die Sonne sich ursprünglich bis weit über die Bahn des äussersten Planeten, Neptun, ausdehnte; einer Verdichtung bis zu ihrem jetzigen Volumen, einer so bedeutenden Verkürzung ihres Durchmessers, entspricht aber eine so bedeutende Vermehrung der Rotationsgeschwindigkeit, also Centrifugalkraft, dass die Abtrennung von nur acht Planeten in hohem Grade unwahrscheinlich erscheint.

Da nun alle Bewegungen der Gestirne nach dem Gesetze der Schwere geschehen, so kann nur dieses als der im Entwicklungsprozesse des Planetensystems thätige, die indirekte Auslese des Zweckmässigen besorgende Faktor angesehen werden, und dies erscheint um so gewisser, als auch in der geringen Anzahl der überlebenden Planeten noch immer infolge ihrer gegenseitigen Anziehung geringe Störungen, Abweichungen von der regelmässigen Bahn, eintreten, die bei jeder zeitweilig sich ergebenden mechanischen Unzweckmässigkeit unvermeidlich sind. Wäre das Gesetz der Schwere lediglich bestimmend für die Sonne als Centralkörper in ihrem Verhältnisse zu den Planeten, so würde jeder derselben genau nach den Gesetzen Keplers sich bewegen, welche folgendermassen lauten:

1. Die Bahnen der Planeten sind Ellipsen, in deren einem, gemeinschaftlichen Brennpunkte die Sonne steht.

2. In gleichen Zeiten beschreibt der radius vector eines Planeten gleiche Sektoren.

3. Die Quadrate der siderischen Umlaufzeiten der Planeten verhalten sich wie die Würfel ihrer halben grossen Achsen.

ad 1. Steckt man zwei Nadeln in ein mit Papier überzogenes Brett, und verbindet dieselben mit einem Faden, welcher länger ist als die doppelte Entfernung der Nadeln, zieht alsdann mittels eines Bleistiftes den auf dem Papier immer aufliegenden Faden scharf an und führt den Stift bei gespanntem Faden ringsherum, so beschreibt er auf dem Papiere eine Ellipse, deren Brennpunkte eben dort liegen, wo das Papier von den Nadeln durchstochen ist. Die Entfernung des Mittelpunktes der Ellipse, der Mitte zwischen den Nadeln, von einem der beiden Brennpunkte heisst Excentricität. Je grösser diese Excentricität, desto länger gestreckt ist die Ellipse; je geringer, desto mehr nähert sie sich der Kreisform. Der Kreis kann als eine Ellipse ohne Excentricität betrachtet werden, in der Mittelpunkt und Brennpunkt zusammenfallen.

ad 2. Jede von einem Brennpunkte zu einem Punkt des Umfangs der Ellipse gezogene Linie heisst radius vector, oder Leitstrahl. Diese Linien zeigen die Zuglinie der Schwerkraft für jeden Punkt des Umfangs an. Zeichnet man auf der Bahn eines Planeten seine Standorte ein, die er je nach Ablauf von gleichen Zeitlängen einnimmt, und zieht zu diesen Standorten den Leitstrahl, so entsteht auf diese Weise eine Reihe von Dreiecken, die alle von gleicher Grösse, aber von verschiedener Form sind. Der Leitstrahl überstreicht in gleichen Zeiten gleiche Flächenräume; aber in der Gegend der Sonnennähe sind die Dreiecke kurz mit breiter Grundlinie, in der Gegend der Sonnenferne lang mit kleiner Grundlinie. Aus der Verschiedenheit der Grundlinien, welche je ein Bahnstück bilden, geht hervor, dass die Planeten in gleichen Zeiten ungleiche Bahnstücke zurücklegen. Sie bewegen sich am schnellsten im Perihel, mit abnehmender Geschwindigkeit zum Aphel, mit zunehmender wieder zum Perihel zurück.

ad 3. Als Zeitmasseinheit nimmt man das Jahr der Erde an, als Entfernungsmasseinheit die Sonnenweite, d. h. die Entfernung der Erde von der Sonne. Bei jedem Planeten muss die Quadratzahl der Umlaufszeit gleich sein der Kubikzahl seiner Entfernung von der Sonne, wenn jene nach Jahren, diese nach Sonnenweiten bestimmt wird. Da nun die Umlaufszeiten der Planeten direkt aus der Beobachtung ersehen werden können, so lässt sich daraus ihr Sonnenabstand berechnen. Beträgt die Umlaufszeit 8 Jahre, so hat man als Quadratzahl derselben: $8 \times 8 = 64$, welche Zahl als Kubikzahl sich ergibt, wenn man 4 dreimal mit sich selbst multiplicirt: $4 \times 4 \times 4 = 64$. Bei achtjähriger Umlaufszeit beträgt demnach die Entfernung 4 Sonnenweiten. Jupiter vollendet in

11,85 Jahren einen Umlauf. Da nun sowohl 11,85 $\times$ 11,85, wie 5,2 $\times$ 5,2 $\times$ 5,2 das Produkt 140 ergeben, so beträgt Jupiters Entfernung von der Sonne 5,2 Sonnenweiten.

Den innigen Zusammenhang dieser drei Gesetze, das geistige Band, wodurch sie zu einem einzigen verbunden werden, hat erst später Newton entdeckt, indem er sie als Ausflüsse des Gesetzes der Schwere erwies; daher bezeichnete Humboldt das Verhältnis dieser beiden Astronomen zu einander mit den Worten: »Kepler schrieb uns ein Gesetzbuch, Newton aber den Geist der Gesetze.« Eben darauf aber, dass diese Gesetze aus der Gravitation entspringen, beruht es, dass bei gegebener Mehrzahl von Begleitern notwendig Abweichungen von diesen Gesetzen sich einstellen müssen. Denn wenn die Eigenschaft der Schwere aller kosmischen Materie zukommt, so müssen die Planeten auch gegenseitig nach Massgabe ihrer Masse und Entfernung sich anziehen, und es kann in Keplers Gesetzen nur eine ungefähre Annäherung an die Wirklichkeit liegen. Diese gegenseitigen Störungen der Planeten, die Abweichungen von der regelmässigen Bahn, sind aber nicht nur sehr gering, sondern gleichen sich auch periodisch wieder aus.

Viel bedeutender aber mussten diese Störungen bei den zahlreichen ursprünglichen Planeten gewesen sein, bei welchen noch kein Gleichgewichtszustand, keine harmonische Massenverteilung vorhanden war; da aber auch diese bedeutenderen Störungen nur nach dem Gesetze der Schwere erfolgen konnten, so ist zu untersuchen, ob die derzeit noch wahrnehmbaren Abweichungen in den Bewegungen der Planeten, wenn wir uns dieselben namhaft vergrössert vorstellen, eine Auflösung mechanischer Widersprüche, also jene Wirkung herbeiführen würden, die als indirekte Auslese des Zweckmässigen bezeichnet wurde.

Die theoretische Astronomie lehrt, dass dieses in der That der Fall ist:

Die Planeten bewegen sich in krummen Bahnen um die Sonne. Jede krumme Bahn lässt sich aber in zwei geradlinige Bahnen zerlegen; sie ist die Resultante aus zwei Faktoren, aus der gegen den Mittelpunkt des Anziehungscentrums — der Sonne — gerichteten Schwerkraft, und aus der Centrifugalkraft, welche, wenn allein wirkend, den Planeten in der Richtung der (auf dem Halbmesser seiner Bahn senkrecht stehenden) Tangente seiner krummen Bahn geradlinig fortführen würde. Ein von zwei in verschiedenen Richtungen wirkenden Kräften beeinflusster Körper schlägt keine der beiden Richtungen ein, sondern bewegt sich nach dem Gesetze vom Parallelogramm der Kräfte in der mittleren, diagonalen Richtung. Dies thun auch die Planeten; aber bei der vorhandenen Mehrzahl derselben kommt auch die störende gegenseitige Anziehung in Betracht, und das in ihren fast kreisförmigen Bahnen sich ausdrückende Gleichgewicht der beiden sie beeinflussenden Kräfte wird hierdurch gestört.

Eine solche Störung kann nun entweder der Centrifugalkraft zugutkommen, die den Körper auf seiner Bahn vorwärts treibt, oder der Schwerkraft, die ihn gegen die Sonne zieht. Da nun der Betrag der Centrifugalkraft sich in der Bewegungsgeschwindigkeit der Planeten ausdrückt, so würde eine Vermehrung der ersteren die letztere beschleunigen; dagegen würde eine Störung, welche der Schwerkraft zugutkäme, eine Verlangsamung der Bewegung nach sich ziehen.

In beiden Fällen muss sich die Bahn des von der Störung betroffenen Planeten ändern. Bei eintretender Beschleunigung der Bewegung würde aus der anfänglich fast kreisförmigen Ellipse entweder eine langgestreckte, sehr excentrische Ellipse werden, oder eine Parabel, oder endlich eine Hyperbel, je nach dem Betrage der Beschleunigung. Eine Verminderung der Geschwindigkeit dagegen würde ein Überwiegen der Schwerkraft bedeuten, und ein solcher Planet würde in immer engeren Spiralen um sein Anziehungscentrum sich bewegen und schliesslich sich mit demselben vereinigen.

Es kann nunmehr versucht werden, den gegenwärtigen Zustand des Sonnensystems aus dem hypothetisch angenommenen Anfangszustande abzuleiten, bei dem wir eine viel grössere Anzahl von Begleitern, aber ohne harmonische Massenverteilung, voraussetzen, welche darum sehr beträchtliche Störungen gegenseitig herbeiführten:

Die einen Planeten wurden in langgestreckte Ellipsen geworfen, geschlossene Bahnen, bei welchen zwar eine Wiederkehr in die

Sonnennähe immer wieder stattfindet, aber die Umlaufszeiten oft Jahrtausende betragen. Solche in langgestreckten Bahnen einhergehende Begleiter der Sonne haben wir nun allerdings; aber es sind nicht Planeten, sondern Kometen. Wir wissen aber auch — und spätere Untersuchungen werden dies ausführlich darthun — dass die Kometen Bestandteile von Meteoritenschwärmen sind, und dass der Zerfall in Meteoriten die letzte Entwicklungsstufe von solchen Planeten ist, welche, nachdem sie ihre Eigenwärme in den Raum ausgestrahlt haben, erstarren und zerfallen, wobei ihre flüssigen Bestandteile Kometen bilden. Dass aber die in langgestreckte Bahnen geworfenen Planeten ihre Entwicklung rascher durchlaufen mussten, ergiebt sich schon daraus, dass sie, die sich so bedeutend von der Sonne entfernen und nur selten ins Perihel zurückkehren, im intensiv kalten Raume viel rascher erstarren und zerfallen mussten.

Eine weitere Anzahl der ursprünglichen Planeten musste bei noch beträchtlicheren Störungen in parabolische oder hyperbolische Bahnen geraten. Da diese Bahnen nicht geschlossen sind, d. h. keine Wiederkehr zur Sonne ermöglichen, so treten solche Planeten in die Region der Fixsterne über, hören auf, Begleiter der Sonne zu sein. Dieser theoretischen Folgerung aus der indirekten Auslese kann demnach keine empirische Wahrnehmung zur Seite stehen; aber andrerseits tauchen am Himmel oft Kometen auf, welche, aus der Region der Fixsterne kommend, in nicht geschlossenen Bahnen um die Sonne umlaufen, um sodann wieder zu verschwinden. Es erklärt sich dies ungezwungen aus der Annahme, dass auch die Fixsterne Planeten abtrennen, bei welchen gleichfalls eine indirekte Auslese des Zweckmässigen eintreten muss, und wobei die beträchtlich gestörten Planeten in parabolische oder hyperbolische Bahnen gedrängt werden.

Jene von der Sonne abgetrennten planetarischen Nebel endlich, welche infolge der Störungen Spiralbahnen gegen ihr Anziehungscentrum einschlugen, können empirisch ebenfalls nicht mehr gegeben sein; sie haben sich mit der Sonne wieder vereinigt.

Es genügen also die natürlichen Gesetze vollkommen, uns die Entwicklung des Sonnensystems aus einem kosmischen Nebel begreiflich erscheinen zu lassen, und es wäre nur noch bezüglich der Asteroiden,

jener teleskopischen Planeten zwischen Mars und Jupiter, zu erwähnen, dass dieselben eine Mittelstufe zwischen den grossen
Planeten und den Meteoriten repräsentieren; ihre fragmentarische
Form kennzeichnet sie als Bruchstücke eines Weltkörpers, der in
seiner Entwicklung das Stadium des Zerfalls in, vorläufig noch
grosse, Fragmente bereits erreicht hat.

2. Die Monde.

Die aus den Nebelringen gebildeten Planeten mussten nach
mechanischen Gesetzen Achsendrehung in der gleichen Richtung
mit den Umlaufsbewegungen erwerben; auch bei ihnen musste daher
Abplattung der Pole und Anschwellung des Äquators eintreten, und
infolge der mit jeder Achsendrehung verbundenen Centrifugalkraft
musste der Prozess der Ringbildung auch bei ihnen sich wiederholen.

Die Planeten mussten also ihrerseits wieder Monde abtrennen.

Aber diese nach den Prinzipien der Mechanik notwendige
Folgerung wird durch die Erfahrung nur zum Teile bestätigt: nicht
alle Planeten sind mit Monden versehen. Mehr noch: Der Betrag
der den Äquator schwellenden Centrifugalkraft und die Anzahl der
abgetrennten Ringe hängen von der Geschwindigkeit der Achsendrehung ab; es muss also die Anzahl der Monde im direkten Verhältnisse zur Rotationsgeschwindigkeit der Planeten stehen; — aber
auch in dieser Hinsicht stimmt die Erfahrung mit der Theorie nicht
überein. Zwar sind die oberen Planeten vermöge ihrer grösseren
Rotationsgeschwindigkeit — die Tage von Jupiter und Saturn betragen nur etwa $^2/_5$ unserer Tage — am stärksten abgeplattet und
am reichlichsten mit Monden versehen. Aber Merkur und Venus
besitzen ungefähr die gleiche Rotationsgeschwindigkeit wie die Erde;
auch sie sollten daher Monde besitzen, und doch konnten solche
bisher nicht wahrgenommen werden. Mars dagegen hat zwei Monde.
Die Länge seiner Tage übertrifft nur unbedeutend die Länge des
Erdentages, d. h. er dreht sich nur wenig langsamer um seine Achse
als die Erde; die Bewegungsgeschwindigkeit der Flecken auf seiner
Oberfläche lässt dies erkennen. Danach wäre also auf eine Centrifugalkraft seines Äquators zu schliessen, welche der irdischen

gleichwertig wäre, während Mars doch zwei Monde besitzt. Er ist nun allerdings an Masse kleiner als die Erde, die Schwerkraft auf seiner Oberfläche ist demnach geringer als bei uns, muss also auch von einem geringeren Betrage von Centrifugalkraft bereits ausgeglichen und überwunden werden. Gleichwohl bleibt es fraglich, ob sich aus dieser Erleichterung der Ringablösung die Zweizahl der Marsmonde genügend erklärt. Die Astronomen Heis und Jones haben übrigens die Vermutung ausgesprochen, dass das sogenannte Zodiakallicht ein Nebelring sei, der, sei es innerhalb oder ausserhalb der Mondbahn die Erde umgiebt. Danach hätte also die Erde ebenfalls einen zweiten Mond, wenn auch nur in der ursprünglichen Ringform, der. aber vielleicht noch die Kugelform annehmen könnte.

Es ist also hinsichtlich der Centrifugalkräfte und Mondanzahl der Planeten ein Widerspruch zwischen Theorie und Erfahrung gegeben, und dieser Mangel an Übereinstimmung würde uns nötigen, die Theorie als eine unrichtige aufzugeben, wenn nicht mehrfache Gründe dafür sprechen würden, dass uns die Anzahl der Monde nicht vollständig bekannt ist, und dass zudem die ursprüngliche Anzahl der Monde eine Verminderung erfahren haben könnte. In ersterer Hinsicht genügt es, daran zu erinnern, dass die Fragen, ob Merkur und Venus einen Trabanten besitzen und ob Neptun noch einen zweiten Mond habe, noch immer auf dem Programme der Astronomen stehen*); in letzterer Hinsicht ergiebt sich von unserem hinlänglich erörterten Standpunkte aus, dass die zweckmässige Massenverteilung auch bezüglich der Monde nur das Resultat einer indirekten Auslese sein kann, bei der verschiedene Monde ausgeschieden wurden.

Sollte Merkur einen Trabanten in der Entfernung unseres Mondes haben, so würde ein solcher durch den mächtigen Sonnenball bedeutende Störungen erleiden. Nach mechanischen Gesetzen muss gleichwohl dieser Planet ebenso gut einen Mond abgetrennt haben wie die Erde, der also vielleicht wieder beseitigt worden ist.

Die Universalität der irdischen Gesetze nötigt uns also zu der

---

*) Vgl. Anmerkung 2 im Anhang.

Folgerung, bei jenen Planeten, welche in Bezug auf Dichtigkeit und Rotationsgeschwindigkeit mit der Erde so nahe übereinstimmen wie Merkur, Venus und Mars, die Abtrennung von Monden vorauszusetzen; aber auch bezüglich der Monde gilt es, dass aus einer ursprünglich grösseren Anzahl nur die empirisch gegebenen die unvermeidlichen Störungen überleben konnten.

So zeigt sich auch an diesem Beispiele, dass dem gesetzmässigen Wirken der Natur an sich noch keine Zweckmässigkeit innewohnt, dass es in der blinden Mechanik der Naturgesetze nicht liegen kann, unzweckmässige Bildungen zu vermeiden, sondern dass die gleichen Ursachen die gleichen Wirkungen immer, nicht bloss in den Fällen der Bestandesfähigkeit, herbeiführen; es zeigt sich aber auch, dass es allerdings im Wesen der Natur, in dem ihr eigentümlichen Heilverfahren, liegt, solche Bildungen, die bei vorliegender Besonderheit äusserer Umstände als existenzunfähig sich erweisen und mechanische Widersprüche im Systeme bilden, gesetzmässig wieder zu beseitigen.

Indem also vermöge des gesetzmässigen Ganges der Natur manche Bildungen nicht nur dann resultieren, wenn sie haltbar sind, sondern auch, wenn sie im Einzelfalle als unzweckmässig sich erweisen, alsdann aber unvermeidlich wieder ausgeschieden werden, ist zwar im Beginne der Entwicklung die Zweckmässigkeit dem Mechanismus nicht immanent; aber im Verlaufe der Entwicklung sind Teleologie und Mechanismus in beständiger Annäherung begriffen und decken sich im Resultate. Jede gesetzmässige Entwicklung muss im Resultate das Zweckmässige herbeiführen.

Da der rotierende Sonnenball Planeten erzeugt, und die rotierenden Planeten Monde abtrennen, so ist noch die Frage zu untersuchen, warum nicht die Monde ihrerseits wieder Ringe abtrennen, die sich zu Kugeln gestalten?

Da die Eigenschaft der Schwere aller kosmischen Materie zukommt und ganz unabhängig ist von der stofflichen Zusammensetzung derselben, so wird der Mechanismus eines Systems von Gestirnen allein durch die Eigenschaft der Schwere bestimmt, und wenn sich daher in mechanischer Hinsicht so auffallende Unterschiede der Gestirne zeigen, wie dass die Planeten Monde abtrennen, während die Monde ihrerseits steril sind, so müssen solche Unterschiede aus den einfachen Ursachen abzuleiten sein, welche die Schwere bestimmen. Die Schwere eines Körpers ist aber abhängig von der Masse und dem Abstande des anziehenden Körpers; sie nimmt ab mit dem Quadrate der Entfernung, d. h. in 2 facher, 3 facher, 4 facher etc. Entfernung wird die Schwere 4 mal, 9 mal, 16 mal etc. schwächer. Nun unterscheiden sich aber die Monde von den Planeten durch geringere Masse und durch geringeren Abstand von ihren Anziehungscentren; sie stehen den Planeten weit näher, als diese der Sonne; also muss die Sterilität der Monde auf diese beiden Ursachen zurückzuführen sein. Die Nebular- hypothese aber wird eine neue Bestätigung erhalten, wenn sich diese Sterilität unter der Voraussetzung der ursprünglichen Dunst- form dieser Gestirne erklärt.

Wenn die kosmische Nebelmasse der Sonne eine Achsendrehung dadurch erwerben musste, dass ihre gegen das Centrum sich senken- den Teile durch den Widerstand des Mediums, in dem sie sich niederschlugen, krumme Bahnen beschrieben, so muss auch bei den abgetrennten Nebelringen, nachdem sie die Kugelgestalt angenommen hatten, eine solche Achsendrehung eintreten. Die Schnelligkeit derselben muss aber abhängig sein von der Fallgeschwindigkeit der sich niederschlagenden Teile, und da die Schwerkraft, also Fall- geschwindigkeit, mit der Annäherung an das Centrum wächst, so müssen diejenigen Kugeln, deren Teile aus grösserer Entfernung herankamen, also mit grösserer Geschwindigkeit dem Centrum sich näherten, durch grössere Rotationsgeschwindigkeit dieses bemerk- lich machen; es muss eine Beziehung bestehen zwischen der Grösse der Kugeln und der Schnelligkeit ihrer Achsendrehung. In der That rotieren die grossen Planeten, welche aus grösseren Ringzonen sich verdichtet haben, deren Teile demnach die grössten Fallräume zu durchwandern hatten, weit schneller als die kleinen Planeten.

Die Theorie erfordert also für die geringen Mondmassen eine sehr geringe Rotationsgeschwindigkeit, und da diese Geschwindigkeit ihrerseits den Betrag der Abplattung an den Polen und der centri- fugalen Anschwellung des Äquators reguliert, so folgt aus der geringen Masse der Monde ihre Sterilität, indem ihre äquatoreale Centrifugal- kraft zur Abtrennung von Ringen nicht hinreichte.

Von der geringen Masse der Monde aber abgesehen, ist noch als zweites Merkmal, wodurch sie sich von den Planeten unterscheiden, zu beachten, dass sie ihren respektiven Anziehungscentren — den Planeten — weit näher stehen als diese ihrem gemeinschaftlichen Anziehungscentrum, der Sonne. Es ist daher zu untersuchen, welche Wirkungen aus diesen geringeren Abständen für dunstförmige Mondkugeln folgen mussten, und ob diejenigen Bewegungserscheinungen, wodurch sich Monde von Planeten unterscheiden, daraus zu erklären sind. Es wird sich dabei zeigen, dass auch in dieser Hinsicht die theoretischen Folgerungen mit empirisch wahrnehmbaren Erscheinungen vollständig übereinstimmen.

Derjenige Punkt der Mondoberfläche wird von der Erde am stärksten angezogen, der ihr zunächst liegt. Solange daher der Mond in dunstförmigem und späterhin in feurigflüssigem Zustande sich befand und die Anziehung der Erde auf seine leichtverschiebbare Materie wirkte, mussten die der Erde zunächstliegenden Oberflächenteile eine Erhebung erfahren, und da vermöge der Rotation des Mondes immer neue Oberflächenteile sich der Erde zukehrten, so musste diese Anschwellung rings um die Mondoberfläche sich fortpflanzen. Dasselbe Phänomen der Flut, welches der Mond für die leichtverschiebbare Materie der Erde, nämlich für die Atmosphäre und die Meere, erzeugt, muss einst in stark vergrössertem Massstabe der ungleich mächtigere Erdball auf dem Monde erzeugt haben. Die damit verbundene Reibung muss aber die von Anfang an ohnehin geringe Rotationsgeschwindigkeit des Mondes beständig gehemmt und schliesslich aufgezehrt haben. Man hat die mittlere Fluthöhe, welche durch den Erdball auf dem flüssigen Monde erzeugt wurde, auf 130—140 Fuss berechnet, während auf der Erde selbst Springfluten nur etwa 40—50 Fuss erreichen; es erklärt sich daraus vollkommen genügend, dass die Mondrotation längst, die Erdrotation aber noch lange nicht die äusserste Grenze ihrer Verlangsamung erreicht hat.

Der Mond musste also schliesslich der Erde immer dieselbe Seite zukehren. Während er früher innerhalb eines Umlaufes mehrmals um seine Achse sich drehte, verminderte sich die Anzahl dieser Achsendrehungen beständig, und nur diejenige blieb schliesslich übrig, welche mit seiner Umlaufsbewegung zusammenfällt. Die uns zugekehrte Mondseite verblieb aber sodann unter dem Einflusse der Anziehung der Erde, sie musste von der Kugelgestalt abweichen, sich eiförmig verlängern, und in dieser Gestalt wurde der Mond schliesslich von der Erstarrung betroffen.

Der längste Durchmesser des Mondes ist nun in der That gegen die Erde gerichtet, und wir sehen in der That immer nur die. gleiche Mondseite, d. h. der Mond vollendet eine Achsendrehung während einer Umlaufsbewegung, seine Rotation und seine Revolution fallen zusammen, seine Tage und Nächte dauern je 15 irdische Tageslängen. Endlich sind die gleichen Erscheinungen auch an den übrigen Monden unseres Systems wahrzunehmen, soweit dieselben bezüglich ihrer Bewegungen kontrolliert werden konnten.

Führen wir aber die Theorie weiter aus, so kommen wir notwendig zu dem Schlusse, dass auch die Monde ihrerseits die Rotationsgeschwindigkeiten ihrer respektiven Planeten verlangsamen müssen, indem sie die flüssigen Teile derselben flutartig anstauen; aber die Planeten besitzen sehr bedeutende Rotationsgeschwindigkeiten, es kann daher ihre Drehung nur in unberechenbar langen Zeiten verlangsamt und aufgezehrt werden. Darauf allein beruht es, dass bei unserem Monde die Rotationsgeschwindigkeit längst auf ihre Übereinstimmung mit der Umlaufsgeschwindigkeit reduziert ist, während die Erde noch 365 mal während ihrer Revolution um ihre Achse rotiert, dass ferner Jupiter noch 10000 mal, Saturn noch 25000 mal in einem Umlaufe sich drehen.

Da sich die Erde von West über Süd nach Ost um ihre Achse dreht, während die Flutwellen die direkt entgegengesetzte Bewegung haben, so muss die durch die Strömung der Gewässer bewirkte Reibung und insbesondere der Druck, den die Flutwellen gegen die festen Rindenteile der Erde, die Kontinente, ausüben, die Rotationsgeschwindigkeit beständig, wenn auch in minimalem Grade, gleichsam bremsen. Die Kraft des Widerstandes, den die Rotation durch die Flut erfährt, ist von Mayer auf 6000 Millionen Pferdekräfte in jeder Sekunde berechnet worden. Die Rotationskraft der Erde, welche freilich so bedeutend ist, dass ein Punkt am Äquator in jeder Sekunde 464 m zurücklegt, erleidet demnach eine, wenn auch relativ geringe, so doch beständige Einbusse, welche innerhalb langer Zeiten einen berechenbaren Betrag erreichen muss. Da nun Verlangsamung der Rotation Verlängerung des Tages bedeutet, so muss letztere stattfinden. Andererseits wirkt aber eine andere Ursache im entgegengesetzten Sinne: In fortgesetzter Abkühlung giebt die Erde, wie die eingetretene Erstarrung der Rinde beweist, an den Raum mehr Wärme ab, als ihr Sonnenwärme zugeführt wird; der Erdball muss demnach immer mehr sich zusammenziehen. Nicht bloss die einfache Fortleitung der inneren Wärme durch die Erstarrungskruste hindurch bedingt eine beständige Verminderung des Wärmefonds der Erde, sondern auch die Wasserschichten, welche mehr als $2/3$ der Erdoberfläche bedecken, entziehen der Erde umsomehr Wärme, als der Meeresgrund dem inneren Herde näher liegt; endlich entweichen auch durch die zahlreichen Vulkane, sowohl im Zustande der Ruhe derselben, als hauptsächlich während der Eruptionen sehr bedeutende Wärmemengen. Die Summe dieser Verluste verträgt sich nicht mit der Annahme der Unveränderlichkeit des Erdvolumens, und die Abkühlung der Erde erscheint gross genug, um — da eine Verkürzung des Durchmessers durch Verringerung des Volumens zunehmende Rotationsgeschwindigkeit bedeutet — bei der Frage nicht mehr vernachlässigt werden zu dürfen, ob eine solche Zunahme stattfinde.

Die Flut bewirkt demnach eine Verlängerung, die Abkühlung eine Verkürzung des Erdentages; es kann demnach nur eine eventuelle Differenz dieser beiden Wirkungen sich zeigen. Solange die Erde noch eine glühende Kugel war und auf ihrer ganzen Oberfläche Wärme ausstrahlte, musste ihr Durchmesser sich ziemlich rasch verkürzt und ihre Rotationsgeschwindigkeit beständig zugenommen haben. Mit der Erstarrung aber trat diese Beschleunigungsursache mehr und mehr zurück, und der verzögernde Druck der Flutwellen erhielt nach einer kurzen Periode des Gleichgewichts der entgegengesetzten Wirkungen das Übergewicht: die Umdrehungsgeschwindigkeit nahm ab. Adams und Delaunay haben in der That gefunden, dass seit 2000 Jahren der Tag um $1/84$ Sekunde zugenommen hat, was einer Verlängerung des Jahres um 4 Sekunden, des Jahrhunderts um 7 Minuten entspricht.

Die äusserste Wirkung, welche die Flut auf die Rotationsgeschwindigkeit des Erdballs ausüben könnte, wäre nun derjenigen
analog, welche ihrerseits die Erde auf den Mond bereits ausgeübt
hat, dass nämlich immer derselbe Oberflächenteil der Erde sich dem
Monde zukehren würde, die andere Erdhälfte aber mondlose Nächte
hätte; der Erdentag wäre alsdann bis auf die Dauer eines Mond-
umlaufs, eines Monats, verlängert. Wenn aber seit 2000 Jahren
der Tag nur um $1/_{84}$ Sekunde zugenommen hat, so kann der
Betrag einer ganzen Sekunde erst in 168 000 Jahren erreicht werden,
jene äusserste Wirkung aber vielleicht niemals eintreten, weil wohl
schon früher die Meere von der immer weiter gegen das Centrum
erstarrenden Kruste aufgesaugt oder nach Erkaltung der Sonne zu
Eismassen erstarrt sein werden.

3. Die Nebularhypothese.

Kant und nach ihm, aber unabhängig von ihm, Laplace
sind es gewesen, welche zuerst aus der merkwürdigen Gleichheit in
der Richtung der Umlaufs- und Rotationsbewegungen der Planeten
und Monde auf den einheitlichen Ursprung des Systems schlossen.
Sie legten dieser Übereinstimmung, sowie der annähernden Kreisform
aller Bahnen und der annähernden Kongruenz aller Bahnebenen
eine Ursache unter, welche in der Entstehung des Sonnensystems
alle Glieder desselben gemeinschaftlich umfasste. Im Gesetze der
Schwere kann jene Ursache nicht gesehen werden; denn mit diesem
ist jede Richtung in der Umlaufsbewegung und Achsendrehung,
jede Excentricität und jede Bahnneigung vereinbar, und das
Sonnensystem hätte daher, vom Standpunkte der Gravitation aus
betrachtet, in Hinsicht dieser drei Punkte ganz willkürlich gestaltet
werden können. Im Sonnensysteme, wie es jetzt ist, findet sich
überhaupt keine Ursache für diese gemeinschaftlichen Bewegungsrichtungen und Bahnebenen; es blieb somit — und so entstand die
Nebularhypothese — nur die Annahme übrig, dass diese Ursache
in früheren Zeiten vorhanden war, als das System noch ein anderes
Ansehen hatte, dass also die Planeten früher in materiellem
Zusammenhange mit der Sonne, die Monde in materiellem

Zusammenhange mit ihren Planeten, an den Bewegungen derselben unmittelbaren Anteil, und doch schon in ihren derzeitigen Entfernungen, nahmen. Ein unmittelbarer Zusammenhang der Materie eines Centralkörpers mit der von so weit entfernten Begleitern konnte aber nur statthaben, wenn die Materie des Systems in sehr ausgedehntem Zustande den weiten Raum erfüllte, den die Bahn des äussersten Begleiters begrenzt. Die Materie der Sonne erstreckte sich demnach einst mindestens bis zur Entfernung Neptuns, die der Planeten mindestens bis zu ihren äussersten Monden; die jetzigen Glieder des Sonnensystems sind also nur Verdichtungsprodukte aus einer einst sehr ausgedehnten Materie.

Indessen ist es streng genommen gerade die Gleichsinnigkeit der Bewegungsrichtung nicht, woraus auf den einheitlichen Ursprung mit Sicherheit geschlossen werden könnte. Denn Laplace selbst, wie Lagrange und Poisson, haben nachgewiesen, dass die dauernde Erhaltung eines Systems abhängig ist von dieser gleichen Bewegung. Bei verschiedener, teils rechtläufiger, teils rückläufiger Bewegung würden die Planeten sich gegenseitig der Art stören, wie in Wirklichkeit die zum grossen Teile rückläufigen Kometen gestört werden, welche nur vermöge ihrer geringen Massen nicht auch ihrerseits die Planeten zu stören vermögen. In einem Planetensysteme dagegen würden bei verschiedener Bewegungsrichtung die gegenseitigen Störungen bald einen Betrag erreichen, dass der ganze systematische Verband sich wieder auflösen würde, oder dass wenigstens durch lokale Katastrophen diejenigen Glieder des Systems beseitigt würden, welche immanente mechanische Widersprüche darin bildeten. In einem solchen Systeme könnte daher durch natürliche Auslese die für den Bestand notwendige Gleichmässigkeit der Bewegungsrichtung erzielt werden, indem die rückläufigen Körper nach kurzem Bestande eliminiert würden. Demnach wäre der systematische Verband von in gleicher Richtung sich bewegenden Körpern denkbar, ohne dass hieraus notwendig auf einen einheitlichen Ursprung zu schliessen wäre.

Wie also im biologischen Prozesse die Anpassung tierischer Organisationen an ihre Feinde noch keineswegs beweist, dass solche in Beziehung stehenden Tierarten gleichzeitig und füreinander

9*

geschaffen seien, sondern auch solche Tierarten, welche etwa durch die Zufälle einer Wanderung in Beziehung zu einander gerieten, vor die Alternative der Anpassung oder des Untergangs gestellt, im Verlaufe der Zeit wirklich gegenseitig sich anpassten, indem diejenigen Individuen, welche dem äusseren Zwange nicht nachzukommen vermochten, einfach ausgemerzt wurden, — so könnte auch in unserem Sonnensysteme, angenommen, es seien die Einzelglieder nur durch zufällige Vereinigung in systematische Verbindung geraten, die in der gleichsinnigen Bewegungsrichtung liegende Anpassung dadurch erreicht worden sein, dass die Störenfriede ausgeschieden wurden, und nur diejenigen überlebten, welche vermöge gleichsinniger Bewegung bestandesfähig waren.

Durch die Betonung der Möglichkeit eines solchen Prozesses soll jedoch der einheitliche Ursprung des Sonnensystems, für den ja noch verschiedene andere Gründe sprechen, keineswegs in Frage gestellt werden.

Wenn die Nebularhypothese richtig ist, dann muss auch ein hoher Grad von stofflicher Verwandtschaft zwischen der Sonne als Mutterkörper, den Planeten als Kindern und den Monden als Enkeln vorhanden sein. Der Nachweis einer solchen Verwandtschaft ist jedoch nur bezüglich der Sonne im Vergleiche zur Erde möglich, indem das Spektrum der Sonne die Anwesenheit irdischer Elemente verrät; die Planeten und Monde dagegen sind nicht selbstleuchtend, und senden uns nur erborgtes Sonnenlicht zu, sodass wir über die ihnen eigentümlichen Stoffe nicht unterrichtet sind. Indessen bekunden verschiedene Erscheinungen auch bezüglich dieser eine so grosse chemische Verwandtschaft mit der Erde, dass sogar relativ unbedeutende Erscheinungen ihnen gemeinsam sind: An der Venus ist das Phänomen der Nordlichter wahrzunehmen, an den Meteoriten beobachtet man magnetische Eigenschaften und ein häufiges Vorkommen von Krystallbildungen; endlich haben diese kleinen kosmischen Körper, die einzigen, die uns direkt zugänglich sind, nicht nur sehr viele Stoffe mit der Erde gemeinsam, sondern ihre innere Struktur verrät sogar, dass ihre chemischen Verbindungen in gleichen geologischen Vorgängen eintraten, wie die der irdischen Gesteine und Metalle.

Insofern, als aus dem gemeinsamen Ursprunge die chemische Verwandtschaft folgt, nötigt uns die Nebularhypothese, die innere Entwicklungsgeschichte der Erde als typisch für alle Glieder des Sonnensystems anzusehen, der Art, dass die Grössenunterschiede der Gestirne nur Unterschiede der Zeitlängen ergeben, innerhalb welcher sich die im Grossen und Ganzen für alle Glieder gleiche Entwicklungsgeschichte vollendet. Die Gestirne gehen aber von nebelartigen Zuständen aus, werden in der Verdichtung leuchtend, geben sodann ihre Wärme an den kalten Raum ab und erstarren. Die Dauer der Leuchtperiode eines Gestirns ist aber abhängig vom Verhältnisse seiner Oberfläche, da diese zugleich die Ausstrahlungsfläche ist, und zu seinem kubischen Inhalte, welcher die vorhandene Wärmemenge bestimmt. Kleine Kugeln müssen daher schneller erkalten, nicht nur weil sie geringere Wärmemengen enthalten, sondern auch, weil ihre Oberflächen im Verhältnis zum Inhalt relativ grösser sind als bei grösseren Kugeln.

Waren demnach alle Gestirne des Sonnensystems einst in glühendem Zustande, dann müssen sie in der Erstarrung um so weiter vorgeschritten sein, je geringer ihr Volumen ist. In dieser Hinsicht stimmt es ganz mit der Theorie überein, dass der grosse Sonnenball noch immer in feurigflüssigem Zustande sich befindet, dass man bei den grossen Planeten noch immer Spuren des Selbstleuchtens bemerkt, während die kleineren Planeten erstarrt sind und der Mond in seiner Erstarrung viel weiter vorgeschritten ist als die Erde.

Aber die Gleichheit der Entwicklungsgeschichte, aus welcher wir die direkt nicht nachweisbare Gleichheit der Planetenstoffe indirekt nachweisen können, erstreckt sich nicht bloss auf die Erstarrungsvorgänge und die hiermit verbundenen eruptiven und vulkanischen Erscheinungen, die wir aus den Protuberanzen der Sonne erschliessen, aus der Geschichte der Erde kennen, aus dem Ansehen der etwa mit 50000 Kratern bedeckten, uns sichtbaren Mondhälfte erkennen, und welche sich in der Struktur der Meteoriten verraten, — auch bezüglich der meteorologischen Vorgänge ist grosse Übereinstimmung vorhanden, wie die Wolkenbildungen in der Atmosphäre der Venus, die regelmässigen Strömungen in der Atmosphäre Jupiters und der Wechsel der Jahreszeiten auf Mars anzeigen, der sich kundgiebt in den wechselnden Umrissen seiner Schneefelder.

Wie in der Biologie durch das Aussterben der Mittelformen und das Überleben der extremen Endformen, die vermöge besserer Anpassung konkurrenzfähiger waren, die Verwandtschaft und der gemeinsame Ursprung der letzteren verschleiert wird, und nur durch das teilweise Auffinden der ausgestorbenen Glieder einiges Licht auf die Entwicklung des Lebens auf unserem Planeten fällt, so würde auch trotz aller physikalischen Widerspruchslosigkeit der Nebularhypothese doch die Entwicklung des Sonnensystems von unbestimmt begrenzter Nebelgestalt zu seiner derzeitigen feinen Gliederung und der gemeinsame Ursprung der Planeten und Monde verschleiert sein, hätten wir nicht an den kosmischen Nebeln die Repräsentanten früherer Zustände, und könnten wir nicht an ihnen die Erscheinung der Ringbildung beobachten; insbesondere aber ist es wichtig, dass in unserem Sonnensysteme selbst noch ein Exemplar jener entschwundenen Ringformen sich erhalten hat, gleichsam ein Petrefakt aus längstvergangenen Zeiten. Es sind dies die Ringe des Saturn, deren Entdeckung für die Astronomie den gleichen Wert hat, wie für die Biologie das Auffinden einer wichtigen Zwischenform. Das Ringsystem des Saturn konnte sich im Gegensatze zu allen übrigen Ringen, aus welchen Planeten und Monde entstanden, wohl nur vermöge seiner grossen Rotationsgeschwindigkeit, also Centrifugalkraft, und unter dem Einflusse der zahlreichen äusseren Saturnsmonde erhalten, welche ihn mit auffallender Umlaufsgeschwindigkeit umkreisen und es so verhindern, dass an irgend einem Punkte Ringmaterie sich dauernd verdichte, welches der erste Schritt zur Verwandlung des Ringes in die Kugelform wäre. Der aus theoretischen und empirischen Gründen gefolgerte Flüssigkeitszustand dieser Ringe bedingt zudem eine stärkere Kohäsion und konservativeres Streben seiner Teile, als bei einem gasförmigen Ringe gefunden werden könnte.

Der flüssige Aggregatzustand der Ringe setzt voraus, dass in ihrem Saturnabstande die von Saturn ausgestrahlte Wärme nur eine solche Temperatur erzeugt, welche der ursprünglich nebelartigen

Ringmaterie gestattete, in den tropfbarflüssigen Zustand überzugehen. Nimmt man nun an, es sei diese Materie Wasser, so stimmt damit sehr gut, dass die Dichtigkeit Saturns (wie es seiner höheren Temperatur entspricht) als eine geringere wie die des Wassers nachgewiesen wurde; andererseits aber muss diese Kondensationsgrenze bei der fortdauernden Abkühlung Saturns diesem immer mehr sich nähern, sodass auch der, wie es scheint, noch gegenwärtig nebelartige innerste Ring — und überhaupt immer mehr Materie in der Richtung gegen den Planeten — ebenfalls mit der Zeit die flüssige Form annehmen, und die Breite des Ringsystems nach Innen beständig zunehmen würde. Struve hat in der That eine solche Verbreiterung des inneren Ringes in der Richtung gegen den Planeten wahrgenommen, und Zöllner zieht hieraus die Folgerung, dass vielleicht künftige Generationen jenes Schauspiel beobachten werden, welches sich bei der Berührung des inneren Ringes mit der Saturnskugel ereignen wird. Vielleicht ist nun auch die weitere Hypothese gestattet, auf ein ähnliches Schauspiel, das sich vorzeiten auf der Erde ereignet hätte, die rätselhafte, in der Tradition aller Völker wiederkehrende Sintflut zurückzuführen.

Wenn die irdischen Gesetze universaler Natur sind, so muss sich die Gliederung des Sonnensystems durch ein anschauliches Experiment zur Darstellung bringen lassen, soweit die Bedingungen wiedergegeben werden können, unter welchen kosmische Körper im leeren Raume fortschreitend und rotierend sich bewegen. In dieser Hinsicht verdient vorzugsweise der sinnreiche Versuch des Physikers Plateau erwähnt zu werden:

Da Olivenöl weniger dicht ist als Wasser, aber dichter als Weingeist, so lässt sich aus Wasser und Weingeist eine Mischung bereiten vom spezifischen Gewichte des Olivenöles. Mit einer solchen Mischung wird ein Gefäss von Glas gefüllt, durch dessen Mitte die vertikale Drehungsachse einer ausserhalb befindlichen Kurbel geht, während im Mittelpunkte des Gefässes um die Achse eine kleine Metallscheibe angebracht ist. Führt man nun in diese Mischung vorsichtig eine Quantität Olivenöl ein, so wird sie sich an der Metallscheibe anlagern und die Kugelgestalt annehmen, da bei der Gleichheit der spezifischen Gewichte die Schwere der

Ölmasse aufgehoben und dieselbe der gleichmässigen Anziehung ihrer Teile überlassen ist. Bringt man nun die Kurbel in Drehung, so wird sich diese durch die Achse auch der Ölkugel mitteilen, dieselbe wird rotieren, an den Polen sich abplatten und am Äquator anschwellen, kurz die Gestalt eines Sphäroids, bei vermehrter Drehung aber die Linsenform annehmen. Bei noch weiter gesteigerter Drehung aber wird sich ein Ring abtrennen, der die Ölmasse in ihrer Rotationsrichtung umkreist, während diese vorerst wieder in die Kugelform zurückgeht. Die in solcher Weise successive abgetrennten Ringe werden aber in der Reihenfolge ihrer Entstehung zerreissen, und ihre Masse vereinigt sich zu planetarischen Begleitern, bei welchen der gleiche Vorgang als Mondbildung sich wiederholen würde, wenn nicht die Reibung mit der umgebenden Flüssigkeit das allmähliche Aufhören der Rotationsbewegung mit sich brächte. Aber auch noch in jener Hinsicht giebt das Experiment den Vorgang wieder, den die Nebularhypothese voraussetzt, dass anfänglich grössere Begleiter sich abtrennen, dann immer kleinere, je kleiner die restierende Ölmasse wird, dass ferner die Rotationsgeschwindigkeiten, wie auch im allgemeinen die Massen von der äusseren Grenze des Systems nach Innen abnehmen, während die Umlaufsgeschwindigkeiten bei den inneren Massen sich steigern, dass ferner die Begleiter die gleiche Bewegungsrichtung haben und ihre Bahnebenen mit der Äquatorebene des Centralkörpers zusammenfallen. —

Die Entwicklungsgeschichte des Sonnensystems ist nicht nur an sich von hohem Interesse, sondern auch insofern, als die Universalität der irdischen Gesetze und die spektralanalytisch bewiesene Gleichheit der kosmischen Stoffe uns nötigen, diese Entwicklung als typisch für alle Fixsterne anzusehen. Im grossen und ganzen ist diese Entwicklung der Fixsterne schon im »Kreislauf der Welten« gezeichnet worden; aber da diese Gestirne nur in der Sprache des Lichtes zu uns reden, so erzählen sie uns nur diejenigen Kapitel aus dieser wesentlich gleichen Geschichte, welche mit wahrnehmbaren Lichtphänomenen verbunden sind, dagegen ihre schliessliche Erkaltung für uns Schweigsamkeit bedeutet.

Ungleich reichhaltiger ist für uns die Geschichte des Sonnensystems; denn indem die Planeten auch nach ihrer Erkaltung noch in reflektiertem Sonnenlichte glänzen, fahren sie fort, zu uns zu reden, und wir sehen daher in der Entwicklung des Sonnensystems eine Fortsetzung der Geschichte der Fixsterne, indem uns gerade jene Periode derselben geoffenbart wird, welche andernfalls in beständiges Dunkel gehüllt bliebe, weil wir vielleicht für immer darauf verzichten müssen, die Begleiter jener entfernten Sonnen, selbst während der Periode ihres Selbstleuchtens, zu sehen.

Die Fixsterne trennen Planeten ab. Die Theorie nötigt uns zu dieser Folgerung, da wir wissen, dass Fixsterne, aus rotierenden kosmischen Nebeln entstehend, selbst rotieren müssen; die Erfahrung aber bestätigt diese Folgerung durch das Phänomen der periodischen Veränderlichkeit der Sterne, für welche die Fleckenbildung auf der Oberfläche solcher Gestirne erst dann eine genügende Erklärung bietet, wenn Achsendrehung damit verbunden ist, wobei abwechslungsweise leuchtende und dunkle Oberflächenteile sich uns zukehren. Aus der Achsendrehung aber folgt wiederum nach mechanischen Gesetzen die Abtrennung von Begleitern.

Es ist bei Besprechung der veränderlichen Sterne bereits erwähnt worden, dass die Mehrzahl derselben durch rötliche Färbung sich bemerklich macht, und dass die Fleckenbildung mit Rotglut verbunden sein muss. Da indessen nicht in allen Fällen die Veränderlichkeit mit Rotglut sich verbunden zeigt, so genügt die Fleckenbildung nicht, um alle Erscheinungen der Veränderlichkeit zu erklären, z. B. die kurze Verdunklung Algols und anderer Sterne, die keine rote Farbe haben. Bei diesen lässt sich der Lichtwechsel wohl nur aus dem Vorübergange dunkler Massen erklären, die in unsere Gesichtslinie fallen, seien es nun Meteorströme oder Planeten oder eine dunkle Sonne, womit solche Sterne zu einem Binarsystem verbunden sind.

Endlich geschieht aber — und auch dieses beweist die Existenz von Begleitern der Fixsterne — das Auflodern neuer Sterne bisweilen unter Umständen, welche die Erklärung durch den Einsturz von Hohlräumen ausschliessen. Dies ist z. B. der Fall bei jenem Sterne, der im Mai 1866 im Sternbild der Krone aufloderte, aber schon vor dieser Katastrophe als Stern von 9. bis 10. Grösse bekannt war, demnach noch gar nicht zur Erkaltung gekommen sein konnte. Die ungemein rasche Zunahme seines Lichtes, die langsame und schliesslich unregelmässige Abnahme, das Herabsinken vom Sterne 2. Grösse zu 9. Grösse innerhalb zweier Monate, die Besonderheit des Spektrums, welches eine glühende Lichtquelle und die Entwicklung hochglühender Gasmassen verriet, ohne dass doch der Stern vorher zu den dunklen gehörte, — alle diese Umstände vereinigen sich zu der Erklärung, ·dass der Herabsturz eines Begleiters stattgefunden habe, dessen Umlaufsbewegung, durch den Widerstand des Äthers besiegt, zur centripetalen Bewegung wurde und im Aufprall in Licht und Wärme sich umsetzte.

Wie Töne auf Schwingungen der Luft beruhen, so das Licht auf Schwingungen des Äthers. Soweit also Gestirne uns sichtbar sind, muss auch der Raum erfüllt sein mit der das Sehen vermittelnden Materie. Mag nun auch der Äther im Zustande äusserster Verdünnung sein, so ist er doch als ein widerstehendes Medium für die Bewegung der Gestirne anzusehen; und wie er bereits die Umlaufszeiten des Enckeschen Kometen in so beträchtlicher Weise verkürzt, dass derselbe in relativ naher Zukunft in die Sonne stürzen wird, so muss er auch die Bewegung der Planeten unserer und anderer Sonnen beständig hemmen, d. h. jene Centrifugalkraft allmählich aufzehren, vermöge welcher sie der Anziehungskraft ihrer Sonne widerstehen.

Wenn aber alle Fixsterne Planeten abtrennen, so erweitert sich auch das Phänomen des Lebens zu einem kosmischen Phänomen. Nicht auf den ungezählten, leuchtenden Sonnen kann es sich regen, wohl aber auf ihren Begleitern, wenn dieselben zu entsprechender Abkühlung gelangt sind, und solange ihnen noch von ihren Sonnen Licht und Wärme gespendet wird. Auf den Fixsternen selbst aber, wenn ihr Licht erloschen ist, kann das Leben nur durch Wärme erhalten werden. Nur während jener Zeitspanne, in der ihre Oberflächen noch durch die inneren Glutmassen erwärmt sein werden, wie es einst in der Steinkohlenperiode die Oberfläche der Erde war, können auch auf diesen Sternen Wesen auftreten. Aber gerade auf diesen Sonnen, welche ihren Begleitern den Tag brachten, wird das Leben in beständiger Nacht verfliessen.

VI.

Die kosmische Zweckmässigkeit.

In einer Welt mit erkennenden Wesen muss unter allen Umständen bewundernswerte Harmonie der Systeme und der Einzelglieder der Systeme anzutreffen sein; denn der biologische Prozess auf den einzelnen Sternen wird ja so lange ausgesetzt, bis jene Harmonie erreicht ist. Erst wenn durch die indirekte Auslese des Zweckmässigen definitive Zustände geschaffen sind, kann der Prozess der Abkühlung der Gestirne seinen ungestörten Fortgang nehmen, und erst auf einer sehr späten Stufe dieser Abkühlung ist das Entstehen von lebenden und erkennenden Wesen möglich.

Wenn wir uns über die Harmonie des Weltalls verwundern, so setzen wir dabei unbewusst voraus, dass diese Harmonie von vielen möglichen Fällen der auffallendste sei — denn dies ist der Sinn eines jeden Erstaunens —, dass wir also ebensowohl den Anblick einer in chaotischer Verwirrung befindlichen Welt haben könnten. Aber diese Voraussetzung ist in sich widersprechend; denn erstlich ist die Harmonie eine mittlere Phase einer jeden Entwicklung, und muss unvermeidlich eintreten, weil mit jedem unharmonischen Zustande die indirekte Auslese untrennbar verbunden ist, deren Ergebnis eben das Überleben des Zweckmässigen ist; sodann aber ist die Harmonie als Resultat, vom Standpunkte eines erkennenden Wesens, nicht unter zahlreichen möglichen Fällen der auffallendste, sondern in der That der einzig mögliche Fall.

Wenn eine Welt und ein Auge gleichzeitig sein sollen, so kann es immer nur eine wohlgeordnete Welt sein, weil es in einer ungeordneten überhaupt nicht zu einem Auge käme. Ein Auge wird niemals in eine andere Welt blicken, als welche die ästhetische Bewunderung herausfordert. Aber wenn wir von dieser Bewunderung übergehen zur Verwunderung über das Vorhandensein dieser ästhetischen Pracht und Harmonie, so verwundern wir uns in der That über den einzig möglichen Fall, während doch nur dann, wenn die Möglichkeit mehrerer Fälle gegeben, der auffallendste aber eingetreten wäre, die Befremdung am Platze sein würde. Es ist im Grunde von selbst verständlich, dass im Zustande der Dinge die Bedingung unserer eigenen Existenz sich vorfinden muss, und diese ist eben die Harmonie des Kosmos. Unser Auge ist also einem Spiegel vergleichbar, der erstaunt wäre, dass so hoch entwickelte Geschöpfe, wie die Menschen, sich in ihm beschauen; aber wäre die Natur in ihrem biologischen Entwicklungsgange nicht bis zum Menschen fortgeschritten, so wäre ja kein Artefakt, also er selbst, der Spiegel, nicht vorhanden.

Gleichwohl dürfen wir den hohen Wert dieses geistigen Verhaltens der Menschheit den Erscheinungen des Himmels gegenüber nicht unterschätzen; denn sie ist nur ein Vorläufer jener rein metaphysischen Verwunderung über die Dinge, welche nach Aristoteles der Anfang aller Philosophie ist, und welche, weil sie sich auf das Sein der Dinge bezieht, an Berechtigung auch dann nichts verlieren würde, wenn uns die bestimmte Beschaffenheit der Dinge kein naturwissenschaftliches Rätsel mehr wäre. Der Grad der Befremdung, womit wir in die Welt schauen, bestimmt auch den Trieb, diese Welt zu erklären und ihre Gesetze zu erforschen; und wenn auch eine hyperbolische Erklärung darin gesehen werden muss, dass die Menschheit schon für die wahrnehmbare Beschaffenheit der Dinge nur ein transcendentes Prinzip als adäquate Ursache erkennen wollte — wie dieses der physikotheologische Beweis vom Dasein Gottes begrifflich am deutlichsten ausdrückt — so kann doch nur jener Trieb zur Erklärung uns dahin führen, die den Erscheinungen entsprechenden und genügenden Ursachen an Stelle jenes transcendenten Prinzips zu setzen und in deutlicher Unterscheidung des naturwissenschaftlichen Interesses von der metaphysischen Verwunderung dem Gefüge dieser Welt nachzuspüren. Denn nicht als Ersatz der Naturgesetze, sondern höchstens als Geber dieser Gesetze ist ein transcendentes Prinzip logisch zulässig.

Der Begriff der kosmischen Zweckmässigkeit, der ehedem viel zu weit gefasst wurde, wird nach Massgabe unserer besseren Einsicht in die Verhältnisse auf sein berechtigtes Mass zurückgeführt werden sowohl im Sinne einer quantitativen Einschränkung, als auch einer, anderen Fassung des Problems.

Vor allem ist die Frage zu erledigen, inwiefern denn der Massstab der Zweckmässigkeit überhaupt an die Welt der Gestirne gelegt werden kann und darf, und welcher Standpunkt dabei einzunehmen ist, — eine Frage, die nicht so einfach ist. Wir Menschen freilich, wenn wir die Frage erwägen, ob wir etwa unser Sonnen-system als eine zweckmässige oder als eine verfehlte Schöpfung ansehen sollen, sind hierbei naturgemäss geneigt, sofort einen ganz entschiedenen Standpunkt einzunehmen: den anthropocentrischen; d. h. indem wir den Menschen als den Endzweck der Schöpfung ansehen, beurteilen wir das System, dem wir angehören, in Hinsicht auf seine das Phänomen des Lebens und des Bewusstseins garantierende Anordnung, und so verleitet uns die Thatsache des Lebens auch sofort, die Schöpfung eine zweckmässige zu nennen. Wir betrachten unter diesem Gesichtspunkte die Sonne als die scheinbar unerschöpfliche Quelle alles Lebens, das sich auf den Planeten regen mag; wir sehen, dass die Erde unter dem Einflusse von Wärme und Licht immer gesteigertere Gestalten hervorrief, deren Gipfel die Menschheit bildet, und indem wir diese letzterreichte Stufe der Entwicklung für die letzterreichbare, das gegenwärtige Resultat für des Pudels Kern halten, erscheint uns dieser Gang der Dinge als ein zweckmässiger, und wir entscheiden die Frage im Sinne des Optimismus.

Es handelt sich eben auch hier um das liebe Ich. Die Liebe zum Leben ist es, die uns auf einen Standpunkt der Betrachtung stellt, der zwar durchaus natürlich und psychologisch gerechtfertigt erscheint, aber eben gar nicht objektiv ist. Gerade in der Geschichte der Astronomie ist es sehr lehrreich zu beobachten, wie der Egoismus unwillkürlich auch die Gedanken unseres Geistes beeinflusst, und dass wir ihn nicht fern halten können selbst in der Bildung solcher Vorstellungen, bei welchen wir uns doch nur der Absicht bewusst sind, Aufklärung zu erhalten über das Wesen der Dinge. In den historischen Anfängen astronomischer Vorstellungen zeigt sich diese subjektive Färbung sehr stark. Aus der natürlichen, anthropocentrischen Anschauung der Dinge entsprang zunächst die geocentrische Astronomie, welche in der Erde den stereometrischen und moralischen Mittelpunkt des Weltgebäudes erkannte. Der hüpfende Punkt im Weltei: das ist der Mensch; das Centrum der Schöpfung: das ist unser Wohnhaus, die Erde.

So die ptolemäisch-christliche Weltanschauung, die noch immer nicht als überwunden gelten kann. Freilich wurde diese Weltanschauung unterstützt durch den Irrtum unserer Sinne, indem scheinbar die Erde in ewiger Ruhe sich befindet, während das ganze Himmelsgewölbe sich um sie dreht. Die Fixsterne, über deren unermessliche Zahl kein Teleskop noch Aufschluss erteilte, stellten sich als leuchtende Punkte dar, die ausser der allgemeinen Bewegung des Gewölbes keine Eigenbewegung verrieten, und nichts konnte die Menschen veranlassen, in ihnen Gebilde von gleicher Bedeutung wie die Sonne zu erkennen. Die Planeten schienen als Wandelsterne die ästhetische Pracht des Himmels nur noch zu vermehren; Sonne und Mond aber, als die zunächst auffallenden Erscheinungen, verrieten ja deutlich genug ihre Bestimmung, uns Licht und Wärme zu spenden und die Nächte zu erhellen. So verblieben denn nur noch die Kometen zu erklären, die sich freilich in dieses Gedankensystem nicht so leicht einfügen liessen. Aber man hatte keine Ahnung davon, dass auch diese Weltkörper aus ungeheurer Entfernung noch dem Zuge der Sonne folgen, hielt sie vielmehr für rein atmosphärische Erscheinungen; und konnte auch ein Nutzen derselben, als solcher, nicht eingesehen werden, so leisteten sie doch insofern Dienste, als sie zukünftige Ereignisse verkündeten. Auch ihnen gegenüber bestanden also Verbindlichkeiten, so schlimme Vorbedeutung man ihnen auch zuschrieb. Abgesandte müssen auch dann respektiert werden, wenn sie eine

Kriegserklärung bringen, und die Höflichkeit erfordert, dass immer unterschieden werde zwischen der Botschaft und dem Boten.

Papst Calixtus III. freilich dachte nicht so, und als 1456 der Halleysche Komet wiederkehrte, während eben Mahomed II. Konstantinopel belagerte, da erreichte die allgemeine Panik einen solchen Grad, dass Calixtus selbst beschloss, den Kometen zu vertreiben. Öffentliche Gebete wurden angeordnet, und damit niemand versäume, sich daran zu beteiligen, musste zur Mittagszeit allerorten mit Glocken geläutet werden, — ein Brauch, den wir bis heute beibehalten haben. Als aber auch dieses nichts half, vielmehr die Türken und der Komet immer bedrohlicher wurden, da verfluchte sie Calixtus beide zumal, und letzterer wenigstens entwich nun in der That, d. h. modern gesprochen, er setzte eben ruhig seine elliptische Wanderung fort.

Die Betrachtung der Dinge vom Nützlichkeitsstandpunkte verrät sich also noch gar sehr in diesem ptolemäisch-christlichen Systeme; aber sie ist um so erklärlicher, als sie mit der des optischen Scheines zusammenfällt. Dem Wesen nach erinnert sie noch sehr stark an jene frühesten Anschauungen, da die Menschen den Sternen göttliche Verehrung zollten, das im Osten auftauchende Tagesgestirn mit Freudengeschrei begrüssten, und, wenn der Mond sich verfinsterte, im Glauben, dass er im Rachen eines Ungeheuers verschwinde, durch betäubenden Lärm dasselbe zu verscheuchen suchten. Vermutlich haben aber ihrerseits die einstigen Bewohner des Mondes die ungleich grössere, glanzvolle Scheibe der Erde über ihren Häuptern noch weit inbrünstiger betrachtet, und es hätte nur gefehlt, dass die beiden Gestirne einander näher kamen, so hätten wir, wie Fontenelle meint, die Entdeckung gemacht, dass wir gegenseitig vor einander auf den Knieen lagen.

Jene subjektive Weltanschauung, die, als Verquickung ptolemäischer Wissenschaft mit christlicher Mystik, noch in unseren Tagen ihr Dasein fristet, hat freilich schon durch Kopernikus einen tödlichen Stoss erlitten, wobei unser kleiner Wohnstern gar sehr an Bedeutung verlor, wir Menschen aber eine so entschiedene Degradation erfuhren, dass sich der Widerstand wohl begreifen lässt, den die Kirche den neuen Anschauungen entgegensetzte.

Darin glichen sich ja die Bonzen aller Zeiten; sie wollten es nie
dulden, dass die »Wunder des Himmels« mit wissenschaftlichem
Auge betrachtet würden, dass die Metaphysik durch die Physik
Einbusse erleiden sollte. Bei den alten Griechen sogar galt der
Versuch für gottlos, die Erscheinungen des Himmels auf unab-
änderliche Gesetze zurückzuführen, und Anaxagoras war nicht
der einzige, der eine Anklage wegen Gotteslästerung erfuhr, weil
er die Persönlichkeit des Sonnengottes leugnete und in Helios ein
Gestirn erkennen wollte, dem er doch bescheidenerweise nur die
Grösse des Peloponnes zuschrieb.

Triftigere Gründe noch, der Aufklärung der Astronomie sich
entgegenzustemmen, hatten die christlichen Bonzen. Wenn die
Erde keine Fläche mehr im Centrum des Universums war, wenn
der Himmel kein Gewölbe mehr war, über dem Gott und die
Geister thronten, wenn unter der Erde kein Platz für die Hölle
sich fand, so mussten dabei die religiösen Vorstellungen entschieden
Abbruch erfahren, und hohe Interessen der Kirche gerieten dabei
in Gefahr. Zudem waren die neuen Anschauungen ganz unver-
träglich mit den Lehren der Bibel. Die Erde konnte nicht rund
sein, es konnte keine Antipoden geben; denn solche »würden ja
am Tage des Gerichts den Herrn nicht sehen, der durch die
Wolken herabsteigt.« Auch kommen, wie der heilige Augustinus
sagt, in der Schrift unter Adams Nachkommen keine Antipoden
vor, und wie der heilige Laktantius versichert, ist es schon aus
physikalischen Gründen ungereimt, an Antipoden zu glauben. »Ist
es möglich«, — so ruft er aus — »dass Menschen thöricht genug
sein können, zu glauben, die Spitzen der Bäume kehrten sich auf
der andern Seite der Erde nach unten, und die Füsse der Bewohner stünden höher als ihre Köpfe!« Das Motiv des
Augustinus, die Antipoden zu leugnen, weil sie ja »ausserhalb
des Bereiches der Erlösung liegen würden«, findet sich übrigens
auch bei Melanchthon: »Wir haben nicht mehrere Welten zu
denken, weil nicht angenommen werden kann, dass Christus
mehrmal gestorben und von den Toten auferweckt sei.«

Es half jedoch nichts, dass Galilei in den Kerker der In-
quisition wanderte, dass sein Verteidiger Campanella siebenmal

die Tortur erlitt, und Bruno den Scheiterhaufen bestieg. Aller Unfehlbarkeit zum Trotze musste schliesslich Benedikt XIV. das Urteil aufheben, das Urban VIII. über die Lehre des Kopernikus ausgesprochen hatte.

Aber so sehr auch diese Lehre eine bescheidenere Auffassung unserer Stellung in der Welt mit sich bringt, sie vermochte es doch nicht, unsere Weltanschauung von allem Subjektivismus zu reinigen. Wir haben uns zwar mit dem Gedanken der Mehrheit bewohnter Welten versöhnt, aber nach wie vor nennen wir die Anordnung der Schöpfung eine zweckmässige, weil sie das Phänomen des Lebens auf den Planeten sichert; als den Endzweck desselben betrachten wir aber nur wieder die Entstehung solcher Wesen, die, gleich uns, mit Bewusstsein und Selbstbewusstsein begabt sind. Wenn wir aber die biologische Entwicklung nur darum preisen, weil sie bei uns einmündet, so preisen wir im Grunde nur unser liebes Ich.

Die Frage nach der Zweckmässigkeit des Kosmos und damit nach dem Zweck der Welt kann in verschiedenem Sinne gestellt werden: metaphysisch, philosophisch und naturwissenschaftlich. Metaphysisch verstand sie jener indische König, welcher beständig wissen wollte: warum ist überhaupt etwas, und nicht nichts? Aber diese Frage lässt sich nicht beantworten, mag sie nun bedeuten: aus welcher ersten Ursache entstand die Welt? oder: zu welchem Endzwecke läuft der Naturprozess ab? In erster Hinsicht ist nämlich zu sagen, dass die Frage, warum etwas ist, das Kausalitätsgesetz, nur von Veränderungen an Dingen gilt, aber nicht vom Dasein der Dinge; denn in aller Welt sehen wir zwar die Dinge in beständiger Veränderung, aber nirgend sehen wir, dass etwas aus nichts entstünde oder zu nichts würde. Weil aber jede Veränderung ein Ding, woran sie geschieht, schon voraussetzt und jede eine Ursache erfordert, ist es unlogisch, irgend eine Veränderung als die zeitlich erste, also ursachlose, annehmen zu wollen. Wer also auf dem Wege des Warum? immer weiter zurückgehend zu einem Ruhepunkte der Forschung zu gelangen hofft, gleicht jenem Manne bei Horaz:

> Rusticus expectat, dum defluat amnis, at ille
> Labitur et labetur in omne volubilis aevum.

Ebenso verbirgt sich uns der Endzweck der Welt, den religiöse und metaphysische Systeme beständig suchen. Solange wir aber diesen nicht kennen, lässt sich nicht einmal darüber urteilen, ob der Naturprozess das richtige Mittel zur Erreichung dieses Endzweckes sei; und wäre es selbst ausgemacht, dass der gerade Weg zum Endziele mit der Entwicklungsrichtung des Naturprozesses sich deckt, so müssten wir doch von diesem ein viel längeres Stück kennen, um hieraus den Endzweck zu erraten. Wenn jemand von Berlin abreist, so lässt sich auf der ersten Eisenbahnstation sein Ziel noch nicht erkennen, und erst etwa auf dem Brenner lässt sich vermuten, dass er vielleicht nach Rom strebe.

Räumlich genommen überblicken wir allerdings einen unermesslichen Teil des Kosmos, sind aber an ein Sandkorn desselben gebunden. Wir kennen sehr wenig aus seiner Vergangenheit, die Zukunft ist uns verhüllt. Zudem ist das ganze Weltbild Produkt unserer sinnlichen Organisation; so viele Wahrnehmungsweisen aber möglich sind, so viele Welten sind möglich, von deren Beschaffenheit wir nichts wissen. Selbst das Wesen der uns wahrnehmbaren Dinge ist uns unverständlich. Kraft und Atom, die letzten Worte der Naturwissenschaft, geben uns darüber keine Aufschlüsse. Das grösste Rätsel ist der Mensch sich selbst. Die letzten Probleme sind für unseren Geist unauflösbar; ja, die tiefsten Probleme kommen uns gar nicht zum Bewusstsein, sodass, wenn wir die Wahrheit über den Zweck des Naturprozesses selbst vernähmen, wir sie nicht verstehen könnten.

Einfacher freilich gestaltet sich die Sache, wenn wir mit den Materialisten sagen, die ganze Welt sei ein zweckloses Spiel von Kräften; aber über diese Behauptung, die dem Stumpfsinne eines Feuerländers Ehre machen würde, ist wohl jede weitere Bemerkung überflüssig.

Verlassen wir das Gebiet der Metaphysik — instabilis terra, innabilis unda — und beschränken uns auf die näher bekannten irdischen Verhältnisse, so hat die Philosophie die Frage nach der Zweckmässigkeit in der Natur längst in die Hand genommen. Diese Zweckmässigkeit könnte für unser Verständnis günstigsten Falls nur hervorschimmern aus den höchsten Erscheinungsprodukten des irdischen Prozesses, weil dieselben auf die Quelle, der dieser

Prozess entstammt, das relativ hellste Licht werfen, und weil sie die zeitlich letzten und dem Endziele relativ nächsten sind, also auch dieses deutlicher verkünden könnten. Diese höchsten Erscheinungen nun finden wir in der biologischen Entwicklung, im Leben und Bewusstsein, in der Vernunft und Moral. Dagegen wissen wir wiederum nicht, ob selbst in diesen höchsten Erscheinungen der Erde ein beträchtlicher Beitrag zum Endzweck der Welt geleistet ist, oder ob der irdische Prozess sich auf Nebenwegen verliert oder vielleicht gar im Sande verlaufen wird. Das einzige, was wir wirklich erkennen, ist, dass ein sehr deutlicher roter Faden den irdischen Prozess durchzieht, dass die biologische Entwicklung eine Höherentwicklung, eine beständige Steigerung der Lebensformen und des Bewusstseins ist. So kurz auch das Stück des roten Fadens ist, das wir übersehen, so läuft es doch in einer sehr bestimmten Richtung. Läge nun das Endziel gerade in dieser verlängerten Richtung, so könnten wir den irdischen Prozess zweckmässig nennen. Davon lässt sich aber wieder nichts sagen, und so beweist die bestimmte Richtung des roten Fadens nur soviel, dass im Naturprozesse Zielstrebigkeit liegt. Der irdische Prozess ist also ohne Zweifel teleologisch. Die Materialisten leugnen das und machen hiergegen geltend, dass ja der Naturprozess nach mechanischen Gesetzen verläuft, welche teilweise bereits ergründet seien. Aber wenn ein Mensch auf der Strasse geht vermöge eines ganz mechanischen Spieles seiner Muskeln und Gelenke, so ist doch damit noch nicht bewiesen, dass er ziellos geht. Mechanismus und Teleologie schliessen sich nicht aus; die Naturgesetze könnten ja eben das Mittel sein, vermöge dessen der Prozess teleologisch verläuft. Wenn die Materialisten ihre bedenkliche Logik in die Praxis übertragen würden, so dürften sie nicht einmal ihre Taschenuhren ziehen; denn der Gang derselben ist ohne Zweifel ganz mechanisch, und wenn das die Teleologie ausschlösse, könnte uns das Instrument einen Orientierungsdienst über die Zeit gar nicht leisten. Die Frage, aus welcher Ursache etwas geschieht, und die weitere, zu welchem Zwecke es geschieht, sind eben ganz verschiedenartige Fragen; darum beweist der Nachweis einer mechanischen Ursache noch gar nichts weder für noch gegen die Teleologie.

Der biologische Prozess könnte in zweierlei Weise zweckmässig sein, entweder schon als solcher, oder vermöge seiner blossen Richtung und Annäherung an ein Endziel. Im letzteren Falle wäre sein Zweck erreicht bei der Ankunft am Ziele, im ersteren würde er sich auf der ganzen Linie erfüllen. Betrachten wir z. B. jenes Stück des Prozesses, den wir Geschichte nennen, so liesse sich entweder sagen, dass der Zweck am Ende der Bahn in der höchsterreichbaren Kulturstufe liege, oder dass die Beteiligung an dem ganzen Prozesse allen Mitarbeitern im metaphysischen Sinne zu gute käme, die aber alsdann einen metaphysischen Wesenskern haben müssten, der die leibliche Existenz überdauert. Im ersteren Falle läge also der Accent auf dem Produkt der Geschichte, im letzteren auf den Produzenten. Endlich könnte es auch sein, dass beide Zwecke gleichzeitig sich erfüllten, und dass, etwa durch spektralanalytische Verbindung der Gestirne, für das Produkt der Geschichte sich einst ein kosmischer Erbe der Menschheit einstellen würde.

Um bei solchen Möglichkeiten nicht zu verweilen, so ist vorläufig nur eines sicher: dass, wenn wir ein grösseres Stück des biologischen Prozesses überblicken, zwar noch nicht die Zweckmässigkeit, wohl aber die Zielstrebigkeit desselben ausser Frage steht.

Die Zweckmässigkeit der Natur gestattet endlich noch eine dritte Auffassung, die in naturwissenschaftlichem Sinne, wobei die Naturprodukte nicht in ihrer Reihenfolge, sondern vereinzelt in Betracht kommen. Ohne Zweifel sind Pflanzen und Tiere höchst zweckmässig für ihre Lebensverhältnisse eingerichtet; aber der Zweck, der sich darin verrät, ist ein höchst beschränkter: die Erhaltung des Daseins. Es ist klar, dass sich aus einer solchen Betrachtung der Naturdinge ein Gesamtzweck des irdischen Prozesses nicht ableiten lässt, sondern die Natur nur in die Verwirklichung ungezählter atomistischer Einzelzwecke zerfallen würde. Es war demnach Überschwenglichkeit, wenn die frühere Teleologie aus dieser Betrachtung der Naturdinge — wozu dieselbe gar nicht ausreichend ist — nicht nur die im Kosmos waltende Vernunft — man erinnere sich etwa der Insektotheologien und Ichthyotheologien der Bridgewaterperiode —, sondern sogar die optimistische Weltanschauung, die bestmögliche Welt ableiten wollte. Bei dieser Art, aus einer Einzelerscheinung zu viel beweisen zu wollen, würde man schliesslich zu der Folgerung kommen, dass die Nasen der Brillen wegen da seien, und dass Elektricität und Dampfkraft auf telegraphische Kursberichte und Rundreisebillette abzielen.

Die bloss naturwissenschaftliche Zweckmässigkeit verraten also alle Organismen durch die Vollkommenheit ihrer Anpassung an die Existenzverhältnisse, worin sich ihre Existenzfähigkeit als Zweck zeigt. Der Darwinismus ändert daran nichts; denn allerdings beruht diese Anpassungsvollkommenheit auf den natürlichen Entwicklungsgesetzen und wird durch indirekte Auslese erzielt, d. h. also: die Existenzverhältnisse selbst sind es, durch welche die Anpassung besorgt wird. Weil aber eine natürliche Ursache zugleich teleologisch sein kann, lässt sich auch sagen, dass die Anpassung für die Existenzverhältnisse berechnet sei, wie ja auch Artefakte zugleich durch und für den Menschen erzeugt werden. Aber die Zweckmässigkeit, die sich daraus ergiebt, ist lediglich naturwissenschaftlich und auf die Existenzfähigkeit der Einzelwesen gerichtet. Kapital für eine optimistische Weltanschauung lässt sich daraus nicht schlagen; denn so wenig, als ein Arsenal von noch so vorzüglichen Waffen die Gerechtigkeit des damit geführten Krieges beweist, so wenig beweisen die noch so zweckmässigen Waffen, die im Kampf ums Dasein geführt werden, irgend etwas dafür, dass dieser Kampf eine weise Einrichtung der Natur sei. Wenn zudem die Anpassung der Organismen durch die Existenzverhältnisse selbst besorgt wird, so muss in der Natur die Alternative immer gegeben sein, dass entweder zweckmässige Organismen sich finden, oder gar keine, während die dritte Möglichkeit unzweckmässiger Organismen ausgeschlossen ist; wenn also jemand aus der Anpassung eine höhere Art von Zweckmässigkeit beweisen wollte, als die naturwissenschaftliche, so könnte er sich als auf einen gleichwertigen Fall von Naturvernunft, der ebenfalls optimistisch auslegbar wäre, ebenso gut auf das Fehlen von Organismen an unbewohnbaren Orten berufen, welches ja durch dieselben, nur energischer wirkenden Vertilgungsfaktoren erzielt wird, wie die Anpassung. Damit wäre aber am besten bewiesen, dass aus der Betrachtung biologischer Erscheinungen eben nur die naturwissenschaftliche, für die Existenzfähigkeit der

Organismen ausreichende Zweckmässigkeit bewiesen werden kann, aber noch keine philosophische Teleologie des Naturganzen. Diese kann sich erst ergeben aus einer Reihe biologischer Erscheinungen, wenn sich in derselben eine kontinuierliche Steigerung kundgeben sollte. Nicht einmal die Betrachtung der Organisationshöhe eines Sternes reicht zu einer optimistischen Beurteilung des Systems aus, da jede Organisationsspitze doch nur eine relative ist, der Folie niedrigerer Organismen bedarf und der Vergleich mit noch höheren Lebensformen fehlt.

Eine teleologische aufsteigende Reihe von Anpassungsfällen, oder Reihe von Fällen gesteigerter Anpassung, liegt nun unbedingt in der biologischen Entwicklung vor, wie auch in ihrer Fortsetzung, in der Kulturgeschichte, worin die beständig gesteigerte Ausnützung der Naturkräfte so sehr auf Anpassung hinauskommt, dass uns die Hilfsmittel der Technik neue Organe ersetzen, während der Fortschritt in den theoretischen Wissenschaften Anpassung unserer Vorstellungen an die Wirklichkeit bedeutet. Dass gleichwohl diese ganze Erscheinungsreihe nur die Zielstrebigkeit der Natur beweist, nicht ihre Zweckmässigkeit, das zeigt sich am besten, wenn wir das Sonnensystem vom Standpunkte seiner Bewohnbarkeit betrachten. Dabei finden sich mancherlei Anhaltspunkte zur Kritik von Seite des Pessimisten. Denn wenn die aufsteigende biologische Reihe Zielstrebigkeit verrät, wenn es also der Natur um Steigerung des Lebens und Bewusstseins zu thun ist, wie höchst unzweckmässig erscheint es alsdann, dass von der Überzahl von Gestirnen nur einige von den Planeten als bewohnbar angesehen werden können, und dass noch dazu auf diesen wenigen ein kolossales Missverhältnis besteht zwischen den astronomischen und biologischen Zeitlängen! — Als Teile des Mechanismus kommen die Planeten während der ganzen Dauer ihres Bestehens in Betracht, während die biologischen Vorgänge nur eine kurze Spanne dieser Zeit ausfüllen, erst nach eingetretener Rindenbildung beginnen können, und schon enden müssen, wenn das Herz des Systems, die Sonne, aufgehört haben wird zu pulsieren und Wärme und Licht zu entsenden. Denn nicht nur alle vitalen Vorgänge auf der Erde, sondern überhaupt jede, sei es auch nur mechanische Bewegung auf ihr lässt sich auf Sonnenwärme als letzte Ursache zurückführen; sogar Ebbe und Flut, von der Anziehungskraft des Mondes herbeigeführt, müssen doch aufhören, wenn einst nach Erkaltung der Sonne unsere Ozeane in starre Eismassen verwandelt sein werden.

Zielstrebigkeit und Zweckmässigkeit sind demnach nicht identische Begriffe; sie können zwar, müssen aber nicht zusammenfallen. Dass sie nun, wenn auch nicht begrifflich, so doch real in unserem Kosmos zusammenfallen, ist sehr wahrscheinlich. Denn bei dem erwähnten Missverhältnisse zwischen den astronomischen und biologischen Zeitlängen eines Sternes war eben die Voraussetzung gemacht, dass alle kosmischen Wesen um das Grundverhältnis irdischer Organismen herumschwanken, dass es also nur sogenannte Eiweissgeschöpfe gebe. Diese Voraussetzung aber ist wohl nur eine Phantasielosigkeit der Materialisten, die wir uns nicht aufdrängen zu lassen brauchen, und wonach auch die Folgerung hinwegfiele, dass nur wenige Planeten und nur für eine kurze Zeitspanne bewohnbar seien.

Nach den Untersuchungen der namhaftesten Mathematiker und Philosophen ist es nämlich sehr wahrscheinlich, dass die dreifache Ausdehnung des Raumes nur an der Beschaffenheit unseres Erkenntnisorganes liegt, also bloss subjektiv ist; wenn es aber eine vierte Dimension des Raumes giebt, dann haben wir kein Recht, aus dieser das Phänomen des Lebens und Bewusstseins auszuschliessen, mögen wir ihnen welche Formen immer geben. Wenn wir ferner in Wahrheit Monisten sein d. h. Geist und Natur aus einem Quellpunkte herleiten wollen, so werden wir den schon irdisch genommen erstaunlichen Reichtum der Natur auch darin suchen, dass alle technischen Produkte unseres Geistes, die uns den Dienst von Organen leisten, auf anderen Gestirnen in der That organisch verwertet sind, sodass die irdische Trennungslinie zwischen Naturprozess und Geistesprozess kosmisch genommen flüssig wäre. Ich habe dieses anderwärts ausführlich zu zeigen versucht.[*]

Endlich giebt es aber noch eine dritte Quelle, aus der wir

---

[*] Die Planetenbewohner und die Nebularhypothese (Darwin. Schr. Nr. 8). 1880. Ernst Günthers Verlag in Leipzig.

unsere Vorstellungen über die im grossen Kosmos möglichen Bewusstseinsformen schöpfen können: die abnormen Funktionen des Menschengeistes im somnambulen Schlaf, Hellsehen, im zweiten Gesicht, in der Exstase und allen verwandten Zuständen. Es ist sehr wahrscheinlich, dass bei allen diesen abnormen Funktionen in allerdings sehr undeutlicher Weise solche Geistesfähigkeiten durchschimmern, die wir anderen kosmischen Wesen als normalen Besitz zusprechen dürfen.

Wenn wir derartige Gedanken mit ihren Konsequenzen ausdenken wollen, dann verlieren wir uns allerdings in metaphysisches Dunkel; aber jedenfalls gewinnen wir dabei hinlängliche Anhaltspunkte, die uns zur Vorsicht mahnen, über das Problem des Weltzweckes nicht nur solche Dinge auszusagen, deren scheinbare Richtigkeit sich bloss aus der Beschränktheit unseres Gesichtskreises ergiebt.

Wollen wir dagegen auf ganz klarem Gebiete bleiben, dann dürfen wir die Zweckmässigkeit auch in Ansehung des ganzen Kosmos nur naturwissenschaftlich betrachten, d. h. soweit als sie die Existenzfähigkeit garantiert. Alsdann müssen wir aber den biologischen Standpunkt und unsere Spekulationen über die kosmischen Wesen ganz verlassen und auf den astronomischen Standpunkt uns begeben; wir dürfen nicht fragen, ob durch die Anordnung des Systems die biologische Entwicklung ergiebig gesichert, sondern ob das System als solches gesichert sei. Nur als mechanisches Kunstwerk darf dann die Welt beurteilt werden. Die Frage nach der Zweckmässigkeit des Kosmos, die wir als Mechaniker stellen, lautet nun ganz klar: Liegt in den mechanischen Gesetzen, welche die Bewegungen der Gestirne regeln, die Bedingung einer harmonischen Gestaltung des Kosmos, und garantieren dieselben die Existenzfähigkeit d. h. die Erhaltung der zahllosen Systeme? — Dieses klare Problem lässt sich mit Hilfe des mathematischen Kalkuls auch in der exaktesten Weise behandeln.

Die Astronomie hat dieses Problem längst gelöst. Den ersten Teil der Frage hat sie bejaht und nachgewiesen, dass die siderischen Systeme von erstaunlicher Harmonie und Zweckmässigkeit sind. Sie hat aber den zweiten Teil der Frage verneint und gezeigt, dass eine ewige Dauer der Systeme nicht anzunehmen ist. Wenn einst die Tangentialbewegung unserer Planeten, welche der Ätherwiderstand hemmt, ganz aufgezehrt sein wird, dann werden sie in die Sonne stürzen.

> Einst wird vom raschen Flug ihr strahlend Heer,
> Ein müdes Schwalbenvolk, heruntersinken. (Lenau.)

Es wäre jedoch verfehlt, wenn wir uns darum schon dem Pessimismus ergeben würden. Noch weiss es die Menschheit nicht, was der Mensch ist und welche metaphysische Bedeutung sein Dasein hat; wir haben also kein Recht, unser Urteil über die Natur anthropocentrisch zu gestalten und die irdischen Geschicke zum Massstab des Metaphysischen zu nehmen. Hier, wie überall, endet eben unser Denken in Widersprüchen, und wenn auch dieselben nicht in der Natur liegen, sondern nur subjektiv sein können, so sind wir derzeit doch unfähig, sie aufzulösen: Einerseits nämlich gehört die Erde einem System an, dessen bewundernswerte mechanische Zweckmässigkeit ganz zu ergründen die Arbeit von Jahrtausenden noch nicht hingereicht hat; andererseits haben wir doch den Untergang dieses Systems vor Augen, und wenn wir zusehen, was für Scenen das Centralgestirn dieses mechanischen Kunstwerks bescheint, sind wir auf das erschütternde Bild des irdischen Kampfes ums Dasein verwiesen. So offenbart uns die Natur zwei Seiten, die sich zu widersprechen scheinen, und beide verlangen ihre Berücksichtigung in unserem Urteil über das Wesen der Dinge. Die einseitige Betrachtung der einen Seite hat uns zum Optimismus und Theismus, die der andern zum Pessimismus und Atheismus geführt. Die erstere Partei hält den Atheismus für unvereinbar mit der unbestrittenen Grossartigkeit und Zweckmässigkeit der Natur, die andere Partei vermag den Theismus mit dem irdischen Elend nicht in Einklang zu bringen. Bei unserer vollständigen metaphysischen Unwissenheit müssen wir uns also vorläufig an das Gegebene halten. Dann werden wir allerdings dem irdischen Pessimismus nicht entrinnen; aber wir werden ihm nicht die Bedeutung eines abschliessenden Urteils über die Natur erteilen, weil dieser irdische Kampf ums Dasein, mag er auch leidensvoll sein, doch die Bedingung einer beständigen Organisationssteigerung und damit Bewusstseinssteigerung ist. Wir werden den irdischen Pessimismus nicht kosmisch erweitern, etwa weil die siderischen Systeme bei aller Grossartigkeit den Keim des Untergangs in sich tragen; denn aus ihrem Verfalle müssen immer wieder neue Gestaltungen der Materie hervorgehen. Nach physikalischen Gesetzen müssen Sternhaufen, wenn sie zerfallen, wieder in kosmische Nebel zurückverwandelt werden. Die Natur, wie Kant sagt, ist ein Phönix, der sich nur darum verbrennt, um aus seiner Asche wieder verjüngt aufzuleben.

Wenn wir also bei dem anscheinenden Widerspruch dieser beiden Seiten der Natur, deren Gegensatz eine frühere Menschheit zum Dualismus von Ormuzd und Ahriman personifiziert hat, nicht stehen bleiben wollen, so müssen wir uns nach einem Weltprinzip umsehen, das beide Seiten der Dinge widerspruchslos umfasst. An einem solchen fehlt es uns aber. Daher sehen wir vorläufig den Kampf zwischen Wissenschaft und Religion — näher bezeichnet: zwischen Naturwissenschaft und Theismus — noch immer in erbitterter Weise geführt.

Wer einsieht, dass das Naturgesetz unser letztes Wort nicht sein darf, dass aber auch der Theismus ungeheuere Schwierigkeiten birgt, der wird, über beiden Parteien stehend, sich bescheiden dahin äussern, dass es dem menschlichen Geiste verwehrt ist, den Kern des Welträtsels zu erfassen. Unsere Vorstellungen von der Weltsubstanz haben sich im geschichtlichen Prozesse beständig verändert, werden es auch im weiteren Verlaufe thun, und nur die zunächstliegende Entwicklungsstufe dieser Vorstellung kann jeweilig eingesehen werden. In dieser Hinsicht lässt sich aber heute nur sagen, dass die Naturwissenschaft unfähig ist, das Welträtsel zu lösen, dass aber das Kausalitätsgesetz unfehlbar in unsere Weltanschauung aufgenommen werden wird. Wir haben also Kausalität und Zweckmässigkeit zu verbinden, und zwar, weil die ganze moderne Wissenschaft dem Monismus zustrebt, monistis zu verbinden. So scheint also die zu erwartende Weltformel zunächst der Pantheismus zu sein, — ein Begriff, der sehr verschwommen ist und bei dem sich gegenwärtig noch zu vielerlei denken lässt, als dass seine Aufnahme wahrscheinlich wäre, solange er seine deutliche Definition noch nicht gefunden hat.

Es ist nicht zu verwundern, dass die Philosophie in ihren Spekulationen über das Weltprinzip nur zu unsicheren Resultaten gelangt. Dieses Prinzip kann nur erschlossen werden aus der Erscheinungswelt, von der wir so wenig kennen, und noch dazu nur insofern aus ihr, als sich darin ein Zweck verrät. Nun hat sich aber im ersteren Teil der Untersuchung gezeigt, dass wir über einen Zweck in der Natur nur wenig Sicheres aussagen können, es muss sich also die magere Ausbeute jener Untersuchung unvermeidlich auch wieder spiegeln in der Forschung nach dem Weltprinzip, das uns so verhüllt bleibt. In Hinsicht des Zweckes hat sich ergeben, dass ein solcher im naturwissenschaftlichen Sinne gegeben ist in den astronomischen Anordnungen der Materie, welche die Erhaltung des mechanischen Kosmos bezwecken, in den biologischen Erscheinungen aber nur als einzelnen, insofern die organische Anpassung die Existenzfähigkeit der Organismen erzielt. Der metaphysische Endzweck des Kosmos ist uns unergründlich; aber wir können auf seine Existenz daraus schliessen, dass sich aus der aufsteigenden Reihe des Lebens mehr verrät als die bloss naturwissenschaftliche Zweckmässigkeit. Es ist der Natur um das Leben zu thun, und zwar — das beweist die Steigerung — um die höchsten Erscheinungen des Lebens. Die höchsten Erscheinungs-thatsachen, aus dieser aufsteigenden Reihe herauswachsend, sind nun Vernunft und Moral. Diese ihre Abkunft ist vielleicht wichtiger als ihr Inhalt. Sie entstammen gerade demjenigen Gebiete, in welchem allein sich ein metaphysischer Zweck der Natur mit Sicher-heit verrät; also müssen Vernunft und Moral dem metaphysischen Kern der Natur entspringen. Wenn also theoretisch genommen die Ausbeute der ersteren Untersuchung sehr mager ausfiel, so zeigt sich nun doch, dass sie praktisch genommen ungeheuer wichtig ist. Wir wissen nun, dass wir den metaphysischen Zweck unseres Daseins und der Natur nur dann fördern, wenn Vernunft und Moral die Leitsterne unseres Lebens sind. Daraus folgt, dass jede wahre Metaphysik auch Ethik sein muss, und die Bedeutung des Christentums als moralischer Weltanschauung nicht hoch genug

angeschlagen werden kann, dass sie aber ihre Ergänzung insofern
verlangt, als auch dem Streben nach Vernunfterkenntnis ein
metaphysischer Wert zugesprochen werden muss. Wenn also unsere
Zeit die unsicheren Ergebnisse der Philosophie betont, so sollte sie
an den wenigen sicheren um so fester halten. Das Recht zur
Klage steht vielleicht keiner Generation weniger an als der jetzigen,
welche, in Materialismus versunken, das christliche Moralprinzip verloren hat, der Vernunfterkenntnis aber nur die irdische Bedeutung
zuerkennt: Wissen ist Macht! So haben wir zwar vergessen, aber
nichts gelernt, und klagen über das wenige, was gelernt werden
kann, noch bevor wir uns angeeignet haben, was zu lernen ist.

Für die positive Beantwortung der Frage, ob die rein naturwissenschaftliche d. h. mechanische Zweckmässigkeit im Kosmos
vorliegt, und welche natürlichen Gesetze sie bedingen, sind wir
zunächst auf unser eigenes Sonnensystem verwiesen, und erfordert
dasselbe eine eingehendere Untersuchung. Im allgemeinen aber
lehrt schon der Augenschein, dass der ganze weite Komplex der
Fixsterne und Nebelflecke, die sich nach dem irdischen Gesetze
der Schwere bewegen, im Zustande der Harmonie sich befindet, die
hier nur insofern näher betrachtet werden mag, als in der Region
der Fixsterne Erscheinungen sich finden, welche von denen unseres
Systems mehr oder weniger abweichen.

In den Regionen des Himmels wechseln sternarme Gegenden
mit solchen ab, welche dicht mit Sternen besät sind. Unsere Sonne
steht in einem fast kugelförmigen Sternhaufen, der an 100 Millionen
Sterne zählen mag, und dessen Äquatorebene mit der Ebene der
Milchstrasse zusammenfällt, die nach keiner Seite scharf begrenzt
erscheint, sondern allmählich sich in den Himmelsraum verliert.
Innerhalb ihres Sternhaufens nimmt die Sonne eine relativ verödete
Gegend ein, und befindet sich — von ihrem systematischen Verbande mit allen übrigen Gestirnen ihres Sternhaufens abgesehen —
in dem durchaus nicht allgemeingültigen Falle, ein isoliertes, für
sich bestehendes System zu sein, das mit keinem Fixsterne zu
einem Binarsysteme, noch mit mehreren solchen zu einem Gruppensysteme verbunden ist. Im Grunde freilich sind solche Verhältnisse
auch bei isolierten Sonnen gegeben, insofern dieselben Begleiter

haben. Wenn wir die Erde in ihrem Verhältnisse zum Monde betrachten, so denken wir gemeiniglich die Erde als Anziehungspunkt, und den Mond diesem Zuge gemäss sie umkreisend. Da jedoch in Wirklichkeit nicht nur die Erde den Mond, sondern dieser auch seinerseits die Erde anzieht, wie es die Erscheinung der Flut beweist, so folgt daraus, dass wir es hier im Grunde mit einem kleinen Binarsysteme zu thun haben, dessen gemeinschaftlicher Schwerpunkt nicht mit dem Centrum des Erdballs zusammenfällt, sondern etwas abseits davon, in der Richtung gegen den Mond, liegt. Die grössere Anziehungskraft geht von der Erde aus, der gemeinschaftliche Schwerpunkt liegt daher noch innerhalb des Erdballs, doch näher seiner Oberfläche, als seiner Mitte; er ist 81 mal weiter vom Centrum des Mondes entfernt als von dem der Erde.

In gleicher Weise kann die Erde in ihrem Verhältnisse zur Sonne als ein Binarsystem angesehen werden, dessen gemeinschaftlicher Schwerpunkt nicht mit dem stereometrischen Mittelpunkte der Sonne zusammenfällt, sondern in der Richtung der Erde, jedoch dem Mittelpunkte der Sonne weit näher liegt als ihrer Oberfläche, entsprechend ihrer weitaus überwiegenden Anziehungskraft.

Sonne und Planeten im Vereine wiederum bilden ein Gruppensystem, dessen gemeinschaftlicher Schwerpunkt gleichwohl nur wenig und nicht immer ausserhalb des Sonnenballs fällt, da die Anziehungskraft der rings verteilten, daher nicht in gleicher Richtung anziehenden Planeten, nicht hinreicht, ihn weiter zu verrücken.

In der Fixsternenwelt sind es aber häufig zwei oder mehrere Sonnen, welche zu Binar- und Gruppensystemen zusammentreten. Es sind dieses die doppelten und mehrfachen Sterne. Struve hat sogar einen Stern im Orion als einen sechzehnfachen erkannt. Ja, es giebt Doppelsterne, welche wiederum um andere Doppelsterne kreisen. Alle diese Erscheinungen, bei welchen die Bewegungen ebenfalls nach dem Gesetze der Schwere geschehen, beweisen, dass in einem kosmischen Nebel die einzelnen Ballen sich nicht nach bestimmter Schablone, sondern in sehr unregelmässiger Weise scheiden, auch nicht nach feststehenden Normen in systematische Ordnung treten, sondern dass sie eben den allerersten Gleichgewichtszustand, der sich ihnen bietet, festhalten. Auch versteht sich dieses im Grunde ganz von selbst. Alle Gesetzlichkeit wäre umgestossen, wollten wir annehmen, dass ein gefundener Gleichgewichtszustand nicht bewahrt werden, ohne natürliche Ursache aufgegeben, und ein anderer erstrebt werden sollte, für den gar keine materielle Nötigung vorhanden wäre. Die Natur wirkt überall nur gesetzmässig; weder lässt sich die Übereinstimmung der Erscheinungen erklären aus pedantischem Festhalten an einer Schablone, noch ihre Verschiedenheiten aus Sucht nach Abwechslung und Spielerei. Zudem beweisen die Gleichheit der kosmischen Stoffe und die Universalität der irdischen Gesetze hinlänglich, in wie enge Grenzen die Verschiedenheit aller kosmischen Erscheinungen eingeschlossen ist, und dass, wenigstens in Hinsicht des mechanischen Kosmos, die Phantasie einen sehr geringen Spielraum hat.

Die Zweckmässigkeit ist in allen Gebieten der Natur in erster Linie zu fassen als Fähigkeit, sich das Dasein zu erhalten, oder — soweit es sich um Veränderungen handelt — zu erleichtern, mag es sich nun um eine Lebenserscheinung handeln, oder um den Mechanismus eines Systems von Gestirnen. Aber die Fähigkeit solcher Mechanismen, sich zu erhalten, beruht lediglich darauf, dass sie einen gemeinschaftlichen Schwerpunkt gewinnen, und zwar in Abständen von demselben, in welchen die, je nach der Entfernung veränderliche, Schwerkraft von der, je nach der Bewegungsgeschwindigkeit grösseren oder geringeren, Centrifugalkraft gerade ausgeglichen wird. Mag nun dieser Schwerpunkt als realer Körper gleichsam eine monarchische Verfassung repräsentieren, wie im Sonnensysteme, oder als lediglich virtueller Schwerpunkt eine republikanische Ordnung, wie bei den Binar- und Gruppensystemen, für den Bestand der Systeme ist beides gleich zweckmässig, und nur um den Gleichgewichtszustand, ob mit oder ohne Centralkörper, handelt es sich. Aber auch Veränderungen in der Gruppierung und Bewegung der Glieder eines Systems können immer nur eintreten, wenn mechanische Widersprüche sich einstellen, und können immer nur auf Beseitigung mechanischer Unzweckmässigkeit abzielen, nicht aber auf Beseitigung solcher Konfigurationen, die etwa vom Standpunkte der Symmetrie oder Ästhetik sich tadeln liessen.

Die Vorstellung lediglich virtueller Schwerpunkte bietet keine Schwierigkeit. Schon hinsichtlich des Sonnensystems ist erwähnt worden, dass die Planeten den Schwerpunkt oft über die Peripherie der Sonne hinaus verrücken, d. h. zu einem virtuellen machen, wie denn auch beim Probleme· des Kräfteparallelogramms die diagonaliter wirkende Kraft, auf welcher alle Bewegungen der Gestirne beruhen, lediglich eine virtuelle Kraft ist.

Die Masse der Sonne ist etwa 1000 mal grösser, als die ihrer gesamten Begleiter; dagegen ist beispielsweise Sirius auf 13,76, sein von ihm 740 Millionen Meilen entfernter Begleiter auf 6,71 Sonnenmassen berechnet worden. Da somit der Unterschied der Massen, also auch der Anziehungskräfte, bei Doppelsternen viel geringer ist als bei Systemen mit einem grossen Centralkörper und kleinen Begleitern, so folgt daraus, dass der gemeinschaftliche Schwerpunkt von Doppelsternen nicht in einem derselben, sondern zwischen beiden liegt, d. h. beständig virtuell bleibt.

Bei den meisten dreifachen Sternen scheint eine Centralsonne vorhanden zu sein, um welche die beiden anderen Sonnen als Doppelstern sich bewegen, — ein Verhältnis, wie es zwischen Sonne, Mond und Erde besteht. Doch ist auch hier und bei Gruppensystemen, in welchen nicht bloss 3, sondern häufig 7 und 9 und wohl noch mehr Sonnen vereinigt sind, der Schwerpunkt wohl immer nur als virtuell zu nehmen und nicht an ein Überwiegen eines Centralkörpers im Sinne des Sonnensystems zu denken; — denn Sonnen, deren Begleiter von planetarischer Masse sich noch im Zustande des Leuchtens befinden, dürften aus Fixsternweite wohl niemals als doppelte und mehrfache Sterne sich darstellen.

Es ist einleuchtend, dass die Bewegungen der Planeten in doppelten und mehrfachen Systemen äusserst verwickelter Natur sein müssen und keineswegs erschöpft werden durch die uns bekannten Bewegungen in Kreisen, Ellipsen, Parabeln und Hyperbeln, sodass es der mathematischen Analysis unmöglich wäre, auch nur annähernd solche Bewegungen zu bestimmen. Nicht nur in einer und derselben Ebene sind unendlich viele andere krumme Linien noch möglich, sondern auch förmliche Schraubenlinien und Spiralen, von welchen kein Teil mit dem nächstfolgenden in der ·gleichen

Ebene liegt. Wenn wir in unserem, einer isolierten Sonne zugehörigen Planetensysteme eine grosse Anzahl von Kombinationen ersinnen könnten, die ebenso zweckmässig wären als die gegebene, so muss dagegen der Mechanismus der Planetensysteme von doppelten und mehrfachen Sternen viel verwickelter, die Anzahl der möglichen Kombinationen eine geringere sein; wir müssen daher auch annehmen, dass in dem Prozesse, durch welchen der Mechanismus solcher Systeme und ihrer Begleiter hergestellt wurde, das Prinzip der indirekten Auslese viel energischer gewirkt haben wird, und es ist wohl die Annahme kaum gewagt, dass gerade bei kombinierten Sonnen nur eine geringe Anzahl der abgetrennten Planeten überleben konnte, dass also solche Systeme sehr arm an Begleitern sein werden.

Was nun das Verhältnis der kosmischen Zweckmässigkeit zum Kreislauf der Welten betrifft, so ist sie lediglich die zeitlich beschränkte mittlere Phase dieses Kreislaufes, der mit Katastrophen eingeleitet wird, wenn im Chaos der kosmischen Nebel die erste Scheidung noch unharmonisch gruppierter Nebelballen eingetreten ist, und mit Katastrophen endet, wenn die Planeten mit ihren respektiven Sonnen sich vereinigen, und endlich die Sternhaufen in Nebelflecke zurückverwandelt werden. Solange wir die Harmonie für den ursprünglichen Zustand der Dinge hielten, konnte dieselbe nicht anders als durch direkte Auslese des Zweckmässigen erklärt werden, und daraus ergab sich von selbst in Hinsicht der Schöpfungsursache eine hyperbolische Erklärung, wenngleich, streng genommen, selbst aus einer ursprünglichen Harmonie nur der Schluss auf einen Weltenbaumeister, aber keineswegs der auf einen Weltenschöpfer sich logisch rechtfertigen lässt. Anders aber gestaltet sich die Sache, wenn wir auch hier das Prinzip der Entwicklung festhalten, das, wie in allen Naturgebieten, so auch hier mit der Sonderung des Gleichartigen beginnt, sodann die Ausgleichung und schliesslich die Auflösung mit sich bringt. In den kosmischen Nebeln, von welchen wir ausgehen müssen, weil sie die einfachste Form sind, in der kosmische Materie sich darstellt, musste notwendig Sonderung eintreten, weil weder absolute Gleichförmigkeit der Zusammensetzung ihrer Materie, noch absolut sphärische Gestalt derselben, noch

endlich absolute Gleichförmigkeit der Beziehungen zu den ausserhalb
befindlichen Kräften vorhanden sein konnte, woraus ein stabiles
Gleichgewicht sich hätte ergeben können. Diese Sonderung musste
von einer stets wachsenden Differenzierung und Unregelmässigkeiten
begleitet sein; aber die Differenzierung konnte nicht als solche schon
den Zustand der Harmonie herbeiführen, sondern erst der Kampf
ums Dasein, der in der kosmischen Entwicklung mit der Waffe der
Anziehungskraft geführt wird, während die Anpassung an die
Gravitation, den Vertilgungsfaktor, in der Bewegungsrichtung und
ausgleichenden centrifugalen Kraft der Gestirne liegt. Mit jedem
Kampf ums Dasein ist aber untrennbar die Auslese verbunden,
welche naturgemäss nur eine indirekte Auslese des Zweckmässigen
sein kann. So sehen wir am Himmel neben scharf getrennten
Nebelballen auch solche, welche sich durch ein Nebelband noch
verbunden zeigen, dessen Materie entweder von den Konkurrenten
aufgesogen wird, oder durch welches der an Anziehungskraft mächtigere Nebel den geringeren absorbieren wird. Wieder in anderen
Regionen ist auch dieser Prozess überwunden; der kleinere Gegner
ist bereits aufgezehrt, aber noch schleppt der Sieger einen Nebel-
schweif, als letzte Spur des stattgehabten Kampfes, hinter sich her.

Die Ausgleichung der Kräfte bringt also notwendig in jeder
kosmischen Entwicklung die Phase der Harmonie mit sich, weil
jeder chaotische und mechanisch unzweckmässige Zustand seiner
Natur nach unhaltbar ist, während dem Zweckmässigen, als solchem,
Langlebigkeit zukommt. Aber wie die Sonderung und Ausgleichung
nur Folgerungen sind aus dem Grundaxiom des Fortbestehens der
Kraft, so auch die schliessliche Auflösung. Auch die Phase der
Harmonie kann keine ewige sein, und in der ganzen Weite der
Schöpfung herrscht das Gesetz der Vergänglichkeit so unerbittlich,
wie auf dem Sterne, den wir bewohnen. So gewiss unser Sonnen-
system und der ganze Sternhaufen, dem es zugehört, einen Anfang
in der Zeit genommen haben, so gewiss werden dieselben auch ein
Ende in der Zeit finden. Die Sternschnuppe, welche wir leuchtend
gegen die Erde stürzen sehen, sie kündigt uns das Schicksal an,
dem auch die grösseren Weltkörper entgegengehen. Es ist kein
Unterschied im Wesen der Sache, ob ein Meteorit gegen einen

Planeten, oder ein Planet gegen die Sonne stürzt. An den Schick-
salen der Planeten sind wir aber zunächst insofern interessiert, als
dieselben bewohnte Weltkörper sind. Darum drängt sich die Frage
auf, ob durch irgend eine der Katastrophen, die sich für einen
Planeten ereignen können, das Leben seiner Bewohner bedroht
werden kann.

Von der Erde wissen wir, dass sie oft von furchtbaren Erdbeben heimgesucht wird, durch welche Tausende von Menschenleben
vernichtet werden, und es lässt sich nicht leugnen, dass es nur
einer Steigerung solcher Vorgänge bedürfte, um alles Leben der
Erde zu vertilgen. Dass solche Ereignisse sich auch wirklich vollziehen würden, sobald nur die naturgesetzlichen Bedingungen für
dieselben gegeben wären, das muss die Wissenschaft ihrem Begriffe
gemäss annehmen; sie hält es in dieser Hinsicht mit dem Evan-
gelisten: „Es ist leichter, dass Himmel und Erde vergehen, denn
dass ein Titel vom Gesetz falle." (Luk. XVI. 17.)

Eine derartige Steigerung vulkanischer Thätigkeit findet wohl
in solchen Vorgängen statt, die sich aus Fixsternweite gesehen als
das Aufleuchten eines neuen Sternes kundgeben. Aus der vergleichenden Astronomie ergiebt sich indessen, dass die vulkanische
Thätigkeit eines Sternes in dem Masse abnimmt, als der Erkaltungsprozess seinen Fortgang nimmt. Die Erde war früher schmelzflüssig,
was sie in ihrem Kerne noch ist, und in jener Periode haben
vulkanische Vorgänge stattgefunden, wie wir sie noch heute an
den mächtigen Protuberanzen der Sonne wahrnehmen. Die Erde
wird aber einst sein, was jetzt der Mond ist, ein bis in das innerste
Mark erstarrter Stern, auf dem nur mehr die letzten Zuckungen
Vulkans stattfinden. Die vulkanische Thätigkeit ist demnach in
beständiger Abnahme begriffen, und nach Massgabe der Erkaltung
eines Sternes nimmt die Sicherheit auf seiner Oberfläche beständig
zu. Wenn also das Auflodern eines neuen Sternes infolge innerer
Revolutionen allerdings sich ereignen kann, so dürfen wir dabei
doch nicht an bis zum planetarischen Zustande erkaltete, sondern
nur an solche Sterne denken, deren Leuchtkraft für irdische Augen
nicht mehr bemerklich war, was bei Fixsternweite schon bei einem
Zustande möglich wäre, der dem unserer Sonne nahe kommt.

Eine andere Katastrophe ist der Sturz der Planeten gegen die Sonne, und es fragt sich wiederum, ob die biologische Phase eines Gestirnes davon betroffen werden könnte. Es lässt sich nicht leugnen, dass wir keinen Beweis haben für die Unmöglichkeit einer derartigen Katastrophe; ja, es liesse sich sogar sagen, dass was irdisch möglich ist, auch kosmisch möglich ist, und dass, da nicht die Grösse einer Sache über ihr Wesen entscheidet, es kein wesentlicher Unterschied ist, ob ein Blütenkelch, in dem das Insekt nach Nahrung sucht, dem Winde preisgegeben ins Wasser geweht wird, oder ob ein bewohnter Weltkörper gegen sein Anziehungscentrum stürzt. Aber der fehlende Beweis für die Unmöglichkeit ist noch kein Beweis für die Wirklichkeit; wir müssen uns demnach an unser Sonnensystem halten, und indem wir untersuchen, ob innerhalb desselben eine solche Katastrophe möglich ist, werden wir das erhaltene Resultat auf den Kosmos ausdehnen dürfen.

Wenn der Sturz unserer Planeten gegen die Sonne wegen des widerstehenden Mittels, in dem sie sich bewegen, unvermeidlich ist, so müssen sich allmählich die grossen Achsen ihrer Ellipsen verkürzen, d. h. ihre Bahnen verengen. In dem späteren Kapitel über die „Zukunft des Sonnensystems" wird sich nun aber zeigen, dass die jüngsten Planeten, Merkur und Venus, von einer solchen Bahnverengung noch nichts zeigen, wohl aber die übrigen Planeten umsomehr, je weiter sie von der Sonne abstehen, d. h. je älter sie sind. Innerhalb derselben Zeit jedoch, welche unzulänglich war, eine merkliche Bahnveränderung der inneren Planeten zu bewirken, haben diese Planeten selbst sehr beträchtliche Veränderungen erfahren. Nicht nur haben sich die ursprünglichen Nebelringe in Dunstkugeln verwandelt, sondern diese haben weiter noch die ganze Periode des Selbstleuchtens und wohl den grössten Teil der vulkanischen Periode durchlaufen und sich bis zu einem Grade verdichtet, der bei Venus der irdischen Dichtigkeit nahezu gleichkommt, bei Merkur dieselbe übertrifft. Der Abkühlungsprozess geht also mit rapider Schnelligkeit vor sich im Vergleiche mit dem Prozesse der Bahnverengung. Sogar der Sonnenball hat bereits eine beträchtliche Temperaturerniedrigung erfahren, und ist bereits in die Periode der Schlackenbildung innerhalb derselben Zeit

eingetreten, während welcher eine Bahnverengung der inneren
Planeten noch gar nicht stattfand. Da wir nun wiederum annehmen
dürfen, dass der biologische Prozess eines Planeten, durch die
Sonnenwärme unterhalten, nur eine kurze Periode innerhalb des
Abkühlungsprozesses der Sonne ausfüllt, so wird der erstere längst
abgeschlossen sein, bevor der letztere sein Ende erreicht haben
wird; und wiederum wird der Abkühlungsprozess der Sonne längst
beendigt sein, bevor das letzte Resultat der Bahnverengung ihrer
Planeten eintreten kann, d. h. bevor diese in die Sonne stürzen.
Wenn dagegen die äusseren grossen Planeten bereits Bahn-
verengungen erfahren haben, noch bevor sie in die biologische
Periode eingetreten sind — da sie den hierzu nötigen Abkühlungsgrad noch nicht erreicht haben — so haben sie doch andererseits
einen viel grösseren Sonnenabstand zu verkürzen, und wird zudem
die Sonne selbst längst erkaltet und damit alles planetarische Leben
erstorben sein, bevor die Centrifugalkraft der äusseren Planeten
aufgezehrt sein wird.

Die biologische Periode eines Planeten greift also nicht einmal
annähernd hinüber in die Auflösungsperiode des Systems, dem er
angehört, und wenn wir nach Analogie unseres Systems urteilen,
so kann die Schlusskatastrophe nur mehr an die toten Massen der
Weltkörper herantreten.

VII.

Kritik des Sonnensystems.

1. Die indirekte Auslese des Zweckmässigen.

Eine Kritik des Sonnensystems kann nicht so verstanden werden, als wäre der Mensch vermöge seiner besonderen Geistesgaben befähigt, das Sonnensystem zu bemängeln und solche Missstände an demselben auszusetzen, die vermieden worden wären, wenn man bei der Einrichtung des Systems unsere Mathematiker und Astronomen zu Rate gezogen hätte. Die Mathematik ist allerdings die vollendetste aller Wissenschaften; aber sie ist nicht ganz imstande, die hohe Zweckmässigkeit unseres Planetensystems, wiewohl dasselbe zu den einfachsten der vorhandenen Systeme gehört, auf ihren ziffermässigen Ausdruck zu bringen. Was nun gar die Planeten der Doppelsterne und mehrfachen Sonnen betrifft, so müssen ihre Bahnen so verwickelt sein, dass es — nach Littrow — der mathematischen Analysis trotz ihrer Vollkommenheit unmöglich fallen würde, diese äusserst zusammengesetzten Bewegungen auch nur annähernd zu bestimmen.

Von einer Vernunft im Weltall zu reden haben wir also allerdings ein Recht; aber es entsteht nun die Frage, ob wir diese Vernunft als personifiziertes Prinzip an den Anfang, oder bloss als Resultat natürlicher Gesetze an das Ende zu stellen haben. Das erstere thut die theistische Schöpfungstheorie, das letztere die naturwissenschaftliche Entwicklungstheorie. Philosophisch genommen ist dieser Gegensatz sehr schroff, aber innerhalb der naturwissenschaftlichen Betrachtung macht er sich nicht notwendig geltend: Es ist ein gemeinschaftlicher Boden für beide Anschauungen hergestellt, wenn der Naturforscher darauf verzichtet, über das Weltprinzip zu spekulieren — worüber er ja als solcher ohnehin nichts weiss —, und der Theist zugesteht, dass ein Weltprinzip nur Erhalter, aber nicht Störer der Naturgesetze sein kann. Die Würde desselben wird durch solchen Verzicht auf das Wunder nicht angetastet, sondern sogar erhöht, weil offenbar der Erfinder eines die Handarbeit ersetzenden Mechanismus höher steht als der Handarbeiter. Wenn also Theisten und Naturforscher sich darüber vereinigen, dass alle Veränderungen nach den feststehenden Gesetzen der Materie geschehen, so liegt in der weiteren Alternative, ob diese Gesetze Ausfluss eines Gesetzgebers sind oder in der Natur der Materie liegen, nur mehr ein philosophischer Gegensatz, welchen zu betonen in einer naturwissenschaftlichen Analyse des Sonnensystems kein Anlass vorhanden ist.

Die Kraft, welche die Glieder des Sonnensystems zu einem einheitlichen Mechanismus verbindet, ist die Schwerkraft. Sie bewirkt Erscheinungen von zweierlei Art: sie erhält das Planetensystem im beweglichen Gleichgewicht, und sie verändert beständig den Mechanismus des Systems, soweit es sich um Kometen und Meteoriten handelt. Das System der Planeten ist demnach konservativ, das der Kometen wandelbar; die Harmonie des Planetensystems ist eine vollendete, die des Kometensystems jedenfalls nicht vollendet, weil darin noch beträchtliche Veränderungen der Bahnen vorkommen, welchen beträchtliche Störungen, also mechanische Mängel vorausgehen müssen. Diesen anscheinenden Widerspruch, dass die Gravitation Resultate so verschiedener Art herbeiführen kann, löst die Entwicklungstheorie: die beiden Hauptgruppen des Sonnensystems befinden sich in verschiedenen Stadien eines Prozesses gegenseitiger Anpassung der Einzelglieder; hinsichtlich des Planetensystems ist dieser Prozess abgeschlossen, es hat seinen Gleichgewichtszustand bereits gefunden, daher ist es konservativ; das Kometensystem dagegen ist wandelbar, weil es sein Gleichgewicht noch nicht gefunden hat.

Jeder Zustand idealer Zweckmässigkeit muss seiner Natur nach konservativ sein — bis etwa ein neuer Faktor das Gleichgewicht wieder stört —, aber nicht jeder konservative Zustand muss von idealer Zweckmässigkeit sein. Die ideale Zweckmässigkeit kann nur ein e sein; dagegen genügt schon die blosse Existenzfähigkeit, ja sogar das Minimum derselben, um zu bewirken, dass ein System von Kräften konservativ sei. Vermutlich hat jeder Fixstern einen planetarischen Mechanismus von besonderer Art; und wäre selbst dieses nicht, so sind doch die Planeten bei Doppelsternen und mehrfachen Sonnen ganz anders geordnet als in unserem Systeme. Wenn nun innerhalb der konservativen Gruppen Unterschiede der mechanischen Anordnung bestehen, so wäre auch ein mechanischer Rangstreit vorhanden und demnach wenigstens eine vergleichende Kritik der Systeme zulässig. Wenn aber alle diese Systeme konservativ sind oder wenigstens einst sein werden, dann kann der Gradunterschied ihrer Zweckmässigkeit nur die Zeitlängen betreffen, während welcher sie bestandesfähig sind; denn eine ewige Dauer kann überhaupt keinem Systeme des Kosmos zugeschrieben werden.

Es fragt sich also, warum mehrfache mechanische Anordnungen im Kosmos gegeben sind, statt einer einzigen idealen, aus der sich, wenn nicht die ewige, so doch die längste Dauer der Systeme ergeben würde. Es ist doch eine und dieselbe Gravitation, welche alle diese Anordnungen bestimmt hat; wie kommt es, dass dabei verschiedenartige Resultate sich ergaben?

Im allgemeinen kann die Antwort schon hier gegeben werden: Es liegt im Wesen der Gravitation, nur so lange Bahnveränderungen hervorzurufen, als Störungen vorhanden sind, und hieraus muss sich im Entwicklungsprozesse eine objektive Zunahme des Zweckmässigen ergeben, also auch eine allmähliche Annäherung an den konservativen Zustand; denn es liegt ferner im Wesen der Gravitation, einen erreichten Gleichgewichtszustand nicht mehr zu verändern, da Gleichgewicht Mangel an Störungen bedeutet, aus diesem Mangel aber die Unmöglichkeit von Veränderungen folgt. Dagegen liegt es durchaus nicht im Wesen der Gravitation, ein jedes System durch verschiedene Entwicklungsphasen hindurch dem Zustande idealer Zweckmässigkeit entgegenzuführen; vielmehr ist jeder erreichte Gleichgewichtszustand schon als solcher konservativ;

er wird also, und würde er auch nur das Minimum der Existenz-fähigkeit in sich enthalten, beibehalten, ohne Rücksicht darauf, ob damit das Maximum der Existenzdauer gesichert ist oder nicht.

Untersuchen wir diese Verhältnisse näher, so werden wir daraus zwar noch keine Aufklärung über das Wesen der Gravitation — ein rein metaphysisches Problem — erhalten, wohl aber über die gleichförmige Thätigkeitsweise dieser Kraft, welche den Kosmos zusammenhält, welche Thätigkeitsweise es eben bedingt, dass die Stufe der idealen Zweckmässigkeit nicht erreicht wird, ja, nicht einmal überall der gleiche Grad der Zweckmässigkeit unterhalb dieser Stufe. Wir müssen uns also nach einem Erklärungsprinzip umsehen, nach einem Gesetze, welches unter Vermittlung ganz allein der Schwerkraft die Existenzfähigkeit der mechanischen Systeme garantiert, aber nicht deren grösstmögliche Zweckmässigkeit; ein Gesetz, welches Veränderungen durch Vermittlung der Schwerkraft nur so lange besorgen lässt, bis die Existenzfähigkeit erreicht ist ohne Rücksicht auf die Existenzdauer.

Wenn wir die Veränderungen im Kosmos von den chaotischen Urnebeln angefangen bis zu den konservativen Systemen betrachten, so finden wir, dass die kosmische Entwicklung Höherentwicklung ist, ein Merkmal, das sie gemeinschaftlich hat mit der geologischen, biologischen und geschichtlichen Entwicklung. In allen diesen Gebieten lässt sich der Betrag der erreichten Höhe abschätzen, weil wir die nacheinander erreichten Stufen, da sie erhalten blieben, zugleich räumlich nebeneinander haben. Wenn wir nun in diesen Gebieten auch dem andern Merkmal der kosmischen Entwicklung begegnen würden, dass sie nämlich nur die Existenzfähigkeit ihrer Gebilde garantiert, so wären die irdischen und kosmischen Kräfte zwar nicht inhaltlich, aber doch bezüglich der Form ihres gesetzlichen Wirkens in Übereinstimmung gebracht; alsdann könnten wir auch auf dem näherliegenden irdischen Gebiete jenes Erklärungsprinzip antreffen, nach dem wir für den Kosmos suchen.

Betrachten wir unter diesem Gesichtspunkte die biologische Entwicklung als die hierzu geeignetste. Die Erfahrung lehrt, und es ist der Gegenstand eines seit Darwin lawinenartig angewachsenen Studiums, dass die Individuen ihren Wohnorten angepasst sind.

Hierauf beruht die Existenzfähigkeit der Individuen; dass aber die höchstmögliche Zweckmässigkeit in Hinsicht der Existenzdauer in der organischen Natur nicht erreicht wird, geht schon aus der tausendfachen Mannigfaltigkeit der Anpassungsmittel hervor, auf deren Verschiedenheit die Klassifikation des Pflanzen- und Tierreichs in ungezählte Arten und Species und von sehr unterschiedlichen Lebenslängen beruht. So wird also wohl die Existenzfähigkeit, aber nicht die höchste Existenzdauer durch die Anpassung garantiert, und die tausendjährige Linde sehen wir umgaukelt von Mücken, die ebenso vollkommen organisiert sind als irgend eine Art, aber mit Sonnenuntergang ihr Eintagsleben beendigen.

Noch klarer geht der Mangel der höchstmöglichen Anpassung daraus hervor, dass in der geographischen Verbreitung der Pflanzen und Tiere auf Wohnorte von gleicher Beschaffenheit nicht durchgehends die gleiche, auf ungleiche Wohnorte nicht ungleiche Flora und Fauna treffen. Vielmehr finden sich sehr häufig auf benachbarten und annähernd gleichen Wohngebieten höchst verschiedene Lebensformen, während umgekehrt Arten vorhanden sind, die sich in allen geographischen Breiten unter sehr verschiedenen Lebensbedingungen finden. Darwin sagt: „Es lässt sich kein Land bezeichnen, in welchem alle eingeborenen Bewohner so vollkommen aneinander und an die äusseren Bedingungen, unter welchen sie leben, angepasst wären, dass keiner unter ihnen mehr einer Veredlung oder noch besseren Anpassung fähig wäre; denn in allen Ländern sind die eingebornen Arten soweit von naturalisierten Erzeugnissen besiegt worden, dass diese Fremdlinge imstande gewesen sind, festen Besitz von diesem Lande zu nehmen. Und da die Fremdlinge überall einige der Eingeborenen geschlagen haben, so darf man wohl ruhig daraus schliessen, dass, wenn diese mit mehr Vorteil modifiziert worden wären, sie solchen Eindringlingen mehr Widerstand geleistet haben würden."*) Ferner: „Wenn etwa ein Dutzend Vogelgattungen erlöschen sollte, wer hätte nur die Vermutung wagen dürfen, dass es jemals Vögel gegeben habe, welche wie die Dickkopfente *(Micropterus brachypterus Eyton)* ihre Flügel

---

*) Entstehung der Arten. S. 103 f.

nur als Klappen zum Flattern über den Wasserspiegel hin, oder wie die Pinguine als Ruder im Wasser und als Vorderbein auf dem Lande, oder wie der Strauss als Segel gebraucht, oder welche endlich wie der Apterix funktionell zwecklose Flügel besessen hätten? Und doch ist die Organisation eines jeden dieser Vögel unter den Lebensbedingungen, worin er sich befindet und um sein Dasein zu kämpfen hat, für ihn vorteilhaft; sie ist aber nicht notwendig die beste unter allen möglichen Einrichtungen."*) Endlich: „Da die natürliche Zuchtwahl durch Konkurrenz wirkt, so adaptiert und veredelt sie die Bewohner einer jeden Gegend nur im Verhältnis zu den anderen Bewohnern; daher darf es uns nicht überraschen, wenn die Arten irgend eines Bezirks, welche nach der gewöhnlichen Ansicht doch speziell für diesen Bezirk geschaffen und angepasst sein sollen, durch die naturalisierten Erzeugnisse aus anderen Ländern besiegt und ersetzt werden; noch dürfen wir uns wundern, wenn nicht alle Einrichtungen in der Natur, soweit wir ermessen können, absolut vollkommen sind, selbst das menschliche Auge nicht, und dass manche derselben sogar hinter unseren Begriffen von Angemessenheit weit zurückbleiben.**)

Die natürliche Zuchtwahl ist es, welche die organische Anpassung besorgt, die bekannten Vertilgungsfaktoren der Natur, Klima, Feinde etc., sind die Kräfte, vermöge welcher die Zuchtwahl wirkt. Die Form dieser Wirksamkeit aber ist die indirekte Auslese des Zweckmässigen. Die Zuchtwahl vermag nichts anderes zu thun, als eine bereits gegebene Gesellschaft von Organismen vermöge der Konkurrenz ihrem Wohnorte bis zu dem Grade anzupassen, dass das Gleichgewicht mit den Vertilgungsfaktoren und damit die Existenzfähigkeit der Arten gesichert ist. Solange nun die Existenzbedingungen eines Wohnorts dieselben bleiben, liegt gar kein Anlass vor, die Anpassung über diesen Grad hinaus noch zu steigern. Nehmen wir eine Tierart an, welche keine Verteidigungswaffen besitzt, aber schnellfüssig ist. Die natürlichen Feinde dieses Tieres werden in dem sich entspinnenden Vertilgungs-

---

*) A. a. O. S. 202.
**) A. a. O. S. 559.

kriege zunächst die langsameren Individuen erreichen und töten, während die schnelleren überleben und sich fortpflanzen. Die Erblichkeit der Eigenschaften wird so bewirken, dass nur die günstigeren Eigenschaften der ersten Generation in der zweiten beibehalten sind. Die Variationsfähigkeit der Jungen wird aber bewirken, dass einzelne Exemplare sogar die günstigsten Eigenschaften der ersten Generation übertreffen, und diese werden die grösste Chance des Überlebens und Vererbens haben. So wird jede günstige Abweichung erhalten, jede ungünstige beseitigt, und weil sich dieser Prozess in jeder Generation wiederholt, steigert sich die indirekte Auslese zur natürlichen Zuchtwahl. Aber es ist derselben eine Schranke gezogen. Wenn etwa in der zehnten Generation die Schnellfüssigkeit soweit gesteigert wäre, dass sie der des natürlichen Feindes gleichkäme, so wäre damit jener Anpassungsgrad erreicht, der durch Vertilgungsfaktoren überhaupt erreicht werden kann, aber sicherlich nicht der höchste Grad von Schnellfüssigkeit. Vertilgungsfaktoren veredeln also nicht die zweckmässigen Individuen, sondern beseitigen nur die unzweckmässigen, wirken also durch indirekte Auslese. Sobald die Anpassung an die natürlichen Feinde erreicht ist, hört die Vertilgung und damit die Zuchtwahl auf. Immer nur ist es demnach die Existenzfähigkeit einer Species, welche durch die Vertilgungsfaktoren besorgt wird; aber es liegt nicht in der Macht dieser Faktoren, mehr als die Anpassung zu erzielen und eine günstige Eigenschaft noch über den Gleichgewichtsgrad zu steigern. Ein höherer Grad von Zweckmässigkeit würde aber unfehlbar eintreten, wenn etwa ein neuer, mit grösserer Schnelligkeit begabter Feind in das Wohngebiet dringen würde; Auslese und Zuchtwahl würde abermals solange wirken, bis die Anpassung an den neuen Faktor erreicht wäre. Von da an würde der Anpassungsprozess kein progressiver mehr sein, sondern ein konservativer; das treibende Moment wäre zum Stillstand gebracht und die Vertilgungsfaktoren würden nur mehr verhindern, dass die Species unter den erreichten Anpassungsgrad wieder heruntersinkt.

Wenn Pflanzen und Tiere wandern, wird konservative Anpassung oft wieder zur progressiven. In diesem Falle kommt es oft vor, dass die einheimische Flora und Fauna von der ein-

gewanderten vertilgt wird. So in Neuseeland. Lubbock*) führt
hierüber den Ausspruch eines Botanikers an: „Die in diesem Lande
stattfindende überaus rasche Verbreitung europäischer und aus-
ländischer Pflanzen würde Sie in Erstaunen setzen. Zu beiden Seiten
aller durch die Ebenen führenden Hauptwege wächst in üppiger Fülle
ein Polygonum *(aviculare)*, Kuhfuss genannt. Die Wurzeln desselben
erstrecken sich bis zu einer Tiefe von zwei Fuss und die Pflanze
selbst nimmt einen Flächenraum von 4—5 Fuss im Durchmesser in
Anspruch. Das Ampferkraut *(rumex obtusifolius* oder *rumex crispus)*
wird in jedem Flussbette gefunden und verbreitet sich derartig in die
Thäler der Bergströme, bis diese zu blossen Giessbächen werden. Die
Gänsedistel überwuchert das ganze Land und wächst aufs herr-
lichste in einer Höhe von fast 6000 Fuss. Die Wasserkresse
vermehrt sich solchergestalt in unseren stehenden Gewässern, dass
sie dieselben vollständig auszufüllen droht." Die eingeborenen Maoris
haben ein trauriges Sprichwort: „Wie die eingeborene Ratte von
der ausländischen überwältigt, die einheimische Fliege von der
europäischen verdrängt und das neuseeländische Farnkraut vom
Klee erstickt wird, so hört auch der Maori auf zu sein, sobald der
weisse Mensch erscheint."

Es war also die europäische Flora vor der Wanderung ihrem
Wohnorte bis zur Existenzfähigkeit angepasst, sowie auch die neuseeländische. Die Wanderung hat aber gezeigt, dass für manche
europäische Pflanze Neuseeland ein viel besserer Boden ist, und
dass neuseeländische Pflanzen nur eben den für Neuseeland
genügenden Anpassungsgrad erreichen, der eingewanderten Flora
der Kolonisten aber keinen Widerstand entgegensetzen konnten.
So ist immer nur die Existenzfähigkeit der Arten das erreichbare
Resultat, und der ausschliessliche Grund davon ist der, dass die
natürliche Auslese eine indirekte ist. Diese indirekte Auslese der
zweckmässigen Exemplare wird besorgt durch Vertilgung der unzweckmässigen; sie trifft also nur diejenigen Individuen, deren
Anpassungsgrad die Existenzfähigkeit noch nicht erreicht, während
die existenzfähigen Individuen davon ganz unberührt bleiben, darum

---

*) Entstehung der Civilisation. S. 407.

aber auch keine Steigerung günstiger Merkmale über die blosse Existenzfähigkeit hinaus erwerben können.

Vergleichen wir hiermit die kosmischen Verhältnisse. Wenn im astronomischen Gebiete die Auslese ebenfalls auf indirektem Wege geschehen sollte, so ist klar, dass sich dieses Erklärungsprinzip hier viel deutlicher offenbaren muss als im organischen Reich, wo es durch Erblichkeit der Eigenschaften und Variationstendenz der Organismen kompliziert ist.

Im organischen Reich wird ferner die Anpassung durch eine grosse Anzahl von Kräften besorgt, durch die Vertilgungsfaktoren, deren es eine Menge giebt und die in jedem Wohngebiete wechseln. Dagegen wird der mechanische Kosmos ausschliesslich durch die Gravitation zusammengehalten. Diese Kraft hat zwar mit den organischen Anpassungskräften nicht das mindeste gemein, aber die Übertragbarkeit des Darwinismus auf die Astronomie bleibt davon unberührt. Es handelt sich nicht um die Übertragbarkeit der die Anpassung besorgenden organischen Kräfte, sondern der blossen Form ihrer Wirksamkeit: der indirekten Auslese. Diese Auslese ist aber keine Kraft, kein Agens, sondern nur ein Gesetz. Dass in der Biologie lediglich das Gleichgewicht mit den Existenzverhältnissen erzielt wird, liegt nicht im Wesen der die Anpassung besorgenden Kräfte, der Vertilgungsfaktoren, sondern lediglich an der Form, in der sie wirken, indem sie nämlich indirekt auslesen. Wenn also im astronomischen Gebiete eine durchaus andere Kraft, die Gravitation, herrscht, so ist die Übertragbarkeit des Darwinismus auf dieses Gebiet gleichwohl möglich, sobald nur die Thätigkeitsform dieser Kraft ebenfalls die indirekte Auslese ist. Dies versteht sich aber ganz von selbst; denn eine Bahnveränderung eines Gestirnes setzt immer als Ursache eine Störung d. h. die störende Anziehung eines andern Gestirnes voraus, also kann durch die Bahnveränderung nur eine Störung vermieden werden. Die Gravitation kann also nur das Unzweckmässige beseitigen, gerade wie die organischen Vertilgungsfaktoren; sobald aber das mechanische Gleichgewicht erzielt ist, vermag die Gravitation nur mehr konservativ zu wirken, wie ebenfalls die Vertilgungsfaktoren.

Das organische und das kosmische Reich sind also von verschiedenartigen Kräften beherrscht, aber von dem gleichen Gesetze der indirekten Auslese des Zweckmässigen. Die Gravitation und die organischen Vertilgungsfaktoren haben eine Gleichförmigkeit ihrer Wirkungsweise, und diese nennen wir Gesetz. Zwischen Kraft und Gesetz ist demnach sehr zu unterscheiden. Es kann das Gesetz von Veränderungen bekannt und doch die wirkende Kraft ganz unbekannt sein. So kannte Kepler die Gesetze der Planetenbewegungen ganz genau, aber die wirkende Kraft war ihm unbekannt; erst Newton hat die Ursache der Planetenbewegungen entdeckt: die Gravitation. Ein Gesetz ist also noch keine Kraft, und in der Naturwissenschaft ist die Frage: Warum? immer erst beantwortet, wenn die wirkende Kraft, die bestimmte Ursache (causa) nachgewiesen ist, aus der das Gesetz fliesst.

Die Einsicht, dass das Gesetz der indirekten Auslese des Zweckmässigen in der Biologie und Kosmologie herrscht, wäre schon vor Newton und vor Darwin möglich gewesen; daraus wäre aber nur die philosophische Erkenntnis von der Einheitlichkeit der Natur gefolgt, aber keine naturwissenschaftliche Erkenntnis der wirkenden Ursachen.

Indem also zwischen Gesetz und Kraft unterschieden wird, ergiebt sich auch, was wir dem einen und was dem anderen zuschreiben dürfen, der Kraft an sich und ihrer gleichförmigen Wirkungsweise. Dass wir im Kosmos Mechanismen sehr verschiedener Art haben, einfache, doppelte und mehrfache Sterne mit höchst verschiedenen Bewegungen ihrer Begleiter, das ist Sache der Gravitation; dass aber die Glieder aller dieser Mechanismen nur soweit im Gleichgewicht sind, dass die Existenzfähigkeit des Systems gesichert ist, dies ist nicht Wirkung der Gravitation an sich, sondern des Gesetzes, dass diese Kraft das Zweckmässige nur indirekt auslesen kann. Die Gravitation erklärt also die Verschiedenheit, die indirekte Auslese die Zweckmässigkeit der Mechanismen. Will nun aber jemand die kosmische Thätigkeit der indirekten Auslese nachweisen, so muss er hierzu natürlich auf empirische Vorgänge verweisen; weil wir aber nur unser Sonnensystem genauer kennen, so muss der Nachweis an diesem geführt werden. Hieraus könnte nun allerdings der Schein entstehen, als sollte die bestimmte Beschaffenheit unseres Systems aus der indirekten Auslese abgeleitet werden; dies ist aber durchaus nicht der Fall. Auch in der Biologie sollen ja nicht die tausendfachen bestimmten organischen Formen aus der indirekten Auslese erklärt werden, sondern nur das gemeinschaftliche Merkmal aller dieser Formen: die Anpassung an die Existenzverhältnisse, nicht aber das bestimmte einzelne˙Anpassungsmittel.

Nun erst lässt sich die Frage präcise beantworten, inwiefern das Sonnensystem der Kritik unterliegt. Ohne Zweifel ist dasselbe ein sehr zweckmässiges System; aber dass nicht die höchst denkbare Zweckmässigkeit in ihm zur Darstellung kommt, folgt notwendig aus dem Gestaltungsgesetze˙des Systems. Dieses Gestaltungsgesetz ist die indirekte Auslese, welche überall nur das Minimum der Existenzfähigkeit, aber nie das Maximum der Zweckmässigkeit für die längstmögliche Existenzdauer garantiert. Die höchste Zweckmässigkeit kann nicht in mehrfachen Gestaltungen gegeben sein; nun sind aber empirisch mehrfache Gestaltungen kosmischer Mechanik gegeben, zwischen welchen mindestens Unterschiede der Existenzdauer vorhanden sein müssen, — folglich würde höchstens eine dieser Gestaltungen der Kritik nicht unterliegen.

Von dieser mechanischen Kritik abgesehen, unterliegt das Sonnensystem auch noch einer historischen Kritik, indem die noch immer eintretenden Bahnveränderungen der Kometen beweisen, dass das Sonnensystem noch im Entwicklungsprozess begriffen ist, und die indirekte Auslese ihre Thätigkeit noch nicht abgeschlossen hat. Es mag genügen, ein Beispiel anzuführen: Der 1846 entdeckte schweiflose Komet von Brorsen hatte bis zum Jahre 1842 eine Ellipse um die Sonne beschrieben, in welcher sein geringster Sonnenabstand 30, sein grösster 117 Millionen Meilen betrug. Seine Bahnebene war zur Ebene der Erdbahn in einem Winkel von 41 Grad geneigt. Durch die störende Anziehung Jupiters geriet dieser Komet in eine Bahn von 13 und 113 Millionen Meilen Sonnenabstand und einem Neigungswinkel von 31 Grad. Auch diese Bahn des Kometen wird noch keine definitive sein, und nach den Rechnungen des Astronomen d'Arrest wird er infolge einer weiteren Störung Jupiters ungefähr um das Jahr 1937 wieder in eine andere Bahn einlenken.

Von diesen Bahnveränderungen abgesehen, ist auch die gänzliche Beseitigung unzweckmässiger Bahnen durch den Sturz von

Meteoriten gegen die Planeten ein alltäglicher Vorgang. Auch darin zeigt sich, dass die indirekte Auslese des Zweckmässigen noch andauert, die Periode der konservativen Anpassung noch nicht eingetreten ist, und demnach das Sonnensystem der historischen Kritik unterliegt.

Durch den Begriff der Entwicklung werden sowohl Leibniz, wie Schopenhauer widerlegt, im allgemeinen sowohl, wie speziell in astronomischer Hinsicht. Leibniz sagt, unsere Welt sei die beste unter den möglichen. Astronomisch genommen ist dies ganz unrichtig; denn thatsächlich sind in unserem Systeme mechanische Unzweckmässigkeiten gegeben, deren allmähliche Beseitigung nicht nur möglich ist, sondern sogar notwendig eintreten muss: wir haben Asteroiden, deren Bahnen sich kreuzen, ungezählte Meteoriten, welche die Erdbahn kreuzen, und was die Kometen betrifft, so scheint die Zahl der in konservativer Anpassung befindlichen sehr gering, die überwiegende Mehrzahl noch der Möglichkeit von Bahnveränderungen ausgesetzt zu sein. Wenn nun auch diese Bahnveränderungen einer progressiven Anpassung, einer mechanischen Vervollkommnung des Systems, einer Annäherung an einen zweckmässigen Endzustand gleichkommen, so ist jedenfalls die bestmögliche Welt noch nicht, sondern günstigsten Fall wird sie einst sein. Der Begriff der bestmöglichen Welt ist mit Entwicklung, Fortschritt, progressiver Anpassung nicht vereinbar, sondern nur mit konservativer Anpassung.

So kommt also der alte Speusippus wieder zu Ehren, welcher sagte, dass das Gute nicht als Grund alles Seins am Anfang, sondern nur als Ziel und Vollendung desselben am Schlusse stehen kann, dass also das Weltganze von der Unvollkommenheit zur Vollkommenheit sich entwickele.

Leibniz begeht also zum allermindesten einen Anachronismus. Sehen wir nun zu, wie sich Schopenhauer zu unserer Frage verhält. Er ist der Antipode von Leibniz und sagt: „Sogar aber lässt sich den handgreiflich sophistischen Beweisen Leibnizens, dass diese Welt die beste unter den möglichen sei, ernstlich und ehrlich der Beweis entgegenstellen, dass sie die schlechteste unter den möglichen sei. Denn Möglichkeit heisst nicht, was einer etwan sich vorphantasieren mag, sondern was wirklich existieren und bestehen kann. Nun ist diese Welt so

eingerichtet, wie sie sein musste, um mit genauer Not bestehen zu
können: wäre sie aber noch ein wenig schlechter, so könnte sie
schon nicht mehr bestehen. Folglich ist eine schlechtere, da sie
nicht bestehen könnte, gar nicht möglich, sie selbst also unter den
möglichen die schlechteste. Denn nicht bloss wenn die Planeten
mit den Köpfen gegeneinander rennten, sondern auch wenn von
den wirklich eintretenden Perturbationen ihres Laufes irgend eine,
statt sich durch andere allmählich wieder auszugleichen, in der
Zunahme beharrte, würde die Welt bald ihr Ende erreichen: die
Astronomen wissen, von wie zufälligen Umständen, nämlich zumeist
vom irrationalen Verhältnis der Umlaufszeiten zu einander, dieses
abhängt, und haben mühsam ausgerechnet, dass es immer noch
gut abgehen wird, mithin die Welt so eben stehen und gehen
kann..... Die Tiere haben an Organen und Kräften genau und
knapp soviel erhalten, wie zur Herbeischaffung ihres Lebensunterhalts
und Auffütterung der Brut, unter äusserster Anstrengung ausreicht;
daher ein Tier, wenn es ein Glied, oder auch nur den vollkommenen
Gebrauch desselben verliert, meistens umkommen muss.... Also
durchweg, wie zum Bestande des Ganzen, so auch zum Bestande
jedes Einzelwesens, sind die Bedingungen knapp und kärglich
gegeben, und nichts darüber... Die Welt ist also so schlecht, wie
sie möglicherweise sein kann, wenn sie überhaupt noch sein soll.
W. z. b. w." (Parerga II. 667.)

Schopenhauer ist kein Philosoph, der in den Tag hinein-
schreibt, und selbst seinen Irrtümern liegt ein Wahrheitskern zu
Grunde. So ist es auch in diesem Falle. Es lässt sich gar nicht
bestreiten, dass jeder kosmische Mechanismus, wie jeder biologische
Organismus, nur soviel Zweckmässigkeit besitzt, als zur Existenzfähigkeit eben hinreicht. So muss es sogar sein, weil die Harmonie
der Systeme, wie die Anpassung der Organismen, durch indirekte
Auslese erzielt wird, welche ihrer Natur nach nicht mehr zu leisten
vermag, als die blosse Existenzfähigkeit. Insofern hat Schopenhauer recht; aber es geht gewiss nicht an, daraus zu folgern,
dass die Welt die schlechteste unter den möglichen sei. Wie
Schopenhauer dem Leibniz einwerfen konnte: „Möglichkeit
heisst nicht, was sich einer vorphantasieren mag", so könnte man

Schopenhauer entgegnen: „Gut heisst nicht, was sich einer vorphantasieren mag, sondern was dem Zweck entspricht, der erreicht werden sollte." Wenn nun für die Zwecke der Natur die blosse Existenzfähigkeit der Mechanismen und Organismen hinreichend wäre, d. h. wenn alle weiteren Zwecke auf dieser Existenzfähigkeit aufgebaut werden könnten, so wäre jeder weitere Grad von Zweckmässigkeit ganz überflüssig, weil zur Existenzfähigkeit nichts weiter beitragend. Es wäre alsdann die *lex parsimoniae naturae* verletzt, also die Welt gewiss keine bessere.

Unbestreitbar ist, was Schopenhauer sagt, dass unser System nicht bestandesfähig wäre, wenn die Störungen in demselben in der Zunahme beharren würden, statt sich auszugleichen, dass ferner dieser Ausgleich nicht stattfinden würde, wenn die Planeten rationale d. h. solche Umlaufszeiten hätten, die sich zu einander wie ganze Zahlen verhielten. Bestreitbar ist nur die Folgerung Schopenhauers, dass das System besser wäre, wenn es grössere Störungen vertrüge. Eine Turmuhr verträgt grössere Störungen und Eingriffe als eine Taschenuhr, die sich für Temperatureinflüsse und Staubatome empfindlich zeigt; gleichwohl muss letztere als ein höheres Kunstwerk angesehen werden. Ja, der vollendetste Mechanismus ist gerade der für äussere und innere Störungen empfindlichste. Ähnlich im organischen Reiche: je höher ein Wesen auf der biologischen Stufenleiter steht, je weiter der Differenzierungsprozess seiner Organe gediehen, je mehr es Beziehungen zur äusseren Natur hat, desto leichter ist natürlich auch das Gleichgewicht der Kräfte gestört, auf denen der Lebensprozess beruht; tiefer stehende Organismen vertragen auch grössere Störungen. Dies ist aber kein Grund, die Saurier über den Menschen zu stellen. Wenn also die Natur mit dem Minimum von mechanischer und organischer Zweckmässigkeit doch die Existenzfähigkeit erreicht, also mit den geringsten Mitteln den Zweck, um den es ihr in erster Linie zu thun ist, so lässt sich doch wahrlich nicht sagen, dass sie schlechter sei als jede andere denkbare Natur. Wenn die Natur in der blossen Existenzfähigkeit ihrer Produkte hinter dem von ihr Erstrebten zurückbliebe, dann allerdings hätte Schopenhauer recht. Aber wer vermag das zu sagen? Wir sind in die Zwecke der Natur und des

Daseins nicht eingeweiht und dürfen der Natur keine aus unserer Phantasie geschöpften Zwecke aufdrängen. Nur das eine wissen wir, dass sie in erster Linie die Existenzfähigkeit ihrer Gebilde erstrebt; das beweist sie durch die Anpassung in allen Gebieten, und speziell noch im organischen durch Lebensinstinkt, Todesfurcht und Fortpflanzungstrieb.

Wenn also Möglichkeit nach Schopenhauers Ausspruch im Sinne von Existenzfähigkeit zu nehmen ist, so gilt ganz dasselbe von der naturwissenschaftlichen Güte der Naturprodukte. Also gilt gegen Schopenhauer dasselbe, was er an Leibniz aussetzt. Die Natur erstrebt die Existenzfähigkeit ihrer Produkte und erreicht dieselbe mit den sparsamsten Mitteln. Nun gilt aber diese *lex parsimoniae* in allen Gebieten der Wissenschaft und Kunst als erster Grundsatz und Charakteristik des Guten. Vom Redner z. B, sagt Larochefoucauld: *La véritable éloquence consiste à dire tout ce qu'il faut, et à ne dire que ce qu'il faut.* Wenn zwei Reden die gleichen Gedanken enthalten, so ist die konzise besser als die langatmige. Hier heisst es: *Le mieux est l'ennemi du bien,* oder — wie Hesiod sagt —: die Hälfte ist mehr als das Ganze. Jedes überflüssige Wort ist ein Ballast, womit der Verstand des Zuhörers unnötigerweise beschwert wird. Schopenhauer weiss das sehr wohl, und er empfiehlt dem Redner eben das Prinzip des kleinsten Kraftmasses, das er doch an der Natur tadelt: „Wie jedes Übermass einer Einwirkung meistens das Gegenteil des Bezweckten herbeiführt, so dienen zwar Worte, Gedanken fasslich zu machen, jedoch auch nur bis zu einem gewissen Punkte. Über diesen hinaus angehäuft machen sie die mitzuteilenden Gedanken wieder dunkler und immer dunkler. Jenen Punkt zu treffen, ist Aufgabe des Stiles und Sache der Urteilskraft: denn jedes überflüssige Wort wirkt seinem Zwecke gerade entgegen.... Viele Worte, um wenige Gedanken mitzuteilen ist überall das untrügliche Zeichen der Mittelmässigkeit; das des eminenten Kopfes dagegen, viele Gedanken in wenig Worte zu schliessen." (Parerga II. 558.)

Das Bestreben des subjektiven Geistes geht dahin, die objektive Natur logisch zu durchdringen. Da nun die Natur den Zweck ihrer Produkte mit den geringsten Mitteln erreicht, so müssen auch diejenigen wissenschaftlichen Hypothesen die besten sein, welche die Erscheinungen nach dem Prinzip des kleinsten Kraftmasses begrifflich zergliedern. Der objektiv geringste Kraftaufwand der Natur muss sich widerspiegeln in dem minimalen und doch zureichenden Aufwande der Logik in wissenschaftlichen Hypothesen. Von zwei Hypothesen, die gleich viel erklären, ist die einfachere die bessere; darum findet sich der erste Grundsatz der Wissenschaft schon bei Plato gepriesen, dass die Erklärungsprinzipien ohne Not nicht vermehrt werden dürfen.

Hier liegt nun aber ein Missverständnis sehr nahe. Die Geschichte der Wissenschaften zeigt, dass die einfachsten Theorieen immer die letzten sind, während sie doch die ersten sein sollten, wenn sie die geringste Denkkraft erforderten und es am leichtesten wäre, gerade auf sie zu verfallen. Aber der geringste Aufwand an Logik, der die Hypothesen auszeichnen soll, soll ja möglichst viel leisten: die vollständige Erklärung der Erscheinung; darum sind die einfachsten Hypothesen wahrhaft genial und auch historisch die letzten. Der geringste Kraftaufwand bei wissenschaftlichen Theorieen ist also nicht in der Denkkraft des Erzeugers zu suchen, sondern nur auf Seite des Lesers, dessen Geist ein Lustgefühl erfährt, wenn ihm nicht nur die Erklärung des Phänomens überhaupt geliefert wird, sondern auch noch die einfachste Erklärung. Es wäre ganz falsch, diese Lustempfindung aus Denkfaulheit abzuleiten; es beruht vielmehr auf der instinktiven, aber festen Überzeugung, dass die Einfachheit das Siegel der Wahrheit ist.

Wenn nun aber diejenige Hypothese die beste ist, in der sich die objektive *lex parsimoniae naturae* am besten widerspiegelt, so müssen wissenschaftliche Theorieen den zu erklärenden Erscheinungen knapp und nicht wie ein schlotterndes Kleid angepasst sein. Wenn innerhalb dieser Erscheinungen manches auch anders sein könnte, ohne dass sich die Theorie als zu eng erwiese, so muss sie fehlerhaft sein. Natur und Theorie müssen sich vollständig decken. Wenn ein Überschuss von Erscheinungsthatsachen auf Seite der Natur vorhanden ist — nicht etwa bloss ein Widerspruch, ein unauflöslicher Rest der Theorie, sondern schon ein blosser Überfluss —, dann ist das Kleid, die Theorie, zu eng; finden sich überschüssige

Gedankenoperationen auf Seite der Theorie, dann ist das Kleid zu weit. Die objektive Erzeugung des Phänomens darf nicht durch eine geringere Anzahl realer Mittel geschehen sein, als die begriffliche Nachbildung des Phänomens in der Hypothese logische Mittel erfordert, sonst ist die Theorie zu weit. Der objektive Kraftaufwand der Natur darf aber auch nicht grösser sein als der subjektive des Nachbildners, sonst ist die Theorie zu eng und umfasst nicht das Ganze der Erscheinungen. Nehmen wir ein Beispiel:

Der englische Philosoph Herbert Spencer sagt in einem Essay, worin er die Schöpfungstheorie mit der Nebularhypothese vergleicht: „Das mechanische Gleichgewicht würde darunter nicht leiden, wenn die Sonne ohne irgend eine rotatorische Bewegung wäre oder wenn sie sich in einer umgekehrten Richtung als die Planeten drehen würde. Mit ebenso grosser Sicherheit könnte die Bewegung des Mondes um die Erde von entgegengesetzter Richtung sein als die Bewegung der Erde um ihre Achse; oder die Bewegung der Jupitersatelliten hätte ebensogut anders sein können als die Rotationsbewegung des Jupiter; und ebenso bei Saturn. Da jedoch keiner von diesen Fällen vorhanden ist, so muss die Gleichförmigkeit hier wie in allen anderen Fällen als ein Beweis für die Unterordnung unter ein allgemeines Gesetz betrachtet werden und muss einer natürlichen Kausalität im Unterschiede von einem arbiträren Arrangement zugeschrieben worden." Alle diese vom Standpunkte der Schöpfungshypothese zufälligen und überflüssigen Gleichförmigkeiten in unserem Sonnensystem sind durch die Nebularhypothese kausaliter, als notwendig, erklärt. Die erstere Hypothese ist demnach zu eng, die letztere liegt knapp an.

Ein Beispiel für den entgegengesetzten Fall, dass die Theorie zu weit ist und um die Erscheinungen schlottert, bietet der sogenannte physikotheologische Beweis. Aus der bewundernswerten Zweckmässigkeit im kosmischen und organischen Gebiete lässt sich kein Schöpfer der Materie ableiten, sondern höchstens ein Weltbaumeister. Man darf einer Ursache nicht mehr Eigenschaften beilegen als die zur Erklärung der Wirkung nötigen,

wie dieses Kant*) und noch ausführlicher Hume**) nachgewiesen haben.

Wir haben also im geistigen Gebiete das genaue Analogon der
lex parsimoniae naturae, und wenn wir sie dort bewundern, dürfen
wir sie hier nicht verachten, wie Schopenhauer gethan. Andere
Beispiele für dasselbe Verhältnis bieten der Turner, Tänzer, Reiter,
Schwimmer, kurz die körperlichen Fertigkeiten. Gehen die Bewegungen geschmeidig und ohne alles überflüssige Beiwerk vor sich,
so nennen wir sie graziös, daher denn J. Henle in seinen „An-
thropologischen Vorträgen" sagt: „Graziös sind die Bewegungen,
welche ihren Zweck mit dem geringsten Aufwand von Mitteln
erreichen." Lässt man aber das Moment des geringsten Kraft-
aufwandes unberücksichtigt, wie es Schopenhauer in seinem
Urteil über die Welt thut, so ist ein Nilpferd, welches sich umkehrt,
ebenso graziös, als eine Tänzerin, die sich auf der Fussspitze dreht.

Da wir nun also in unserer Kritik des Sonnensystems weder
Leibniz noch Schopenhauer beistimmen können, so ist es
rätlich, uns einfach an das Gegebene zu halten, um beide extreme
Auslegungen zu vermeiden. Gegeben sind uns nun aber im Sonnensysteme zweckmässige und unzweckmässige Erscheinungen, gegeben
ferner die Thatsache, dass der Mechanismus durch seine bewundernswerte Vollkommenheit doch nur eben die Existenzfähigkeit des
Systems garantiert. Diese Widersprüche müssen wir also erklären
und zwar aus einem Erklärungsprinzip ableiten.

Die theistische Hypothese entspricht dieser Anforderung nicht;
sie lässt einen Überschuss auf Seite der Natur: die unzweckmässigen
Erscheinungen sind ihr unauflöslicher Rest. Jede Bahnveränderung
käme einer Meinungsveränderung des Schöpfers über den Begriff
des Zweckmässigen gleich, oder einer bis zum Eintritt der Änderung
vorhandenen Unfähigkeit, das Zweckmässige darzustellen; jede
Beseitigung eines unzweckmässigen Meteoriten käme der Zurück-
nahme eines begangenen Irrtums gleich; jede Bahnänderung ohne
Erhöhung der Zweckmässigkeit wäre unsicheres Herumtasten und

. *) Kritik der reinen Vernunft. (Ausg. Kehrbach). S. 491.
**) Untersuchungen über den menschl. Verstand. (Ausg. Kirchmann).
S. 135—147.

Experimentieren. Ein solcher Schöpfer wäre demnach in den vornehmsten der ihm zugelegten Attribute bedroht. Für den Theismus dagegen scheint die weitaus überwiegende Menge des Zweckmässigen zu sprechen. Nun erfolgen aber beide Arten von Erscheinungen nach feststehenden Gesetzen. Nicht nur die harmonischen Bewegungen der Gestirne, sondern auch die oben charakterisierten unzweckmässigen Bewegungen geschehen nach dem Gravitationsgesetze, sodass sich nicht nur die regelmässigen Verfinsterungen der Sonne und des Mondes, sondern auch die unregelmässigen Bahnveränderungen der Kometen vorausberechnen lassen, wie z. B. die erwähnte im Jahre 1937 zu erwartende des Kometen von Brorsen. Demnach ist an dem landläufigen theistischen Begriffe jedenfalls die Korrektur vorzunehmen, dass der wunderwirkende Störer der Gesetze in einen Geber und Erhalter derselben verwandelt wird. Die Wissenschaft kann das Kausalitätsgesetz nicht preisgeben, weil sie mit demselben identisch ist: Kausalität der Veränderungen ist die Voraussetzung aller Wissenschaft.

Da nun alle Veränderungen im Sonnensystem nach natürlichen Gesetzen geschehen und hierdurch Produkte von hoher Vollkommenheit erzielt werden, so ergiebt sich als Facit, dass das Moment der Intelligenz irgendwie in das Weltprinzip zu verlegen ist, mag es nun in theistischer oder pantheistischer Weise geschehen.

Gehen wir nun zur materialistischen Hypothese über. Nach Büchner, Vogt und ihren talentlosen Nachbetern ist der Naturprozess ein zweckloses Spiel blinder Kräfte, die an Atomen haften und gesetzmässig wirken. Alles beruht auf Stoss und Gegenstoss. Durch dieses blinde Treiben entstehen siderische Systeme, bewohnbare Planeten, Tiere und Menschen. So entstehen auch die Gehirne der Menschen, aber nur wenige derselben sind geeigenschaftet, die Wahrheit zu finden: es sind die Gehirne der Materialisten. Brauchbar an diesem Systeme ist nur die Betonung der Gesetzmässigkeit aller Veränderungen. Gesetzmässig sind aber auch alle Bewegungen der Atome in einem chaotischen kosmischen Nebel; es liegt also durchaus nicht im logischen Begriffe des Gesetzes, siderische Systeme von so hoher Vollkommenheit herzustellen, dass nicht einmal die Materialisten sie ergründen können. Das vermögen nur Gesetze, welche irgendwie intelligent gedacht werden müssen; blinde Kräfte können das Zweckmässige nur so zufällig erzeugen, wie in der Bildung der Wolken Tiergestalten entstehen. Das Zweckmässige ist also der unauflösliche Rest des Materialismus, wo es die überwiegende Regel bildet und eine beständige Progression stattfindet: Chaotischer Nebel, Sonnensystem, Planeten, Pflanzen, Tiere, Menschen, vom Anthropophagen angefangen bis zum Genie und Heiligen.

Wir haben nun noch die Entwicklungstheorie zu betrachten. Sie leistet auf der einen Seite mehr als Theismus und Materialismus, aber auch sie löst nicht alle Probleme. Wenn der Naturprozess Entwicklung ist und das Zweckmässige nicht direkt durch den Schöpfer, sondern indirekt durch die Naturgesetze ausgelesen wird, dann begreift sich sehr gut die Gleichzeitigkeit zweckmässiger und unzweckmässiger Erscheinungen im Sonnensysteme; denn alsdann kann höchstens am Schlusse des Prozesses alles Unzweckmässige eliminiert sein. Es begreift sich aber alsdann gerade das sehr gut, was Schopenhauer auszusetzen fand: dass die Zweckmässigkeit nur eben die Stufe der Existenzfähigkeit erreicht; denn dieses liegt in der Natur der indirekten Auslese. Versteht man die Entwicklungslehre materialistisch, indem blinde Kräfte zufällig auch Zweckmässiges hervorbringen könnten, so erheben sich gegen sie alle Schwierigkeiten, die den Materialismus selbst treffen. Es besteht aber hierzu gar keine Nötigung, und der moderne Begründer der Entwicklungslehre ist weit davon entfernt, Materialist zu sein. Mehr noch: die Entwicklungslehre, von den Materialisten unverständigerweise als Beleg ihrer Weltanschauung gepriesen, steht damit in prinzipiellem Widerspruch; je höher die Naturprodukte in der Stufenleiter der Erscheinungen sind, desto weniger erlauben sie, die Stupidität zum Weltprinzip zu erheben.

Die Entwicklungstheorie lässt also in Ansehung unseres naturwissenschaftlich betrachteten Sonnensystems keinen unauflöslichen Rest übrig; d. h. die Lehre von der Anpassung ist selber die dem Sonnensysteme am besten angepasste Theorie. Der Rest, den diese Theorie nicht auflöst, ist kein naturwissenschaftlicher mehr, sondern ein metaphysischer: es ist das alte Problem vom Wesen der Kräfte und von der Quelle der Naturgesetze. Diese Quelle wird nur im allgemeinen charakterisiert, aber nicht bestimmt definiert durch die Erscheinungsthatsache, dass die Naturgesetze Produkte von so hoher Vollkommenheit und zwar in aufsteigender Linie erzeugen. Wenn also die Entwicklungstheorie keinen naturwissenschaftlichen Rest auf Seite der Erscheinungen lässt, so könnte ihre Anpassung an die Wirklichkeit höchstens insofern noch mangelhaft sein, dass der logische Inhalt der Theorie überschüssige Glieder enthielte. Dies wäre der Fall, wenn die Entwicklung des Sonnensystems bis zum Zustande des mechanischen Gleichgewichts auf einfachere Weise vor sich gegangen wäre, als es die Theorie voraussetzt. Es wäre logisch denkbar, dass das Gesetz der Gravitation das Zweckmässige direkt herbeiführte, statt Bildungen von unterschiedener Art zu gestalten, zwischen welchen erst indirekt ausgelesen wird. Aber davon abgesehen, dass manche Bahnveränderungen in der Kometenwelt dem direkt widersprechen, würde bei dieser Voraussetzung die Einheitlichkeit der Naturerklärung eine Einbusse erleiden; denn im organischen Gebiete herrscht unzweifelhaft indirekte Auslese, sodass also eine direkte Auslese im kosmischen Gebiete einen naturwissenschaftlichen Dualismus mit sich brächte. Sodann würde sich aus der Entwicklung des Kosmos ohne indirekte Auslese sofort wieder ein unerklärlicher Überschuss auf Seite der Erscheinungen ergeben, indem als reiner Zufall angesehen werden müsste, dass die Entwicklung des Zweckmässigen gerade bei der blossen Existenzfähigkeit Halt macht. Dagegen erscheint diese Grenzlinie als notwendig, sobald wir Entwicklung mit indirekter Auslese annehmen. Endlich kann aber Entwicklung ohne indirekte Auslese auch darum nicht gegeben sein, weil andernfalls alle Erscheinungen unseres Systems aus der blossen Gravitation ableitbar sein müssten, als der einzigen Kraft, welche den Mechanismus gestaltet hat. Dies ist aber nicht der Fall; gerade die merkwürdigste Erscheinung des Systems, der zweckmässige Abstand der Planeten, erklärt sich aus der Gravitation nicht: der nächste Paragraph wird dieses ausführlich erörtern.

Die indirekte Auslese des Zweckmässigen lässt sich in Ansehung des Sonnensystems auf verschiedene Weise nachweisen:

1. Auf induktivem Wege durch Beobachtung des Resultates,

das sich aus den wahrnehmbaren Bahnveränderungen ergiebt. In dieser Hinsicht sind wir an diejenigen Glieder des Systems verwiesen, die sich noch im Zustande progressiver Anpassung befinden: die Kometen. Die Beobachtung aber zeigt eine beständige Beseitigung des Unzweckmässigen, aus dem sich immer Störungen ergeben, was einer objektiven Zunahme des Zweckmässigen gleichkommt. Diesen Nachweis zu führen ist eine der Aufgaben der vorliegenden Schrift.

2. Auf deduktivem Wege, indem man die indirekte Auslese voraussetzt und die Veränderungen erforscht, die sich unter Voraussetzung dieses Prinzips ergeben müssten. Stimmen alsdann die theoretischen Folgerungen mit den Thatsachen der Wirklichkeit überein, ohne dass sich auf Seite dieser ein Überschuss ergiebt, so ist die Thätigkeit des vorausgesetzten Prinzips in hohem Grade wahrscheinlich. Nur durch indirekte Auslese aber scheint es sich zu erklären, dass die Glieder unseres Systems sich teilweise in konservativer Anpassung befinden (die Planeten), teilweise noch in progressiver (die Kometen). Wenn ferner einer der Begründer der Nebularhypothese, Laplace, zu dem Verlegenheitsausspruche sich genötigt sieht, dass die Kometen Fremdlinge des Systems seien, auch wenn sie rechtläufig sind, d. h. das räumliche Bewegungsmoment mit den Planeten teilen, so macht dagegen die indirekte Auslese sie zu einheimischen Gliedern, zu Bruchstücken der im Ausleseprozess beseitigten Planeten; es wird also ein für die Nebularhypothese vorhandener Überschuss der Wirklichkeit beseitigt, wenn wir noch Auslese stattfinden lassen, und der Erklärungsumfang der Nebularhypothese wird erweitert, ohne dass eine ¦weitere erklärende Kraft herbeigezogen werden müsste als die Gravitation.

Dieser Aufgabe habe ich mich anderweitig*) unterzogen. Der Zweck speziell des vorliegenden Kapitels aber war der, die indirekte Auslese zu beweisen.

3. Durch Vergleichung des im Sonnensysteme niedergelegten

---

*) Die Planetenbewohner und die Nebularhypothese. Leipzig 1880. Ernst Günthers Verlag.

Entwicklungsresultates mit den wahrnehmbaren Resultaten des organischen Entwicklungsprozesses. Es hat sich gezeigt, dass in beiden Gebieten, die Besonderheit der Objekte natürlich abgerechnet, identische Resultate vorliegen, was auf die Identität des wirkenden Prinzips, die indirekte Auslese, schliessen lässt. Wer an der Schale der Erscheinungen mit seinem Blicke hängen bleibt, wird freilich die Übertragbarkeit des Darwinismus auf die Astronomie schon darum nicht einsehen, weil Planeten keine Säugetiere sind; wer aber zum Kern der Sache durchdringt, wird auch einsehen, dass die ganze Terminologie des Darwinismus astronomisch verwertbar ist, soweit es die Objekte gestatten, also in Bezug auf Auslese und Anpassung.

4. Durch vergleichende Abschätzung des Prinzips der indirekten Auslese mit denjenigen anderen Prinzipien, auf welche die kosmische Zweckmässigkeit zurückzuführen noch versucht werden könnte. Der Theismus in seiner landläufigen Form und der Materialismus haben sich in dieser Hinsicht als unzulänglich erwiesen. Die Wissenschaft sucht nach natürlichen Kräften, und die Berufung auf transcendente Eingriffe ist nur ihre Bankerotterklärung. Nur derjenige Theismus steht also mit der Wissenschaft wenigstens nicht im Widerspruch, der die göttlichen Absichten durch die natürlichen Gesetze vollzogen werden lässt. Der Materialismus dagegen, bei welchem blinde Kräfte das Zweckmässige nur etwa so finden können, wie die blinde Henne ein Korn, nimmt das unwissenschaftliche Erklärungsprinzip des Zufalls an, der aber überhaupt nichts mehr erklärt, sobald es sich um eine aufsteigende Reihe zweckmässiger Veränderungen handelt. Der beständige Fortschritt liegt nicht im logischen Begriffe des Gesetzes, das ja auch im Chaos herrschen kann. Nun sehen wir aber aus chaotischen Nebeln feingegliederte Sonnensysteme entstehen, durch geologische Veränderungen die Möglichkeit des Lebens vorbereitet werden, im biologischen Prozesse immer höhere Lebensformen entstehen, und Vernunft und Moral als höchste Blüten der Kulturgeschichte. Kein Einsichtiger wird behaupten, dass mit der Erforschung der Gesetze aller dieser Veränderungen das Welträtsel gelöst wäre. Gesetze, deren Produkt eine beständige

Höherbildung ist, sind eben zielstrebige Gesetze. Hier hat also die Philosophie den Faden in die Hand zu nehmen, während der Naturforscher, der durch Aufdeckung der Gesetze seine Schuldigkeit allerdings glänzend gethan hat, als Mohr abzutreten hat.

Die Kritik des Sonnensystems führt also zu folgenden Ergebnissen hinsichtlich des zu erklärenden Objekts und des erklärenden Prinzips:

Das Objekt betreffend ergiebt sich, dass die vorliegende Welt das Resultat eines Entwicklungsprozesses ist, der nach natürlichen Gesetzen verläuft. Die gesetzmässig wirkenden Kräfte der Materie sind die einzigen Agentien, welche kosmisch, wie organisch, die Einzelgebilde hervorrufen. Wir brauchen aber noch ein treibendes Moment für den Fortschritt, der sich nicht aus den Kräften erklärt, sondern erst aus der Konkurrenz der von den Kräften hervorgerufenen Einzelgebilde. Von einer solchen Konkurrenz lässt sich aber im übertragenen Sinne in der Astronomie so gut reden, als es in der Linguistik bereits geschehen ist. In dieser Konkurrenz wird das Zweckmässige indirekt ausgelesen. Diese Auslese ist aber so wenig ein eigentliches wirkliches Agens als irgend ein Naturgesetz. Naturgesetze sind nur Vorstellungen, die wir uns von der gleichförmigen Wirkungsweise der wirklichen Agentien, nämlich der Naturkräfte, bilden. Veränderungen werden also niemals durch Gesetze, sondern nur durch Kräfte nach einem bestimmten Gesetze, d. h. in gleichförmiger Weise bewirkt. Die kosmische Kraft ist also die Gravitation, das kosmische Naturgesetz ist die indirekte Auslese des Zweckmässigen.

Es hat sich gezeigt, dass es in der Natur dieses Gesetzes liegt, nur das Minimum der Existenzfähigkeit zu erzielen, aber nicht das Maximum der Zweckmässigkeit. Dieses ist gleichwohl nicht pessimistisch im Sinne Schopenhauers auszulegen; vielmehr liegt in dieser beschränkten Zweckmässigkeit unseres Sonnensystems nur ein Fall jener *lex parsimoniae naturae*, die wir in allen Gebieten beobachten. Auf Grundlage der blossen Existenzfähigkeit unseres Systems sehen wir Gebilde hervorgerufen werden, welche kosmisch, organisch und geistig, in der Astronomie, Biologie und Geschichte, als eine aufsteigende Reihe von Erscheinungen sich darstellen, trotzdem auch in den beiden letzteren Gebieten nur indirekte Auslese waltet und nur eben die Existenzfähigkeit ihrer Produkte ergiebt. Wenn aber der biologische und geistige Fortschritt jedenfalls unsere Verwunderung und Bewunderung herausfordert, wie sollten wir die astronomische Grundlage dieses Prozesses pessimistisch auslegen dürfen?

In Bezug auf das Weltprinzip ergiebt die Kritik des Sonnensystems Folgendes: Es kann dieses Prinzip aus der empirischen Welt nur dunkel erkannt werden. Das letzte Wort der Naturwissenschaft ist das blinde Gesetz. Aber es ist unbestreitbar, dass dieses nicht das letzte Wort des Welträtsels sein kann. Das Naturgesetz ist selbst der Erklärung bedürftig. Es kann Gesetze ohne Fortschritt, ja, mit beständigem Rückschritt oder Kreislauf geben. Das Stück Welt, das wir überblicken, zeigt eine beständige Höherentwicklung. Diese Tendenz muss also im Gesetze liegen. Es kann in der Wirkung nicht mehr liegen, als der Anlage nach bereits in der Ursache liegt; wenn also der Entwicklungsgang unseres Systems anhebt mit dem chaotisch zerstreuten Nebel, und derzeitig abschliesst mit der Kulturgeschichte und ihren höchsten Blüten, Wissenschaft, Kunst und Moral, so muss der Keim dieser Blüten schon in der Ursache liegen, die Naturgesetze müssen irgendwie mit Intelligenz durchwebt gedacht werden. Die blinde Unvernunft kann nicht Vernunft hervorbringen, und da Vernunft ist, so kann die Unvernunft nicht Weltprinzip sein. Materialisten also können wir auf keinen Fall sein, sondern nur Theisten oder Pantheisten. Wenn aber der Materialismus, diese Grundquelle alles Barbarismus, überwunden ist, so ist es wenigstens vom praktischen Standpunkte aus ziemlich gleichgültig, ob wir Theisten oder Pantheisten, Dualisten oder Monisten sind. Auf Erkenntnis hin ist das Sonnensystem jedenfalls angelegt; für den Dualisten ist der Naturverlauf Erkenntnisprozess eines Objekts, für den Monisten Selbsterkenntnisprozess eines Subjekts. —

Wir können nunmehr zur Kritik der einzelnen Gruppen des Sonnensystems übergehen.

2. Der Mechanismus der Planeten.

Das friedliche Zusammenleben von Weltkörpern, die um ein gemeinschaftliches Anziehungscentrum kreisen, ist in erster Linie abhängig von der zweckmässigen Massenverteilung. Vor allem muss der Centralkörper gross genug sein, um sein zahlreiches Gefolge an sich zu ketten. Da wir nun in unserem Systeme ausser den acht grossen Planeten und ungefähr 200 Asteroiden noch zahlreiche Monde und eine ungeheure Anzahl von Kometen haben, und noch zahlreiche Meteoritenschwärme das Sonnensystem durchziehen, so ergiebt sich schon hieraus, dass die Masse der Sonne eine sehr bedeutende sein muss. Jupiter übertrifft die Masse der Erde 340, Saturn 102, Uranus 14 mal; die Sonne aber hat das Gewicht von 355 000 Erdmassen.

In einem andern Verhältnisse stehen die Volumina dieser Gestirne zu einander; ihr kubischer Inhalt ist abhängig von der Dichtigkeit ihrer Materie. Da Jupiter an Masse 340 mal, an Volumen aber 1491 mal die Erde übertrifft, so muss er weit weniger dicht sein als sie. Saturn hat den 772 fachen, Uranus den 86 fachen Inhalt der Erdkugel. Das Volumen der Sonne aber verhält sich zu dem der Erde wie 1 409 725 : 1. Der Durchmesser der Sonne beträgt etwa 190 000 Meilen. Denkt man sich die Erde im Mittelpunkte derselben, so würde unser Mond doch noch fast gleich weit von diesem, wie von der Oberfläche der Sonne entfernt stehen. Als ein Ball von dieser ungeheuren Grösse, im höchsten Stadium der Glut befindlich und umflutet von ihrer durch die heftigsten Orkane bewegten glühenden Wasserstoffatmosphäre: so rollt die Sonne, indem sie ihr zahlreiches Gefolge nach sich zieht, durch den Raum.

Wie die Planeten vermöge der überwiegenden Anziehungskraft der Sonne in Abhängigkeit von derselben verbleiben, so sind die Monde an ihre respektiven Planeten gekettet. Die Erde übertrifft 80 mal die Masse ihres Trabanten, Jupiter überwiegt 6000 mal die Masse seiner 4 Monde.

Die Planeten und Monde widerstehen dem mächtigen Zuge ihrer Centralkörper vermöge ihrer Fliehkraft, die, wenn allein wirkend, in der Richtung der Tangente ihrer Bahnen sie fortführen würde und daher auch Tangentialkraft genannt wird. Nur ein Planet, bei welchem Schwerkraft und Tangentialkraft sich gerade ausgleichen, kann die Sonne in einem sich gleich bleibenden Abstande umkreisen; jedes Überwiegen der Schwerkraft würde seine Vereinigung mit der Sonne, jedes Überwiegen der Tangentialkraft seine Entfernung aus dem Systeme herbeiführen. Könnten wir einem geworfenen Steine eine Wurfkraft erteilen, welche seine Schwerkraft ausgliche, so würde er seine Anfangsgeschwindigkeit dem Gesetze der Trägheit gemäss beibehalten, und — wenn wir von dem Widerstande der Atmosphäre absehen — als Planet die Erde umkreisen. Die Schwerkraft eines Körpers hängt aber nicht von seiner Masse, sondern von seinem Abstande vom Anziehungscentrum und der Masse dieses letzteren ab, sie nimmt mit der Annäherung zu, mit der Entfernung ab. Da nun die Planeten verschiedene Abstände haben, so müssen sie verschiedene Beträge von Tangentialkraft haben, um der Anziehung der Sonne zu widerstehen und in ihrer Bahn sich erhalten zu können, und zwar um so grössere Beträge, je näher sie der Sonne stehen. Nehmen wir also den Betrag der Tangentialkraft der Planeten als gegeben und feststehend an, so giebt es für jeden nur eine einzige Stelle, wo sie seiner Schwerkraft das Gleichgewicht hält. Der Betrag an Tangentialkraft drückt sich aber in der Bewegungsgeschwindigkeit aus; Sonnenabstand und Bewegungsgeschwindigkeit stehen daher in genau abgewogenem Verhältnisse zu einander. Die inneren Planeten bedürfen einer grösseren Tangentialgeschwindigkeit als die äusseren grossen Planeten; denn letztere haben vermöge grösserer Abstände ein relativ geringeres Gewicht, erstere aber sind, als dem Anziehungscentrum näher stehend, relativ schwerer. Der Abstand eines Planeten von der Sonne würde sich aber nur in der Kreisbahn gleich bleiben, in der Ellipse ist der Abstand, also auch die Schwerkraft, veränderlich; demgemäss sehen wir auch die Planeten nach dem zweiten Keplerschen Gesetze um so schneller sich bewegen, je mehr sie sich dem Perihelium nähern, um so langsamer, je mehr sie sich davon entfernen. In ihrem geringsten Sonnenabstande ist ihre Schwerkraft, aber auch ihre Tangentialgeschwindigkeit die grösste; im grössten Sonnenabstande verlieren sie an Gewicht, und ihre Geschwindigkeit ist die kleinste. Man ersieht daraus, dass das Newtonsche Gravitationsgesetz implicite schon in Keplers Entdeckung lag.

Es zeigt sich in dieser Weise, dass das Problem der Massenverteilung der Glieder eines Systems ein sehr kompliziertes ist, und dass nur ein solches System bestandesfähig ist, dessen Begleiter eine unveränderliche mittlere Entfernung vom Centralkörper besitzen. Aber auch noch einer andern Bedingung muss ein bestandesfähiges System Genüge leisten. Da nämlich die Planeten nicht nur von der Sonne angezogen werden, sondern auch gegenseitig sich anziehen, so muss die Massenverteilung eine solche sein, dass auch die gegenseitige Anziehung an den mittleren Entfernungen nichts ändert. Endlich ist auch noch das erforderlich, dass die Bahnen der Begleiter sich nicht kreuzen. Aber auch diese beiden Anforderungen finden wir. im Mechanismus des Planetensystems gewahrt.

Wenn nun unter dem Gesichtspunkte des Bisherigen die Frage nach der Zweckmässigkeit des Sonnensystems erörtert wird, so kommen wir zu dem Schlusse, dass der Mechanismus desselben ausserordentlich zweckmässig ist. Zwar hat die moderne Wissenschaft den Nachweis geführt, dass der ganze Weltraum mit einem widerstehenden Medium erfüllt ist, sodass also die mittleren Entfernungen der Planeten vom Standpunkte kosmischer Zeitlängen nicht mehr als unveränderliche Grössen angesehen werden können, sondern alle Sterne, wenn auch innerhalb unvorstellbarer Zeiten, mit ihrem Anziehungscentrum sich vereinigen müssen; aber dieser Nachweis berechtigt uns keineswegs, unsere Frage kurzweg in pessimistischem Sinne zu beantworten. Der Wert einer Maschine ist ganz unabhängig von der Unmöglichkeit eines perpetuum mobile, und in der kritischen Beurteilung unseres Sonnensystems ist lediglich nach dem Mangel oder Vorhandensein innerer mechanischer Widersprüche zu fragen. Der äussere kosmische Äther mag uns hindern, die Ewigkeit des Sonnensystems auszusprechen; aber davon wird der Zweckmässigkeitsgrad unseres Systems während seiner Existenzdauer nicht berührt.

Ist der Mechanismus des Sonnensystems ein zweckmässiger, und, wenn ja, ist seine mechanische Widerspruchslosigkeit eine vollkommene, oder nicht? Nur darum handelt es sich. Je nach dem Ausfalle der Antwort wird aber auch die Ursache charakterisiert sein, durch welche das Sonnensytem hervorgerufen wurde.

Wenn wir vorerst von den Kometen, Asteroiden und Meteoriten absehen, so lässt sich der Mechanismus des Sonnensystems mit einem Kunstwerke hohen Ranges vergleichen. Der grosse Feuerball der Sonne, als Gravitationscentrum, schreitet im Raume fort; um ihn sind die Planeten mit ihren Monden ohne Unterlass in wirbelnder Bewegung, und je eingehender ihre Bewegungsgesetze erforscht werden, desto mehr offenbart sich ihre Zweckmässigkeit. Die entfernteren Planetenbahnen schliessen die der Sonne näher gelegenen nahezu konzentrisch ein, und alle liegen fast in der gleichen Ebene. Obwohl ferner die Materie aller dieser Weltkörper mit der Eigenschaft der Schwere behaftet ist, und dieselben nicht nur gegen die Sonne, sondern auch gegeneinander gravitieren und gegenseitige Störungen d. h. Abweichungen von der regelmässigen Bahn hervorrufen, gleichen sich doch diese Störungen immer wieder aus. Die periodischen Störungen sowohl, welche nur den Ort der Planeten auf ihrer Bahn betreffen, also die Bewegungsgeschwindigkeit beeinflussen, als auch die säkularen Störungen, welche die Bahn selbst verändern, also eine förmliche Umwälzung herbeiführen würden, wenn sie in der Wiederholung sich summierten, schwanken beide nur innerhalb enger Grenzen auf und ab, sie wachsen nicht in der gleichen Richtung an. Das ganze Sonnensystem ist wiederum von den nächsten Fixsternen durch so weite Zwischenräume getrennt, dass es als von diesen isoliert betrachtet werden kann.

Eine hohe Zweckmässigkeit ist auch bezüglich der Bahnformen zu bemerken. Alle Planeten bewegen sich in Ellipsen; aber die Excentricität dieser Ellipsen, d. h. der Betrag, in welchem dieselben von der Kreisbahn abweichen, ist nicht bei allen gleich. Grosse Massen würden bei grosser Excentricität wegen ihrer bedeutenden Anziehungskraft Störungen verursachen, welche die Stabilität des Systems unbedingt gefährden würden. Hätte z. B. Jupiter die

Excentricität der Pallas, so würde er den inneren Planeten näher kommen und dieselben in einer Weise stören, dass sie, je nachdem hierdurch ihre Schwerkraft oder Centrifugalkraft vermehrt würde, entweder in die Sonne stürzen oder immer weiter sich von ihr entfernen würden; denn Jupiter übertrifft dreimal die Masse der übrigen Planeten zusammen genommen. Anders bei kleinen Massen: Solche könnten beträchtliche Excentricitäten besitzen, ohne doch bei ihrer geringen Anziehungskraft bedeutende Störungen zu verursachen.

In der That ist nun im Planetensysteme die Anordnung getroffen, dass grosse Massen geringe, kleine Massen grosse Excentricitäten besitzen. An sich betrachtet müssen sehr excentrische Bahnen, da sie zu bedeutenden Störungen Anlass geben können, als gefahrdrohend angesehen werden, und wir finden im Sonnensysteme alle Bahnarten vertreten, von den fast kreisförmigen an bis zu den ovalen und endlich den langgestreckten Ellipsen; aber auf den ersteren sind die Körper von grossen Massen einzutragen, auf den letzteren die von geringster Masse. Merkur und Mars sind die kleinsten der acht Hauptplaneten und besitzen die grösste Excentricität. Auffallender noch ist der Zusammenhang zwischen kleinen Massen und grossen Excentricitäten bei den Asteroiden, noch mehr aber bei den Kometen. So werden also die an sich gefahrdrohenden Bahnen von ungefährlichen, weil geringmassigen Körpern beschritten, die normalen, gefahrlosen Bahnen aber von grossmassigen. Gefährliche Bahnelemente und materielle Gefährlichkeit der auf ihnen wandelnden Gestirne schliessen sich gegenseitig aus. Was materiell gefährlich ist, bewegt sich gefahrlos; was dagegen gefährlich sich bewegt, ist materiell gefahrlos. Aber es liegt in der Natur der Dinge, dass in jedem kosmischen Entwicklungsprozesse solche Zustände mit der Zeit sich einstellen müssen. Jeder unzweckmässige Zustand ist ein unhaltbarer Zustand, in welchen sofort die indirekte Auslese eingreift. Wenn also in einem früheren Stadium materielle Gefährlichkeit und gefährliche Bahnelemente sich nicht ausschlossen, so konnte sich ein solcher Zustand nicht lange erhalten. Ohne Zweifel waren im Beginne der Entwicklung solche Verhältnisse mehrfach gegeben, und die Perturbationen der damals sehr zahlreichen Planeten mussten sehr bedeutend gewesen sein. Aber die gestörten Planeten mussten unvermeidlich entweder zu Grunde gehen oder wenigstens in andere Bahnen gerückt werden. Jede dieser sich zahlreich wiederholenden Eventualitäten kam aber nur wieder einem Schritte weiter zur harmonischen Gestaltung des Systems gleich; jede beseitigte wiederum einen unzweckmässigen Fall, und so fand eine objektive Zunahme des Zweckmässigen statt. Schliesslich aber, vielleicht nach mehrfachen Umwälzungen und nachdem zahlreiche Planeten von der Sonne wieder aufgesogen oder in langgestreckte Bahnen geworfen — auf welchen sie sich, wie wir später sehen werden, in Kometen und Meteoritenschwärme verwandelten — oder endlich ganz aus dem Sonnensysteme gedrängt waren, nachdem also durch weite Abstände und zweckmässige Massenverteilung die Bedingungen des Bestandes erreicht waren, konnten die überlebenden Planeten — und dieses waren ohne Zweifel die grössten, während die kleineren, welche den beträchtlichen Störungen von Seite dieser grösseren ausgesetzt waren, ausgeschieden wurden — sich ungestört weiter entwickeln, und Zustände konnten sich auf ihren Oberflächen einstellen, wobei vielleicht die Entstehung lebender Wesen möglich war. Solche Wesen müssen daher den zweckmässigen Zustand des Systems immer bereits vorfinden, der ihre Bewunderung nur darum erregt, weil sie von den früheren Stadien nichts wissen und das Resultat derselben, den zweckmässigen Zustand, für den von jeher bestandenen halten, wobei sie folgerichtig die allmählich geschehene indirekte Auslese durch eine einmal geschehene direkte Auslese ersetzen. Es ist aber an der genügenden Tragweite des natürlichen Erklärungsprinzips um so weniger zu zweifeln, als die empirisch gegebene Anordnung keineswegs als die einzig mögliche angesehen werden darf, sondern auch in anderer Massenverteilung ein System von gleicher Bestandesfähigkeit sich herstellen liesse.

Der hohe Grad mechanischer Zweckmässigkeit unseres Systems kann nur angesehen werden als das Resultat eines sehr langen Entwicklungsprozesses; je vollkommener eine Anpassung gegeben ist, desto länger muss das die indirekte Auslese des Zweckmässigen besorgende Prinzip in Thätigkeit gewesen sein. Daraus allein schon geht hervor, dass wir unserem Systeme ein sehr hohes Alter zuzuschreiben haben, — ein Schluss, den auch die später zu erörternden wahrnehmbaren Anzeichen des Verfalls bestätigen.

Würde die Anziehungskraft lediglich der Sonne zukommen, und wäre sie nicht eine allgemeine Eigenschaft der Materie, so würde das Sonnensystem anders geordnet sein, als es ist. Es würden die Planeten in Kreisbahnen sich um die Sonne bewegen, und ihre Bahnen würden in derselben Ebene liegen, durch welche wir uns die Sonne am Äquator durchschnitten denken können. Das Sonnensystem würde sich daher auf einem Blatte Papier planimetrisch darstellen lassen. Aber die Schwerkraft wirkt auch zwischen den Planeten unter sich, und daraus resultieren verschiedene Unregelmässigkeiten: Die Planeten bewegen sich in kurzen Ellipsen von verschiedener Excentricität, in deren einem gemeinschaftlichen Brennpunkte die Sonne liegt; ihre Bahnen liegen ferner nicht in der äquatorealen Ebene der Sonne, sondern sind gegen diese sowohl, wie gegen einander etwas geneigt. Diese Unregelmässigkeiten schwanken endlich beständig, wenn auch nur innerhalb enger Grenzen, auf und ab. So lässt sich also das Sonnensystem nicht planimetrisch, sondern nur stereometrisch darstellen.

Die Gesetze Keplers entsprechen den Bewegungen der Planeten, wie sie wären, wenn die Anziehung der Sonne allein sie bestimmen würde, und daraus allein schon, dass Kepler diese Gesetze entdecken konnte, ergiebt sich, dass die Abweichungen nur gering sein können. Gegenüber dem mächtigen Zuge der Sonne, dem die Planeten gehorchen, kommt ihre gegenseitige Anziehung um so weniger in Betracht, als dieselben von sehr geringer Masse sind, während ihre gegenseitigen Abstände relativ sehr gross sind; da nun gegeneinander gravitierende Körper im geraden Verhältnisse ihrer Massen, aber im umgekehrten Verhältnisse des Quadrats der Entfernung sich anziehen, so können sich die Planeten nur in geringem Grade von der regelmässigen Bahn gegenseitig abziehen.

Die bedeutendste säkulare Änderung, welche das gegenseitige Gravitieren der Planeten hervorruft, besteht darin, dass die Planetenbahnen um die Sonne sich drehen, d. h. dass die grossen Achsen der Ellipsen nicht immer die gleiche Richtung beibehalten, sondern mit jedem Umlauf die Lage ändern, sodass sie, im Brennpunkte der Ellipse gleichsam festgenagelt, allmählich um denselben herumgeführt werden. Diese Bewegung ist übrigens so langsam, dass bei keinem Planeten weniger als 20000 Jahre erforderlich sind, um den ganzen Umkreis einmal zu vollenden.

Die Excentricitäten der Planetenbahnen sind veränderlich, nähern sich der Kreisform und entfernen sich wieder von derselben; die Neigungen der Planetenbahnen gegen die Ebene der Erdbahn — Ekliptik — wachsen und nehmen ab; die Knoten, d. h. die Punkte, in welchen die Planeten die Erdbahn aufsteigend und absteigend durchschneiden, sind beweglich, und die Linie, welche den aufsteigenden Knoten mit dem absteigenden verbindet, wechselt langsam ihre Lage. Als Newton diese Folgen der gegenseitigen Einwirkung der Planeten aufeinander erkannte, wurde er zweifelhaft darüber, ob unser System die Bedingungen einer ewigen Dauer in sich enthalte; erst Laplace hat gefunden, dass ein Element von diesen Störungen unberührt bleibt: die grossen Achsen der Bahnen und die nach dem dritten Gesetze Keplers damit zusammenhängenden Umlaufszeiten der Planeten unterliegen nur geringen periodischen Änderungen, ihre mittleren Werte können daher als konstante Grössen betrachtet werden. Die Störungen gleichen sich also immer wieder aus, und das Sonnensystem oscilliert nur um einen mittleren Zustand.

Eine andere Besorgnis wurde hervorgerufen, als Halley erkannte, dass in der Bewegung Jupiters eine beständige Verlangsamung, bei Saturn eine beständige Beschleunigung stattfinde. Laplace erkannte aber, dass auch diese Störung in eine Periode von 930 Jahren eingeschlossen sei. Seit dem Jahre 1562 wird die Bewegung Jupiters verlangsamt, die Saturns beschleunigt, und sofort bis zum Jahre 2027, von dem ab das Gegenteil eintreten und bis 2492 andauern wird, worauf der Cyklus von neuem beginnt. Fände ein beständiges Anwachsen dieser Störung statt, so würden die grossen Achsen dieser Planetenbahnen verkürzt, beziehungsweise verlängert werden, d. h. der eine würde schliesslich in die Sonne stürzen, der andere unser System verlassen.

Der Grund dieser auffallenden Störung liegt darin, dass die Umlaufszeiten dieser beiden Planeten sehr nahe in einem rationalen Verhältnisse stehen, d. h. welches sich durch zwei ganze Zahlen ausdrücken lässt. Jupiter umkreist die Sonne in $4332^3/_5$, Saturn in $10759^1/_5$ Tagen; die Umlaufszeiten verhalten sich demnach nahezu wie $2:5$, oder genauer wie $29:72$. Ebenso verhalten sich die Umlaufszeiten der Erde und der Venus nahezu wie $13:8$, und hieraus entspringt eine Störung, die sich innerhalb 239 Jahren ausgleicht; die Umlaufszeiten der Erde und Merkurs verhalten sich nahezu wie $1:4$, und es entspringt daraus eine Störung von 7 jähriger Periode. Stünden aber die Geschwindigkeiten, womit diese Planeten umlaufen, in einem kommensurabeln Verhältnisse, d. h. liessen sie sich genau durch ganze Zahlen ausdrücken, so würden gewisse Lagen dieser Weltkörper zu einander nahe in der gleichen Art einander folgen müssen; die daraus sich ergebenden Störungen würden daher sich nicht periodisch ausgleichen, sondern im gleichen Sinne stetig anwachsen, und die Harmonie des Sonnensystems würde zerstört, indem der eine der in solcher Beziehung stehenden Planeten sich mit der Sonne vereinigen, der andere aus dem Systeme ausgeschieden werden würde.

Es gilt aber diese Inkommensurabilität der Umlaufszeiten für alle Körper unseres Systems, es giebt nicht zwei Planeten, deren Umlaufszeiten sich genau wie .ganze Zahlen verhalten; auf diesem numerischen Verhältnisse, dessen Einfachheit der Einrichtung einen beinahe zufälligen Charakter giebt, beruht es, dass die aus dem gegenseitigen Gravitieren der Planeten entspringenden Störungen in der Wiederkehr sich nicht stetig summieren, sondern innerhalb verschiedener Perioden sich immer wieder ausgleichen. Es ergiebt sich daraus, dass, wenn bei der Bildung des Sonnensystems ein Planet abgetrennt wurde, der mit einem der früheren eine rationale Umlaufszeit besass, diese beiden Körper durch Wiedervereinigung mit der Sonne, beziehungsweise Entfernung von derselben, eliminiert werden mussten.

Die Tangentialkraft eines Planeten ist das Produkt der Rotationsgeschwindigkeit des Mutterkörpers; diese Rotationsgeschwindigkeit ist das Produkt der zunehmenden Verkürzung der Rotationsachse, und diese Verkürzung ist das Produkt des Gravitierens der Atome. So ruft also die Gravitation in einem gegebenen Moment immer ihren Gegensatz, die Fliehkraft, hervor. Wenn es nun aber im Wesen dieser Gravitation durchaus nicht liegen kann, nur in solchen Augenblicken in Fliehkraft umzuschlagen, wenn für den hierdurch abgelösten planetarischen Ring eine irrationale Umlaufszeit gegeben wäre, so folgt daraus, dass — wie bereits kurz erwähnt — gerade die merkwürdigste Erscheinung des Planetensystems, nämlich die auf der Irrationalität der Umlaufszeiten beruhende Zweckmässigkeit der Planetenabstände, sich nicht aus der Gravitation allein erklärt; und doch wissen wir, dass diese Gravitation die einzige Kraft ist, auf welcher die mechanischen Veränderungen des Sonnensystems beruhen können. Es bleibt also nur der Ausweg übrig, diese zweckmässigen Planetenabstände aus der Thätigkeitsform der Gravitation zu erklären. Es wird sich auch in dieser Untersuchung wieder ergeben, dass die Gravitation in der Form der indirekten Auslese thätig ist.

Newton, der Entdecker des Gravitationsgesetzes — das übrigens schon bei Hooke, Borelli, Kepler, ja schon bei Plutarch sich angedeutet findet — sagte ausdrücklich, dass die Abstände der Planeten und ihre Bahnen gegeben sein müssten und aus den Prinzipien der Gravitation sich nicht erklären liessen. Das Verharren der Planeten in ihrem Sonnenabstande ist der Gravitation nicht nur fremd, sondern widerstreitet ihr, d. h. es beruht auf der Tangentialkraft, deren Richtung senkrecht auf der Richtung der Schwerkraft steht. Beide Kräfte kombinieren sich in der elliptischen Bahn. Der Betrag von Tangentialkraft eines Planeten drückt sich in seiner Bewegungsgeschwindigkeit aus. Je mehr Schwerkraft vorhanden ist, desto grösserer Tangentialgeschwindigkeit bedarf es, diese zu überwinden. Da nun die Schwerkraft mit dem Quadrate der Entfernung vom Anziehungscentrum abnimmt, müssen die Tangentialgeschwindigkeiten der Planeten, wenn diese ihren Abstand beibehalten sollen, um so grösser sein, je näher sie der Sonne stehen. Dies ist auch der Fall, und nach dem gleichen Gesetze ist die Bewegung eines Planeten schneller in seinem Perihel, als in seinem Aphel. Der Sonnenabstand wird also durch dieselbe Ursache bestimmt, welche ihm den ihm nötigen Betrag von Tangentialgeschwindigkeit erteilte, und dieser Betrag ist für jeden Planeten ein anderer, nach Massgabe seiner Entfernung.

Demnach wird die Schwerkraft eines Planeten aus der Geographie des Sonnensystems erkannt, d. h. sie hat eine sichtbare Ursache, den Sonnenball; die Tangentialkraft dagegen hat eine unsichtbare Ursache, deren Erforschung nur aus der Geschichte des Sonnensystems möglich ist. Darum kann auch nicht eigentlich von einer Tangentialkraft geredet werden; denn wir erkennen in der Bewegungsgeschwindigkeit eines Planeten lediglich die vermöge des Gesetzes der Trägheit erhalten gebliebene Wirkung eines Stosses, der den Planeten in der Richtung der Tangente ihrer Bahnen ursprünglich erteilt wurde.

Den ersten Versuch nun, diese Geschichte des Sonnensystems zu erforschen, hat Kant gemacht, und Laplace hat diesen unter dem Namen Nebularhypothese bekannt gewordenen Versuch erneuert. Diese Hypothese fusst auf zwei Erscheinungsthatsachen: auf der räumlichen Bewegung der Planeten und auf ihrer zeitlichen Bewegung, d. h. auf ihrer Bewegungsgeschwindigkeit. Die Thatsache der räumlichen Bewegung besteht darin, dass alle Planeten und Monde sich in der gleichen Richtung von West nach Ost bewegen, in eben dieser Richtung um ihre Achse sich drehen, und dass beide Bewegungsrichtungen, Revolution und Rotation, mit der Rotationsrichtung des Sonnenballs zusammenfallen. In der gegenwärtigen Gestaltung des Sonnensystems lässt sich durchaus keine Ursache für die Gemeinschaftlichkeit aller dieser Bewegungsrichtungen erkennen; es muss also, als diese Ursache thätig war und alle diese Körper gemeinschaftlich umfasste, das Sonnensystem eine andere Gestaltung gehabt haben.

Die Thatsache der zeitlichen Bewegung besteht darin, dass jeder Planet gerade die Tangentialgeschwindigkeit hat, welche an dem Orte, wo er steht, nötig ist, um die Schwerkraft zu überwinden oder vielmehr sich mit ihr zu einer elliptischen Bewegung zu kombinieren. Bei geringerer Geschwindigkeit würde der Planet in die Sonne stürzen, bei grösserer davonfliegen. Nimmt man den Ort des Planeten als gegeben an, so giebt es für jeden nur einen ganz bestimmten Betrag von Geschwindigkeit, wenn diese mit der Schwerkraft sich ausgleichen soll, — und jeder Planet besitzt gerade den ihm nötigen Betrag. Nimmt man dagegen die Geschwindigkeit als gegeben an, so giebt es für jeden Planeten nur einen Ort oder Sonnenabstand, wo diese Geschwindigkeit mit der Schwerkraft sich ausgleicht, — und jeder Planet steht gerade an diesem Orte. Demnach muss es eine und dieselbe Ursache gewesen sein, welche den Planeten ihren Ort erteilte und ihre Geschwindigkeit regelte. Aber auch diese Ursache ist aus der derzeitigen Gestaltung des Systems nicht zu erkennen; auch sie kann daher nur aus der Entstehungsgeschichte des Systems erkannt werden.

So haben wir also zwei Erscheinungsthatsachen, deren Ursachen in der Vergangenheit liegen; beide beweisen, dass das System ehemals ein anderes Ansehen hatte. Ein beliebiges Phantasiebild dieses früheren Ansehens zu entwerfen, geht nicht an; die Einheitlichkeit des Kosmos erfordert, dass wir irgend ein in der Fixsternwelt empirisch gegebenes Vorbild suchen, aus welchem sich nach den uns bekannten Gesetzen der Materie die jetzige Gestaltung unseres Systems ableiten lässt. Da nun Kant ein solches Vorbild empirisch nicht kannte, müssen wir umsomehr sein Genie bewundern, das ihn ein solches zu erschliessen befähigte, wie es nachträglich entdeckt wurde. Er schloss nämlich auf ein Gebilde, wie es heute unter dem Namen der Nebelsterne bekannt ist, bei welchen die künftigen Planeten nur der Materie nach gegeben sind, in Form eines kosmischen Nebels, in dessen Mitte sich der Lichtkern als Embryo der künftigen Sonne verrät. Wenn ein solcher Lichtkern samt der ihn umgebenden Nebelhülle um seine Achse rotiert, so wird alles weitere von der Gravitation besorgt: der Nebel verdichtet sich immer mehr, sein Durchmesser wird verkürzt, wodurch nach physikalischen Gesetzen seine Achsendrehung immer mehr und schliesslich bis zu dem Grade beschleunigt wird, dass zunächst für die äusserste Zone des Nebeläquators die Schwerkraft überwunden wird; es löst sich ein Ring von demselben ab, der an der weiteren Verdichtung der Muttermasse nicht mehr teilnimmt. In der Wiederholung dieses Prozesses erhalten wir schliesslich einen Sonnenkörper, welchen konzentrische Ringe von gleicher Bewegungsrichtung umgeben. So haben wir von den zwei gesuchten Momenten der Bewegung zunächst das räumliche.

Die Achsendrehung der Muttermasse ist es, welche jeden Ring gerade an dem Orte und in dem Augenblicke zurückbleiben liess, als die Tangentialkraft der Schwerkraft gerade das Gleichgewicht hielt. Indem alsdann die Ringmaterie um einen Verdichtungskern sich anlagert und von demselben schliesslich aufgesogen wird, gestaltet sie sich zu Planeten von übereinstimmender Rotationsrichtung, die dann ihrerseits wieder Mondringe abtrennen.

Die Bewegungsgeschwindigkeiten der Planeten sind also identisch mit den successiven Rotationsgeschwindigkeiten der Sonne selbst, welche in der Verkürzung ihres Durchmessers immer schneller um ihre Achse rotierte, und da die Planetenabtrennung eben die Wirkung dieser Verkürzung ist, so begreift sich, dass die Geschwindigkeiten der Planeten um so grösser sind, je näher sie der Sonne stehen; es hatte sich eben im gleichen Masse die Rotationsgeschwindigkeit der Sonne vermehrt. Wenn ferner die Planeten nur zurückgelassene Teile des sich successive zusammenziehenden Sonnenkörpers sind, so begreift sich auch, warum jeder gerade die seinem Sonnenabstande entsprechende Tangentialgeschwindigkeit hat. Er hat sie eben, weil es dieselbe Bewegungsgeschwindigkeit ist, welche die Sonne selbst, als sie noch bis zur jetzigen Bahn dieses Planeten ausgedehnt war, als Rotationsgeschwindigkeit besass. Damit ist auch das zeitliche Moment in der Bewegung gefunden, und zwar die gesuchte gemeinschaftliche Ursache, welche die Bewegungsgeschwindigkeit des Planeten und seinen Sonnenabstand bestimmte. An welchem Orte immer ein sich zusammenziehender Nebel einen planetarischen Ring zurücklassen mag, immer wird derselbe gerade die diesem Orte entsprechende Tangentialkraft haben, weil eben diese im Umschwung des Nebels sich steigernde Tangentialkraft selber die Ursache der Abtrennung des Planeten ist. Die Revolutionszeit eines jeden Planeten war unmittelbar vor seiner Abtrennung noch Rotationszeit des damals noch bis zu diesem Planetenabstand ausgedehnten Sonnenballs.

Wenn also die Sonne morgen einen neuen Planeten abtrennen würde, so wäre seine Bewegungsgeschwindigkeit die, welche heute noch am Äquator die äusserste Schicht der Sonnenatmosphäre als Rotationsgeschwindigkeit besitzt, und gerade soviel Materie der Sonne, als heute diese Geschwindigkeit in der Achsendrehung hat, würde morgen als planetarischer Ring abgelöst sein. An den Sonnenflecken bemerken wir nun, dass sich die Sonne jetzt innerhalb $25^{1}/_{2}$ Tagen um ihre Achse dreht; demnach würde die Revolutionsgeschwindigkeit eines solchen Planeten, d. h. also sein Jahr, ebenfalls $25^{1}/_{2}$ Tage betragen. Das irdische Jahr beträgt 365 Tage; also vollzog die Sonne, als sie noch so gross war, dass sie die Erdbahn ausfüllte, eine Achsendrehung innerhalb 365 Tagen.

So erklärt also die Nebularhypothese die räumliche und die zeitliche Bewegung der Planeten, welche beide unerklärlich wären, wenn die Glieder des Systems auf irgend eine andere Weise durch das Gravitationsgesetz zusammengeführt worden wären. Nun wurde aber oben erwähnt, dass die merkwürdigste Erscheinung des Planetensystems, nämlich der zu den Bewegungsgeschwindigkeiten der Planeten passende Sonnenabstand derselben, ohne indirekte Auslese des Zweckmässigen unerklärlich sei, während diese ganze Darstellung zu beweisen scheint, dass bei der Herstellung dieser Zweckmässigkeit keine indirekte Auslese stattgefunden habe. Aber es scheint auch nur so auf den ersten Blick. Durch die Nebularhypothese wird die indirekte Auslese keineswegs entbehrlich gemacht; denn diese Hypothese erklärt nur die zweckmässigen Abstände der Planeten von der Sonne, während die Harmonie des Systems noch mehr erfordert, nämlich auch noch die richtigen Abstände der Planeten untereinander. Die Schwerkraft wirkt nicht nur zwischen der Sonne und jedem einzelnen Planeten, sondern auch zwischen diesen untereinander; demnach wird das harmonische Verhältnis, welches zwischen der Sonne und jedem einzelnen Planeten nach der Nebularhypothese hergestellt wurde, von allen übrigen Planeten beständig gestört. Die thatsächliche Harmonie unseres Systems beruht also auf mehr Bedingungen, als sich aus der Nebularhypothese ableiten lassen; es muss also diese Hypothese noch ergänzt werden durch einen Prozess, welcher auch die gegenseitige Harmonie der Planeten begründete. Dies erscheint um so nötiger, als dieselbe gleichsam nur an einem Haare hängt: es ist in der That so, wie Schopenhauer in seinem oben erwähnten Ausspruche sagt, dass diese Harmonie nur von „zufälligen Umständen, nämlich zumeist vom irrationalen Verhältnis der Umlaufszeiten zu einander" abhängt. Zufällig ist nun dieser Umstand allerdings, aber nur in Ansehung der Nebularhypothese, die ihn nicht erklärt, also einen Überschuss auf Seite der Wirklichkeit lässt. Die Aufgabe besteht also darin, die Nebularhypothese — welche, da sie so vieles erklärt, gewiss richtig ist — zwar beizubehalten, aber doch diejenige Korrektur an ihr vorzunehmen, welche diesen Überschuss tilgt, wodurch also ihre Anpassung an die Wirklichkeit erhöht und der scheinbar zufällige Umstand irrationaler Umlaufszeiten in einen notwendigen verwandelt wird; und zwar soll dieses geschehen, ohne dass noch eine neue Kraft zu der Gravitation hinzugefügt wird, weil diese die einzige ist, welche das mechanische Gleichgewicht des Sonnensystems begründet. Diesen Bedingungen wird genügt, wenn wir in die Nebularhypothese noch den Prozess einer indirekten durch die Gravitation besorgten Auslese einschieben.

Die Astronomie lehrt nämlich, dass diejenigen Planeten durch ihre gegenseitige Anziehung sich am meisten stören, deren Umlaufszeiten nahezu rational sind, d. h. sich wie zwei ganze Zahlen verhalten. Wäre dieses rationale Verhältnis ganz erreicht, so würde das zur Auflösung des Systems führen; da es nur nahezu besteht, so gleichen sich diese Störungen in ihrer Wiederholung wieder aus. So zwischen Jupiter und Saturn, Erde und Venus, Erde und Merkur. Nun hat das Sonnensystem mehr als zweihundert Planeten, und doch finden sich keine rationalen Umlaufszeiten, sondern nur solche, deren Verhältnis nur durch Bruchteile ganzer Zahlen sich ausdrücken lässt. Wollte man diese an einem Haare hängende Harmonie aus der blossen Nebularhypothese ohne indirekte Auslese erklären, so käme das der Behauptung gleich, dass der gesetzmässige Naturverlauf direkt auf das Zweckmässige zusteuere, dass also die Sonne bei der allmählichen Verkürzung ihres Durchmessers einen Ring immer nur in dem Augenblicke zurückliess, wenn es ohne üble Folgen für das System geschehen konnte, also wenn ihre jeweilige Äquatorschicht gerade eine Umdrehungsgeschwindigkeit besass, welche mit keiner Umlaufsgeschwindigkeit der früher abgetrennten Planeten in einem rationalen Verhältnis stand, dass hingegen Pausen in der Abtrennung eintraten, so oft ein rationales Verhältnis bestand. Statt die Sonne in dieser Weise gleichsam mit einem mathematischen Erinnerungsvermögen auszustatten, ist es gewiss zulässiger, den Abtrennungsprozess so oft eintreten zu lassen, als die Ursache dazu in der Sonne selbst lag, und die gegenseitige Harmonie der Planeten aus einer indirekten Auslese irrationaler Umlaufszeiten, die nachträglich eintrat, zu erklären.

Dadurch wird zudem die kosmische Entwicklungslehre in Analogie gebracht mit der biologischen, wo ebenfalls das Passende nur ein Überlebendes ist, während das weniger Passende durch den Ausjätungsprozess beseitigt wird. Es ist aber durchaus nicht nötig, sich die kosmische Auslese so vorzustellen, dass ursprünglich eine ungeheure Anzahl von Planeten bestand, die so lange mit den Köpfen gegeneinander rannten, bis nur wenige harmonische übrigblieben. Eine solche „Rempeltheorie" aufgestellt zu haben, hat mir zwar ein geistreich sein wollender Kritiker einst vorgeworfen, aber damit eben nur seine Vorstellung der kosmischen Auslese bezeichnet; denn aus Störungen ergeben sich zwar immer Bahnveränderungen, aber nur in den seltensten Fällen Zusammenstösse. Gerade indem wir die Analogie mit dem biologischen Prozesse festhalten, müssen wir uns vorstellen, dass die der kosmischen Auslese vorausgehenden Störungen schon durch die Ringe verursacht wurden, dass also schon die Keime künftiger Planeten von rationalen Umlaufszeiten beseitigt wurden, wie auch in der Biologie der Ausjätungsprozess nicht erst die ausgewachsenen Individuen betrifft, sondern schon die Keime. In unserem Systeme findet sich nur ein Exemplar solcher Planetenkeime, gleichsam ein kosmisches Petrefakt: die Ringe des Saturn. Aus der Analyse derselben muss also die kosmische Auslese sich begründen lassen, wenn eine solche überhaupt stattfindet:

Wenn ein um seine Achse rotierender Körper vermöge seiner beständigen Verdichtung auch beständig an Rotationsgeschwindigkeit zunimmt, so muss auch die Verkürzung seiner Achse und die Abtrennung äquatorealer Ringmaterie beständig vor sich gehen, und es kann nicht wohl angenommen werden, dass er nur manchmal unter Zurücklassung eines grossen Ringes ruckweise sich zusammenzog. Wenn die Ursache beständig ist, muss es auch die Wirkung sein. Dann aber müsste auch ein ununterbrochener Zusammenhang zwischen dem Lichtkern eines Nebels und seiner zurückgelassenen Ringmaterie vorhanden sein; nachträglich aber müsste dieser Zusammenhang unterbrochen werden durch die Beseitigung derjenigen konzentrischen Ringzonen, deren Umlaufsgeschwindigkeiten rational wären. So würde die ganze breite Ringzone in eine Mehrzahl konzentrischer Ringe zerfallen, die durch leere Zwischenräume getrennt wären. Dies ist nun aber in der That das Bild, welches die Ringe des Saturn bieten, von welchen man in der Regel in der Zweizahl redet, weil eine sehr deutliche Trennungslinie zwischen ihnen sich bemerklich macht. Sorgfältige Beobachtungen haben aber ergeben, dass solche Tennungslinien in grösserer Anzahl vorhanden sind, und zwar eben dort, wo, wenn sie ausgefüllt wären, die Umlaufsgeschwindigkeiten in einem rationalen Verhältnisse stünden zu der eines der acht Monde, von welchen Saturn ausserdem noch begleitet ist. Zwar konnte nicht konstatiert werden, dass diese sekundären Trennungslinien den ganzen Ring durchziehen, aber dieses liegt wohl nur daran, dass das Ringsystem nicht senkrecht auf unserer Gesichtslinie steht, sodass nur die breite Haupttrennungslinie in ihrer ganzen Ausdehnung gesehen wird. Ferner hat man in neuerer Zeit ein Anwachsen des innersten Ringes in der Richtung gegen Saturn bemerkt. Da nun aber Saturn durch einen bedeutenden Zwischenraum von dieser innersten Ringgrenze getrennt ist, so lässt sich dieses Anwachsen nicht so deuten, als würde über diesen Zwischenraum hinüber neue Materie des Saturn sich dort anlagern. Vielmehr muss nach obigem der Zusammenhang der Ringe mit dem Saturn vorbehaltlich einiger Trennungsstriche ununterbrochen sein, der Zwischenraum also in Wirklichkeit gar nicht bestehen, und nur die Sichtbarkeitsgrenze dieser Materie kann es sein, welche in der Richtung gegen Saturn beständig vorgeschoben wird. Es erklärt sich dieses aus der zunehmenden Abkühlung des Planeten, der sich noch im Zustande des Selbstleuchtens befindet, wie überhaupt die grösseren Planeten. So entstehen auch bei der Abkühlung unserer Luftschichten sichtbare Nebel, deren Materie nicht neu gebildet, sondern eben nur durch grössere Verdichtung sichtbar wird.

Saturn besitzt nun ein Ringsystem, dessen Breite einschliesslich des trennenden Hauptspaltes 46 000 Kilometer beträgt; und wenn alle beobachteten sekundären Teilstriche den ganzen Ring durchziehen sollten, so würden etwa 30—40 konzentrische Ringe vorhanden sein. Da nun diese merkwürdigen Begleiter unzweifelhaft mit dem Saturn ehemals zusammenhingen — ja durch verdünntere unsichtbare Materie noch zusammenhängen — so ergiebt sich, dass Saturn, indem er sich verdichtete und seinen Halbmesser um 46 000 Kilometer verkürzte, mindestens 30—40 Ringe abtrennte. Es ist daher im höchsten Grade unwahrscheinlich, dass dagegen die Sonne, die — wenn Neptun der äusserste Planet sein sollte — ihren Halbmesser um 700 Millionen Meilen verkürzt hat, dabei nur acht Ringe abgetrennt haben sollte.

So scheint also das Saturnsystem zu beweisen, dass die Sonne, statt acht sehr breiter und durch sehr grosse Zwischenräume getrennter Ringe, deren vielmehr eine unbestimmbare Anzahl ohne beträchtliche Zwischenspalten nach und nach abgetrennt hat, dass also die Abtrennung nicht selten und, sprungweise, sondern nahezu ebenso kontinuierlich geschah, als die zu Grunde liegende Ursache thätig war: der Verdichtungsprozess der Sonne. Die indirekte Auslese hätte demnach bereits die Keime der künftigen Planeten betroffen und dadurch die Anzahl der ringförmigen und späterhin kugelförmigen Begleiter zwar wesentlich verringert, aber auch die zweckmässige Massenverteilung der Überlebenden erzielt. Dagegen würde uns die entgegenstehende Ansicht, dass eben so viele Ringe überleben, als abgetrennt werden, dass also die Sonne nur acht, oder mit Einschluss der vereinigten Asteroidenmasse neun Ringe abtrennte, und keine indirekte Auslese stattfand, zu der jedenfalls höchst bedenklichen Folgerung treiben, dass Saturn, wenn nicht ausnahmsweise sein Ringsystem stabil geblieben wäre, nunmehr das merkwürdige Schauspiel eines von nahezu 50 Monden begleiteten Planeten bieten würde. —

Die Theorie von Kant und Laplace erklärt also nur,

dass ein kosmischer Urstoff sich in einen Centralkörper und eine Anzahl von Begleitern sondern muss, welche in Bezug auf Kugelform, Rotation, Umlaufsbewegung, Form und Lage der Bahnen ganz oder nahe übereinstimmen; aber sie erklärt nicht die hohe mechanische Zweckmässigkeit unseres Systems, nicht die Eigentümlichkeiten der Planeten in Bezug auf Grösse, Geschwindigkeit, Entfernung, Lage und Gestalt der Bahn, nicht die Elemente, auf welchen die Stabilität des Systems beruht, und welche keineswegs abgeleitet werden können aus den Eigenschaften der kosmischen Urmaterie. So wenig die Anpassung der Organismen sich erklärt aus den Eigenschaften der organisierten Materie, so wenig erklärt sich die gegenseitige Anpassung der Glieder unseres Systems aus den Eigenschaften der kosmischen Materie. In beiden Fällen ist die Zweckmässigkeit nur zu begreifen als das Resultat jener indirekten Auslese, die mit jeder Entwicklung untrennbar verbunden ist und unfehlbar das Zweckmässige erzielen muss. Die kosmische *vis medicatrix*, das Naturheilverfahren, welches im Universum waltet, führt notwendig dahin, alle inneren Widersprüche zu eliminieren und den Zustand minimaler Reibung herzustellen.

3. Der Mechanismus der Asteroiden.

Wenn der Mechanismus der Planeten sich mit einem Kunstwerke hohen Ranges vergleichen lässt, so ist doch die Frage, ob das ganze Sonnensystem einen widerspruchslosen Mechanismus bilde, unbedingt zu verneinen.

In der Darstellung der Entwicklungsgeschichte des Sonnensystems hat sich keine Gelegenheit gefunden, die Asteroiden, Kometen und Meteoriten organisch in dieselbe einzufügen, und es ist sehr merkwürdig, dass gerade diese Erscheinungen es sind, welche nun zur Sprache kommen müssen, da es sich um die Unzweckmässigkeit im Sonnensysteme handelt. Da sich nicht annehmen lässt, dass gerade diese Weltkörper dem im ganzen Universum waltenden Prinzip der indirekten Auslese des Zweckmässigen nicht unterworfen gewesen seien — im Verhalten der Kometen tritt vielmehr dieses Prinzip am deutlichsten zu Tage —, so müssen in der Darstellung der Entwicklungsgeschichte des Sonnensystems entweder wesentliche Vorgänge übersehen worden sein, nämlich jene, welche den Asteroiden, Kometen und Meteoriten ihr Dasein gaben, oder es ist zu folgern, dass diese Erscheinungen nicht in den Beginn dieser Entwicklungsgeschichte fallen, sondern einem späteren Stadium angehören. Würde man sich über diese Alternative immer klar gewesen sein, so wäre wohl weniger Scharfsinn auf Hypothesen verwendet worden, welche das gleichzeitige Entstehen der Planeten und dieser exceptionellen Weltkörper zu erklären versuchten, da sich doch die letzteren als Resultate einer weiter vorgerückten Entwicklung ganz ungezwungen einreihen lassen.

Insofern, als diese Weltkörper sich darstellen werden als die ersten Anzeichen des beginnenden Verfalls unseres Systems, gehört ihre Behandlung dem Kapitel über die Zukunft des Sonnensystems an; aber so weit es sich nicht um ihre physikalische Beschaffenheit, sondern um ihren Mechanismus handelt, müssen sie schon hier zur Sprache kommen.

Intra Martem et Jovem interposui planetam — sagte Kepler lakonisch, der in der auffallenden Lücke im Sonnensysteme, zwischen Mars und Jupiter, einen Planeten vermutete, der noch nicht entdeckt sei. Durch die spätere Entdeckung der Asteroiden wurde diese Vermutung Keplers zum Teile bestätigt, und es stellte sich dabei zugleich heraus, warum erst die Zeit der besseren Fernrohre diese Bestätigung bringen konnte. Es ist nämlich nicht ein grosser Planet in dieser Lücke gefunden worden, sondern ein ganzer Schwarm von Miniaturwelten, die wegen ihres geringen Volumens und geringer Lichtstärke sich so lange der Beobachtung entzogen. Vesta, der grösste dieser Sterne, hat einen Durchmesser von 59 Meilen, während Echo — ein Duodezstaat unter den Gestirnen — kaum 4 Meilen Durchmesser hat.

Hiervon abgesehen erregte es aber noch die besondere Aufmerksamkeit der Astronomen, dass ihre Bahnen sehr exzentrisch und stark gegeneinander geneigt sind, und dass sie sich nicht gegenseitig einschliessen, wie die der übrigen Planeten, sondern verschlingen. Es ist zwar nicht ein gemeinsamer Kreuzungspunkt derselben vorhanden, wohl aber eine Region des Stelldicheins, in welcher die Bahnreife gleichsam durch einen Ring zusammengehalten werden, nach dessen Beseitigung sie auseinanderfallen würden.

Da sich nicht leugnen lässt, dass in solchen Bahnelementen die Möglichkeit von Kollisionen liegt, so drängt sich zunächst die Frage auf, wodurch dieser mechanisch unzweckmässige Zustand sich erhalten konnte. Man könnte nämlich geneigt sein, darin nur einen Rest von Unzweckmässigkeit zu sehen, der sich aus den chaotischen Anfangszuständen des Sonnensystems erhalten habe, und dessen Beseitigung durch Katastrophen, oder Bahnveränderungen, der weiteren Entwicklung vorbehalten sei. Indessen erkennt man leicht, dass dieser Gegensatz zur Harmonie des übrigen Planetensystems auf anderen Ursachen beruhen muss:

Die Harmonie der grossen Planeten beruht zunächst darauf, dass ihre Bahnen sich nicht schneiden, sondern einschliessen; sodann aber darauf, dass sie durch Räume voneinander getrennt sind, gegen welche gehalten die von den Planeten selbst eingenommenen Räume fast verschwinden, dass sie also bei relativ sehr geringen Massen sehr weit voneinander entfernt sind, daher nur sehr geringe gegenseitige Anziehung entwickeln können. So kommen z. B. die uns nächsten Planeten, Mars und Venus, sich nie näher als etwa 13 Millionen Meilen. Zwischen ihnen schwebt die Erde. Trägt man nun den Erddurchmesser von 1719 Meilen auf einer Linie von 13 Millionen Meilen auf, so schrumpft dieser Durchmesser gleichsam zu einem Punkte zusammen.

Den Asteroiden nun ist zwar ebenfalls ein Tummelplatz von so ausserordentlicher Ausdehnung angewiesen — der Durchmesser der Asteroidenzone beträgt 40 Millionen Meilen —, dass sie darin gleichsam zu Atomen zusammenschrumpfen; aber wenn auch zugegeben werden muss, dass bei solchem Missverhältnisse zwischen der Kleinheit dieser Sterne und andererseits der Grösse ihrer Bahnreife und ihrer gegenseitigen Abstände die Gefahr einer Kollision trotz der verschlungenen Bahnen ungemein gering ist, so ist doch die Sicherheit keine absolute, und muss innerhalb kosmischer Zeitlängen ein Zusammenstoss sogar notwendig stattfinden. Es liegen somit die Verhältnisse für die Asteroiden jedenfalls ungünstiger als für die Planeten, und wenn daher das Prinzip der indirekten Auslese des Zweckmässigen für beide Arten von Gestirnen gleichlang gewirkt haben sollte, so hätte es bei den Asteroiden die mechanischen Widersprüche schon früher beseitigen müssen. Umgekehrt müssen wir also folgern: Da sich in der Zone der Asteroiden die mechanische Zweckmässigkeit noch nicht eingestellt hat, trotzdem dort die Störungen, welche dem Prinzip der indirekten Auslese des Zweckmässigen die Gelegenheit geben, seine Thätigkeit zu entfalten, zahlreicher eintreten müssen als bei den Planeten, so können die Asteroiden diesem Prinzip nicht so lange ausgesetzt sein als die Planeten; sie können daher auch nicht von gleichem Alter mit letzteren sein; die Asteroiden sind jüngeren Datums und können erst im Verlaufe der Entwicklung entstanden sein. Wir werden später auf anderem Wege zum gleichen Schlusse gelangen.

Von allen planetarischen Begleitern der Sonne besitzen die Asteroiden die grössten Excentricitäten und Neigungen ihrer Bahnen; aber bei der Kleinheit ihrer Massen, und daher ihrer Anziehungskräfte, liegt in diesen Beträgen, die allerdings von Seite eines grossen Planeten unerträglich wären, keine Gefahr für das System. Dagegen sind die Asteroiden selbst bedeutenden Störungen durch Mars und Jupiter ausgesetzt, zwischen welchen sie sich bewegen. Bei den sehr ungleichen Massen dieser beiden Planeten sind aber auch ihre Anziehungskräfte sehr verschieden; die Zweckmässigkeit erfordert also auch eine grosse Verschiedenheit der Abstände, wodurch die Asteroiden einerseits von Mars, andererseits von Jupiter getrennt sind. In der That ist nun die äussere Grenze der Asteroidenzone dreimal weiter von Jupiter entfernt, als die innere von Mars abliegt. Im Marsabstande würde Jupiter unerträglich sein, dahingegen der kleine Mars, trotzdem er den Asteroiden viel näher steht, sie nicht bedroht.

Es muss aber nach beiden Richtungen gegen diese Planeten eine Grenzlinie gegeben sein, welche zu überschreiten den Asteroiden nicht gestattet sein kann, und jenseits welcher auch keine sich finden können, weil diejenigen, welche etwa jenseits vorhanden gewesen, sich nicht erhalten konnten und längst beseitigt worden wären. Es ist nun sehr merkwürdig, dass diese Grenzlinie, diesseits wie jenseits, von den Asteroiden nicht überschritten wird, dass sie aber bis dicht an diese Grenze gefunden werden. Ja, genau genommen, befinden sich die äussersten und die innersten Asteroiden in solcher Annäherung zu Jupiter und Mars, dass sie sich der störenden Anziehung derselben nur vermöge des Gegengewichtes entziehen, das ihnen der Schwarm ihrer Gefährten bietet. Es kann aber um so weniger daran gezweifelt werden, dass auch hier die indirekte Auslese gewaltet hat und diese Zweckmässigkeit nur durch Selbstzerstörung des Unzweckmässigen erzielt worden ist, als die Asteroiden Bruchstücke eines Weltkörpers sind, bei dessen Zerstückelung die Fragmente ohne Berücksichtigung jener Sicherheitslinie verstreut worden sein mussten.

Wenn wir den Mechanismus der Asteroiden mit dem der Planeten vergleichen, so ergiebt sich, dass wir bezüglich der Zweckmässigkeit im Sonnensysteme eine Unterscheidung zu treffen haben. Wenn verschiedene Mechanismen gleich gut den gleichen Zweck erfüllen, so giebt man doch dem einfachsten den Vorzug. So unterscheiden sich die jetzigen Dampfmaschinen und Uhren vorteilhaft von jenen früherer Tage, wie denn überhaupt Maschinen und Theorien immer einfacher werden. Es lässt sich daher von einer relativen Unzweckmässigkeit reden, die nur darin bestünde, dass der gegebene Zweck nicht in möglichst einfacher Weise, sondern gleichsam auf Umwegen erreicht wird; mag auch die gegenseitige Übereinstimmung der Maschinenteile eine vollkommene sein, so kann doch der Mechanismus unnötig kompliziert sein und gewisse Teile können überflüssig erscheinen, zwar nicht derart, dass sie sich unbeschadet der Thätigkeit der Maschine herausnehmen liessen, aber doch insofern, als sie bei geeigneter Abänderung anderer Teile entbehrlich wären. Von dieser relativen Unzweckmässigkeit, die in der gegebenen Einschränkung als Zwecklosigkeit benannt werden kann, ist jene Unzweckmässigkeit, wobei ein Glied des Systems mit einem realen Widerspruche in Ansehung des Ganzen behaftet ist, als Zweckwidrigkeit zu unterscheiden.

Beide Arten von Unzweckmässigkeit sind im Sonnensysteme gegeben.

Da wir die Gesetze genau kennen, wodurch sich das Planetensystem erhält, so könnten wir, wären uns die einzelnen Glieder desselben als Maschinenteile gegeben, nicht nur den systematischen Verband derselben wieder herstellen, sondern wir könnten sogar mit der gleichen Anzahl von Himmelskörpern ein ebenso haltbares System ersinnen, in welchem die gegenseitigen Störungen auf ein geringeres Mass reduziert wären. Freilich könnte diese Aufgabe nicht gelöst werden durch einseitige Abänderung eines einzelnen derjenigen Faktoren, auf welchen die Bestandesfähigkeit des Systems beruht, sondern nur durch entsprechende Abänderung auch der übrigen Faktoren, da die Massen, Abstände und Geschwindigkeiten der Planeten in genau abgewogenem Verhältnisse zu einander stehen. Insofern also ist der Mechanismus der Planeten nicht von der möglichsten Einfachheit. Wenn aber bei Maschinen, welche wir herstellen, die Anforderung grösstmöglicher Einfachheit allerdings berechtigt ist, weil sie minimale Reibung der Maschinenteile und geringste Einfachheit des Materials bedeutet, so ist doch an kosmische Systeme insofern ein anderer Massstab zu legen, als in den gegenseitigen Störungen weder Reibung, noch Abnützung liegt, und die Erhaltung des Systems gleich gut und gleich lang gewahrt ist, mögen die Störungen gross oder gering sein, in längeren oder kürzeren Perioden sich ausgleichen, wenn sie sich nur überhaupt ausgleichen. Eine grössere Einfachheit des Systems würde daher höchstens als ästhetische Anforderung berechtigt sein, während doch die kritische Beurteilung nur vom mechanischen Standpunkte ausgehen darf. Von diesem Standpunkte aus aber ergiebt sich, dass die Planeten niemals kollidieren können, weil sie fast in der gleichen Ebene nahezu konzentrische Kreise beschreiben und alle ihre gegenseitigen Störungen sich ausgleichen.

Im Mechanismus der Asteroiden dagegen liegt reale Unzweckmässigkeit vor; nicht nur in jedem gegebenen Durchschnittspunkte zweier Bahnen liegt eine solche, sondern schon in jeder Annäherung, die bedeutend genug ist, Störungen hervorzurufen, die sich nicht ausgleichen. Wenn sich nun auch die Asteroiden solchen gegenseitigen Störungen dadurch entziehen, dass sie in der weiten Zone, die ihnen angewiesen ist, sich wie Atome verlieren, so müssen doch vom Standpunkte kosmischer Zeitlängen partielle Katastrophen als unvermeidlich erscheinen. So würde auch — um

auf einen früheren Vergleich zurückzukommen — selbst bei einem
sehr verschlungenen Ballett eine Kollision von Tänzerinnen in ab-
sehbarer Zeit nicht eintreten, wenn ihnen als Tanzplatz etwa die
ganze Sahara angewiesen wäre, eine absolute Sicherheit aber
gleichwohl nicht vorhanden sein.

Es widerstrebt freilich unseren intellektuellen Gewohnheiten
sehr, an Unzweckmässigkeiten oder gar Katastrophen im Weltall
zu denken; wir sind nur zu sehr geneigt, die ästhetische Pracht
des Himmels, die doch über den Mechanismus desselben gar nichts
aussagt, im Sinne einer tadellosen Anordnung der Systeme auszulegen. Aber die Asteroiden sowohl, wie die Kometen, belehren
uns, dass das Sonnensystem mit mechanischen Widersprüchen
behaftet ist, und gerade der, später zu erörternde, Ursprung dieser
Weltkörper wird uns aufs neue zeigen, dass die Harmonie nur
eine Phase der kosmischen Entwicklung ist, dass aber, wie im
Beginne des Prozesses die Verwirrung vorhanden war, so schliesslich die Auflösung eintreten wird.

4. Der Mechanismus der Kometen.

In Bezug auf die Frage, ob die zweckmässige Gestaltung
des Sonnensystems das Resultat natürlicher Ursachen sein kann,
oder nicht, sind die Kometen viel interessanter und lehrreicher
als die Planeten; denn im Planetensysteme herrschen konstante
Verhältnisse, die Anpassung ist bereits vollendet und konservativ,
während die Kometen, indem sie aus allen Himmelsgegenden
und unter sehr verschiedenen Neigungen ihrer Bahnen in das
Sonnensystem eindringen, mancherlei Störungen erleiden und zu
häufigem Wechsel ihrer Bahnen genötigt sind. Da nun bei der
indirekten Auslese das Zweckmässige sich nur einstellen kann im
Verlaufe eines langen Entwicklungsprozesses, so müssen wir untersuchen, ob die Vorgänge bei den Kometen eine Tendenz nach einem
solchen Ziele verraten, ob die Bahnveränderungen nach dem
Gravitationsgesetze geschehen und ob sie nach der Richtung des
Zweckmässigen ausschlagen. Stellt es sich alsdann heraus, dass
die Kometen in einem Prozesse progressiver Anpassung begriffen

sind, die, wenn vollendet, zur konservativen werden wird, so können wir mit Recht folgern, dass auch der konservativen Anpassung der Planeten eine progressive vorhergegangen sein muss, dass also die natürlichen Gesetze für die Entstehung des Zweckmässigen zulänglich sind.

Vor 2000 Jahren schrieb Seneca, es werde der Tag kommen, an welchem der Lauf der Kometen bekannt und ebenso unter Gesetze gebracht sein werde wie der der Planeten; ja, die Erkenntnis, dass die Kometen dem Sonnensysteme angehörige Sterne seien, ist noch viel älter und findet sich schon bei den alten Chinesen, während man in Europa für das Auftauchen eines Haarsternes erst dann eine befriedigende Erklärung gefunden zu haben meinte, wenn man etwa erfuhr, dass irgendwo Pest oder Hungersnot ausgebrochen sei. Ja, als im Jahre 1538 dem Erscheinen eines Kometen ein solches Unglück nicht folgen wollte, geriet man in grosse Unruhe, die sich erst bei der Nachricht wieder legte, dass in einem Dorfe bei Rom ein zweiköpfiges Kalb zur Welt gekommen sei. Man hielt die Kometen — und selbst Kepler war noch dieser Anschauung — für ephemere, atmosphärische Erscheinungen, welche zu registrieren folgerichtig für unnötig gehalten wurde.

Die Aufgabe, auch die Bewegungsgesetze der Kometen zu erforschen, ist von der Wissenschaft längst in Angriff genommen; aber sie ist ungleich schwieriger als die Erforschung planetarischer Bewegungen. Abgesehen davon, dass die Kometen vermöge ihrer überwiegenden Mehrzahl als das eigentliche Volk des Sonnensystems anzusehen sind, stellen sie auch die Bahnelemente in stark vergrössertem Massstabe dar und sind unter sich bezüglich der Excentricitäten und Neigungen der Bahnen wieder sehr verschieden, indem sie teils in geschlossenen Ellipsen einhergehen, teils in Parabeln und Hyperbeln, bei welchen eine Wiederkehr nicht stattfindet, endlich aber auch sehr verschiedene Bahnebenen haben, im Unterschiede von den Planeten, welche nahezu in der gleichen Ebene wandeln. Auch die Störungen erreichen bei den Kometen sehr bedeutende Beträge. Jene Störungen, welche lediglich die Geschwindigkeit des Umlaufs betreffen, also eine Verzögerung oder

Beschleunigung derselben bewirken und den Ort bestimmen, den der Planet jeweilig auf seiner Bahn einnimmt, sind bei den Planeten nur periodisch, und die Umlaufszeiten werden dadurch höchstens um Stunden geändert; bei den Kometen dagegen kann die Differenz Jahrhunderte betragen. Die säkularen Störungen, welche die Bahn selbst betreffen, finden im Planetensysteme gleichfalls nur in geringem Grade statt, die Excentricitäten und Neigungen schwanken nur innerhalb enger Grenzen auf und ab; Kometenbahnen dagegen können ganz und gar umgestaltet werden, ja, werden oft aus geschlossenen in offene verwandelt, sodass solche Kometen aus unserem Systeme entweichen. Diese Unterschiede sind aber gleichwohl nur quantitativer Art und beruhen auf der mangelhaften Anpassung der Kometen an die harmonisch gestaltete Planetenwelt. Es ist hauptsächlich Jupiter, der vermöge seiner grossen Masse die vorübergehenden Kometen beträchtlich stört; aber auch von Seite der kleineren Planeten können die Kometen, nach Massgabe ihrer Annäherung, zu bedeutenden Abweichungen genötigt werden.

Die Störungen erfolgen bei den Kometen nach den gleichen Gesetzen und aus derselben Ursache, wie bei den Planeten: durch die Massenanziehung nach dem Quadrat der Entfernung. Nur sind die Störungen bei Kometen weit beträchtlicher; manche derselben durchschneiden alle Planetenbahnen und kommen hierdurch einem der grösseren Planeten so nahe, dass dessen Anziehungskraft, wenn auch nur für kurze Zeit, sogar die der Sonne weit übertrifft. Wenn nun die Bahnform eines Kometen hierdurch umgeändert wird, so erhält sich diese Wirkung, bis etwa wieder eine neue Störung eintritt.

Endlich ist auch noch der Einfluss der Fixsterne auf diejenigen Kometen zu erwähnen, welche in sehr exzentrischen Bahnen beträchtliche Sonnenfernen erreichen und dabei der Fixsternregion etwas näher rücken. Wenn z. B. der Komet von 1811 auf 8700 Millionen Meilen, also 14 mal weiter als Neptun, der Komet von 1680 auf 17 000 Millionen Meilen, also 28 mal weiter als Neptun, sich von der Sonne entfernt, so lässt dieses mit Bestimmtheit auf Störungen schliessen, welche sie in der Sonnenferne durch benachbarte Fixsterne erleiden, und wären nicht bei Umlaufszeiten von 3000—9000 Jahren die Gelegenheiten zur Beobachtung so selten, so liesse sich hoffen, dass der Betrag solcher Störungen uns Aufschluss erteilen würde über die Lage und Grösse solcher Fixsterne. Es kommt hierbei hauptsächlich der Stern Wega, α Lyrae, in Betracht, der so exzentrisch sich bewegende Kometen in ihrem Aphelio stören könnte, besonders wenn er — wie es sein hoher Glanz vermuten lässt — die Masse der Sonne vielfach übertreffen würde. Da solche Kometen in so ungeheurer Sonnenferne sich zudem mit fast ermatteter Tangentialgeschwindigkeit bewegen, also solchen Störungen unverhältnismässig lange ausgesetzt bleiben und ihre Schwerkraft auf ein Minimum reduziert ist, so könnte die Einwirkung der Fixsterne unter Umständen sogar einen Systemwechsel solcher Kometen herbeiführen.

Dass nun alle Bewegungen der Kometen nach dem Gesetze der Gravitation geschehen, erhellt nicht nur aus der Möglichkeit, den Grad solcher Störungen zu berechnen, den die Planeten vermöge ihrer bekannten Massen auf dieselben ausüben müssen, sondern schon aus der Form der Kometenbahnen. Die höhere Mathematik beweist nämlich, dass nach dem Gravitationsgesetze die Bahnen der um die Sonne laufenden Weltkörper Kegelschnitte sein müssen, d. h. solche krumme Linien, welche beim Durchschneiden eines Kegels mit einer Ebene entstehen: nämlich Kreis, Ellipse, Parabel oder Hyperbel.

Errichtet man über dem Mittelpunkte eines horizontalen Kreises eine Gerade und führt eine vom obersten Punkte derselben nach einem Punkte der Peripherie gehende andere Gerade um die ganze Peripherie herum, so beschreibt diese zweite, bewegliche, Gerade eine Figur, die man Kegel nennt, und wovon die ersterwähnte Gerade die Achse, ihr oberster Punkt Scheitel genannt wird. Wenn nun der Kegel durch eine Ebene parallel seiner Grundfläche, also senkrecht zur Achse, durchschnitten wird, so bildet die Schnittfläche einen Kreis, dessen Durchmesser um so kleiner ist, je näher sie dem Scheitel liegt. Geschieht der Durchschnitt nicht parallel zur Grundfläche, sondern in einer Neigung zu dieser, sodass die Mantelfläche des Kegels ringsum, also in einer geschlossenen Linie, abgeschnitten wird, so ist die entstehende Kurve eine Ellipse. Wird der Kegel durch eine Ebene parallel einer seiner Seiten durchschnitten, so entsteht die Parabel, während ein der Achse paralleler Schnitt die Hyperbel liefert.

Welche von diesen vier möglichen Bahnformen ein Körper besitzt, hängt ab von dem Verhältnisse seiner Schwerkraft zu seiner Centrifugalkraft, also Tangentialgeschwindigkeit; je bedeutender die letztere, desto krummer die Bahn, und umgekehrt. Bei der parabolischen und hyperbolischen Bahn überwiegt die Centrifugalkraft so sehr, dass eine Wiederkehr des Weltkörpers zur Sonne nicht eintritt.

Da nun bei vollkommenem Gleichgewichte dieser beiden Kräfte die Kreisbahn eintritt, nach der Nebularhypothese aber die Abtrennung eines Begleiters von der rotierenden Sonne, ursprünglich in der Ringform, eben dann eintritt, wenn dieses Gleichgewicht erreicht ist, so müssen wir die von der Kreisbahn abweichenden Bahnformen aller unserem Systeme ursprünglich angehörigen Begleiter auf spätere Störungen zurückführen, welche der gegenseitigen Anziehung der Begleiter entsprangen. Für die später vorzunehmende Untersuchung über den Ursprung der einheimischen Kometen ergiebt sich also schon hier, dass ihrer exzentrischen Bahnform eine Störung zu Grunde liegen musste.

Wenn aber, wie eben erwähnt wurde, die Anziehung benachbarter Fixsterne einheimische Kometen aus unserem Systeme vielleicht entfernen kann, oder wenn, wie es vorkommt, unsere Planeten solche Störungen ausüben, wobei ursprünglich geschlossene Kometenbahnen in Hyperbeln verwandelt werden, also ebenfalls ein Entweichen aus unserem Systeme erfolgt, so können aus gleichen Gründen fremde Kometen in den Anziehungsbereich unserer Sonne geraten, sodass sie zu einem Umlaufe um dieselbe genötigt werden und unter Umständen sogar, wenn eine Störung von Seite unserer Planeten noch hinzutritt, dauernd an dieselbe gefesselt bleiben. Bei solcher Einverleibung in unser System kann nun zwar die Bewegungsrichtung solcher Kometen die gleiche sein, als welche im Planetensysteme herrscht und aus deren Gleichsinnigkeit die Nebularhypothese den ursprünglichen Zusammenhang aller Glieder unseres Sonnensystems folgert; es kann aber auch der Einfall mit entgegengesetzter Bewegungsrichtung geschehen, und durch solche Rückläufigkeit würden diese Kometen deutlich ihre fremde Abkunft verraten. Die zahlreichen rückläufigen Kometen können daher nicht ursprünglich unserem Sonnensysteme angehört haben, sondern sind als fremde Eindringlinge anzusehen, können aber darum auch nicht mehr als Argumente gegen die Nebularhypothese angesehen werden.

Die Kometen sind also gleichsam die Zigeuner des Himmels, und die aus der Fremde zugereisten können erst dann zu sesshaften Staatsbürgern des Sonnensystems werden, wenn ihre anfänglich parabolischen oder hyperbolischen Bahnen, bei welchen nur ein Umlauf und keine Wiederkehr stattfindet, durch hinzutretende Störungen von Seite eines Planeten in geschlossene Bahnen verwandelt werden. Eine grosse Anzahl der Kometen mag schon ursprünglich der Sonne angehört haben; aber alle rückläufigen Kometen müssen als solche angesehen werden, welche, dem Zuge der Sonne folgend, zu Bewegungslinien genötigt wurden, die nicht ihre ursprünglichen waren, und welchen eine noch hinzukommende planetarische Störung die elliptische Bewegung aufgenötigt hat. Aber auch diese Botmässigkeit ist oft nur eine vorübergehende, und bei einer späteren, ihre Tangentialkraft vermehrenden Störung kann es solchen Kometen unter Umständen gelingen, ihre ursprüngliche Bewegung wieder frei zu bekommen, und sie schweifen dann wieder in den Raum hinaus, um an anderem Orte dem Systeme eines anderen Fixsterns einverleibt zu werden. Sogar dem auf eine kurze, elliptische Bahn und eine Umlaufszeit von $5^1/_2$ Jahren berechneten Kometen de Vicos (1844) gelang es, dieser Ellipse zu entrinnen, sodass er nicht mehr gesehen wurde.

Da sich die Kometen an keine der Bestimmungen halten, auf welchen die Harmonie des Planetensystems beruht, da sie teils rechtläufig, teils rückläufig sind, in sehr verschiedenen Excentricitäten und Neigungen gegen die Ebene der Planetenbahnen herankommen, ja sogar diese Bahnen selbst oft kreuzen, so liegt in solchen Bewegungselementen eine Ursache beständiger Störungen, welche weit grössere Beträge erreichen als bei den Planeten, aber gleichwohl von diesen nur quantitativ unterschieden sind. Solche Zuchtlosigkeit geht nicht

immer ungestraft hin, und so werden die Kometenbahnen sehr
oft umgestaltet. Der Komet von 1769 wurde sogar nur einmal
in der Bahn seines Erscheinens gesehen; er hat sich dabei, plane-
tarisch genommen, so arge Regelwidrigkeiten beikommen lassen,
dass er schon seinen nächsten Umlauf in einer ganz andern Bahn
vollziehen musste.

Wenn sich ein fremder Komet dauernd in unserem Systeme
angesiedelt hat, so beginnt für ihn der Anpassungsprozess an die
Hausordnung desselben. Wie der in einer neuen Heimat sich
niederlassende Fremdling den Gesetzen des Landes sich zu fügen
hat oder ausgewiesen wird, wie die Organismen, wenn sie durch
Migration oder zufällige Ereignisse in ein anderes Gebiet gelangen,
dem neuen Klima und den Nahrungsverhältnissen sich anpassen
müssen, weil eben nur solche bestehen können, die mit den äusseren
Existenzverhältnissen sich in Einklang zu setzen vermögen, so
müssen auch die Kometen, wenn sie, aus weiter Ferne angezogen,
das Sonnensystem betreten, nach natürlichen Gesetzen sich diesem
zu accommodieren suchen. Das Prinzip der indirekten Auslese des
Zweckmässigen muss aber bei ihnen um so thätiger sein, als die
Störungen viel stärker eintreten als bei den Planeten. Gleichwohl
dürfen wir uns hier nicht sofort zu demselben Schlusse verleiten
lassen wie bei den Asteroiden, bei welchen aus den bestehenden
Unzweckmässigkeiten ein späteres Entstehen dieser Gestirne gefol-
gert wurde. Wenn bei den Kometen der Prozess der Anpassung
noch nicht vollendet ist, so folgt daraus noch nicht sofort, dass
ihre Bildung einem viel späteren Stadium im Entwicklungsgang des
Sonnensystems angehöre, wiewohl andere Gründe uns später zu
dieser Folgerung drängen werden; denn die Kometen, als teilweise
fremde Eindringlinge, erfahren ihre Bahnverbesserungen noch nicht
so lange als die Planeten, sind ferner, als oft nur vorübergehende
Mitbürger des Sonnensystems, den Modifikationen ihrer Bewegung
nicht lange genug ausgesetzt, und sollten sie selbst dem Sonnensysteme ganz einverleibt sein oder sogar von jeher demselben angehört haben, so befinden sie sich doch bei beträchtlichen Excentricitäten nur während der kürzesten Zeit ihres Umlaufs in der
Planetensphäre, in welcher allein Gelegenheit zu Störungen gegeben

ist, ohne welche Korrekturen nicht stattfinden können. Man könnte sie den Wandervögeln vergleichen, welche sich dem Klima des rauhen Nordens nicht anpassen, weil sie in der kalten Jahreszeit den Süden aufsuchen. Der augenfälligste Beweis, dass regelmässiges Wiedereintreten solcher Verhältnisse, unter welchen die Gelegenheit zu Störungen, also Verbesserungen, sich ergiebt, und lange andauerndes Verweilen in solchen Verhältnissen schliesslich zweckmässige Bahnen herbeiführen muss, liegt wohl darin, dass jene Kometen, deren Umlaufszeiten zwischen $3\frac{1}{2}$—76 Jahre betragen, die also bei so kurzen Umlaufszeiten die Korrekturen beständig erfahren mussten, so lange die Anpassung nicht vollendet war, fast ausnahmslos rechtläufig sind und sich durch zweckmässige Bahnen auszeichnen, während die grosse Anzahl jener Kometen, welche nicht regelmässig wiederkehren, oder deren Umlaufszeiten nicht berechnet werden konnten, oft durch sehr unzweckmässige Bewegungen auffallen.

Freilich kann auch eine neue, einem Kometen aufgenötigte Bahn als unzweckmässig sich herausstellen; aber auch diese muss vermöge der Gravitation so lange verändert werden, bis er schliesslich eine Bahn einschlägt, auf der er konstant verweilen kann, weil er auf derselben nicht mehr gestört wird. Denn die Verhältnisse des Planetensystems, an welche die Anpassung zu geschehen hat, sind konstant, die vollendete Anpassung an sie muss daher konservativ werden. Ein Komet, dem bei jeder Wiederkehr die Lehre erteilt wird, dass er unzweckmässig einhergehe, der fortwährend korrigiert wird, muss schliesslich einmal — es ist dies nur eine Frage der Zeit — eine zweckmässige Bahn finden, wenn er nicht infolge einer Störung aus dem Sonnensysteme ausgestossen werden sollte. Wir sehen also auch hier, dass die zweckmässige Bewegung nur ein Spezialfall aller Bewegung ist, auf den gleichen Gesetzen beruht, wie jede andere, und naturgemäss erreicht werden muss, weil jede unzweckmässige Bahn unhaltbar ist und die Bahnänderungen nicht eingestellt werden vor vollendeter Anpassung.

So sehen wir auch die Menschheit im geistigen Prozesse oft nur in der Weise zur Wahrheit gelangen, dass die successive ergriffenen Irrtümer eliminiert werden. Erst nachdem sich herausstellte, dass die Erscheinungen des Himmels unerklärlich seien, wenn die Erde als stillstehend, die Gestirne als um dieselbe umlaufend angenommen werden, suchte man aus der entgegengesetzten Annahme die Erscheinungen zu erklären, und so wurde das ptolemäische System abgelöst durch das des Kopernikus, das sich erhalten hat, weil es das für die Deutung der Erscheinungen zweckmässigste und diesen am besten angepasste ist. Die Wahrheit ist ein Spezialfall aller Meinung, sie beruht auf den gleichen physiologischen Prozessen wie der Irrtum; aber aus ihrer Zweckmässigkeit d. h. aus ihrer Übereinstimmung mit der Wirklichkeit schöpft sie die Kraft, sich zu erhalten, während der Irrtum, als unzweckmässig, in der geistigen Entwicklung früher oder später ausgeschieden wird. Darin allein schon müssen wir einen wichtigen Faktor erkennen für die scheinbar so planvolle Gestaltung der Kulturgeschichte.

Wenn in der Planetenwelt eine gegenseitige Accommodation der Gestirne stattfindet, so zeigen dagegen die Kometen, wenn sie in die Sphäre der Planeten geraten, einseitig die Tendenz, sich der bestehenden Ordnung zu fügen und allmählich solche Bahnen zu gewinnen, auf welchen sie ungestört wandeln können. Es beruht diese Einseitigkeit darauf, dass zwar die Kometen auf die Anziehung der Planeten sehr empfindlich reagieren und Störungen der erheblichsten Art erleiden, aber ihrerseits, vermöge ihrer so geringen Massen, eine Verrückung der mächtigen Planetenmassen nicht herbeiführen können. Trotzdem sie den Planeten oft sehr nahe kommen — 1819 ging die Erde sogar durch den Schweif eines grossen Kometen hindurch — ist doch nie auch nur die geringste Störung eines Planeten beobachtet worden; es lassen sich daher alle Bewegungen des Planetensystems vollständig erklären aus dem Gravitieren gegen die Sonne und aus der gegenseitigen Anziehung, ohne dass die unermessliche Schar der Kometen an diesen Bewegungen etwas ändern könnte. Wäre der Komet von 1770 an Masse der Erde gleich, so hätte er in seiner Erdnähe solche Störungen hervorgerufen, dass hierdurch unser Jahr fast um 3 Stunden verlängert worden wäre; da aber in der That nicht die mindeste Veränderung eingetreten ist, obwohl schon eine Verlängerung um 2 Sekunden, also um den 5000sten Teil jener Zeit, der Beobachtung nicht hätte entgehen können, so lässt sich daraus schliessen, dass auch die Masse jenes Kometen nicht $^1/_{5000}$ der Erdmasse betragen kann. Wie sehr dagegen die Kometen, wenn sie auf ihrer Bahn gestört werden, sich die ihnen erteilte Lehre zu Herzen nehmen, hat eben jener Komet sehr deutlich gezeigt. Seine Bahn war elliptisch, und durch Rückwärtsberechnung derselben hat sich ergeben, dass er drei Jahre vor seinem Erscheinen durch bedenkliche Annäherung an Jupiter in diese Bahn gelenkt wurde. 1779 aber geriet er abermals in solche Nähe zu Jupiter, dass er zwischen diesem und seinen Monden hindurchging, sodass er von diesem 24 mal stärker angezogen wurde als von der Sonne; diese Störung hat ihn wieder ganz aus der 12 Jahre hindurch eingehaltenen Bahn hinausgeworfen.

Dieses Beispiel zeigt übrigens, dass manche Kometen nur infolge von Bahnveränderungen uns verloren gehen, sodass sehr oft das Auftauchen eines neuen Kometen gemeldet werden mag, wenn die Identität nicht mehr zu konstatieren ist.

Da die Kometen in sehr verschiedenen Neigungen gegen die Planetenbahnen herankommen und nicht nur die Ebenen, sondern sogar die Linien derselben oft durchschneiden, so ist auch die Möglichkeit eines Zusammenstosses zu erwägen. Der Aberglaube hat niemals verfehlt, Kapital daraus zu schlagen, wenn die Astronomen berechneten, dass ein Komet zu einer bestimmten Zeit die Erdbahn schneiden werde; aber die Kollision — die zudem noch keine Katastrophe nach sich ziehen würde — blieb immer aus, weil ein gegebener Durchschnittspunkt zweier Bahnlinien noch lange nicht ein gleichzeitiges Zusammentreffen der beiden Gestirne an diesem Punkte bedeutet, welches vielmehr nur höchst ausnahmsweise eintreten kann. Die Wahrscheinlichkeit eines Zusammenstosses nimmt nämlich mit der Grösse der beiden Bahnen ab; da nun die Erdbahn einen Umfang von 130 Millionen Meilen hat, während der Umfang der Kometenbahnen noch viel beträchtlicher ist, da ferner bei den bedeutenden Bewegungsgeschwindigkeiten der Weltkörper die Möglichkeit einer Begegnung auf einen Augenblick reduziert ist, so ist selbst bei wirklicher Kreuzung der

Erdbahn die Wahrscheinlichkeit eines Zusammentreffens in vielen hundert Millionen Fällen kaum einmal zu erwarten, weil die Erde im betreffenden Augenblicke wohl immer auf einem ganz anderen Punkte ihrer langen Bahn weilen wird als dem durchschnittenen. In Anbetracht der ungemein geringen Dichtigkeit der Kometen würde aber selbst der wirkliche Eintritt eines so unwahrscheinlichen Falles keine bedenklichen Folgen haben; denn wenn der erwähnte Lexellsche Komet selbst $\frac{1}{5000}$ der Erdmasse gehabt hätte, so würde doch seine Dichtigkeit — da er bei seinem Durchmesser von 44000 Meilen 16774 mal grösser war als die Erde — 90000 mal geringer gewesen sein als die der Erde, also etwa 20000 mal geringer als die der Luft.

In Hinsicht auf die materielle Ungefährlichkeit der Kometen kann also von Unzweckmässigkeit ihrer Bahnen nur vom mechanischen Standpunkte aus geredet werden, nicht etwa vom biologischen; selbst vom mechanischen Standpunkte aus aber könnte wohl die Existenz der Kometen bedroht erscheinen, nicht aber die der Planeten, mit welchen sie zusammentreffen, wobei allerdings zu bemerken ist, dass von diesem allein zulässigen Standpunkte aus alle Weltkörper als gleichwertig zu erachten sind. Wir sehen also auch hier bestätigt, was sich schon bei den Planeten ergeben hat, dass materielle Gefährlichkeit und gefährliche Bahnelemente sich gegenseitig ausschliessen. Wir sehen die Massen in demselben Verhältnisse abnehmen, als ihre Neigungen und Excentricitäten zunehmen; die materielle Macht, zu schaden, ist durch die Schranken der Bewegung gebannt, wogegen die grössere Freiheit der Bewegung mit materieller Unschädlichkeit verbunden ist. Wollte man jedoch diese Erscheinung vom biologischen Standpunkte aus zu Gunsten eines teleologischen Prinzips deuten, so liesse sich dagegen erinnern, dass gerade wegen der materiellen Ungefährlichkeit der Kometen ihre Anpassung an die Hausordnung des Sonnensystems als ganz überflüssig erscheint und indem sie gleichwohl erfolgt, recht deutlich als das Resultat natürlicher Gesetze sich kundgiebt; sodann aber — um den Gegner auf seinem eigenen Felde zu schlagen — liesse sich gerade vom biologischen Standpunkte aus entgegnen, dass die verschwindend kleine Anzahl bewohnbarer Planeten gegenüber der

Überzahl unbewohnter Kometen mindestens als eine kolossale Zwecklosigkeit unseres Systems sich darstellt.

Wenn wir nun sehen, dass die Kometen, vermöge ihrer langgestreckten Bahnen, nur während der kürzesten Zeit ihres Umlaufs in der störenden, aber eben darum auch korrigierenden, Planetennähe verweilen, dass sie ferner eben diese kurze Bahnstrecke in der Gegend ihres Perihels mit der grössten Geschwindigkeit durchlaufen, während andererseits die Planeten vermöge ihrer fast kreisförmigen Bahnen in nahezu gleicher Ebene der Nötigung, sich gegenseitig auseinanderzusetzen und anzupassen, beständig ausgesetzt sind, so erscheint es als eine natürliche Folge, dass die gegenseitige Anpassung der Planeten bereits vollendet ist, während selbst die einheimischen Kometen noch immer nicht in Übereinstimmung gebracht sind mit dem Mechanismus der Planetenwelt, ganz abgesehen davon, dass das Einfügen fremder Kometen immer neue Inkonvenienzen nach sich zieht. Bedenken wir ferner, dass bei der grossen Unregelmässigkeit in der Verteilung der Kometen ursprünglich wohl auch solche vorhanden waren, deren Bahnebene mit der fast gemeinschaftlichen Ebene der Planetenbahnen zusammenfiel, dass aber gerade diese den beträchtlichsten und häufigsten Störungen ausgesetzt waren, so folgt daraus, dass vor allem diese zu Bahnänderungen gezwungen wurden, dass also zu allererst die Ebene der Planetenbahnen von störenden Elementen gereinigt werden musste; bei langer Dauer des Entwicklungsprozesses müsste also die Elimination des Unzweckmässigen hier schon vollendet sein, sodass bei allfälligen Ausnahmen mit Sicherheit auf einen neuen Eindringling geschlossen werden dürfte, der alsdann seine Neuheit auch durch den Mangel einer elliptischen Bahn anzeigen würde. Bedenken wir endlich noch, dass die Kometen teils rechtläufig, teils rückläufig, sind, und dass entgegengesetzte Bewegungen auf gleicher Ebene einen mechanischen Widerspruch bilden, so folgt daraus, dass die vorerst von der Planetenebene ausgeschlossenen Kometen mindestens in zwei Gruppen sich scheiden und auf zwei Ebenen verschlagen werden müssen, deren eine von den rechtläufigen, die andere von den rückläufigen beschritten wird.

Durch die indirekte Auslese des Zweckmässigen würden daher

mindestens drei, für die respektiven Weltkörper des Sonnensystems ungefähr gemeinschaftliche, Ebenen allmählich bevölkert werden, wobei die längst konstant gewordene Ebene der Planetenbahnen die Basis der Anpassung bilden müsste, während die beiden Ebenen der Kometen sich jener sowohl, wie gegenseitig unter sich, anzupassen hätten; die grösstmögliche Zweckmässigkeit wäre aber erst dann erreicht, wenn die rechtwinklig aufeinanderstehenden Bahnen der rechtläufigen und rückläufigen Kometen zur Grundebene der Planetenbahnen je einen Winkel von 45^0 bilden würden.

Solche Wirkungen müssen sich notwendig einstellen unter der Voraussetzung, dass alle Körper des Sonnensystems sich nach dem Gravitationsgesetze bewegen, dass das Alter des Sonnensystems in weite Vergangenheit zurückreicht, und dass die Gestirne bei beträchtlichen Störungen zu Bahnänderungen sich bequemen. Da nun die Voraussetzung in allen Punkten zutrifft, so muss auch die Wirklichkeit mit der theoretischen Folgerung mehr oder weniger übereinstimmen. Es scheinen aber in der That die Kometen eine Tendenz zu haben, sich dort anzuhäufen, wo sie den geringsten Störungen ausgesetzt sind, d. h. aus der progressiven Anpassung allmählich in die konservative überzugehen, in der sich die Planeten bereits befinden: Wie die Planeten ungefähr der gleichen Ebene angehören, nämlich der Ebene der Erdbahn, so giebt es für die Mehrzahl der Kometen zwei Ebenen, welche die Ekliptik in einem Winkel von 45^0 nach beiden Seiten durchschneiden, also senkrecht aufeinander stehen; die rechtläufigen Kometen bewegen sich auf der einen, die rückläufigen auf der andern Ebene.

Fassen wir nun aus dem Bisherigen unsere kritische Beurteilung des Sonnensystems vom Standpunkte der Zweckmässigkeit zusammen, so ergiebt sich, dass der Mechanismus desselben von hoher Vollkommenheit ist. Keine innere Ursache lässt sich entdecken, woraus auf den einstigen Untergang des Systems geschlossen werden könnte, und würden sich nicht die zahlreichen Begleiter der Sonne in einem widerstehenden Medium bewegen, so wäre wohl die Erhaltung desselben für ewige Zeiten verbürgt. Andererseits sehen wir aber, dass in Hinsicht der Asteroiden und Kometen ein mechanischer Widerspruch gegeben ist, und dass insbesondere die Kometen zu häufigem Wechsel ihrer Bahnen genötigt werden.

Es fragt sich nun, wie dieser anscheinende Widerstreit der Erscheinungen, indem zweckmässige Erscheinungen mit solchen von realer Unzweckmässigkeit untermischt sind, einheitlich erklärt werden kann, und in welcher Weise dadurch die Ursache charakterisiert wird, welcher das Sonnensystem seine Anordnung verdankt.

Das gleichzeitige Vorhandensein von zweckmässigen und unzweckmässigen Erscheinungen im Sonnensystem bleibt ewig unverständlich bei der Annahme einer direkt auslesenden, intelligenten Ursache, man müsste sich denn mit einer Ursache von mangelhafter Intelligenz begnügen wollen; dagegen verschwindet der Widerspruch sofort, wenn wir den Prozess einer indirekten Auslese voraussetzen, der noch nicht vollendet ist, aber naturgemäss nur dahin seinen Abschluss finden kann, dass das Unzweckmässige nach natürlichen Gesetzen ausgeschieden wird, während das Zweckmässige aus keinem andern Grunde sich erhält, als weil es eben ungestört bleibt, worin ja allein seine Zweckmässigkeit beruht.

Es ergiebt demnach auch die Betrachtung der Kometen in Hinsicht auf das Problem der Zweckmässigkeit das gleiche Resultat, welches wir schon früher erhalten haben und das um so interessanter ist, als die indirekte Auslese, als Entstehungsursache des Zweckmässigen in der kosmischen Entwicklung, typisch ist für alle Naturgebiete.

Die uns näher bekannte Welt unseres Sonnensystems ist nicht die bestmögliche des Leibniz, sondern es finden sich darin zweckmässige, wie unzweckmässige Erscheinungen; aber die Veränderungen, welche in diesem Systeme geschehen, kommen durch Umgestaltung der Bahnen oder gänzliche Ausscheidung der mechanischen Widersprüche einer objektiven Zunahme des Zweckmässigen gleich; die Harmonie der Gestirne ist demnach eine wachsende, die Welt eine immer besser werdende. Nachdem aber alle Veränderungen nur bei Gelegenheit von Störungen geschehen können, diese aber allein nach dem Gesetze der Gravitation erfolgen, so muss die Zulänglichkeit natürlicher Ursachen für die Entstehung des Zweckmässigen ausgesprochen werden. Die teleologische Weltanschauung widerspricht nicht der mechanischen, und der Ausspruch des Leibniz, dass der

Mechánismus bestehe, aber den Zweck verwirkliche, behält seine volle Gültigkeit, insofern nur unter Zweck nichts anderes verstanden wird, als der immanente Trieb nach Selbsterhaltung, der den nach natürlichen Gesetzen geschehenden Veränderungen eines kosmischen Systems ebenso zu Grunde liegt, wie den inneren Veränderungen eines Organismus oder den Handlungen selbstbewusster Wesen. Dieser Zweck ist es, der sich im Sonnensysteme verwirklicht, und wenn sich selbst eine in der Vorstellung eines transcendenten theistischen oder pantheistischen Prinzips liegende Idee damit verwirklichen sollte, so kann es doch nur durch Vermittlung, aber nicht im Widerspruche mit den Naturgesetzen geschehen.

Wenn der Wert einer Hypothese abhängig ist von dem Grade der inneren Übereinstimmung, die sich zwischen den theoretischen Folgerungen und der Gesamtheit der empirischen Erscheinungen ergiebt, so muss zugegeben werden, dass ein Erklärungsprinzip, welches vom Standpunkte der theistischen Weltanschauung sich widersprechende Erscheinungen gemeinschaftlich umfasst, vor dieser den Vorzug verdient, weil es die Erkenntnis der Einheit der Natur fördert. Die Hypothese der Entstehung des Zweckmässigen in der kosmischen Entwicklung durch indirekte Auslese bedient sich zudem als Erklärungsursache einer *causa vera*, einer bekannten und wahren Thatsache: des Gravitationsgesetzes, auf Grund dessen alle Veränderungen der kosmischen Mechanismen geschehen, und welches nur dann Störungen verursachen kann, wenn ein Fall von Unzweckmässigkeit vorliegt, in der einen oder andern Weise aber die Unzweckmässigkeiten beständig verringern muss. Während also aus der Gravitation in der That die kosmische Zweckmässigkeit abzuleiten ist, bewegt sich die theistische Hypothese lediglich in einem Analogieschlusse, indem sie den Kosmos als Artefakt betrachtet, und ruht schon darum auf schwachen Füssen, weil sie den immer unsicheren Schluss aus der Wirkung auf die Ursache vollzieht.

5. Der Mechanismus der Meteoriten.

Erwägen wir die bedeutenden Grössenunterschiede der Gestirne des Sonnensystems, indem sich zwischen Jupiter, dem grössten Planeten, mit einem Durchmesser von 20 000 Meilen, und dem kleinsten der bisher entdeckten Asteroiden, Echo, mit einem Durchmesser von kaum 4 Meilen, sehr verschiedene Zwischengrössen finden, so stellt sich unwillkürlich der Gedanke ein, dass auch mit Echo die Reihe noch nicht abgeschlossen sei, und dass vielleicht noch weit kleinere Weltkörper in unserem Systeme sich finden, welche zu entdecken freilich selbst mit den besten Teleskopen nicht möglich wäre. Dass dieses in der That der Fall ist, beweisen die auf die Erde herabstürzenden Meteoriten, deren lange geleugneter kosmischer Ursprung gegenwärtig ausser allem Zweifel steht.

Auch die Meteoriten zählen zu denjenigen kosmischen Körpern, für welche sich in der Darstellung der Entwicklung unseres Systems keine Gelegenheit ergab, sie organisch einzufügen; auch bezüglich ihrer stehen wir also vor der Alternative, entweder anzunehmen, dass wesentliche Vorgänge bei der Bildung des Sonnensystems in obiger Darstellung übersehen wurden, oder dass dieselben erst in einem späteren Stadium der Entwicklung ins Dasein traten. Es wird sich später zeigen, dass sie den Anzeichen des Verfalls beizuzählen sind; hier sollen sie nur zur Sprache kommen, insofern sie den Mechanismus des Sonnensystems charakterisieren.

Die mechanische Unzweckmässigkeit der Meteoriten ergiebt sich schon daraus, dass sie der Anziehungskraft der Erde, und wohl auch der Sonne und der übrigen Planeten, nicht zu widerstehen vermögen, und, von der ursprünglichen Bahn abgelenkt, herabstürzen. Solche kleine Katastrophen finden ohne Unterbrechung tagtäglich statt, und viele Tausende von Meteoriten fallen jährlich auf die Erde herab; aber bei der Kleinheit dieser „Infusorien des Himmels" bringen diese Katastrophen dem Mechanismus des Systems keine Gefahr. Dass die grösste Anzahl derselben uns unbekannt bleibt, liegt in der Natur der Verhältnisse, da die Ozeane den grössten Teil der Erdoberfläche bedecken — 1749

fiel ein Meteor auf ein Schiff im Atlantischen Ozean und tötete
fünf Menschen — und auch auf dem Lande wohl nur die geringste
Anzahl der Fälle beobachtet wird.

Die Gefahren der Meteorsteinfälle wären aber weit beträchtlicher, wenn nicht unsere Atmosphäre uns einen natürlichen Schutz
gegen dieselben verleihen würde, indem dieselbe nicht nur die
ursprüngliche Bewegungsgeschwindigkeit, womit sich solche Körper
durch den leeren Raum unserem Planeten nähern, vermindert und
aufzehrt, sondern auch dafür sorgt, dass dieselben vor dem Aufprall in kleinere Stücke zertrümmert werden.

Die Meteoriten sind dunkle, feste Körper, die erst in demjenigen Bahnstück sichtbar werden, das in unserer Atmosphäre
liegt. Die Beschaffenheit und Anordnung der Meteoritenbahnen ist
analog den Kometenbahnen; sie bewegen sich auf denselben teils
rechtläufig, teils rückläufig, mit einer relativen Geschwindigkeit,
welche zwischen 70642 und 12120 Meter in der Sekunde schwankt.
Aber bei ihrem Durchgang durch die Atmosphäre verlieren diese
Körper ihre kosmische Geschwindigkeit, und diejenige, womit sie
auf die Erde fallen, rührt hauptsächlich von der Schwere her,
welche gerade dann erst anfängt, sich bemerklich zu machen,
wenn die kosmische Geschwindigkeit innerhalb der wenigen Sekunden des Durchgangs zerstört ist. Daher finden sich Aerolithen,
welche nur wenig in den Erdboden eindringen; das Pallaseisen
fand man offen auf der Oberfläche des Bodens liegend, und die
Bruchstücke des Meteoriten von Pultusk (1868) vermochten nicht
einmal das Eis des Narew zu zerbrechen. Das Gesetz ihres Falles
ist daher in ihrem letzten Bahnstücke unabhängig von der Anfangsgeschwindigkeit.

Wenn aber die Meteoriten im Widerstande der Luft ihre
Geschwindigkeit verlieren, so muss ihre räumliche Bewegung nach
physikalischen Gesetzen in Wärme und Licht verwandelt und eine
so hohe Temperatur erzeugt werden, dass sie in Weissglühhitze
geraten, wodurch sie uns in einer Höhe von durchschnittlich
24 Meilen sichtbar werden und, oft in heftigen Detonationen
zerplatzend, als Bruchstücke herunterkommen. Je grösser die ursprüngliche Geschwindigkeit war, eine desto höhere Temperatur

muss erzeugt werden, und es ist nicht zu bezweifeln, dass manche Meteoriten ganz verdampft werden, noch ehe sie die Erde erreichen. Denn schon bei einer Geschwindigkeit von 3000 Fuss in der Sekunde müsste ein Stück Meteoreisen infolge der Reibung eine Temperatur von 1000⁰ erzeugen; Körper aber, welche in einem kleinen Bruchteile einer Sekunde 10000—50000 Meter Geschwindigkeit verlieren, müssen eine Temperatur höher als die Schmelzhitze erwerben, welche auf die ganze Masse sich erstrecken und dieselbe auflösen muss. In anderen Fällen werden die Meteoriten wenigstens der Art zerstückelt, dass sie nur mehr als Steinregen oder — wie es auf Schneeflächen beobachtet wurde — als staubartiger Regen sich niederschlagen.

Es sind gleichwohl Fälle konstatiert, dass Meteoriten von sehr beträchtlicher Masse die Erdoberfläche erreichten und oft bedeutenden Schaden anrichteten. Von einem ausserordentlichen Steinregen, der 823 in Sachsen sich ereignet haben soll, berichten die *Annales Fuldenses:* „Menschen und Tiere wurden erschlagen, und 35 Dörfer in Brand gesetzt." In der Kirche von Ensisheim im Elsass befindet sich ein 130 Kilogramm schwerer Stein, der im Jahre der Entdeckung Amerikas niederfiel. Im Jahre 1807 fiel im Gouvernement Smolensk ein 70 Kilogramm schwerer Meteorit nieder. Bei Trier fand man eine Eisenmasse von 32—34 Centner; in den Argentinischen Staaten liegen Eisenmassen bis zu 15000 Kilogramm, und auf der Insel Disko wurden drei Blöcke gefunden, deren Gewicht auf 4500, 10000 und 25000 Kilogramm geschätzt wurde. Seitdem solchen Erscheinungen mehr Aufmerksamkeit zugewendet wird, sind Fälle von ergiebigen Steinregen, wobei teilweise Geschosse von bedeutendem Kaliber gefunden wurden, in grosser Anzahl konstatiert und es sind in unserem Jahrhunderte schon mehr als 200 Meteorschauer verzeichnet worden.

Es bestätigt sich mehr und mehr, dass zwischen Feuerkugeln, Meteoriten und Sternschnuppen keine qualitativen Unterschiede bestehen, dass vielmehr die wirklich auf die Erde herabfallenden Steine nur Bruchstücke explodierender Feuerkugeln sind, welche wiederum mit Sternschnuppen identisch sind. Es fallen allerdings beim Eintritt der Perseiden und Leoniden nicht mehr Meteoriten

herab als zu anderen Epochen des Jahres; aber die Geschwindigkeit, womit diese Sternschnuppen gegen die Erde stürzen, beträgt
auch 59 800 Meter bei den Perseiden, 71 150 Meter bei den
Leoniden, — Geschwindigkeiten, welche, wenn gehemmt, wohl eine
Temperatur zu erzeugen vermögen, wobei diese Massen ganz aufgelöst werden. Andererseits sind die Sternschnuppen der ersten
Dezembertage, deren Fallgeschwindigkeit nur 19 200 Meter beträgt, in der That mit einem Maximum von Aerolithenfällen verbunden. Aber auch die spektralanalytische Untersuchung hat gezeigt, dass die leuchtende Materie der Sternschnuppenkerne fest
oder flüssig ist, weil sie ein kontinuierliches Spektrum giebt,
während allerdings, wenn diese Meteore am Ende ihrer Bahn in
Dämpfe aufgelöst werden, gasartige Spektra sich ergeben müssen.
Endlich lässt es sich häufig beobachten, dass leuchtende Sternschnuppen sich in zwei oder mehrere Stücke zerteilen, während
andere am Ende ihrer Bahn, indem sie explodieren, als Funken-
regen sich nach allen Seiten zerstreuen.

Mehr als die gewöhnlichen Meteoritenfälle müssen die perio-
odischen Sternschnuppenfälle unsere Aufmerksamkeit erregen, unter
welchen die jährlichen am 10. August und zwischen dem 12. bis
14. November die merkwürdigsten sind. Der Augustschwarm, die
Perseiden, beschreibt eine Bahn um die Sonne, auf welcher die
Meteoriten ungefähr gleich dicht verteilt sind, während der Novemberschwarm, die Leoniden, nicht gleichmässig auf der elliptischen Bahn
verteilt und an einer Stelle derselben wolkenartig angehäuft ist. Die
Erde durchschneidet diese Bahn an einem Punkte, den sie jährlich
im November erreicht, und es erfolgt sodann das Phänomen der
Sternschnuppen; dem Hauptschwarm dagegen begegnet die Erde
nur einmal in 33—34 Jahren, weil derselbe innerhalb dieser Zeit
seinen Umlauf vollendet, und in solchen Jahren — wie sich dies
zum letzten Male 1866 beobachten liess — fallen dann die Sternschnuppen des November in ausserordentlicher Anzahl.

Diese periodischen Meteoriten durchkreuzen den Raum nicht
regellos, sondern beschreiben Bahnen, welche nach rückwärts verlängert, gegen bestimmte Punkte des Himmels hinzielen, die sogenannten Radiationspunkte. Da nun diese Radiationspunkte ziemlich

gleichmässig am Himmel verteilt sind, so ergiebt sich, dass die Bahnen der Meteoriten, ebenso wie die der Kometen, alle möglichen Neigungen gegen die Ebene der Erdbahn besitzen.

Man zählt im ganzen an hundert Meteoritenströme, welchen die Erde im Laufe des Jahres begegnet, und wobei zahlreiche Meteoriten derart gestört werden, dass sie von ihrem Schwarme getrennt und in sporadische verwandelt werden. Wenn nämlich ein Planet einen solchen Schwarm durchschneidet oder ihm auch nur relativ nahe kommt, so werden hierdurch die ihm nächsten Meteoriten von ihrer Bahn so stark abgelenkt, dass der Strom an dieser Stelle seinen Zusammenhang oder wenigstens die Regelmässigkeit verliert und zerstört wird; ist die Ablenkung so stark, dass Meteoriten ganz von dem Schwarme getrennt werden und der ursprüngliche Verband nicht mehr erkennbar ist, so entstehen die sporadischen Meteoriten, welche gelegentlich auf einen Planeten fallen.

Von der grössten Bedeutung für die Astronomie ist die Entdeckung Schiaparellis vom Zusammenhange zwischen Meteoriten und Kometen. Es ist ihm gelungen, in sehr genialer Weise den Nachweis zu führen, dass die Geschwindigkeit, womit die Sternschnuppen die Atmosphäre der Erde erreichen, kometarische Bahnen bedingt, dass manche Kometen bestimmten Meteoritenströmen beigesellt sind, und dass die Sternschnuppen sehr wahrscheinlich das Produkt der Auflösung von in Kometenbahnen einhergehenden Weltkörpern seien. Die Bahn des Novemberschwarms ist identisch mit der des Kometen I. 1866, die des Augustschwarms fällt mit der des Kometen III. 1862 zusammen. Sowohl die Rückläufigkeit der Bewegungen, die Excentricitäten und Neigungen der Bahnen, wie die Umlaufszeiten stimmen überein. Auch für andere Sternschnuppenfälle hat sich ergeben, dass sie mit der Annäherung der Erde an Kometenbahnen zusammenfallen. So durchschneiden der Komet I. 1861 und der berühmte Bielasche Komet die Erdbahn in Punkten, welche die Erde am 20. April und 28. November erreicht, also an Tagen, die ebenfalls durch Häufigkeit der Sternschnuppen sich auszeichnen. Die Kometen sind daher als solche Meteoriten anzusehen, welche einem Strome angehörig, in vielen Fällen aber wohl auch als sporadisch, sich vermöge ihrer Verdunstungsfähigkeit durch Schweifbildung auszeichnen, und während die Kometenköpfe auf einer gemeinschaftlichen Bahn mit dem Meteoritenschwarm fortziehen, dem sie angehören, werden die Schweife in einer den *radius vector* fortsetzenden Richtung ausgestossen.

Bedenkt man den ungeheuren Tribut, den die Meteoritenströme an die Sonne und die Planeten in Gestalt von Meteorschauern und sporadischen Meteoriten abgeben, so muss man wohl annehmen, dass sie mit der Zeit vollständig aufgezehrt werden. Man hat z. B. in Amerika die im Jahre 1833 niederstürzenden Sternschnuppen in einer Nacht auf eine halbe Million geschätzt. Dieser Auflösungsprozess müsste natürlich bei jenen Meteoritenströmen am schnellsten geschehen, welche bei kurzer Umlaufzeit die Region des Planetensystems nicht verlassen, während solche Ströme, die bei langgestreckten Bahnen nur selten ins Perihel zurückkehren, bis zu einem gewissen Grade an Substanz sogar gewinnen könnten, indem. sich sporadisch verteilte Meteoriten ihnen wieder anschliessen.

Die materielle Gefährlichkeit der Meteoriten beschränkt sich darauf, dass die Planeten von Zeit zu Zeit einem heftigen Bombardement ausgesetzt werden; im übrigen vermögen die Meteoritenströme nicht die Harmonie des Systems zu gefährden, wie sich schon daraus ergiebt, dass sie trotz ihrer grossen Anzahl keinen wahrnehmbaren Einfluss auf die Bewegungen der Planeten ausüben. Ein Schwarm, der selbst aus mehreren Millionen Meteoriten von Centnerschwere bestünde, würde trotzdem kaum $\frac{1}{100\,000\,000\,000}$ der Erdmasse erreichen; denn die Erde besitzt bei einem Volumen von 1081 Quadrillionen Kubikmetern ein Gewicht von 5881 Quadrillionen Tonnen zu je 1000 Kilogramm. Da die Meteoritenschwärme zudem über die Länge ihrer Bahnen, oder wenigstens über mehr oder minder lange Bahnstücke, verstreut sind, so ist um so weniger an eine von ihnen ausgehende Störung zu denken.

VIII.

Die Zukunft des Sonnensystems.

———

1. Der Untergang der Planeten.

Entwicklung, Gesetzmässigkeit, Kampf, Harmonie, Wieder-
entzweiung und Auflösung, — alle diese Kategorieen, die
wir von irdischen Erscheinungen abstrahieren, sind in ana-
loger Weise auszudehnen auf die weite Region der Fixsterne, und
überall im Kosmos schwankt das Pendel alles Geschehens zwischen
Entstehen und Vergehen hin und her. Da nun alle kosmischen
Veränderungen, mag es sich nun um einen Sternhaufen, oder um
ein einzelnes Sonnensystem handeln, nach dem gleichen Gesetze
der Gravitation geschehen, so müssen wohl in unserem Systeme
sich die Ursachen nachweisen lassen, welche den einstigen Untergang desselben herbeiführen werden.

Dass das Sonnensystem einen zeitlichen Anfang genommen,
bedarf keiner Erläuterung mehr. Die Zahlenwerte freilich, durch
welche verschiedene Forscher das Alter der Sonne und der Planeten
zu bestimmen versuchten, können keinen Anspruch auf Gültigkeit
erheben und stimmen auch unter sich sehr wenig überein; dies
darf uns jedoch über die Richtigkeit der zu Grunde gelegten Voraussetzung nicht irre machen, dass die Weltkörper unseres Systems
erst im Verlaufe der Zeit ins Dasein traten. Aber wie wir die
Ewigkeit des Bestehens in der Richtung der Vergangenheit abschneiden müssen, so auch in der Richtung der Zukunft, mögen
wir auch mit tiefeingewurzelten Vorurteilen dem Gedanken an die

Stabilität des Sonnensystems anhängen. Unser Gefühl bäumt sich auf bei dem Gedanken an den Untergang von Welten und würde seine tiefe Abneigung gegen solche Vorstellungen wohl nie ablegen, wären nicht empirische Thatsachen nachzuweisen, welche, mögen sie uns auch keine Zahlenwerte über den Zeitpunkt des Untergangs geben, doch die Gewissheit desselben ausser Zweifel setzen: die Planeten finden sowohl an dem den Raum erfüllenden kosmischen Äther, in dem sie sich bewegen, wie an den zahllosen Meteoriten einen Bewegungswiderstand; ihre Tangentialkraft, vermöge welcher sie ihrem Zuge gegen die Sonne widerstehen, muss daher notwendig vermindert und schliesslich aufgezehrt werden.

Es ist bereits erwähnt worden, in welcher unermesslichen Zahl unausgesetzt Meteoriten auf die Erde herabstürzen. Schiaparelli hat nun den Beweis geliefert, dass und warum jener Oberflächenteil der Erde am häufigsten getroffen wird, welcher den herabstürzenden Meteoriten entgegen läuft. Die grösste Anzahl derselben fällt also in einer Richtung, welche der progressiven Bewegung der Erde entgegengesetzt ist; die Kraft des Zusammenstosses wird darum nur um so grösser sein, weil gegeneinander stürzende Körper eine grössere Kraft des Zusammenstosses entwickeln, als solche, die sich nur einholen. Mag nun auch die kosmische Geschwindigkeit der Meteoriten in der Atmosphäre ganz oder teilweise verloren gehen und ihre Masse sowohl, wie ihre Fallkraft verächtlich gering sein im Vergleich zur Erdmasse und der Geschwindigkeit von 4,7 Meilen in der Sekunde, womit die Erde auf ihrer Bahn fortschreitet, so kann doch von einer eigentlichen Wirkungslosigkeit, physikalisch genommen, die Rede nicht sein. Mag die Wirkung für den einzelnen Fall eine minimale sein, so müssen sich doch diese minimalen Wirkungen summieren, wenn kosmische Zeitlängen hindurch tagtäglich zahlreiche Zusammenstösse erfolgen. Es wird allerdings die ganze Erdoberfläche von Meteoriten getroffen, sodass die Erde, wenn sie auf der einen Seite einen Widerstand erfährt, von der andern Seite als geschoben erscheint; aber da auf ersterer Seite sowohl die Menge, wie die relative Geschwindigkeit der Meteoriten weit bedeutender ist, so macht sich zwar nur die Differenz der Wirkungen geltend, aber doch im Sinne eines Widerstandes.

Die Bahngeschwindigkeit der Erde muss demnach eine fortwährende Einbusse erleiden, welche ihrer Schwerkraft zu gute kommt; denn letztere wirkt nicht nur ungeschmälert fort, sondern erfährt sogar eine Vermehrung in dem Masse, als der unausgesetzte Meteoritenregen die Masse des Erdballs vermehrt. Dies bedeutet aber eine Verkürzung der Umlaufszeit und der halben grossen Achse der elliptischen Erdbahn, welche im Verlaufe der Jahresmillionen mehr und mehr in die Spirale, der Sonne zu, übergehen wird. Auf den ersten Blick erscheint es zwar widersprechend, dass eine Verlangsamung der Umlaufsgeschwindigkeit eine Verkürzung der Umlaufszeit, also einen schnelleren Umlauf nach sich ziehen sollte; aber es ist zu bedenken, dass die direkte Verlangsamung der Bewegung überwogen wird von der indirekten Beschleunigung des Umlaufs durch Verkürzung des zurückzulegenden Weges, die sich durch stärkere Krümmung der Bahn und Übergang in die Spirale ergiebt.

Das Endresultat liegt auf der Hand.

Es ist nun allerdings nur eine Frage der Zeit, dass der Raum unseres Sonnensystems mehr und mehr von Meteoriten gesäubert werden wird, und dass selbst die Meteorströme mit der Zeit werden aufgezehrt werden, und daraus liesse sich folgern, dass die Erde wenigstens alsdann ihren Sonnenabstand beibehalten, dass daher der Durchmesser der Erdbahn nur bis zu einem gewissen Grade verkürzt würde. Dies kann aber — ganz abgesehen davon, dass immer neue Meteoritenströme, wie wir sehen werden, entstehen werden — nicht der Fall sein; denn je näher die Erde der Sonne kommt, einer desto grösseren Tangentialgeschwindigkeit bedürfte sie, um sich in ihrer Bahn zu erhalten, weil die Schwerkraft mit dem Quadrate der Annäherung zunimmt, die Annäherung also einer Gewichtsvermehrung gleichkommt. Nun nimmt aber die Geschwindigkeit beständig ab und zudem die Annäherung zu; würden daher auch die Meteoritenströme allmählich zerstört werden und keine neuen mehr entstehen, die Geschwindigkeit aber alsdann keine weitere Schmälerung erfahren, so würde doch die bereits geschmälerte für die inzwischen erreichte Sonnennähe nicht mehr genügen. Es besteht das genaueste Verhältnis zwischen dem Sonnenabstand eines Planeten und seiner Tangentialgeschwindigkeit; es kann daher keiner dieser Faktoren eine Änderung erfahren — soll der Planet seine Bahn einhalten —, es würde denn durch entsprechende Änderung des andern Faktors ein Äquivalent geboten werden. Wenn aber die Tangentialkraft mit jeder Annäherung ungenügender und die Schwerkraft zudem vermehrt wird, wie es bei den Planeten der Fall ist, so wirken beide Ursachen gleichsinnig, die Wirkung muss sich daher nur um so früher einstellen.

Die Störungen, welche die Planeten infolge ihrer gegenseitigen Anziehung erfahren, waren es, auf Grund welcher man sich zuerst mit der Frage nach der Stabilität unseres Systems beschäftigte. Indem man aber diese Perturbationen der Rechnung unterwarf, stellte es sich heraus, dass sie nur innerhalb enger Grenzen ab- und zunehmend sich bewegen; es lässt sich mit mathematischer Sicherheit nachweisen, dass die grossen Achsen der Planetenbahnen zu den unveränderlichen Grössen gehören, und dass die Planeten niemals auch nur in die Kreisbahn übergehen. Laplace und andere haben sich denn auch für die Stabilität des Systems ausgesprochen. Aber wenn sich auch diese Rechnungen mehr und mehr bestätigt haben, so können sie doch nur Geltung haben unter der Voraussetzung, dass die Planeten in der Richtung ihrer Bewegung keinen Widerstand erfahren werden, dass der Raum, den sie durchwandern, absolut leer ist. Dies wusste Laplace sehr wohl. Es findet sich nun aber ein solcher Widerstand nicht nur in den Meteoriten, sondern es hat sich auch für die Physik die Notwendigkeit herausgestellt, die Erfüllung des Raumes mit einer elastischen, zwar überaus leichten, aber doch ponderablen Materie anzunehmen, dem kosmischen Äther, der schon darum nicht zu entbehren ist, weil die Fortpflanzung der Schwingungen des Lichts, der Wärme und wohl auch der Gravitation durch den Raum uns zur Annahme eines materiellen Trägers nötigen; ist aber derselbe die das Sehen vermittelnde Materie, so muss der Raum soweit davon erfüllt sein, als Gestirne uns sichtbar sind.

Es ist sehr wahrscheinlich, dass dieser sogenannte kosmische

Äther nur aus den Gasen besteht, die früher für permanent gehalten wurden; ist nun aber auch ein Zustand äusserster Verdünnung derselben anzunehmen, so kann doch der Raum, in dem sich diese Gestirne bewegen, nicht mehr als absolut leer angesehen werden, und wir können keine eigentliche Grenze unserer Atmosphäre annehmen, sondern nur eine Grenze der Atmosphäre, insofern dieselbe an der Umdrehung der Erde teilnimmt und nicht mehr teilnimmt.

Wenn die Kometen um die Sonne, als dem einen gemeinschaftlichen Brennpunkte ihrer Bahnen, herumlaufen, so geschieht dieses mit voller Breite der Schweife, da diese stets eine von der Sonne abgewendete Richtung haben. Hierbei müsste sich also, falls ein Ätherwiderstand vorhanden sein sollte, derselbe anschaulich in der Art bemerkbar machen, dass die ungemein flüchtige Materie dieser Schweife eine Krümmung nach rückwärts erfährt. In der That erscheinen sie in der Nähe des Perihels wie vom Winde zur Seite geweht, und es zeigt sich die konkave innere Seite meistens auch weniger hell und scharf begrenzt, als die äussere vorschreitende Seite.

Aber auch eine Verkürzung der Umlaufszeit scheint bei den inneren Kometen des Sonnensystems sich bemerklich zu machen. Enke beobachtete, dass der nach ihm benannte Komet bei jedem Umlaufe um einige Stunden früher durch das Perihel ging. Innerhalb der Jahre 1825—1852, während welcher der Komet neun Umläufe vollendete, hat seine Umlaufszeit um einen Tag abgenommen. Diese Acceleration der mittleren Bewegung des Enkeschen Kometen ist im Jahre 1868 vollständig ausgeblieben und scheint überhaupt beträchtlichen Unregelmässigkeiten unterworfen zu sein, wohl nur infolge physischer Vorgänge im Innern des Kometen. Wenn nach Zöllner der kalorische Einfluss der Sonne die Ausströmung des Schweifes verursacht, so muss die Intensität der Ausströmung eine wechselnde sein, da die Sonne vermöge ihrer Fleckenbildung als veränderliche Wärmequelle anzusehen ist; dies könnte aber auch die Acceleration des Kometen zu einer wechselnden machen.

Da sich bei anderen Kometen eine ähnliche Wahrnehmung nicht machen lässt, so lässt sich die Hypothese eines widerstehenden Mediums nur aufrecht erhalten unter der Annahme, dass gerade 'Enkes Komet den stärksten Widerstand erfährt. Nach dem Gesetze der Schwere muss aber jener den Weltraum erfüllende Äther um die Sonne herum stärker verdichtet sein, als ausserhalb der Grenzen des Planetensystems; von allen bekannten Kometen hat aber gerade der von Enke die kürzeste Umlaufszeit — von nur 1208 Tagen —, und seine Bahn ist so verkürzt, dass er im Aphel nicht einmal die Entfernung Jupiters erreicht. Er wird somit dem Ätherwiderstand auch sehr stark ausgesetzt sein, weil er die dichtere Äthersphäre gar nicht verlässt, während fast bei allen übrigen Kometen der längste Teil ihrer so stark exzentrischen Bahnen weit ausserhalb der Grenzen selbst der äussersten Planeten liegt. Diese werden daher den Widerstand in weit geringerem Grade erfahren, da sie nur während der kürzesten Zeit ihres Umlaufs in jener Gegend weilen, welche der Äther dichter füllt. Zudem ist die Bahngeschwindigkeit der Kometen nicht immer die gleiche: die Gegend des Perihels durchlaufen sie mit rasender Eile, während sie auf den langgezogenen Ästen ihrer Bahn viel langsamer, und im Aphel, wo sie wieder umkehren, fast bewegungslos sind, wie ein geworfener Ball mit abnehmender Schnelligkeit ansteigt, mit zunehmender fällt. Der Komet von 1860 hat im Perihel eine Geschwindigkeit von 53 Meilen, im Aphel von nur 10 Fuss in der Sekunde. Für Kometen mit langgestreckter Bahn kann somit der Ätherwiderstand fast gar nicht in Betracht kommen.

Einen andern Beleg für die Existenz eines widerstehenden Mediums liefert die Absorption des Lichtes. In seiner Fortpflanzung erfährt das Licht im Verhältnis des Quadrats der wachsenden Entfernung eine Abschwächung, ist also in 2facher, 3facher, 4facher Entfernung 4mal, 9mal, 16 mal schwächer. Struve fand aber, dass das Verhältnis der Absorption ein grösseres ist, als welches dem umgekehrten Verhältnis der Entfernung von der Lichtquelle entspricht, dass die Sehkraft des blossen Auges sich auf 7—8 Sternweiten erstreckt, während sie auf 12 Sternweiten in den Raum eindringen sollte, dass also die Fixsterne früher verschwinden, als es bei einer Abnahme ihres Lichtes im Verhältnisse des Quadrats der Entfernung der Fall sein müsste.

Die Ursache dieser Schwächung des Lichts kann nur in jenem Medium liegen, welches die Bahnen der Begleiter unserer Sonne allmählich verkürzen muss.

Es erklärt sich aus den ungleich gewaltigeren Massen der Planeten, dass sich der Widerstand dieses Mediums an ihren Bahnen noch nicht bemerklich macht, wie etwa ein geworfener Stein keinen sichtbaren Widerstand der Luft erfährt, wohl aber eine leichte Feder; aber wie unendlich gering auch derselbe sein mag, er muss im Verlaufe der Zeiten doch auch bei ihnen seinen hemmenden Einfluss geltend machen und ihre Bahnachsen verkürzen. Wie die Meteoriten, so wirkt also auch der Äther dahin, die Planeten aus der Ellipse in die Spirale zu drängen.

Bei dem jedenfalls sehr beträchtlichen, wenn auch unbestimmbaren Alter, das wir dem Sonnensystem zusprechen müssen, wird der Ätherwiderstand seinen hemmenden Einfluss sicherlich schon geltend gemacht haben. Demnach ist noch die Frage zu untersuchen, ob eine solche Wirkung sich nachweisen lässt?

Im kosmischen Äther müssen wir uns die feinste Form denken, welche Materie annehmen kann, und zwar muss nach Thomson die Dichtigkeit des Äthers noch geringer sein als die der Luft im sogenannten Vacuum einer Luftpumpe. Nach den höchst merkwürdigen Untersuchungen von Crookes über „strahlende Materie" ist nämlich gar nicht daran zu zweifeln, dass noch in Räumen, die wir luftleer nennen, Materie vorhanden ist, mag sie auch noch so verdünnt gedacht werden müssen. In einem solchen äthererfüllten Raume wird nun allerdings der Widerstand, den ein massiver Körper von kosmischer Geschwindigkeit erfährt, von denkbarst geringem Betrage sein; aber derselbe kann nicht als der Null gleichkommend angenommen werden, und darum können die heutigen mittleren Abstände der Planeten von der Sonne nicht mehr die ursprünglichen sein, sondern müssen sich verringert haben. Und zwar müssen die Unterschiede des jetzigen Abstandes vom ursprünglichen um so bedeutender sein, je älter ein Planet ist; der äusserste und älteste Planet, Neptun, muss die grösste, der innerste und jüngste, Merkur, die geringste Abstandsverkürzung d. h. Bahnverengung erfahren haben.

Welches nun die ursprünglichen Abstände waren, wissen wir allerdings nicht; aber bei dem geringen Betrage des Ätherwiderstandes lässt sich vermuten, dass die jetzige Progression in den Planetenabständen die ursprüngliche Progression noch ziemlich deutlich verraten wird. Bonnet und Wolf haben nun für die derzeitigen Planetenabstände eine merkwürdige Zahlenreihe gefunden. Setzt man nämlich den Abstand des Saturn gleich 100, so sind die Abstände der übrigen Planeten annähernd: Merkur $= 4$, Venus $= 4 + 3$, Erde $= 4 + 6$, Mars $= 4 + 12$, Asteroiden $= 4 + 24$, Jupiter $= 4 + 48$. Für die Planeten jenseits des Saturn stimmt die Fortsetzung der Reihe nicht mehr, für Uranus noch einigermassen, für Neptun weicht sie fast um $^1/_4$ ab. Diese Zahlenreihe der Abstände nach dem sogenannten Gesetze des Titius ist von Wurm durch eine andere ersetzt worden, die der Wirklichkeit näher kommt, wiewohl auch so noch beträchtliche Abweichungen vorhanden sind:

Merkur	387	
Venus	$387 + 1.293 =$	680
Erde	$387 + 2.293 =$	973
Mars	$387 + 4.293 =$	1559
Asteroiden	$387 + 8.293 =$	2731
Jupiter	$387 + 16.293 =$	5075
Saturn	$387 + 32.293 =$	9763
Uranus	$387 + 64.293 =$	19139
Neptun	$387 + 128.293 =$	37891

Es ist nun jedenfalls höchst merkwürdig und kann nicht auf einem blossen Zufall beruhen, dass sich eine solche Zahlenreihe herstellen lässt, die der Wirklichkeit fast angepasst ist, und es gewinnt den Anschein, als ob die ursprünglichen Abstände nach diesem Gesetze des Titius geregelt gewesen, durch andere Einflüsse aber verändert worden wären. Da nun dieses Gesetz abgeleitet worden ist aus der fortschreitenden Verdichtung der Sonne, welche regelmässig und proportional der Zeit vor sich gehen musste, die Planeten aber diese theoretischen Abstände nicht genau einhalten, so kann diese Differenz der Titiusschen Zahlenwerte und der wirklichen nur die Wirkung einer äusserlichen Ursache

und zwar einer solchen sein, welcher die Planeten umsomehr
oder um so länger unterworfen waren, je weiter sie von der Sonne
abstehen. Dass nun derjenige Planet, welcher die grösste Differenz
aufweist, zugleich der älteste ist, spricht sehr zu Gunsten des
Ätherwiderstandes. Da ferner bei Merkur die Differenz die geringste
ist, derselbe also den ursprünglichen Abstand am genauesten ausdrückt,
so lassen sich, die Richtigkeit des Titiusschen Gesetzes als allgemeine Formel vorausgesetzt, nach Klein folgende Zahlenreihen
für die ursprünglichen und jetzigen Abstände, sowie die Differenz
beider, aufstellen:

	Ursprüngliche Entfernung.	Jetzige Entfernung.	Differenz.
Merkur	387	387	—
Venus	723	723	—
Erde	1059	1000	59
Mars	1731	1524	207
Jupiter	5763	5203	560
Saturn	11139	9539	1600
Uranus	21891	19982	2709
Neptun	43395	30070	13325

Die Nebularhypothese und der Ätherwiderstand als Voraus-
setzungen verlangen eine beständige Steigerung in der dritten
Reihe, und da diese Steigerung von der Erde angefangen für alle
Planeten zutrifft, so scheint die Richtigkeit beider Voraussetzungen
bewiesen zu sein. Nebenbei gesagt muss die dritte Zahlenreihe
auch die Zeitlängen ausdrücken, während welcher die Planeten dem
Widerstande des Äthers ausgesetzt waren, d. h. sie muss verhüllte
Andeutungen über die Altersunterschiede der Planeten enthalten.

So können wir also der Folgerung nicht entfliehen, dass
die Bahngeschwindigkeit der Planeten, welche immer dichtere
Ätherschichten erreichen, einmal aufgezehrt sein wird, dass sie
also dem unvermeidlichen Schicksale entgegentreiben, schliesslich,
gleichsam im Fluge ermattet, in die Sonne zu stürzen, die gleich
dem Chronos der Griechen ihre eigenen Kinder aufzehren wird.
Die Planeten werden dahin zurückkehren, wo sie ihren Ursprung
genommen, und der glühende Sonnenball, der ihre Wiege gewesen,
wird auch ihr Grab sein. Mit Zahlen freilich lässt sich der Eintritt

dieses Ereignisses nicht bestimmen; wir wissen nur, dass, würde unserer Erde dieses Schicksal auch nur in mehreren Millionen Jahren bevorstehen, eine Verkürzung der grossen Bahnachse innerhalb historischer Zeiten sich schon bemerklich gemacht haben müsste. Da dieses nicht der Fall ist, so müssen wir in eine noch weit entlegenere Zukunft das Ereignis verlegen, das gleichwohl unvermeidlich ist und die Planeten in der umgekehrten Reihenfolge ihrer Abtrennung treffen wird. Dann aber, wenn unser Planet nach vollständig ermatteter Tangentialbewegung in die Sonne stürzen wird, dann werden nächtlich die Bewohner ferner Systeme das prachtvoll schweigsame Schauspiel des Aufloderns unserer Sonne geniessen, das für unser System die Bedeutung haben wird, dass wieder ein weiteres Glied desselben untergegangen ist, und dass alle Thaten der Menschheit in der Geschichte, alle Errungenschaften des menschlichen Geistes, alle Freuden und Leiden der irdischen Geschöpfe in der Nacht der Vergessenheit begraben liegen.

2. Die Erkaltung der Sonne.

Was uns den Gedanken, dass unsere Erde einst zu Grunde gehen wird, so abstossend erscheinen lässt, ist im Grunde nur die begleitende Vorstellung, dass es ein bewohnter Weltkörper ist, auf welchem der biologische Prozess abgeschnitten werden und die Kunde aller Thaten seiner Bewohner und aller ihrer geistigen Leistungen vielleicht gerade dann untergehen soll, wenn die Wissenschaft über den ganzen Kosmos ihre Eroberungen ausgebreitet und die Fackel ihres Lichtes selbst jene Abgründe von Unwissenheit erhellt haben wird, die uns heute noch gähnen; dass gerade dann vielleicht, wenn die Menschheit ihr grosses εὕρηκα ausspricht, der Erbe sich nicht mehr finden soll, dem die Welt nicht mehr als grosses Fragezeichen gegenüberstehen würde, und der im Genusse der so lange und so heiss ersehnten Wahrheit schwelgen könnte. Im übrigen würde uns die Perspektive des Untergangs unseres Planeten, als einer unorganischen Masse, wohl wenig anfechten.

Aber eben das Aufhören des biologischen Prozesses, wogegen sich unser Gefühl so sehr sträubt, muss der Erkaltung der Sonne wegen unter allen Umständen eintreten. Wäre demnach auch die Konstellation der Planeten für alle Ewigkeit eine unveränderliche, so würde doch eben der Zweck damit nicht erreicht werden, um dessen willen allein uns ihre Erhaltung wünschenswert sein kann.

Wer mit naturwissenschaftlichem Auge in die Welt blickt, dem wird die Ansicht, dass das Licht der Sonne uns ewig strahlen, ihr Feuer uns ewig erwärmen werde, nicht weniger ungereimt erscheinen, als etwa die Behauptung, das Feuer eines beliebigen Kachelofens werde ewig brennen. Vom Standpunkte der Universalität der irdischen Gesetze lässt sich ein Unterschied zwischen einem Küchenfeuer und einem kosmischen Feuerherde nicht machen, nur dass die ungeheuren kosmischen Wärmebeträge nicht auf chemischem Wege entstanden sein können, sondern auf mechanischem, durch Verwandlung räumlicher Bewegung in molekulare Bewegung, welche immer eintritt, wenn ein Körper durch einen mechanischen Prozess auf ein kleineres Volumen gebracht wird.

Die Materie der Sonne, ursprünglich nebelartig zerstreut, hat vermöge ihrer Schwerkraft sich verdichtet, und aus der grossen Entfernung, also der bedeutenden Fallhöhe, und der ungeheuren Masse dieser Materie erklärt sich die hohe Temperatur der Sonne, welche auf chemischem Wege, durch Verbrennung, weder zu solchem Betrage hätte anwachsen, noch so lange sich hätte erhalten können. Wenn die Sonne nach der Nebularhypothese bis zur Bahn des Neptun ausgedehnt war, so musste ihre Verdichtung bis zur gegenwärtigen Grösse nach Helmholtz einen Wärmebetrag erzeugt haben, der das 454 fache desjenigen beträgt, welchen die Sonne von jetzt ab noch auszugeben hat. Da wir den bei irdischen Prozessen herrschenden gesetzmässigen Zusammenhang zwischen Fallhöhe, Geschwindigkeit, lebendiger Kraft und Wärmeerzeugung genau kennen, so können wir auch leicht einsehen, dass eine alles irdische Mass übersteigende Wärmeentwicklung sich ergeben muss, wenn wir an die Stelle der Erde die 350000 mal massenreichere Sonne und an Stelle einer Fallhöhe von einigen Metern kosmische Höhen setzen. Chemische und elektrische Vorgänge reichen nicht annähernd aus, die Temperatur der Sonne zu erklären, es bleiben also nur mechanische Vorgänge zur Erklärung übrig.

Redtenbacher hat es versucht, die Anfangstemperatur der Sonne zu berechnen und hat 178075200^0 Celsius gefunden. Es kann in solchen Zahlen nur eine ungefähre Annäherung liegen; aber dass die Anfangstemperatur der Sonne eine ungeheure war, wird durch ihren gegenwärtigen Zustand noch bestätigt. Der feurig-flüssige, weissglühende Sonnenkern ist von einer gleichfalls glühenden Gasatmosphäre umgeben. Zöllner hat die Temperatur auf der Oberfläche des Kerns auf 13230^0 Celsius, aber schon in einer Tiefe von 2317 geographischen Meilen ($^1/_{40}$ des Sonnenhalbmessers) auf 1112000^0 Celsius, als Minimalwerte, berechnet. Für die Atmosphäre hat er eine Temperatur von 27000^0 Celsius gefunden, welche hinreichend wäre, selbst für Eisenbestandteile die vollständige Dissociation zur Gasform zu bewirken; die Spektralanalyse hat aber in der That Eisen in der Atmosphäre der Sonne nachgewiesen.

Für die Wärmeverluste, welche die Sonne in beständiger Ausstrahlung erleidet, lässt sich eine Vorstellung gewinnen, wenn man die ungeheure Wärmemenge erwägt, welche der kleine Erdball empfängt und welche nach Herschel hinreichend wäre, eine die ganze Erdoberfläche bedeckende, 100 Fuss dicke Eisschicht jährlich zu schmelzen. Und doch trifft den kleinen Erdball nur der 2300 millionste Teil derjenigen Wärme, welche von der Sonne nach allen Seiten ausgesendet wird. Ein solcher Verlust entspricht der Verbrennung einer Kohlenschicht, welche 17 Meilen dick die ganze Oberfläche der Sonne bedecken würde. Schon hieraus ergiebt sich, dass die Wärme der Sonne nicht durch Verbrennung unterhalten werden kann. Sir William Thomson hat berechnet, dass, wenn die Sonne aus der besten englischen Steinkohle bestünde, dieselbe höchstens für 8000 Jahre Wärme von der gegenwärtigen Intensität entwickeln könnte und am Ende dieser Zeit erlöschen müsste.

Aus den Angaben über die frühere Verbreitung solcher Kulturpflanzen, welche sehr empfindlich gegen die Änderung der mittleren Temperaturzustände sind, wie der Weinstock und der Ölbaum, und aus der Thatsache, dass die Verbreitungsgrenzen noch immer dieselben sind, lässt sich entnehmen, dass die Temperatur der Erde seit 4000 Jahren sich nicht merklich geändert hat, was nicht der Fall sein könnte, wenn die Temperatur der Sonne in dieser Zeit abgenommen hätte. Es muss also, da jeder glühende Körper in demselben Masse an Wärme verliert, als er sie in anderen erregt, für die bedeutenden Wärmeverluste der Sonne ein beständiger Ersatz eintreten, und es liegt dabei nahe, an eine Fortsetzung jenes Prozesses zu denken, der die in den Kräften der Materie schlummernde Anfangstemperatur erweckte. Wenn der Sonnenball noch immer einer Verdichtung unterworfen ist, was einem Fallen seiner Materie gegen den Mittelpunkt gleichkommt, so liegt darin ein beständiger Ersatz für seine bedeutenden Wärmeverluste. Eine solche Verdichtung muss aber umsomehr angenommen werden, als die Sonne gegenwärtig die mittlere Dichtigkeit des Wassers nur wenig übertrifft. Nimmt man nun an, dass die Sonne im Verlaufe der Zeiten bis zu der etwa viermal grösseren, mittleren Dichtigkeit der Erde sich zusammenziehen sollte, so würde dieses nach Helmholtz einer beständigen Wärmeerzeugung gleichkommen, welche genügt, den Betrag der gegenwärtigen Ausstrahlung auf 17 Millionen Jahre zu decken.

Eine Verkleinerung des Sonnendurchmessers ist nun allerdings seit historischen Zeiten nicht beobachtet worden. Aber da nach Helmholtz die Verkürzung des Durchmessers um seinen 100 000sten Teil dem Freiwerden einer Wärmemenge entspricht, gleich derjenigen, welche die Sonne in mehr als 2000 Jahren ausgiebt, da ferner eine solche Verkürzung selbst mit den besten Instrumenten nicht gemessen werden könnte, so beweist die Nichtbeobachtung einer Verkleinerung keineswegs, dass keine stattgefunden habe. Es kann aber die Verdichtung der Sonne nur äusserst langsam geschehen; denn wäre die Sonne merklich grösser, als sie jetzt ist, so würde ihre totale Verfinsterung durch den Mond nicht möglich sein, und da totale Verfinsterungen seit historischen Zeiten immer beobachtet wurden, so kann sie auch nicht merklich grösser gewesen sein.

Wenn wir uns die grösste Anzahl der Kometen mit Meteoritenschwärmen verbunden denken, so lässt sich nicht bezweifeln, dass in den Substanzverlusten derselben ebenfalls einiger Ersatz für die von der Sonne ausgestrahlte Wärme liegt. Vermöge der grossen

Anziehungskraft der Sonne müssen die Meteoriten in ungeheuren Mengen auf sie während jener kurzen Zeit stürzen, in welcher die Kometen, wie um dieser gefährlichen Situation möglichst rasch zu entgehen, mit rasender Geschwindigkeit um ihr Perihel sich schwingen. Bei der bedeutenden kosmischen Geschwindigkeit der Meteoriten muss aber diejenige Wärme, welche sie im Sturze durch die hemmende Sonnenatmosphäre entwickeln, weit beträchtlicher sein, als die, welche sie als Heizmaterial erzeugen können. Denn die beim Stosse sich entwickelnde Wärme wächst mit dem Quadrate der Geschwindigkeit, ist bei 2 facher, 3 facher und 4 facher Geschwindigkeit 4 mal, 9 mal und 16 mal grösser. Ein Kilogramm Kohle, wenn es mit einer Geschwindigkeit von 50 Meilen gegen die Sonne stürzen würde, erzeugt etwa 4000 mal soviel Wärme, als wenn es verbrennen würde. Dass aber die von der Sonne angezogenen Meteoriten die Wärmeverluste derselben auf keinen Fall decken können, ergiebt sich daraus, dass für die von der Sonne in jeder Minute ausgestrahlte Wärme ein genügender Ersatz nur liegen könnte im Herabstürzen einer Meteoritenmasse von 100 000 Billionen Kilogramm; würde daher der Ersatz in dieser Weise geschehen, so müsste die Masse und Anziehungskraft der Sonne so bedeutend vermehrt werden, dass sich unser Jahr bei jedem Umlauf der Erde um $^1/_2$ Sekunde verkürzen würde, was der Wahrnehmung nicht hätte entgehen können.

Wenn nun also die Sonne ihre Wärmeverluste durch Verdichtung ersetzt, so würde die Annahme, dass sie ewig leuchten werde, der Annahme einer immerwährenden Verdichtung gleichkommen; ein solcher Prozess lässt sich aber nur zeitlich begrenzt denken. Nach unberechenbaren Zeiten muss einst der Tag kommen, von dem an, weil die Verdichtung aufhört, Wärmeerzeugung und Wärmeausstrahlung der Sonne sich nicht mehr das Gleichgewicht halten, wie noch gegenwärtig; und wiederum ein Tag, an welchem der Wärmevorrat der Sonne — jetzt schon die einzige Wärmequelle der Erde, welche, das Schicksal ihrer Königin antizipierend, längst aufgehört hat, selbst zu leuchten — erschöpft sein wird.

Da nun die mittlere Temperatur der Sonne seit historischen Zeiten keine merkliche Abnahme, aber auch keine Zunahme erfahren hat, und ihr Verdichtungsprozess eben nur den Ersatz für ihre Wärmeverluste leistet, so müssen die ersten Anzeichen der nächsten Entwicklungsphase, in welcher die Temperatur abnehmen wird, sich schon bemerklich machen. An Stellen lokaler Temperaturerniedrigung auf der Oberfläche eines glühenden Körpers wird aber die Schlackenbildung eintreten und werden sich solche Stellen durch ihre relative Dunkelheit bemerklich machen. Die Oberfläche der Sonne, durch das Teleskop gesehen, erscheint aber in der That besät mit dunklen Punkten, sogenannten Poren, und da auch Flecken von grösserer Ausdehnung sichtbar werden, die sich oft Monate hindurch erhalten, so ist die Annahme eines festen Aggregatzustandes wenigstens der dunklen Kerne dieser Flecken die wahrscheinlichste. Da zudem das Spektrum dieser Flecken Linien zeigt, welche im Spektrum der Sonne fehlen, so wird dadurch auch eine solche Temperaturerniedrigung angezeigt, welche den vorübergehenden Eintritt chemischer Verbindungen gestattet. Die dunkle Farbe dieser Flecken beruht aber allerdings nur auf dem Kontraste, indem sie noch immer die Helligkeit des Vollmonds 2000—4000 mal übertreffen. Vermöge der Centrifugalkraft der Sonne und der Strömungen ihrer Oberfläche werden diese Flecken hauptsächlich nach der Äquatorgegend getrieben und sich dort umsomehr anhäufen, als auch die Anziehung der Planeten, deren Bahnebenen ja mit der verlängerten Äquatorebene nahezu zusammenfallen, sie dort festhält.

Die Flecken der Sonne lösen sich zwar in der allgemeinen Glutmasse immer wieder auf, aber sie erreichen doch oft eine Ausdehnung, dass sie sogar mit freiem Auge sichtbar werden. Dieses war z. B. der Fall bei jener Schlacke, die 1848 sichtbar wurde und die Oberfläche der Erde 18 mal übertraf. Durchmesser von 9000 Meilen sind nicht selten; ja 1850 zeigte die Sonne ein Schlackenfeld von 30000 Meilen Durchmesser, welches also die Oberfläche der Erde 77 mal übertraf. Abulfaradsch erzählt sogar, dass im Jahre 535 die Sonne 14 Tage hindurch verdunkelt war, und dass im Jahre 626 die Hälfte der Sonnenscheibe schwarz erschien. Mit Rücksicht auf solche Erscheinungen ist auch der Fixstern unseres Planetensystems den veränderlichen Sternen beizuzählen. Wenn aber diese Flecken jetzt nur als Inseln auf dem

flüssigen Kerne herumschwimmen, so werden sie einst zusammen-
wachsend grosse Kontinente bilden und endlich die ganze Oberfläche
der Sonne bedecken. Die Ausstrahlungsenergie der Sonne wird
also beständig verringert, ihr Spektrum vom Violett an beständig
verkürzt werden, bis endlich auch die roten Strahlen verschwinden.

Die Universalität der irdischen Gesetze nötigt uns, für jeden
glühenden Körper die Abkühlungstheorie anzunehmen. Gleichwohl
hat die Theorie des durch seine Forschungen berühmten Astronomen
Zöllner, der die Sonnenflecken als Anzeichen der Schlackenbildung
erklärte, die allgemeine Anerkennung noch nicht gefunden. Vielmehr erfreut sich noch immer die Photosphärenhypothese unver-
dienten Beifalls, nach welcher die Sonne ein dunkler — nach
Arago vielleicht sogar bewohnter — Weltkörper sei, der von einer
selbständigen, Licht und Wärme ausstrahlenden, gasförmigen Hülle
— Photosphäre genannt — umgeben sei, durch deren zeitweilig
eintretende trichterförmige Lücken Teile der dunklen Oberfläche der
Sonne sichtbar werden und das Phänomen der Flecken erzeugen.
Aber durch die nachgewiesene qualitative Gleichartigkeit der kosmischen Stoffe hat die Universalität der irdischen Gesetze eine so
feste Begründung erhalten, dass es unzulässig erscheint, kosmische
Vorgänge anders zu erklären als nach Analogie irdischer Vorgänge.
Die Annahme eines dunklen Centralkörpers in der Mitte einer
Photosphäre von solcher Glühhitze widerspricht aber in der That
allen physikalischen Gesetzen; denn die Ausstrahlung der letzteren
müsste, wie nach aussen, so auch nach innen geschehen, und der
wie im Brennpunkte eines Hohlspiegels liegende Sonnenball müsste
selbst in glühenden Zustand versetzt werden. Die Photosphärenhypothese ist also vom Standpunkte der Universalität der irdischen
Gesetze zu verwerfen. Sie entstand zudem lediglich aus dem
Bedürfnisse, die Sonnenflecken zu erklären; da aber dieselben doch
nur eine nebensächliche Erscheinung des Sonnenballs sind, und es
unwissenschaftlich erscheint, zur Erklärung nebensächlicher Erscheinungen von einer Voraussetzung auszugehen, welche die
wesentlichen Erscheinungen der Sonne, nämlich die ausserordentliche Licht- und Wärmeentwicklung, unerklärt lässt oder nur durch
physikalische Widersprüche zu erklären vermag, so ist die Photo-

sphärenhypothese auch aus diesem Grunde zu verwerfen. Dagegen ist die Hypothese Zöllners, welche mit den wesentlichen, an der Sonne wahrnehmbaren Erscheinungen im Einklang steht und die relativ unwesentliche Erscheinung der Fleckenbildung in ungezwungener Weise nach Analogie irdischer Vorgänge erklärt, als wissenschaftlich allein zulässig anzusehen:

Die Sonne zeigt durch ihre Flecken jene ferne Zukunft an, da sie erkaltet sein wird.

Wenn der Weltraum von einem widerstehenden Medium erfüllt ist, so muss die Sonne allerdings durch das in der umgekehrten Reihenfolge ihrer Abtrennung erfolgende Herabstürzen der Planeten einen Zuwachs an Wärme erfahren, der den überlebenden Planeten zu gute käme, aber gleichwohl nicht lange vorhalten wird. Man hat berechnet, dass das Herabstürzen der Erde soviel Wärme hervorbringen würde, als 5600 Kugeln von reiner Kohle und gerade so gross als die Erde bei vollständiger Verbrennung erzeugen könnten; die Ausstrahlung der Sonne würde aber hierdurch doch nur auf 90 Jahre gedeckt sein, — ein Scheit Holz, das in den Feuerbrand geworfen wird! Ja, selbst wenn alle Planeten plötzlich in die Sonne stürzen würden, so würde doch nur soviel Wärme erzeugt werden, als die Sonne innerhalb 50000 Jahren ausstrahlt.

Die Gleichheit der kosmischen Stoffe nötigt uns, die Entwicklung des Sonnenballs als typisch für alle Fixsterne anzusehen. Wenn also die Wissenschaft die einstige Erkaltung und Verfinsterung der Sonne als eine unerbittliche Konsequenz aus allgemeingültigen Gesetzen anzusehen gezwungen ist, so liegt die Annahme nahe, dass unter den Fixsternen sich welche finden müssen, die jetzt schon jenem Zustande verfallen sind, dem die Sonne erst entgegentreibt. Denn nur wenn alle Fixsterne gleichzeitig entstanden und alle von der gleichen Grösse wären, würden sie auch alle in der gleichen Entwicklungsphase stehen können; da jedoch beide Annahmen nicht zutreffen, so müssen in verschiedenen Regionen des Himmels verschiedene Entwicklungsstadien gleichzeitig gegeben sein. Sowohl die veränderlichen, als die neu auflodernden Sterne bestätigen das; endlich hat aber auch die von Bessel entdeckte Bewegung des Sirius, der innerhalb 49 Jahre eine Ellipse nach Art der Doppelsterne beschreibt, bewiesen, dass dieser Stern mit einem dunklen oder wenigstens für unser Auge zu schwach leuchtenden Sterne, mit dem er zu einem Binarsysteme verbunden ist, um den gemeinschaftlichen Schwerpunkt kreist. Nur in Binar- und Gruppensystemen aber lässt sich die Existenz dunkler Sonnen mit Sicherheit nachweisen.

In unserem Sonnensysteme sind die dunklen Planeten dem Centralkörper untergeordnet, und dieser allein strahlt in eigenem Lichte. Aber wie in Bezug auf die mechanische Verfassung der Systeme, so scheinen auch in Bezug auf die Lichtverhältnisse in der Region der Fixsterne noch andere Kombinationen vertreten zu sein, derart, dass sich sowohl dunkle Körper um leuchtende drehen, wie leuchtende um dunkle, leuchtende um leuchtende, wie dunkle um dunkle. Die Bewegungsgesetze bleiben natürlich für alle Kombinationen die gleichen.

So wird denn mit dem Nachweise verdunkelter Fixsterne jeder Einwurf hinfällig, der sich gegen die einstige Erkaltung unserer Sonne machen liesse.

IX.

Die Zukunft der Erde.

1. Vergleichende Astronomie.

Wie lässt sich die Zukunft der Erde nach wissenschaftlicher Methode konstruieren?

In allgemeinster Hinsicht ist die einzuschlagende Methode leicht zu bestimmen. Der gegenwärtige Zustand der Erde in geologischer und meteorologischer Hinsicht ist die Wirkung bekannter physikalischer Gesetze; diese Gesetze also sind es, deren ungehemmtes Fortwirken auch die zukünftigen Zustände bestimmen muss. Aber wenn eine solche, rein theoretisch, doch ohne innere physikalische Widersprüche konstruierte Geschichte der Erde in der Richtung der Zukunft ohne Zweifel einen wissenschaftlichen Wert beanspruchen darf, so vermissen wir dabei doch schwer jene empirische Kontrolle, welche in anderen Problemen der Astronomie anzuwenden ist, und wodurch oft nur ahnungsweise ausgesprochene Hypothesen nachträglich ihre Bestätigung erfuhren — wie z. B. die Neburlarhypothese —, und es dürfte daher jede Untersuchung eine hohe Berechtigung in Anspruch nehmen, welche den Spekulationen über die Zukunft der Erde noch eine andere Stütze verleiht, als welche in ihrer inneren physikalischen Widerspruchslosigkeit liegt.

Die hierbei einzuschlagende Methode kann aber nur wieder die gleiche sein, die sich schon bei der Untersuchung des Fixsternhimmels bewährt hat. Wie dort von den kosmischen Nebeln ausgegangen wurde, als den einfachsten Gebilden, und alsdann die Übereinstimmung der theoretisch gefundenen Glieder mit den empirisch gegebenen sich gezeigt hat, sodass die räumlich nebeneinander liegenden Erscheinungen sich als Glieder einer einzigen Kausalreihe ergaben, so müssen auch alle im Sonnensysteme wahrnehmbaren Erscheinungen causaliter verbunden werden, sodass sie den empirisch gegebenen Zustand der Erde entweder vorbereiten oder fortsetzen. Die Saturnringe, der glühende Sonnenball, die verschiedenen planetarischen Zustände, Kometen, Asteroiden und Meteoriten müssen in natürlichem Zusammenhange stehen, und es war daher ganz gewiss verfehlt und vom Standpunkte der Gleichheit der kosmischen Materie und der Universalität der irdischen Gesetze aus verwerflich, die letztgenannten Arten von Gestirnen, Asteroiden, Kometen und Meteoriten, aus diesem Zusammenhange zu reissen, und — wie es noch immer in neueren Hypothesen geschieht — statt sie als Phasen der gleichen Entwicklung anzusehen, ihnen eine mit den übrigen Erscheinungen gleichzeitige, aber wegen besonderer Ursachen anderartige Entstehung beizulegen. Ein solches Verfahren enthält die Behauptung, dass im Sonnensysteme noch kein Glied über den planetarischen Zustand hinausgegangen sei, dass demnach alle übrigen Erscheinungen in die Vergangenheit einzureihen seien. Da sie nun aber als vergangene Phasen in die gleiche Kausalreihe sich nicht einfügen lassen, das Bedürfnis nach einheitlicher Erklärung aber verbietet, zwei gesondert nebeneinander herlaufende Kausalreihen anzunehmen, so muss vorerst versucht werden, jene exceptionellen Erscheinungen in die Zukunft einzureihen, und erst, wenn die physikalische Unmöglichkeit eines solchen Verfahrens sich herausstellen sollte, würde die Berechtigung vorliegen, die Erklärungsprinzipien, also die Kausalreihen, zu vermehren.

In jeder Wissenschaft ist der Zusammenhang der Einzelprobleme ein so inniger, dass der allgemeine Fortschritt der ersteren mehr oder minder auch allen ihren Spezialfragen zu gute kommt, und wie die Einzelwissenschaften mehr und mehr zu einem weitverzweigten Erkenntnisbaume zusammenwachsen, so wiederum die Einzelprobleme der besonderen Wissenschaften. Der ungeahnte

Fortschritt der Astronomie in den letzten Jahrzehnten muss uns daher mit dem Vertrauen erfüllen, dass auch die oben aufgeworfene Frage aus dieser Bereicherung Nutzen ziehen wird, und — um es gleich hier zu sagen — es lässt sich in der That in Kürze zeigen, dass die Frage nach der Zukunft der Erde ein spruchreifes Problem bildet.

Alle Errungenschaften der modernen Astronomie weisen aber konvergierend auf jene zwei grossen Prinzipien hin: die Gleichheit der wesentlichen Eigenschaften aller Materie, und die universale Geltung derjenigen Gesetze, die wir auf der Oberfläche unseres kleinen Planeten walten sehen. Diese Prinzipien müssen daher als unerschütterliche Basis für alle künftigen Untersuchungen angesehen werden, und auch in der vorliegenden Untersuchung darf hiervon nicht abgegangen werden.

Es geht aber daraus hervor, dass alle Planeten unseres Systems die gleiche Entwicklungsgeschichte durchlaufen, dass sie nicht in qualitativ verschiedenen Prozessen sich befinden, sondern Exemplare einer Art sind. Andererseits muss uns aber schon die Entstehung der Planeten, durch successive Abtrennung vom Mutterkörper, von der Annahme abhalten, dass sich alle in der gleichen Entwicklungsphase befinden; vielmehr wäre hiernach zunächst zu vermuten, dass — da die Planeten vom nebelartigen Zustande in den feurigflüssigen übergehen und schliesslich durch Abgabe ihrer Eigenwärme an den kalten Raum erstarren — die äussersten und zuerst abgetrennten Planeten in diesem Erstarrungsprozesse am weitesten vorgeschritten sein müssten, und dass von den äusseren Grenzen des Systems gegen das Innere immer jugendlichere Entwicklungsphasen dargestellt würden. Davon ist aber gerade das Gegenteil der Fall: die inneren Planeten sind längst erstarrt, während sich die äusseren noch in einem Zustande sehr geringer Dichtigkeit befinden.

Die Geschwindigkeit, womit die Planeten ihre Entwicklungsgeschichte durchlaufen, ist demnach eine verschiedene, sie altern in ungleichen Zeitlängen, und von ihrem absoluten Alter, welches sich nach ihrer Geburtsstunde, nach der Anzahl ihrer Lebensjahre bemisst, ist das relative Alter zu unterscheiden, welches vom Tempo

ihrer Entwicklung abhängig ist. Die inneren Planeten sind raschlebiger als die äusseren. Da nun die Annahme stofflicher Verschiedenheiten ausgeschlossen ist, auch alle dem gleichen Einflusse
des äusseren kalten Raums ausgesetzt sind, in dem sie schweben,
so muss die Ursache der verschiedenen Raschlebigkeit der Planeten
in anderen als qualitativen, individuellen Besonderheiten, und auch
in anderen äusseren Einflüssen als denen des Raums, und zwar in
solchen gesucht werden, welche ihrer Natur nach geeignet sind,
auf den Erstarrungsprozess beschleunigend oder retardierend ein-
zuwirken, und welchen die Planeten in verschiedener Weise ausgesetzt sind.

Individuelle Besonderheiten der Planeten liegen nun in ihren
quantitativen Grössenunterschieden, und eine Verschiedenheit
äusserer Verhältnisse ist insofern gegeben, als ihre Abstände von
der Licht und Wärme spendenden Sonne höchst verschieden sind.
Dies sind aber in der That zwei Ursachen, welche für jeden Planeten eine andere Zeitlänge ergeben, innerhalb welcher er die der
Erstarrung entsprechende Erniedrigung seiner Anfangstemperatur
erfahren kann.

Diese beiden, die Raschlebigkeit eines Planeten bestimmenden
Faktoren sind aber von sehr ungleicher Wichtigkeit, und zwar liegt
die entscheidende Bedeutung in den Grössenunterschieden. Denn
allerdings bemisst sich die äussere Wärmezufuhr nach dem Sonnenabstande, und die hieraus sich ergebenden Unterschiede sind so
bedeutend, dass — wenn wir die Wärmemenge, welche die Erde
von der Sonne empfängt, als Einheit ansetzen — folgende Zahlenwerte für die übrigen Planeten sich ergeben: Merkur 6,67 —
Venus 1,93 — Mars 0,44 — Jupiter 0,0372 — Saturn 0,0111
— Uranus 0,0026 — Neptun 0,0011; aber trotzdem sich daraus
ergiebt, dass die absolut älteren Planeten auch noch geringere
Mengen an Sonnenwärme empfangen, die jüngeren dagegen unverhältnismässig mehr, trotzdem also ein doppelter Grund vorhanden
wäre, für die äusseren Planeten eine beschleunigte, für die inneren
eine langsame Entwicklung vorauszusetzen, stimmt doch die Reihenfolge der Dichtigkeiten der Planeten, worin sich ihr Abkühlungsgrad ausdrückt, damit nicht überein: die inneren Planeten, obwohl

jünger an Jahren und obwohl von aussen mehr erwärmt, sind gleichwohl dichter. Die Reihenfolge der Dichtigkeiten stimmt dagegen sehr gut überein mit der Reihenfolge der Grössen; demnach erweist sich der Grössenunterschied der Planeten als der ungleich wichtigere Faktor der Raschlebigkeit, dem gegenüber der Faktor des Sonnenabstandès vernachlässigt werden darf. Der Sonnenabstand der Planeten beeinflusst zwar das Tempo ihrer Abkühlung, aber doch in zu geringem Grade, als dass die aus dem Grössenunterschiede sich ergebende Altersreihe umgestaltet und eine Versetzung der Glieder vorgenommen werden müsste.

Der Zusammenhang zwischen der Grösse eines Gestirns und seiner Raschlebigkeit ist aber klar; denn wenn der Betrag an Sonnenwärme, die Einstrahlung, für die respektiven Planeten so wenig in Betracht kommt, so muss die Raschheit ihrer Entwicklung abhängig sein in erster Linie von der Ausstrahlungsgeschwindigkeit ihrer Eigenwärme, und diese ist in der That abhängig von der Grösse ihrer Oberflächen, welche zugleich ihre Ausstrahlungsflächen sind. So kühlt sich auch eine heisse Flüssigkeit schneller ab, wenn wir ihre Oberfläche vergrössern, etwa indem wir sie aus der kleinen Schale in den Teller giessen.

Kugeln von gleicher Beschaffenheit und gleicher Temperatur kühlen sich um so langsamer ab, je grösser sie sind, weil im Verhältnis zu ihrem kubischen Inhalte, also der von ihnen eingeschlossenen Wärmemenge, die Oberfläche, also Ausstrahlungsfläche, bei grösseren Kugeln relativ kleiner ist. Die Abkühlungsfläche steht im Verhältnisse des Quadrats des Halbmessers, während der Inhalt wie der Kubus des Radius wächst. Wenn sich die Halbmesser von drei Weltkörpern zu einander verhalten, wie 1—2—3, so ist das Verhältnis der Oberflächen, also Ausstrahlungsflächen, wie 1—4—9, das der Inhalte, also Wärmemengen, wie 1—8—27,

Kleinere Kugeln erstarren also schneller, sie sind raschlebiger; und die kleinsten Körper des Sonnensystems haben so bereits das Greisenalter erreicht, während die grösseren, obwohl älter an Jahren, noch in jugendlichem Zustande sich befinden, und vielleicht nicht einmal mit einer harten Aussenrinde sich überzogen haben.

Indem wir aber immer im Auge behalten, dass alle Planeten

einen und denselben Entwicklungsprozess durchlaufen, wenn auch
in verschiedenen Zeitlängen, und ferner bedenken, dass jeder ein
anderes Stadium dieses Prozesses repräsentiert, gelangen wir zu der
bedeutsamen Folgerung, dass sich die Planeten gegenseitig
zu einem Gesamtbilde planetarischer Entwicklung ergänzen, welches sich in grossen Zügen offenbart, wenn wir in der
richtigen Reihenfolge die an Planeten und Monden wahrnehmbaren
Zustände aneinanderfügen. Über die Ordnung der Reihe kann
aber ein Zweifel nicht bestehen; denn erstlich wissen wir, dass
die Reihenfolge des relativen Alters mit der der Grösse zusammenfällt, und zudem kann eine strenge Kontrolle in der Untersuchung
geübt werden, ob die aneinander gereihten Entwicklungsstadien
nach physikalischen, als universal erkannten Gesetzen aufeinander
folgen, auseinander abgeleitet werden können. Die Reihenfolge
der Grössen muss mit der naturwissenschaftlichen Kausalreihe
zusammenfallen.

Der umgekehrte Beweis dafür, dass die Geschichte der Begleiter unserer Sonne ein Abkühlungsprozess ist, in welchem die
kleinsten Körper am weitesten vorgeschritten sind, wäre so an-
zustellen, dass wir uns einen der erkaltetsten Körper, etwa den
Mond, in zunehmende Glut versetzt denken. In diesem Falle
würden vorerst die von seinem Gesteine aufgesaugten atmosphärischen
Gase und Wasserdämpfe wieder entweichen, es würde sich eine
Lufthülle und Wasserbedeckung bilden, wobei das Leben wieder
neu erweckt werden könnte: die Phase der Erde. Sodann würde
die äussere Kruste wieder schmelzflüssig werden, wobei metallische
Dämpfe der Atmosphäre beigemischt würden: die Phase der grossen
Planeten. Nach Auflösung der chemischen Verbindungen würde
das Spektrum nur mehr die Anwesenheit der einfachen chemischen
Elemente verraten: die Phase der meisten Fixsterne. Endlich
aber, da die Anzahl der sich kundgebenden elementaren Stoffe
mit zunehmender Temperatur abnimmt, würde durch fortgesetzte
Temperatursteigerung des Mondes die vollständige Dissociation
seiner Materie eintreten, wie wir eine solche an kosmischen Nebeln
wahrnehmen.

Die Geologie lehrt uns nichts über die tieferen Schichten des

Erdballs, nur wenig über die entlegene Vergangenheit desselben und nichts über seine Zukunft. Nun aber, da wir für Ergänzung dieser Geschichte auch die anderen Planeten heranziehen und in gegenseitigem Austausche unsere geologischen Kenntnisse auf die Planeten, die astronomischen auf die Erde anwenden können, zeigt es sich, dass nach dem Vorgange anderer Wissenszweige nun auch die Geologie aus beschreibender zur vergleichenden Wissenschaft geworden ist, also jenes Stadium erreicht hat, von dem an ein rascher Fortschritt unausbleiblich ist. Wir können nunmehr auch von einer „Geologie des Himmels" reden — ein kontradiktorischer Ausdruck der gestattet sein mag, bis sich die Wissenschaft über einen besseren, schlüssig gemacht haben wird —, welche wohl geeignet zu sein scheint, jene Probleme zu lösen, welche die Geologie der Erde unbeantwortet lässt. Indem wir die geeigneten Exemplare unter den Planeten auswählen, wird uns ihr Studium gestatten, den Schleier zu lüften, der über der Vergangenheit und Zukunft des Erdballs liegt, und in der geeigneten Zusammenstellung der historischen Fragmente, welche uns die einzelnen Planeten liefern, werden wir in den Stand gesetzt, die Geschichte der ganzen Planetenspezies in wissenschaftlicher Weise zu entwerfen.

Da die Abkühlungszeit eines Planeten, also die Geschwindigkeit seiner Entwicklung, abhängig ist in erster Linie vom Verhältnisse seiner Oberfläche zu seinem kubischen Inhalte, also von seiner Grösse, sodann aber von seinem Sonnenabstande, so würden bei gleicher Grösse die entfernteren Planeten, bei gleichem Sonnenabstande die kleinen Planeten oder Monde als die gealtertsten zu betrachten sein. Diejenigen Körper unseres Systems, bei welchen die beiden entscheidenden Abkühlungsfaktoren zu einer rascheren Entwicklung, als bei der Erde, sich vereinigen, müssen auch als älter denn die Erde, und die auf ihren Oberflächen vorhandenen Zustände als solche angesehen werden, die sich auf der Erde mit der Zeit einstellen werden. Die Entwicklung der Erde in der durch solche gealterte Weltkörper angezeigten Richtung kann aber nur im Fortwalten der gleichen physikalischen Gesetze sich einstellen, welche den derzeitigen Zustand der Erde herbeigeführt haben und noch bestimmen; es kann demnach die Richtigkeit der Theorie dadurch einer Probe unterstellt werden, dass wir in Anwendung physikalischer Prinzipien den Zustand der Erde theoretisch weiter entwickeln und zusehen, ob sich eine Übereinstimmung mit Zuständen eines der raschlebigeren Körper ergiebt oder nicht.

Da nun die Untersuchung der teleskopisch besterreichbaren Körper am meisten Ausbeute verspricht, so dürfte es geraten sein, unsere Nachbarn, Venus, Mars und den Mond, besonders ins Auge zu fassen.

Der Theorie nach repräsentiert Mars unsere nächste Zukunft; denn früher entstanden als die Erde und bedeutend kleiner als sie, ist er zudem von der Sonne um 19 Millionen Meilen weiter entfernt; in noch fernerer Zukunft der Erde muss sich aber ihre Übereinstimmung mit dem Monde ergeben, welcher viel kleiner als Mars, eine relativ grössere Oberfläche, also Ausstrahlungsfläche, besitzt. Venus dagegen muss als jünger denn die Erde angesehen werden, da sie später entstanden und, bei ungefähr gleicher Grösse, der Sonne um etwa 5 Millionen Meilen näher steht, demnach ihr ausstrahlender Wärmebetrag durch Einstrahlung mehr ersetzt wird, als bei der Erde.

Wenn aber schon teleskopische Gründe dafür sprechen, dass wir gerade diese unsere Nachbarn zur Vergleichung heranziehen, so empfiehlt sich diese Wahl umsomehr, als sich gerade bezüglich dieser Gestirne auch eine grössere chemische Verwandtschaft voraussetzen lässt. Zwar ist durch die Spektralanalyse in unzweifelhafter Weise die Gleichheit der kosmischen Materie bis zur Entfernung der äussersten, uns wahrnehmbaren Nebelflecke dargethan worden, und es lässt sich daher in dem kosmischen Nebel, aus welchem unser Sonnensystem entstanden ist, eine ziemlich gleichartige, ursprüngliche Verteilung der damals in ihre chemischen Bestandteile zerstreuten Materie annehmen, so dass also von diesem Standpunkte aus alle Planeten zur Vergleichung gleich geeignet erscheinen, und nicht qualitative Unterschiede, sondern nur solche in den Mischungsverhältnissen anzunehmen sind; indessen muss bei dem Mangel eines absoluten Gleichgewichts der Kräfte, womit die Teile eines kosmischen Nebels aufeinander wirken, die Verteilung derselben sich verändern; es musste, so lange nur räumliche Bewegung der gravitierenden Stoffteile, aber noch keine chemische Verbindung eintrat, gruppenweise Scheidung des Gleichartigen vom Ungleichartigen einigermassen eintreten, sodass also bei räumlicher Nähe immerhin auch auf eine grössere chemische Verwandtschaft geschlossen werden darf und wenigstens die Mischungsverhältnisse gleichartiger sein müssen.

Schon in der Fixsternenwelt ist eine solche Gruppierung der Gegensätze nachweisbar: nicht nur sind die Sterne im allgemeinen in sehr ungleicher Weise verteilt, indem sich die meisten kosmischen Nebel um die Pole der Milchstrasse gelagert haben und die meisten Sterne in der Ebene der Milchstrasse sich befinden, in der wiederum sternlose Wüsten mit dichten Anhäufungen wechseln, — sondern auch in Bezug auf die Farbe der Sterne, welcher doch eine bestimmte physikalische Beschaffenheit zu Grunde liegen muss, sind verschiedene Gruppen wahrnehmbar, Anhäufungen von roten, in anderen Regionen von blauen Sternen, während gelbe in allen Gegenden des Himmels vorkommen. Endlich stimmen die Spektra der Fixsterne, also ihre stoffliche Zusammensetzung, umsomehr mit der Sonne überein, je näher sie uns liegen; je weiter wir aber gegen die Region der kosmischen Nebel fortschreiten, desto geringer ist die Anzahl der identischen Stoffe, bis wir endlich in diesen Nebeln selbst nur mehr zwei irdische Stoffe erkennen: Stickstoff und Wasserstoff. Wieder finden wir in einzelnen Sterngruppen die stoffliche Übereinstimmung grösser bei räumlicher Nähe. So sind die zahlreichen Sterne im Orion mit wenigen Ausnahmen vom gleichen Typus: die breiten Streifen in ihrem Farbenspektrum fehlen und die im Violett sind nur schwer sichtbar. Andere Sternbilder dagegen sind zusammengesetzt aus Sternen von anderer Familienähnlichkeit: im grossen Bären, im Stier und Löwen herrschen weisse Sterne vor, im Walfisch orangefarbige. Überhaupt findet ein gleiches spektroskopisches Verhalten in gleichen Regionen vielfach statt, das nur im Sinne grösserer Verwandtschaft zu deuten ist, und das irdische Gesetz, dass Gleichartiges auf gleiche Kräfte gleich, Ungleichartiges ungleich reagiert, hat also auch die Verteilung kosmischer Stoffe bestimmt.

Ähnliches ist auch in der Planetenwelt zu beobachten, z. B. das genaue Zusammenfallen eines Bandes im Uranusspektrum mit einem solchen seiner Nachbarn Jupiter und Saturn; Rot und Orange im Uranusspektrum haben wiederum dieselben eigentümlichen Linien, wie bei Jupiter, wie denn überhaupt diese beiden Gestirne so viele Analogieen zeigen, dass auf eine analoge physische Beschaffenheit geschlossen werden darf.

Es muss daher allerdings der gegenwärtige Zustand der Erde im grossen und ganzen ein Durchgangsstadium für jede planetarische Entwicklung sein, ihre Geschichte muss typisch sein für alle Planeten, indem bei ihrer durchschnittlichen materiellen Übereinstimmung nur Unterschiede der Entwicklungszeiten vorhanden sein können; aber teleskopische wie spektralanalytische Gründe verweisen uns in der Wahl für das vergleichende Studium auf unsere nächsten Nachbarn: Venus, Mars und Mond.

2. Die Vergangenheit der Erde.

Die Veränderungen, welchen unsere Erde entgegengeht, können nur als eine natürliche Fortsetzung ihres vergangenen Entwicklungsprozesses angesehen werden; es dürfte daher geraten sein, diese Vergangenheit in aller Kürze zu charakterisieren:

Die Erde ist aus dem glühend gasförmigen Zustand, den die kosmischen Nebel repräsentieren, in den glühend flüssigen Zustand übergegangen, in welchem die Fixsterne von konstanter Helligkeit sich noch befinden; später, als die Anfänge der Schlackenbildung eintraten, glich sie unserer Sonne, ging sodann in das mit Rotglut verbundene Stadium der veränderlichen Sterne über und erlosch endlich, nachdem sie sich mit einer Kruste überzogen hatte, die in unregelmässigen Senkungen und Hebungen sich bewegte und schliesslich erstarrte. Diese aus sauren Silikaten bestehende Kruste zeigt selbst gegenwärtig noch offene Stellen in den thätigen Vulkanen, und als die letzten Nachklänge jener Katastrophen, welche die erstarrte Kruste gewaltsam sprengten und vielleicht mehrmals die Erde als neu auflodernden Stern erglänzen liessen, reichen noch die vulkanischen Ausbrüche bis in unsere Zeit. Wenn die von Redtenbacher auf 55 200° Celsius berechnete Anfangstemperatur der Erde annähernd richtig ist, so kann die Abkühlung bis zur Bildung einer harten Aussenrinde nur in unberechenbaren Zeiten eingetreten sein; denn, wie schon erwähnt, zeigen Bischofs Versuche mit einem Basaltwürfel, dass 350 Millionen Jahre nötig waren, nur um die Erde von 2000⁰ auf 200⁰ abzukühlen, also von der Weissglut bis zum völligen Erlöschen ihres eigenen Lichts.

Wie alle glühenden Körper erlosch die Erde bei einer Temperatur von etwas unter 1000⁰. Heisse Dämpfe lagerten über den ersten Rindenansätzen, und so lange die Temperatur dieser Atmosphäre noch über dem Siedepunkt des Wassers stand, war noch kein Wasser auf der Erde; Wasserstoff und Sauerstoff waren noch getrennt, und alle derzeitigen Meere schwebten noch dampfförmig in der Atmosphäre, welche, undurchdringlich für Sonnenstrahlen, tiefe Schatten auf die Erde warf. Der weiteren Abkühlung von 1000⁰ auf 100⁰, bei welcher der Sauerstoff den Wasserstoff verbrennt und die Gewässer sich niederschlagen, musste eine Verkürzung des Erddurchmessers um etwa 50 Meilen entsprechen; die Erde verlor daher im Verhältnis ihrer Abkühlung mehr und mehr ihre sphäroidische Gestalt, und meilenbreite Risse und Sprünge entstanden in der Rinde, auf welche alsdann, nachdem die Temperatur der Erde unter den Siedepunkt des Wassers sank, die Meere in gewaltigen Regenschauern sich niederschlugen, um sofort wieder verdampft zu werden, dabei aber ungeheure Wärmemengen der heissen Rinde entzogen und an den Raum abgaben. So ging der gewaltige Kampf zwischen Feuer und Wasser fort, bis die Erde von jenen schweren, verdunkelnden Dämpfen gereinigt war. Heisse und später laue Meere bedeckten gleichförmig den Planeten; die gleichmässig warme Temperatur derselben wird bewiesen durch die identischen marinen Tierreste an zahlreichen Fundstellen von der arktischen Zone bis zur Südspitze Amerikas. Erst mit dieser Reinigung der Atmosphäre brach für unsere Erde der Tag an; die Sonne warf ihre Strahlen auf die Meere, aus welchen die hohen Gebirgsrücken allmählich emportauchten, und mit dem Herabsinken der Temperatur auf etwa 100⁰ hob der lange und biologische Prozess in den Meerestiefen an und setzte sich auf den Ländern fort, von welchen immer grössere Flächen blossgelegt wurden, indem die Erstarrungskruste die Gewässer aufsog und chemische

Verbindungen damit einging. Die Masse aller Gesteine ist von feinen Haarspalten durchzogen und von mikroskopischen Poren angefüllt, in welchen vermöge des bedeutenden Druckes der darüberliegenden Wassersäule das Wasser eindringt. Es giebt keine Gesteinsart, die als undurchdringlich für Wasser angesehen werden kann; nach Durocher enthalten sogar Gneiss und Granit 0,0127 Prozent absorbierten Wasserstoffes. Die Mineralien der Erstarrungskruste gingen aber auch chemische Verbindungen mit dem absorbierten Wasser ein. Silikate und Metalloxyde nehmen im Verlaufe längerer Zeit Wasser chemisch auf, ohne eines von ihren Elementen zu verlieren; Anhydrit — wasserfreier schwefelsaurer Kalk — kann in kurzer Zeit durch Aufnahme von Wasser bis zu $1/_4$ seines Gewichtes in Gips, also wasserhaltigen schwefelsauren Kalk, verwandelt werden. Auch Eisenoxyd wird durch chemische Verbindung mit dem Wasser in Eisenoxydhydrat verwandelt, wie z. B. auf der Insel Elba. Die Erscheinungen bei vulkanischen Ausbrüchen weisen aber darauf hin, dass schon bei der Bildung der Eruptivgesteine Wasser thätig war: alle Eruptionen sind mit starken Dampfausströmungen und Explosionen verbunden, und die Wasserdämpfe, welche aus den Rissen und Spalten der Lavaströme entweichen, wenn diese erkalten, zeigen an, dass die flüssigen Lavamassen von überhitztem Wasser oder Wasserdampf imprägniert sind.

Die Hydratation der Erdkruste musste mit dem Wachsen dieser Kruste, die selbst heute nur wenige Meilen dick ist, fortschreiten. Der Spiegel der Meere musste also beständig sinken. Einen der zahlreichen Beweise dafür hat Murray darin gefunden, dass unsere Koralleninseln fast überall in gleicher Höhe über dem Meeresspiegel liegen. Die Polypen bauen nämlich ihre Korallenriffe nur bis dicht unter den Meeresspiegel; nur das spätere Sinken dieses Spiegels erklärt daher die gleiche Höhe dieser Riffe, welche nicht wohl vorhanden wäre, wenn diese Inseln durch Hebungen freigelegt worden wären.

Auch eine qualitative Verschiedenheit der Urmeere von den heutigen Ozeanen ist nachweisbar, indem z. B. die in den ältesten Felsenschichten eingeschlossenen Reste fossilen Meerwassers reicher an Kalk und Magnesiasalzen sind, als unsere Meere, welche zur

Bildung der Kalkfelsen ihren kohlensauren Kalk abgegeben haben. Die zahllosen Meeresbewohner, welche zum Schutze ihrer Weichteile eine Kalkschale absondern, die Polypen, Echinodermen, Mollusken und Foraminiferen, welche weite Flächen des früher für unbelebt gehaltenen tiefsten Meerbodens bevölkern, entziehen dem Meere noch fortwährend kohlensauren Kalk.

Aber auch die Atmosphäre der Erde hat bedeutende Veränderungen erlitten. Sie war ursprünglich weit reicher an Kohlensäure als heute; der Kohlenstoffgehalt der Kohlenstoffverbindungen war einst in der Kohlensäure der Luft enthalten. Diese Reinigung der Atmosphäre geschah durch die Ausdehnung des Pflanzenreiches, mit dem sich die Erde überzog. Unsere grossen Lager fossiler Brennstoffe beweisen, dass die alte Vegetation die Kohlensäure der Luft zerlegte, indem sie den Kohlenstoff an sich zog, den Sauerstoff dagegen frei machte und zurückgab. Die Übereinstimmung fossiler Pflanzen in den arktischen Regionen und am Äquator beweist, dass die klimatischen Unterschiede in der früheren Zeit nicht bestanden; dies erklärt sich, abgesehen von der damals noch gleichmässig fühlbaren Erdwärme auf der ganzen Oberfläche, auch aus der grösseren Dichtigkeit der damaligen Atmosphäre, welche die Sonnenwärme in grösseren Mengen aufspeicherte und in gleichmässiger Weise über die Oberfläche verbreitete.

In der Steinkohlenperiode, als die Erdrinde ihre gegenwärtige Dicke noch nicht erreicht hatte, genügte die innere Erdwärme noch, die Meere zu erwärmen und auf der Erdoberfläche eine gleichförmige, tropische, mit Feuchtigkeit der verdunstenden Gewässer geschwängerte Atmosphäre zu erzeugen. Bei dieser Treibhaustemperatur, die auf 20—25⁰ R. geschätzt wird, wuchsen riesenhafte Gefässkryptogamen, baumartige Farnkräuter, Sigillarien und Lepidodendren in den jetzt unwirtlich gewordenen Polarländern; diese Üppigkeit des Pflanzenwuchses war aber nicht nur durch die Wärme des Klimas, sondern auch durch den Kohlensäurereichtum jener Zeit bedingt. Heute finden sich diese Farnkräuter nur mehr auf tropischen Inseln, deren hocherwärmte und von der Feuchtigkeit des Meeres durchdrungene Luft den damals über alle Weltteile gleichmässig verbreiteten physikalischen Verhältnissen noch einigermassen gleichkommt; der feurigflüssige Erdkern ist nun mit einer viel dickeren, schlecht leitenden Kruste überzogen, welche die innere Wärme nicht mehr wahrnehmen lässt. So findet man z. B. auf der Insel Island, wie Klein bemerkt, Lavaschichten, die noch glühend sind, während über denselben, trotzdem die Erstarrungskruste nur wenige Meter dick ist, Schnee liegt.

Die ehemaligen karbonischen Landschaften von sehr geringem Formenreichtum, aber von ausserordentlicher Üppigkeit, waren die Heimat der ersten luftatmenden Tiere, riesengrosser Saurier, Tausendfüsse, Termiten und einiger Skorpionen. Da den Lungentieren ein hoher Gehalt von Kohlensäure in der Luft tödlich ist, so konnten dieselben erst ins Dasein treten, nachdem jene üppige Vegetation der Steinkohlenperiode der Atmosphäre die Kohlensäure entzogen hatte. Aber auch durch die Erdrinde selbst, durch Umwandlung der Silikate in Karbonate hat die Atmosphäre bedeutende Quantitäten Kohlensäure verloren.

Solange also die innere Erdwärme die Temperatur der Oberfläche noch gleichmässig bestimmte, konnte das Klima des Nordens von dem des Äquators nicht sehr verschieden sein, daher wir denn auch in den Kohlenlagern von Spitzbergen und Australien die gleichen Pflanzen eingeschlossen finden. Nach Professor Heers Untersuchungen gedeihten in der Tertiärzeit in Mitteleuropa noch Palmen, während die derzeitige Vegetation Mitteleuropas sich bis in die arktischen Regionen erstreckte. Die letzte englische Nordpolexpedition fand sogar 500 englische Meilen vom Nordpol entfernt in einem tertiären Kohlenlager Blätterabdrücke, welche beweisen, dass dort ein üppiger Wald existierte, in welchem 50—60 verschiedene Baumarten standen, die wir heute noch in Kalifornien und Südcarolina finden.

Mit der weiteren Erkaltung der Erdkruste verschwand aber die Gleichmässigkeit derselben, das Klima wurde abhängig von dem zweiten der das Abkühlungstempo bestimmenden Faktoren, nämlich vom Sonnenabstande, und Klimazonen differenzierten sich je nach der Sonnenbestrahlung, d. h. je nach dem Einfallswinkel der Sonnenstrahlen; denn dass in der That die klimatische Wärme weniger abhängt vom Sonnenabstande als von der Annäherung an ein senkrechtes Auffallen ihrer Strahlen, zeigt sich sehr auffallend darin, dass unser Sommer in der Sonnenferne der Erde eintritt, der Winter dagegen in der Sonnennähe, woraus sich das Gegenteil der thatsächlichen Temperaturdifferenzen ergeben müsste, wenn wir nicht im Sommer die Sonne über dem Scheitel hätten, während sie im Winter nur einen kleinen Bogen über dem Horizonte beschreibt und nur schräge Strahlen uns zusendet. Das Zusammenfallen von Perihel und Winter, von Aphel und Sommer ist übrigens veränderlich, und nach etwa 10000 Jahren wird hiervon das Gegenteil eingetreten sein.

Die Differenzierung der Klimazonen in der Juraperiode und Kreidezeit bedingte auch eine von der Entfernung vom Äquator abhängige Verschiedenheit der nördlichen und südlichen Flora. Bestimmter noch trat diese Sonderung in der Tertiärperiode ein, die Tier- und Pflanzenwelt nahm mehr und mehr den dem Breitengrade entsprechenden Charakter an, und mit dem Zurückweichen der Isothermen gegen den Äquator zogen sich auch Flora und Fauna in ihre jetzigen Verbreitungsbezirke zurück.

In das Ende der Tertiärperiode aber fällt die Entstehung des ersten Eises an den Polen.

Welcher weiteren Entwicklung geht nun die Erde entgegen? Wäre die der Erde zugeführte äussere Sonnenwärme je ein genügender Ersatz gewesen für den Verlust an ausgestrahlter Wärme, so würde sich unser Planet niemals mit einer Kruste überzogen haben. Die Erde verliert also beständig mehr Wärme, als sie empfängt, und ihre Kruste muss gegen das Innere zu ständig wachsen. Im gleichen Verhältnisse aber werden die Gewässer von den Gesteinen absorbiert werden, und bei der nachweisbaren Absorptionsfähigkeit der Steine ist um so weniger daran zu zweifeln, dass einst alle Gewässer an die Mineralien gebunden sein werden, als das Gewicht aller Ozeane nur $1/_{24000}$ des Gewichtes der Erde beträgt, welche bei sich gleich bleibender Absorptionsfähigkeit das Dreifache der vorhandenen Gewässer aufsaugen könnte. Es werden also alle Ozeane verschwunden sein, lange bevor die Erde bis ins innerste Mark erstarrt sein wird. Das Ende dieses Prozesses kann allerdings nur in sehr ferner, unbestimmbarer Zukunft liegen; denn es ist uns weder die Temperatur des Erdkerns bekannt, noch die Schnelligkeit, womit die Abkühlung eintritt, und nur als annähernde Schätzung kann es angesehen werden, wenn Bischof für das Herabsinken der Temperatur einer Basaltkugel von Erdgrösse um 1^0 eine Zeit von 9 Millionen Jahren verlangt.

Aber auch die gegenwärtige Zusammensetzung der Atmosphäre kann nicht als unveränderlich angesehen werden. Sie erfährt noch immer eine beständige Einbusse an Kohlensäure, welche sie abgiebt zur Bildung der Schalen und Knochen unzähliger Tiere, mit Einfluss des grossen Wirbeltierreiches; daraus muss sich eine beständige Verarmung des Pflanzenreiches ergeben, die sich schon darin zeigt, dass die Üppigkeit der karbonischen Pflanzen nie wieder erreicht worden ist. Mit der Verarmung des Pflanzenreiches geht aber auch die des Tierreiches Hand in Hand. Endlich bedingt die fortgesetzte Abkühlung eine beständige Verminderung des Sauerstoffgehaltes der Luft durch Oxydation der Minerale und bedroht das organische Leben. Wie die Gewässer der Erde muss also auch ihre Atmosphäre von den festen Massen mehr und mehr absorbiert werden: denn sogar die festesten Gesteine, wie die Geologie nachweist, enthalten atmosphärische Bestandteile. Sowohl in Bezug auf Höhe wie Dichtigkeit unterliegt die Atmosphäre einer beständigen Abnahme, und nach den an geschmolzenem und abgekühltem Granit vorgenommenen Untersuchungen von Deville und Delesse kann ein gänzliches Aufgesaugtwerden der Luft um so weniger bezweifelt werden, als die Absorptionsfähigkeit der festen Massen weit grösser als nötig ist, um die ganze Atmosphäre, deren Volumen nur etwa $1/_{240}$ des Volumens der Erde beträgt, in sich aufzunehmen.

Werfen wir nun vom Standpunkte dieser Vorgänge einen vergleichenden Seitenblick auf Venus, welche der Theorie nach unsere Vergangenheit repräsentiert, da sie jünger an Jahren ist und bei günstigerem Sonnenabstande nahezu die doppelte Wärmemenge empfängt, in Bezug auf Volumen aber mit der Erde fast übereinstimmt: Ihre grosse Lichtstärke lässt sich sehr gut mit der Annahme eines sie bedeckenden spiegelnden Stoffes vereinigen, als welchen wir der Analogie gemäss Wasser voraussetzen können, das vermutlich noch den grössten Teil ihrer Oberfläche bedeckt. Auch ihre Atmosphäre, wie auch die Merkurs, ist bedeutend dichter als die irdische. Venus repräsentiert also jene Entwicklungsstufe, welche die Erde bereits hinter sich hat.

Mars dagegen müsste der Theorie nach jene Zustände, welche die Erde erreicht hat, gesteigert darstellen, da er älter an Jahren ist und bei geringerem Volumen, wie ungünstigerem Sonnenabstande schneller erkalten musste. Die Theorie wird aber in der That durch die vergleichende Astrophysik vollkommen bestätigt.

3. Die Phase des Mars.

Mars offenbart eine sehr merkwürdige Verwandtschaft mit der Erde und eignet sich ganz besonders zur Beobachtung, weil gerade während seiner grössten Sonnennähe die Erde zwischen ihm und der Sonne steht.

Man braucht nur einen Blick auf Proctors im Jahre 1873 entworfene Marskarte zu werfen, um die Gegensätze zwischen Meeren und Festländern zu erkennen; aber während die Erde noch zu $^2/_3$ ihrer Oberfläche mit Wasser bedeckt ist, nimmt bei Mars das Festland die Hälfte der Oberfläche ein, er hat seine Meere in grösserem Masse absorbiert. In Hinsicht auf die Umrisse dieser Meere verrät Mars im Gegensatze zur Erde die Eigentümlichkeit langer, schmaler Meerzungen; aber unsere Tiefseeforschungen haben auch ergeben, dass, wenn in fortschreitender Absorption der Gewässer der Spiegel unserer Meere — deren mittlere Tiefe auf 5000 Meter geschätzt wird — um 4000 Meter sinken würde, nicht nur ausgedehntere Festländer blossgelegt, sondern auch die Umrisse unserer Meere alsdann in Übereinstimmung gebracht sein werden mit den so eigentümlich geformten Marsmeeren.

Wie bei der Erde, so ist auch bei Mars die Sonderung klimatischer Zonen längst eingetreten; aber er setzt die irdischen Zustände fort, indem seine polaren Eis- und Schneefelder, welche in grosser Ausdehnung vorhanden sind, schon weiter gegen den Äquator vorgerückt sind. Sie erweitern oder verengen sich in Übereinstimmung mit den Jahreszeiten; so hat man im Jahre 1781 ein bedeutendes Anwachsen des südlichen Schneefeldes bemerkt, nachdem für dasselbe ein zwölfmonatlicher Winter vorausgegangen war, während zwei Jahre später, nachdem es acht Monate hindurch von der Sonne bestrahlt worden war, die Schneegrenze sich wieder weit zurückgezogen hatte. Im Jahre 1837 hatte sich der Schneefleck des Südpols, dessen Variationen die der nördlichen Eiszone weit übertreffen, während seines Winters so weit über Mars verbreitet, dass ein Durchmesser desselben von etwa 70 Grad sich ergab. Die Centra dieser beiden Polarflecke fallen mit den Rotationspolen des Mars nicht genau zusammen und stehen auch nicht einander gegenüber; es scheinen also, wie bei der Erde, so auch bei Mars die Kältepole mit den Rotationspolen nicht zusammenzufallen.

Was nun die Atmosphäre des Mars betrifft, so lässt sich zwar aus Wolkenbildungen und heftigen Strömungen eine solche nachweisen; aber eben diese heftigen Strömungen, deren Geschwindigkeit aus der Bewegung atmosphärischer Flecken abgeleitet werden konnte und die auf Stürme schliessen lassen, welche die Stürme unserer Atmosphäre beinahe um das Doppelte an Geschwindigkeit übertreffen, beweist, dass die Atmosphäre des Mars leichter verschiebbar, also viel weniger dicht ist als die der Erde. Es ist daher kaum zu bezweifeln, dass also auch in dieser Hinsicht die Zukunft der Erde angedeutet wird, und dass unsere Atmosphäre, die in der Steinkohlenperiode ungemein dicht und schwer, darum aber auch nicht so stürmisch war als gegenwärtig, von immer heftigeren Stürmen bewegt werden wird.

Die geringe Dichtigkeit der Marsatmosphäre folgt endlich auch noch aus ihrer Durchsichtigkeit, welche deutlich die Gegensätze von Dunkel und Hell, von Kontinenten und Ozeanen auf seiner Oberfläche und ähnliche Kontraste in der Färbung uns gewahren lässt, wie sie unsere Meere, Länder, Sandwüsten und Urwälder, aus Marsferne beobachtet, zeigen würden.

4. Die Phase des Mondes.

Wenn die Planeten raschlebiger sind, als ihr gemeinschaftlicher Centralkörper, die Sonne, die erst in das erste Stadium der

Schlackenbildung eingetreten ist, die kleinen Planeten wiederum schneller erkalten als die grossen, so müssen die Monde wiederum raschlebiger sein als ihre respektiven Planeten.

Mars ist etwa 6 mal kleiner als die Erde; der Erdenmond aber wiederum 8 mal kleiner als Mars, und seine Oberfläche beträgt nur $^3/_{40}$ von derjenigen der Erde. Der Mond musste daher schon zu einer Zeit erkaltet sein, als die Erde noch Wärme und Licht ausstrahlte.

Die Anwesenheit von Meeren auf der Oberfläche des Mondes ist vielfach bestritten worden, da sich eine Atmosphäre dieses Gestirns nicht nachweisen lässt, die Anwesenheit in der Sonne verdampfenden Wassers aber notwendig eine Atmosphäre erzeugen müsste. Indessen hat Zöllner in seinen photometrischen Untersuchungen nachgewiesen, dass zwar flüssige Meere auf dem Monde nicht vorhanden sein können, dass aber keine der bekannten Beobachtungen gegen die Annahme von Schnee- und Eisfeldern spricht, die alsdann als Reste der früheren Wasserbedeckung anzusehen wären. Unter der Annahme nun, dass auch der Mond einst von Meeren bedeckt gewesen, und dass der Spiegel derselben noch tiefer gesunken sei als bei Mars, müssten die Umrisse der restierenden Mondmeere jene der Marsmeere gesteigert darstellen; diese Reste der Gewässer müssten sich erst in die tiefsten Betten zurückgezogen haben, die, von Erdferne aus gesehen, als schmale, lange Kanäle sich darstellen würden; infolge weiterer Absorption aber müssten diese Kanäle allmählich ihren Zusammenhang verloren haben. Unter dieser Voraussetzung müssten sich jetzt auf der Mondoberfläche zahlreiche, relativ kurze und schmale, in hellem Lichte erglänzende Streifen bemerklich machen, da wir nur an gefrorene Meeresreste von starkem, spiegelnden Glanze denken können.

Es erscheint mir sehr wahrscheinlich, dass wir in den relativ kurzen, hellen Lichtstreifen, welche, meistens 3—4 Meilen breit, über alle Teile der uns sichtbaren Mondoberfläche verbreitet sind, solche erstarrte Meeresreste sehen. Man hat dieselben lange Zeit hindurch als Bergketten auf den Mondkarten eingetragen; da sie indessen bei schiefer Beleuchtung keine Schatten zeigen, können sie nicht Unebenheiten des Bodens sein, und dass sie um so heller glänzen, je höher die Sonne über ihnen steht, stimmt mit der Annahme von Eisflächen gut überein. Allerdings finden sich solche Lichtstreifen nicht nur in den Thälern und Ebenen, sondern sie erstrecken sich auch oft über die Gebirge mit dem gleichen starken Reflexionsvermögen, breiten sich auch strahlenförmig von den Ringgebirgen aus; aber je genauer die Oberfläche des Mondes untersucht wird, desto mehr werden wir auch dahin gedrängt, eine kolossale Gletscherentwicklung auf ihm anzunehmen, indem von den in ewigem Eise erglänzenden Gipfeln und Kraterrändern weit herab in die Ebene Gletscherströme züngeln und Moränen von ungeheurer Ausdehnung vor sich ablagern.

Aber auch hinsichtlich der Atmosphäre verrät der Mond solche individuelle Eigentümlichkeiten, welche seinem Alter entsprechen und die Zustände des Mars fortsetzen. Wenn die Mondscheibe einen Stern bedeckt, so verschwindet dieser plötzlich in dem Augenblicke, da er — perspektivisch genommen — mit jener in Berührung kommt; und wenn der Stern hinter der Mondscheibe wieder hervortritt, so wird er ebenso plötzlich wieder sichtbar. Sein Licht erfährt also keine Ablenkung, und daraus ergiebt sich unmittelbar, dass der Mond keine Atmosphäre besitzt, die irgendwie in Betracht kommen könnte. Auch das Spektrum solcher Gestirne erfährt keinerlei Veränderung vor der Bedeckung, also dann, wenn ihre Strahlen die eventuelle Mondatmosphäre passieren müssten, die wenigstens durch Lichtabsorption eine Vermehrung der dunklen Linien im Spektrum herbeiführen würde. Die Abwesenheit einer Atmosphäre wird auch durch den gänzlichen Mangel von Wolkenbildungen bestätigt, sowie durch den Schatten der Mondgebirge, der vollkommen schwarz ist und keine Halbschatten zeigt. Wie die beleuchteten Stellen der Mondoberfläche unmittelbar an tiefbeschattete grenzen, so gehen auch die Helligkeit des Tages und das Dunkel der Nacht für den Mond unmittelbar ineinander über, ohne dass, durch eine Atmosphäre vermittelt, eine Dämmerung vorhergeht; auch die auf der Erde durch ihre Atmosphäre vermittelten räumlichen und zeitlichen Übergänge von Hitze und Kälte folgen auf unserem Trabanten unvermittelt. Da nun aber die vulkanischen Krater auf seiner Oberfläche auf frühere Anwesenheit von Wasser und Luft schliessen lassen, so muss der Mond seine Meere und Atmosphäre absorbiert haben.

So ergeben also Venus, die Erde, Mars und der Mond. sowohl in Bezug auf die Gewässer, wie die Atmosphäre, die gleiche Altersreihe. Wenn aber die allen Planeten gemeinsame Entwicklungsgeschichte derart ist, dass die Oberflächen ursprünglich von Meeren bedeckt sind, dass allmählich Inseln und Kontinente auftauchen und sich mit Vegetation überziehen, dass die Meere immer mehr absorbiert, die Atmosphären immer dünner werden, und wenn die in Betracht gezogenen Planeten verschiedene Stadien dieser Entwicklung repräsentieren, so muss bei so bedeutenden Unterschieden der Oberflächen und Luftschichten auch der Betrag des von ihnen zurückgeworfenen Sonnenlichtes ein sehr verschiedener sein. Es ist demnach zu untersuchen, ob die Photometrie bezüglich der lichtreflektierenden Kraft dieser Weltkörper, ihrer sogenannten Albedo, die gleiche Altersreihe ergiebt; denn der Verschiedenheit der Albedo muss notwendig ein stofflicher Unterschied der Oberflächen zu Grunde liegen. Es ergeben aber in der That auch die photometrischen Untersuchungen Werte von der gleichen Reihenfolge, welche im Bisherigen auf anderem Wege gefunden wurde: Venus, wohl zum grössten Teile mit Meeren bedeckt, hat die grösste, Mars eine geringere, der Mond — wenn wir aus der sehr ungleichen lichtreflektierenden Kraft seiner Oberflächenteile einen Mittelwert berechnen — hat die geringste Albedo.

Die uns zugewendete Mondseite ist übersät mit etwa 50000 ringförmigen Gebirgen und Kraterbecken von teilweise ausserordentlichem Umfange, — erstarrte Schlünde von ehemaligen Vulkanen, die aber zum Teile wieder ausgefüllt sind und einen festen, blasenförmig aufgetriebenen Boden zeigen, auf dem Centralberge bis gegen das mittlere Niveau der Mondfläche sich erheben. Diese ausserordentliche Anzahl von erloschenen Vulkanen bedeckt hauptsächlich den südlichen Teil der uns sichtbaren Mondhälfte; der Mond, dessen Oberfläche ungefähr dem Areale Amerikas gleichkommt und geringer ist als Russland und Sibirien zusammengenommen, ist demnach ungleich reichlicher mit Vulkanen versehen als die Erde, auf deren Oberfläche nur 410 Vulkane gezählt werden.

Ebenso grosse Unterschiede sind auch bezüglich der Dimensionen der Krater vorhanden: die grössten Krater der Erde haben Durchmesser von 3—7 Kilometer; dagegen haben auf dem Monde der Krater Gaus 178, Hevel 114, Clavius 129, Hekatäus 185, Moretus 125, Ptolemäus 184 Kilometer Durchmesser. Die Kratertiefen scheinen auf dem Monde im umgekehrten Verhältnisse der Durchmesser zu stehen: Der Krater Cleomedes hat bei einem obersten Durchmesser von 17 Meilen eine Tiefe von 9000 Fuss; für das Ringgebirge Newton fand Mädler eine Tiefe von 22362, für Tycho von 16662, für Casatus von 19514, für Harpalus von 14872 Fuss, — Tiefen, welche sich weit unter die umgebende Mondoberfläche erstrecken; denn Harpalus z. B. überragt dieselbe auf seiner Aussenseite nur um 2576 Fuss.

Die Höhe der Mondgebirge ist ebenfalls ausserordentlich. Während auf der Erde kein Berg ist, dessen Höhe viel mehr betrüge als $1/700$ des Erdhalbmessers, hat der viel kleinere Mond Berge, welche $1/315$ seines Halbmessers hoch sind. Die Mondberge sind also wohl niedriger als die höchsten Berge der Erde, aber im Verhältnis zur Grösse des Mondes weit über zweimal höher.

Es sind also auf dem Monde einst vulkanische Kräfte von ausserordentlicher Art in Thätigkeit gewesen, und die analogen vulkanischen Erscheinungen auf der Erde nehmen sich dagegen wie reines Kinderspiel aus. Der Mond stimmt demnach hinsichtlich der vergangenen Entwicklung mit der Erde sehr wenig überein. Da nun die nahe materielle Verwandtschaft dieser beiden Gestirne uns verbietet, eine jenem Unterschiede entsprechend grosse stoffliche Verschiedenheit derselben vorauszusetzen, und nur quantitative Differenzen von irdischen Vorgängen auf dem Monde anzunehmen sind, so muss für diesen individuellen Charakter der Entwicklung des Mondes eine äussere Ursache vorhanden sein; er erklärt sich aber ungezwungen aus dem Einflusse des so nahen und mächtigen Erdballs:

Die Anziehungskraft des Mondes auf die flüssigen Teile des Erdkörpers bewirkt das Phänomen der Ebbe und Flut, und in geringerem Grade muss sich dieser Einfluss auch auf das schmelzflüssige Innere der Erde erstrecken, — nicht als ob jedoch alle

Erdbeben aus diesem einen Erklärungsprinzip abzuleiten wären. Der ungleich mächtigere Erdball muss aber weit bedeutendere Flutwellen des flüssigen Mondkerns, wie später der Mondmeere, erzeugt haben, welche in gewaltigen Erscheinungen gegen ihren Einschluss durch die Erstarrungskruste sich auflehnten und mit um so grösserem Erfolge thätig waren, als ihnen vermöge der geringen Mondmasse eine $6^1/_2$ mal geringere Schwere seiner Rindenteile entgegenwirkte, daher selbst nur bei gleicher Intensität der vulkanischen Kräfte der Erde und des Mondes die Gebirge des Mondes relativ viel höher emporgehoben werden mussten.

Die bedeutende Nähe des grossen Erdballs musste aber auch noch in anderer Weise der Entwicklung unseres Trabanten ein bestimmtes Gepräge geben: In der langen Periode, da die Erde noch Wärme und Licht ausstrahlte, musste die uns permanent zugekehrte, jener Strahlung ausgesetzte Mondfläche mehr Wärme empfangen als die dem Sonnenlichte allein ausgesetzte abgewendete Seite. Hieraus ergab sich auf ersterer ein lebhafteres Verdampfen der Flüssigkeiten, deren Dämpfe, nach Analogie der Kometenschweife von der Erde abgestossen, entsprechend der geringeren Temperatur der abgewendeten Seite, auf dieser sich niederschlugen. Dieser Prozess, durch lange Zeiträume fortgesetzt, musste die ursprünglich gleiche Verteilung der Mondmasse ganz verändert und den Schwerpunkt dieses Körpers weiter nach der abgewendeten Seite verlegt haben. Mit dieser Theorie Zöllner's stimmt die thatsächliche Excentricität des Mondschwerpunktes, der acht Meilen weiter von uns abliegt als der stereometrische Mittelpunkt unseres Trabanten, sehr gut überein.

Die herrschende Vorstellung über die Beschaffenheit des Mondes geht also dahin, dass er ein bis in das innerste Mark erstarrter Stern ohne Atmosphäre und demgemäss auch ohne Wasser sei. Auf einem solchen Stern könnte keine der Veränderungen mehr vor sich gehen, welche auf der Erdoberfläche noch erzeugt werden durch die Thätigkeit des vulkanischen Inneren, wie durch die Einflüsse der Atmosphäre und des Wassers.

Nun sind aber innnerhalb der letzten Jahrzehnte durch verschiedene Astronomen Veränderungen auf der uns zugewendeten

Mondseite beobachtet worden, deren Wirklichkeit nicht bezweifelt werden kann, und welche hier zur Sprache kommen müssen, weil sie jene herrschende Vorstellung zu bedrohen scheinen. Ein paar alte Krater sind verschwunden, ein neuer Krater scheint entstanden zu sein und neu gebildete Rillen sind entdeckt worden; kurz die neueren Mondphotographieen stimmen mit den älteren sorgfältigen Karten nicht überein. Da nun nach der im Bisherigen vorgetragenen Skizze nur die letzterwähnte Veränderung, die Rillenbildung, möglich wäre, so stehen wir vor der Wahl, entweder unsere Vorstellungen über die Beschaffenheit des Mondes abzuändern, oder Ursachen von Veränderungen aufzusuchen, die sich trotz des Mangels vulkanischer und atmosphärischer Kräfte ergeben könnten. Um das Resultat gleich voranzustellen, so wird sich zeigen, dass der Mond gerade wegen der Abwesenheit einer Atmosphäre äusseren Einwirkungen ausgesetzt ist, welche wegen der Anwesenheit einer Atmosphäre auf der Erde nicht eintreten können.

Unsere Vorstellungen über den Mond abzuändern, geht wohl nicht an. Zwar sind die vulkanischen Veränderungen der Erdoberfläche nicht bedeutend genug, um aus der Mondferne selbst teleskopisch wahrgenommen werden zu können, und daraus lässt sich schliessen, dass gleichwertige Veränderungen des Mondes aus der Erdferne auch nicht, oder doch erst dann gesehen werden können, wenn sie sich zu einem bedeutenden Betrage summiert haben; aber diese blosse Möglichkeit vom Standpunkte des Teleskops wird überwogen von der Unmöglichkeit vom Standpunkte der Geologie, für welche Zahlen sprechen. Die Erdkugel hat einen Inhalt von 2 649 900 000 Kubikmeilen und eine Oberfläche von 9 260 510 Quadratmeilen. Da nun Vulkan im Innern der Erde nur mehr in seinen letzten Zuckungen liegt, so muss notwendig der Erstarrungsprozess der Mondkugel ganz abgeschlossen sein, welche einen Inhalt von 53 500 000 Kubikmeilen (= $^1/_{49}$ vom Volumen der Erde) und dabei die relativ grössere Ausstrahlungsfläche von 688 640 Quadratmeilen besitzt. Andererseits sind der sichtbare Mangel von Wolkenbildungen und besonders die Unveränderlichkeit der Fixsternspektra vor und nach der optischen Bedeckung der Lichtquellen durch den Mond für sich allein schon genügende

Beweise, dass dieser Weltkörper keine Atmosphäre, also auch kein Wasser besitzt.

Unsere Vorstellungen über den Mond sind also mindestens so gut begründet, als die beobachteten Veränderungen auf demselben, welche damit in Widerspruch zu stehen scheinen, — aber auch nur scheinen. Es lässt sich dieser scheinbare Widerspruch sogar in einen notwendigen Kausalzusammenhang auflösen. Es ergeben sich nämlich gerade aus dem Mangel einer Mondatmosphäre zwei Quellen von Veränderungen, welche auf der Erde eben wegen der · Anwesenheit ihrer Atmosphäre nicht eintreten können. Wie nämlich auf dem Monde Schatten und Licht, räumlich genommen, unmittelbar aneinander grenzen, so folgen sich auch, zeitlich genommen, Licht und Dunkelheit unvermittelt, und das Gleiche gilt von der Tageshitze und Nachtkälte. Solche Temperaturdifferenzen können an dem nackten, von keiner Humusschicht bedeckten Gestein des Mondes sehr beträchtliche Veränderungen hervorrufen. Livingstone fand in Afrika Felsen, welche, nachdem sie dem Sonnenlichte stark ausgesetzt waren und mit Eintritt der Dunkelheit wieder abgekühlt wurden, mit lautem Krachen auseinanderbrachen. Ähnliches muss sich auf dem Monde in weitaus vergrössertem Massstabe ereignen. Die Tageslänge der Erde beträgt 24, die des Mondes 354 Stunden, während welcher sein noch dazu weniger dichtes Gestein dem direkten, durch keine Atmosphäre abgeschwächten Anprall der Sonnenstrahlen ausgesetzt und durch eine auf 300^0 geschätzte Temperatur ausgedehnt wird; mit Eintritt der Dunkelheit aber wird das irdische Gestein allmählich abgekühlt und bleibt auch dann noch der in der Atmosphäre aufgespeicherten Wärme ausgesetzt, während das Mondgestein plötzlich der intensiven Kälte des kosmischen Raumes unterworfen wird und innerhalb der ebenfalls 354 Stunden langen Nächte auf seinen kleinsten Umfang sich zusammenzieht. Es ist also die Annahme nicht gewagt, dass sogar Rillenbildungen auf diese Weise entstehen können, wie eine solche in der Nähe des Kraters Ramsden von Julius Schmidt 1849 zum erstenmal gesehen wurde. Diese für den Einsturz von Mondkratern jedenfalls zulängliche Ursache scheint also sogar das Zerfallen des Mondes in Fragmente herbeiführen zu können.

Eine noch ergiebigere Quelle von Veränderungen auf der Mondfläche hat ebenfalls gerade den Mangel einer Atmosphäre zur Voraussetzung, und auch in dieser Hinsicht müssen wir irdische Vorgänge in kolossal vergrössertem Masse auf den Mond übertragen. Die Erde ist durch ihre Atmosphäre nicht nur gegen die Sonnenpfeile und die Kälte des Raumes geschützt, sondern auch gegen das heftige Bombardement der Meteoriten. Ihre Luftschicht leistet ihr also den Dienst eines Panzers, der zwar nicht undurchdringlich ist, aber doch die Geschosse unschädlich macht. Ein beträchtlicher Teil der Meteoriten wird beim Durchgang durch die Atmosphäre, indem sich räumliche Bewegung in Wärme verwandelt, durch die erzeugte Schmelzhitze unter Zurücklassung von Gasschweifen aufgelöst, daher denn, wie Schmidt bemerkt, der vollständigste Verbrennungsprozess die häufigsten Schweife und die seltensten Steinfälle zu bedingen scheint. Jene Meteoriten aber, welche nicht aufgelöst werden, werden doch durch die Temperaturerhöhung derart zerstückelt, dass sie nur mehr als Stein- oder Aschenregen den Erdboden erreichen. Würden die Meteoriten in ihrer ursprünglichen Grösse, die wir nur nach den gefundenen, oft kolossalen Fragmenten annähernd schätzen können, die Erde erreichen, so könnten sich für ein häufig getroffenes Objekt schon hieraus Veränderungen ergeben, die vom Monde aus teleskopisch wahrnehmbar wären.

Hierzu kommt noch ein weiterer Umstand: der atmosphärische Panzer vernichtet nicht nur einen beträchtlichen Teil der Geschosse und verkleinert die übrigen; er verlangsamt auch noch ihre Bewegungen. Nach den Rechnungen des Grafen St. Robert bewegt sich ein kugelförmiger Meteorstein von 14 Kilogramm Gewicht, wenn er beim Eintritt in die Atmosphäre eine Geschwindigkeit von 16 Kilometer in der Sekunde hat, innerhalb der Atmosphäre bei 12 Millimeter Luftdruck nur noch mit einer Geschwindigkeit von 1397 Meter. Der Bewegungsverlust würde dabei $^{10}/_{11}$ der ursprünglichen Geschwindigkeit betragen und eine Wärmeentwicklung von 446850 Calorien nach sich ziehen. Schiaparelli, der die Geschwindigkeit der Meteoriten berechnete, hat nun die erwähnte von 16 Kilometer als die geringste und nur für solche Meteoriten gültige gefunden,

welche die Erde in ihrem Laufe einholen, während die ihr ent-
gegenstürzenden eine Geschwindigkeit von 72 Kilometer in der
Sekunde haben. Im letteren Falle beträge der Bewegungsverlust
des Meteoriten von St. Robert in derselben Luftschicht $^{50}/_{51}$, die
Geschwindigkeit wäre auf 1403 Meter herabgedrückt, während
9 114 736 Calorien entwickelt würden. Die grösst: Verzögerung der
Bewegung erfolgt in den äussersten Luftschichten der Atmosphäre;
schon dort, wo der Luftdruck nur 1 Millimeter beträgt, sind die
Geschwindigkeiten auf 4871 und 5105 Meter herabgesunken,
zugleich aber 408 556 und 9 072 360 Calorien erzeugt worden.
Daraus folgt, dass die Mehrzahl dieser Körper verflüchtigt wird
und nur diejenigen von grosser Masse diesem Prozesse widerstehen,
dann aber ihrer kosmischen Geschwindigkeit beraubt werden, sodass ihre Bewegungsgrösse im letzten Bahnstück als unabhängig
von der Anfangsgeschwindigkeit und als lediglich nach dem Gesetze
der irdischen Schwere erfolgend angesehen werden muss.

Anders beim Monde, der keine Atmosphäre besitzt. Die beständigen Meteorsteinfälle, denen er gleich der Erde ausgesetzt ist,
müssen einem fürchterlichen Bombardement gleichkommen. Wenn
die an verschiedenen Orten der Erde aufgefundenen Exemplare
kosmischer Massen von 10, ja 15 und 25 000 Kilogramm immer
noch als blosse Bruchstücke der ursprünglichen Steine angesehen
werden können, so sind Stein- und Eisenmassen, welche auf dem
Monde mit ungeschmälerten Dimensionen und ungeschmälerter, mehr
als planetarischer Geschwindigkeit herabstürzen, wohl imstande,
Verheerungen anzurichten, deren summierte Beträge wir teleskopisch
wahrnehmen könnten, und die sich etwa als Einsturz einer Krater-
wand darstellen.

Wir sind also berechtigt, unsere Vorstellungen über die Beschaffenheit des Mondes so lange beizubehalten, bis wir etwa
Veränderungen von solcher Natur und Form auf ihm wahrnehmen
würden, die sich aus den zwei erwähnten Ursachen nicht mehr
erklären liessen.

5. Das Ende des biologischen Prozesses.

Lange bevor die Erde ihre Meere und Atmosphäre aufgesaugt haben wird, wird alle Vegetation und alles animalische Leben von ihrer Oberfläche verschwunden sein. Man könnte allerdings geneigt sein, anzunehmen, dass gleichwie in dem Masse, als seit der Steinkohlenperiode die Atmosphäre immer dünner und trockener wurde und der Wärmegehalt der Meere sich verringerte, auch eine Anpassung der Flora und Fauna eintrat, so auch in Zukunft das Prinzip der Anpassung Hand in Hand mit den veränderlichen Existenzbedingungen thätig sein werde; aber die hohe Wahrscheinlichkeit eines solchen Prozesses selbst zugegeben, so liegt doch in der fernen Zukunft der Erde eine Grenze, jenseits welcher das organische Leben absolut unmöglich ist und welche durch die einstige Erkaltung der Sonne gezogen ist.

Theon von Smyrna nannte die Sonne das Herz unseres Systems. Und in der That, wenn dieses Herz zu pulsieren aufgehört haben wird, dann wird auch die Erde nur mehr als Weltleiche in Betracht kommen, und nur mehr die eine Bewegung wird an ihr wahrzunehmen sein, vermöge welcher sie als tote Steinmasse die Sonne umkreist.

Der Zusammenhang zwischen der Menge der Sonnenflecken und der Wärmeausstrahlung der Sonne ist mit Sicherheit nachzuweisen. Schon Herschel fand das Gedeihen der Vegetation abhängig von dem Betrage der Schlackenbildung und verglich in dieser Hinsicht die Kornpreise fleckenreicher und fleckenarmer Jahre, während Gruithuysen die Dürren von 1811 und 1842 dem Mangel von Sonnenflecken in diesen Jahren zuschrieb. Durch Wolf und Köppen ist ein Parallelismus zwischen Sonnenflecken und der Temperatur der Erde in bestimmtester Weise nachgewiesen worden, sodass sich die Schwankungen der mittleren Temperatur deutlich in den Perioden der Sonnenflecken widerspiegeln. Die Weinlesen in Niederösterreich von 1754 bis 1853 traten nach Wolf in fleckenreichen Jahren gewöhnlich etwas später ein als in fleckenarmen. Endlich hat Fritz die Hypothese aufgestellt, dass die periodischen Veränderungen der Gletscher von der Sonnenfleckenperiode abhängig sind. Wenn nun aber ein Zusammenhang besteht zwischen der Wärmemenge, welche die Erde empfängt, und der Zahl und Ausdehnung der Flecken, so muss zwischen diesen und der Regenmenge ein ähnliches Verhältnis vorhanden sein; in der That hat Lockyer gefunden, dass in den fleckenarmen Jahren wenig Regen, im Maximum der Sonnenflecken dagegen nicht unbeträchtlich mehr Regen fällt. Nach Hunter wird in Indien in den Jahren des Sonnenfleckenminimums die Regenmenge um 20—25 Prozent verringert. Ebenso hat Klein einen Zusammenhang zwischen der Häufigkeit der Cirruswolken und derjenigen der Sonnenflecken gefunden. Endlich haben direkte Messungen mit Sicherheit erwiesen, dass den Flecken eine geringere Temperatur zukommt als den übrigen Oberflächenteilen der Sonne, woraus alle die erwähnten Erscheinungen als natürliche Wirkungen sich ergeben.

Wenn einmal die Ausstrahlung der Sonne nicht mehr gedeckt wird durch die Wärmeentwicklung, die aus ihrer Verdichtung folgt, so wird dies für unsere Erde zur Folge haben, dass von jener Feuchtigkeit, die nun als Regen herabfällt, immer mehr in Form von Schnee sich niederschlagen wird, die Schneegrenze wird immer tiefer von den Bergen herabsteigen — soweit die Höhen des Gebirges mit den Tiefen der Meere noch nicht ausgeglichen sein werden —, die Polarzonen werden immer grössere Ausdehnung gewinnen, und die durch bedeutende Schneeanhäufungen abgekühlte Luft wird von winterlichen Nebeln erfüllt werden, die den Sonnenstrahlen den Durchgang verwehren.

Mit der Bewegung der Isothermen von den Polen zum Äquator müssen sich aber auch die Verbreitungsbezirke derjenigen Tiere und Pflanzen verengen, welche den neuen klimatischen Verhältnissen sich nicht anzupassen vermögen. Wie die einst über die ganze Erde gleichmässig verbreitete Flora und Fauna der Steinkohlenperiode bis zum Äquator zurückgedrängt wurde, in dem Masse als die Erde ihre Eigenwärme verlor, wie die früheren Birkenwälder der Insel Island und der shetländischen Inseln verschwunden sind, und die Rottanne, die noch in historischen Zeiten in Irland Wälder bildete, jetzt nur mehr näher dem Äquator zu finden ist, so werden allmählich alle Pflanzen und Tiere aus den kälteren Regionen weichen. Es ist dies nur die Fortsetzung derselben Bewegung, die schon in der bisherigen Entwicklung stattgefunden hat. Denn die erste Sonderung klimatischer Zonen auf dem noch feurigflüssigen Erdball trat in der Weise ein, dass vorerst an den beiden Polen kontinentale Massen sich bildeten, und diese haben auch zuerst jenen Abkühlungsgrad erreicht, wobei der organische Prozess anheben konnte. Die ersten Organismen sind in den polaren Meeren entstanden und sind erst von dort gegen den Äquator vorgedrungen. Für die strahlenförmige Ausbreitung der Pflanzen und Tiere von den beiden Polen gegen den Äquator sprechen verschiedene Thatsachen, die sich anders nicht wohl erklären lassen: Die südlichen Küsten von Amerika, von Neuseeland und Neuholland tragen die gleiche Flora und Fauna, und es besteht sogar eine thatsächliche Verwandtschaft zwischen den Floren der südlichsten Spitze Australiens und des Kaps der guten Hoffnung. In Bezug auf die nördliche Halbkugel zeigt sich bei geringer Gleichheit doch eine Verwandtschaft der Arten in Nordamerika und Europa, eine Verwandtschaft, die noch grösser war gegen das Ende der Tertiärzeit. Der trennende Atlantische Ozean schliesst eine seitliche Wanderung aus, es muss also das gemeinschaftliche Auswanderungscentrum im Norden gelegen sein. Indem seither weite Länderkomplexe durch Kälte unbewohnbar geworden sind, wurde der frühere Verbindungsweg unterbrochen und die Verwandtschaft der getrennten Arten mehr und mehr verwischt.

Die Urformen der Pflanzen und Tiere, und damit auch die Geheimnisse unserer Stammesgeschichte, liegen somit unter dem Eise der beiden Pole begraben. Denn wie die erste Landtierfauna eine polare Fauna war, so war auch der Ahne des Menschen ein Bewohner der arktischen und antarktischen Regionen; und wie seine Nachkommen von dort schon weit abgedrängt wurden, so werden sie auch die jetzt noch gemässigten Klimate verlassen, und unter Vertilgung der Ureinwohner sich in den Besitz von Afrika und Australien teilen. Je mehr die schon jetzt auf 1400 Millionen gestiegene Anzahl der Menschen sich vermehren wird, desto mehr werden sie durch die zusammenrückenden Eiszonen zusammengedrängt werden und werden schliesslich in furchtbaren Kämpfen um die gegenwärtig noch nicht einladenden tropischen Länder streiten, welche alsdann längst aufgehört haben, dieser Benennung zu entsprechen, aber die letzte Zufluchtsstätte der dem Untergange geweihten Geschöpfe sein werden. Jene grönländischen Eskimos aber, welche familienweise erfroren in ihren Schneehütten gefunden wurden, halten uns das Lebensbild der Menschen vor, die einst, als die letzten ihrer Art, am Äquator erfrieren werden.

Mag die Wärme der Sonne, die jetzt noch durch Verdichtung ersetzt wird, auf noch so lange Zeit vorhalten, so muss doch die gänzliche Bedeckung der Sonne mit Schlacken unfehlbar eintreten. Das Ende des biologischen Prozesses aber muss in eine dieser Erkaltung des Sonnenballs weit vorausgehende Epoche verlegt werden; denn wenn die Meteorologie den Nachweis führt, dass selbst an wolkenlosen Tagen und zur Mittagszeit $^{1}/_{3}$—$^{1}/_{2}$ der uns von der Sonne zugesendeten Wärme von der Atmosphäre absorbiert wird, so folgt daraus, dass das Leben auf unserem Planeten schon dann aufhören wird, wenn die Sonne ihren Wärmevorrat etwa bis zum letzten Drittel erschöpft haben wird; und nur insofern wird diese Folgerung etwas einzuschränken sein, als eine minder heisse Sonne auch eine minder starke Verdunstung der Gewässer herbeiführen, die Atmosphäre also auch aus diesem Grunde an Dichtigkeit beständig verlieren wird, sodass einige Zeit hindurch die Wärmeabnahme der Sonne durch die geringere Absorption ihrer Strahlen in der alsdann dünneren Atmosphäre in Ansehung der Erde aufgewogen werden wird.

Schliesslich aber wird sich die Erde jener erschreckend niedrigen Temperatur des Raumes gegenüber befinden, welche nach Fourier 60⁰, nach Pouillet 142⁰, nach Desormes und anderen 273⁰ Celsius beträgt. Wenn Back im Januar 1834 in Fort Reliance unter 62$^{1}/_{2}$⁰ nördlicher Breite das Weingeistthermometer auf 56,7⁰ Celsius sinken sah, so muss, da die tiefsten Temperaturen nur durch Wärmeausstrahlung an den noch kälteren Himmelsraum entstehen können, die allgemeine Temperatur des Raumes noch bedeutend tiefer als 57⁰ sein. Dies hat sich auch empirisch bestätigt bei Gelegenheit des Meteoritenfalls bei Dhurmsalla in Indien am 14. Juli 1860. Die noch rauchenden Steine wurden von den Einwohnern zerschlagen, und obwohl schon einige Durchwärmung derselben eingetreten sein musste und jene Temperatur, womit sie die Atmosphäre der Erde erreichten, nicht mehr vorhanden sein konnten, besassen doch die inneren Bruchflächen eine so geringe Temperatur, dass sie nicht ohne lebhaftes Schmerzgefühl berührt werden konnten. Bei einer solchen Temperatur, bei der sich sogar alle Wasserstoffdämpfe niederschlagen müssen, wird sich die Erde mit einer ungeheuren Schnee- und Eiskruste bedecken, unter welcher das ganze Pflanzen- und Tierreich begraben liegen wird, wie schon jetzt unser Urahne unter dem Polareise. Pilar sagt in einer Schrift über die Ursachen der Eiszeiten, dass die Eisdecke, welche den Südpol bedeckt, zehnmal ausgedehnter sei als die des Nordpols. Sie hat einen Halbmesser von 817 geographischen Meilen; es schneit dort fast beständig und die Sonne wird fast nie durch den dichten Nebelschleier sichtbar. Die Eisberge, die sich vom Rande ablösen, erreichen eine Höhe von 900—1000 Fuss über dem Wasser, also eine Gesamthöhe von 9000 Fuss, wenn man den eingetauchten Teil mitrechnet. —

Alle Kraftäusserungen, jede Art von Bewegung auf der Erde, lassen sich, mit Ausnahme der vom Monde erzeugten flutenden Bewegung der Atmosphäre und der Meere, solange diese noch nicht erstarrt sein werden, auf die Sonnenwärme als ihre letzte Ursache zurückführen:

Was vorerst die mechanischen Bewegungen betrifft, so ist der meteorologische Prozess das grossartigste Beispiel von Verwandlung der Wärme in mechanische Arbeit. Die Sonnenwärme ist es, die einen Teil der Gewässer verdampft und in die Höhe hebt, aus der sie als Regen oder Schnee sich wieder niederschlagen, um als Bäche und Ströme in die Ebene und wieder zurück ins Meer zu gelangen. Der ganze Kreislauf des Wassers beruht also auf Sonnenwärme als letzter Ursache; die ungeheuren Kräfte des fliessenden Wassers und alle daraus folgenden meteorologischen Erscheinungen und geologischen Veränderungen der Oberfläche sind nur in andere Form verwandelte Sonnenwärme; der gleiche

Betrag von Anziehungskraft, welchen die Sonne überwinden musste, um die verdunstenden Wasseratome in die Höhe zu heben, wird wieder ausgegeben durch das Herunterfallen des Regens und das Abfliessen der Gewässer ins Meer. Ebenso sind die Winde auf ungleiche Erwärmung der Luftschichten zurückzuführen, und die gleiche Ursache ist es, welche die regelmässigen Passatwinde, sowie im Meere jene Strömungen herbeiführt, die das warme Wasser des Antillenmeeres nach den englischen Küsten und das Treibeis des Nordpols gegen den Äquator führen. Die Kraft, welche unsere Mühlen treibt und unsere Segel schwellt, ist nur ein minimaler Bruchteil von Sonnenwärme, den wir benützen.

Nicht anders steht es um die Bewegung durch Maschinen. Stephenson, der Erfinder der Lokomotive, war auch einer der ersten, welche erkannten, dass die bewegende Kraft nur umgewandelte Sonnenwärme sei. Die Bewegung des Kolbens beruht auf Verdampfung des Wassers, diese auf der Wärme, welche die Verbrennung der Steinkohle erzeugt; die Steinkohlenlager aber lassen sich als fossile Sonnenwärme bezeichnen, sie enthalten als Produkte organischer Zersetzung eine Summe jener Kraft, welche die Sonne vor Zeiten in Form von Licht und Wärme zusendete und welche latent in der Erdrinde ruhte, bis sie aus den Bergwerken gehoben wurde. Denn nur unter der Mitwirkung des Sonnenlichtes, welches die Kohlensäure der Luft zersetzt, vollzieht sich der Assimilationsprozess der Pflanzen, welche Wasserstoff und Kohlenstoff an sich ziehen. Dieselbe Kraftsumme, welche die Sonne einst aufwendete, um 1 Kilogramm Kohlenstoff aus der Luft auszuscheiden, wird verbraucht, wenn diese Kohle durch Verbrennung wieder zur Kohlensäure wird, und welche dabei 8080 Wärmeeinheiten erzeugt, die 54 666 Pferdekräften entsprechen.

Die Kräfte, vermöge welcher die Pflanzen aus der Luft die ihnen nötigen Bestandteile an sich ziehen, bestanden also früher in Form von Sonnenstrahlen; das Aufleben der Vegetation im Sommer, das Absterben derselben im Winter, sowie die Üppigkeit der Tropen im Vergleiche mit den nördlichen Zonen, beweisen augenscheinlich diese Abhängigkeit des Pflanzenlebens vom Sonnenlichte. Selbst jene Pflanzen, welche, wie die Pilze, im Dunkeln gedeihen, wachsen nur auf Kosten sich zersetzender organischer Stoffe, sind also indirekt ebenfalls von der Sonne abhängig.

Das Tierleben ist wiederum direkt oder indirekt vom Pflanzenleben abhängig. Wenn der im Pflanzenleben vorgehende Prozess wesentlich ein Desoxydationsprozess ist, das tierische Leben dagegen ein Oxydationsprozess, indem die Pflanze aus der Luft den Sauerstoff ausscheidet und freigiebt, Wasserstoff und Kohlenstoff dagegen an sich zieht und zu Ästen, Blättern und Samen verarbeitet, während das Tier, indem es diese Produkte verdaut, durch Oxydation derselben wieder Kohlensäure und Wasser herstellt, so erscheint in der Wärme des tierischen Leibes nur wieder jene von der Sonne ausgegangene Kraft, welche das Pflanzenreich gedeihen liess. Vom Standpunkte des Ernährungsprozesses ist demnach die Pflanze nach dem Ausdrucke des Aristoteles ein verkehrtes Tier.

Wenn aber Brennmaterial und pflanzliche Nahrung unmittelbar auf die Energie der Sonnenstrahlen sich zurückführen lassen, so unterscheidet sich die fleischliche Nahrung nur insofern davon, als die Fleischfresser die pflanzliche Nahrung erst zu sich nehmen, nachdem sie durch einen tierischen Körper hindurchgegangen. Jene Pflanzenstoffe, die wir vermöge der Einrichtung unserer Organe nicht direkt aufnehmen können, nützen wir indirekt dadurch aus, dass wir sie vorerst den Verdauungsorganen der Rinder überliefern und in brauchbare Form umwandeln lassen. Dieselben chemischen Kräfte, welche also die Vegetation erzeugten, werden in den Vorgängen des Tierleibes wieder ausgegeben, daher sich auch das tierische Leben dort am reichsten entfaltet, wo das Pflanzenleben am üppigsten gedeiht.

Auch jene Erscheinungen, welche subjektiv als Veränderungen im Bewusstsein auftreten, beruhen objektiv auf molekularen Veränderungen des Nervensystems, und mag es auch nicht bewiesen werden können, dass die Gesetze von der Umwandlung der Kräfte auch auf das Gebiet des Geistes sich erstrecken, und dass auch hier die Umwandlung nach äquivalenten Beträgen geschieht, so ist doch soviel klar, dass die vitalen Vorgänge thatsächlich mit den geistigen Vorgängen immer verbunden auftreten, und dass sie sich

voneinander nicht trennen lassen, selbst wenn kein direkter Kausalzusammenhang zwischen ihnen bestehen sollte. Wir sind also auch
in geistiger Hinsicht nur Kinder der Sonne, und alle jene Kräfte
und Bewegungen, die sich im gesellschaftlichen Organismus der
Menschheit entfalten, sind wieder auf dieselbe Kraftquelle, die
leuchtende Sonne, zurückzuführen. Wenn England das in seinem
Schosse aufgespeicherte Kapital von Sonnenwärme, nämlich seine
Steinkohlenlager, in längstens drei Jahrhunderten erschöpft haben
wird, dann wird auch die industrielle Bewegung nach solchen
Ländern verlegt werden, welche noch grosse Kohlenschätze besitzen;
und wenn sich eine Abhängigkeit der Anzahl unserer Heiraten von
den Kornpreisen nachweisen lässt, so zeigen sich die Kornpreise
wieder abhängig von der Häufigkeit oder Seltenheit der Sonnenflecken.

Alle geologischen, meteorologischen und vitalen Veränderungen,
alle Bewegungen, die wir künstlich herbeiführen durch Verbrennung
von Kohle, alle geistige und gesellschaftliche Regsamkeit auf unserem
Planeten verraten also ihren solaren Urprung; die nützlichsten
wie die verderblichsten Kräfte der Natur entstammen dem leuchtenden Fixsterne unseres Planetensystems, sind nur proteusartige
Verwandlungen jener Kraft, welche in Gestalt von Sonnenstrahlen
zu uns gelangt, die aber ihrerseits wieder bedingt ist von jener
universalen Schwerkraft, welche in der Anziehung der Atome des
ursprünglichen Sonnennebels Wärme und Licht hervorrief.

Aber wenn die Quelle aller dieser Kräfte einst versiegt sein
wird, wenn der letzte Rest des der Erde von der Sonne zuge-
führten Wärmevorrates in Form einer von der Erde ausgestrahlten
Wärmeschwingung an den Raum zurückgegeben sein wird, dann
wird auch jede Art von Bewegung zum Stillstand gebracht sein.
Mit der Erkaltung der Sonne ist auch das Schicksal unseres Planeten
hinsichtlich seiner Bewohnbarkeit besiegelt.

So repräsentieren denn die Sonne und der Mond weit aus-
einander liegende Stadien der Entwicklung unserer Erde. Die
Sonne deutet auf unsere Vergangenheit, der in den Fesseln der
Erstarrung liegende Mond auf unsere Zukunft. Als ein Kind der
Sonne hat die Erde ihren Lauf begonnen, als ein erstarrter Planet
wird sie ihn fortsetzen, um schliesslich zur Quelle ihres Ursprungs

wieder zurückzukehren. Und mag auch jene Wissenschaft, welche sich gezwungen sieht, die Resultate der exakten Forschung anzunehmen, ohne doch liebgewordenen Vorurteilen entsagen zu können, einen weisen Zusammenhang darin erblicken, dass die Planeten in dem Masse, als die Sonne ihre schöpferische Kraft verliert, durch allmähliche Verengung ihrer Bahnen sich ihrem Centralherde nähern, wie die Insassen einer Stube dem Ofen um so näher rücken, je mehr er an Wärme verliert, so ist damit doch jenem bedeutsamen *Momento mori*, welches zu uns redet, den Schlackenfeldern, womit sich die Sonne zu überziehen beginnt, nur eine kurze Frist abgerungen, um welche sich der Untergang der irdischen Geschöpfe noch verzögern mag.

6. Die Zeichen des Verfalls im Sonnensysteme.

a) Der Ursprung der Asteroiden.

Die Asteroiden, Kometen und Meteoriten, also jene Weltkörper, an welchen wir nicht jene Zweckmässigkeit der Bewegung bewundern können, welche im Planetensysteme sich offenbart, bewegen sich doch, gleich diesen, nach dem Gravitationsgesetze; und da in diesem Gesetze der die Auslese des Zweckmässigen besorgende Faktor erkannt wurde, so dürfen auch jene Weltkörper nicht als von der Thätigkeit dieses Faktors ausgeschlossen angesehen werden. Ihr Widerspruch in Ansehung des Mechanismus lässt sich daher nur so erklären, dass diese Weltkörper jenem auslesenden Prinzip noch nicht lange genug unterworfen, also erst später ins Dasein getreten sind. Da nun aber die Entwicklung eines kosmischen Systems immer im Sinne eines Ausgleichs vorhandener Widersprüche geschieht, dieselben also eine beständige Verringerung erfahren müssen, und die Harmonie der Glieder immer vollkommener sich gestalten wird, bis die konservative Anpassung erreicht ist, so können neu eintretende Widersprüche nur dem absteigenden Aste der Entwicklung angehören. Wir sind daher logischerweise gezwungen, die Asteroiden, Kometen und Meteoriten als die ersten Anzeichen des beginnenden Verfalls zu erklären; aber diese Folgerung könnte erst dann als unumstösslich

erscheinen, wenn wir auch von der physikalischen Seite zu ihr
gelangen würden, d. h. wenn auch in der, nach physikalischen
Prinzipien theoretisch vorgenommenen Verfolgung der Geschichte
der Planetenspezies den bisher dargestellten Stadien ein Stadium
des Verfalls sich anreihen würde.

Da nun bei der Gleichartigkeit der planetarischen Entwicklung
notwendig alle räumlich nebeneinander gegebenen Erscheinungen
des Systems in die natürliche Kausalreihe eingefügt werden müssen,
aber nach dem Bisherigen nur mehr jene exceptionellen Weltkörper als erklärungsbedürftig übrig bleiben, so ergiebt sich, dass
wir behufs der Erklärung unmittelbar an jene Phase anknüpfen
müssen, welche wir am Monde wahrnehmen; denn weder in der
Darstellung der Nebulartheorie noch in der an sie anknüpfenden
Darstellung der Geschichte der Planetenspezies, die wir bis zur
Phase des Mondes verfolgt haben, hat sich bisher eine Gelegenheit ergeben wollen, die Asteroiden einzureihen.

Es fragt sich also, welcher weiteren Entwicklung ein Weltkörper entgegengeht, welcher, gleich dem Monde, die Atmosphäre
und Meere fast gänzlich aufgesaugt hat, und über welchen sich
das weisse Leichentuch der Erstarrung auszubreiten beginnt. Als
den Repräsentanten dieser nächsten Phase müssen wir einen solchen
Weltkörper aufsuchen, bei welchem die beiden Abkühlungsfaktoren,
Kleinheit des Volumens und Sonnenabstand, zu einer rascheren
Entwicklung sich vereinigen, und so finden wir uns zunächst an
die Asteroiden verwiesen; als zu welchen die Brücke zu schlagen es
noch die relativ geringsten Schwierigkeiten zu bieten scheint. Wenn
aber der Mond als Repräsentant der vorausgegangenen Phase
anzusehen ist, die Asteroiden aber als ein Schwarm von kleinen
Weltkörpern erkannt wurden, so präzisiert sich unsere Aufgabe zu
dem Nachweise, dass bei noch weiter fortschreitender Erstarrung
eines Mondes sein Zerfall in Fragmente eintreten muss, und zwar
infolge der physikalischen Veränderungen, welche die immer weiter
gehende Erstarrung mit sich bringt. Da aber, wie in jeder Entwicklung, so auch in der kosmischen die Natur keine Sprünge
macht, so lässt sich hoffen, dass wir am Monde solche Veränderungen
einigermassen bereits angedeutet finden werden.

Wenn ein Weltkörper seine Eigenwärme an den Raum ausstrahlt und erstarrt, so wird die Dicke seiner Erstarrungskruste
beständig zunehmen, der Durchmesser des ganzen Körpers aber
sich beständig verkürzen, und im Nachsinken der Rindenteile
die Unebenheiten seiner Oberfläche um so grösser werden, je
weniger sie ausgeglichen werden durch Niederschläge seiner
Atmosphäre und Gewässer. Je mehr er diese ursprünglichen Um-
hüllungen aufgesaugt haben wird, desto mehr werden die erstarrende
Kälte des Raums und die ausdörrende Sonnenwärme gleichsinnig
dahin wirken, dass er, gleich der Ackerkrume unter ähnlichen
Verhältnissen, sich faltet. Risse und Sprünge werden immer länger
werden und immer tiefer hinabreichen.

Zeigt sich aber schon unsere Erde als eine stark gerunzelte
Alte, so sind die Unebenheiten der Mondoberfläche noch viel
charakteristischer; in der ganzen Rauheit ihrer Formen ragen seine,
von keiner atmosphärischen Verwitterung betroffenen Gipfel empor,
die Kraterränder sind zackig und fallen steil in das Innere ab.
Schmale, tiefe Rillen, in der Spaltung der Mondoberfläche entstanden, durchziehen, fast gerade laufend oder wenig gekrümmt,
als dunkle Linien mit steilen inneren Wänden, aber ohne
äussere Böschung, die Mondscheibe. Ihre Länge beträgt 20
bis 300 Kilometer, ihre Breite 500—3000 Meter; die grösste
Breite findet sich meist an Zwischenstellen, während die Enden
meist spitz zulaufen. Oft auch sieht man sie vor Bergen halt-
machen, welche die Verlängerung gehindert zu haben scheinen.
Ihre Tiefe endlich beträgt 400—500 Meter. Daraus, dass diese
Rillen sogar zahlreiche Krater durchziehen, sodass sie die Ränder
derselben sprengen und in selbständigen Wällen durch die Höhlung
derselben sich fortsetzen, ist mit Sicherheit auf ihren späteren
Ursprung zu schliessen; die Krater stammen aus jener entlegenen
Vergangenheit, da die Oberfläche des Mondes zu erstarren begann
und vulkanische Kräfte sie zerwühlten; die Rillen dagegen stammen
aus jüngerer Zeit, als nach gänzlicher Einstellung der vulkanischen
Thätigkeit die Oberfläche den Einflüssen des kalten Raumes und
der Sonnenstrahlung im Wechsel und in extremer Weise ausgesetzt
war, da keine Atmosphäre mehr vorhanden war, welche Wärme

aufspeichern und die Extreme vermitteln konnte. Die merkwürdigste dieser Spalten, wovon mehr als hundert gezählt wurden,
ist die des Ringgebirges Hyginus, welche zehn Krater durch-
setzt, ohne in der Richtung zu wechseln, und die Wälle des
Hyginus selbst durchbricht.

Dieser Prozess der Rillenbildung, wenn er bei fortschreitender
Erstarrung immer grössere Proportionen annimmt, muss aber allerdings den spontanen Zerfall eines solchen Weltkörpers in Fragmente herbeiführen. Um indessen auch in negativer Weise diese
Hypothese Meuniers zu begründen, sind auch noch jene Theorien
zu untersuchen, in welchen man die Entstehung der Asteroiden in
anderer Weise zu erklären suchte, und zu welchen man durch
das Vorurteil eines gleichzeitigen Ursprungs der Planeten und Asteroiden veranlasst wurde, wobei die eigentümliche Anordnung der
letzteren lokalen Ursachen zugeschrieben wurde. Wir stehen indessen gar nicht vor einer solchen Nötigung, und da vielmehr die
mechanische Unzweckmässigkeit dieser Anordnung den späteren
Ursprung andeutet, so geht schon daraus hervor, dass diese Er-
klärungshypothesen fehlschlagen mussten. Sie mögen gleichwohl
in Kürze erörtert werden:

Nach Olbers sind die Asteroiden Sprengstücke eines ehemaligen Planeten, der durch eine Katastrophe zertrümmert wurde,
wobei die Fragmente in verschiedener Stärke und Richtung auseinander geschleudert wurden. Diese Hypothese erfordert aber
jenen Punkt, wo die Katastrophe eintrat, als gemeinschaftlichen
Kreuzungspunkt für alle Asteroidenbahnen, und ein solcher Punkt,
zu welchem alle Asteroiden zurückkehren würden, weil sie von
ihm ausgegangen wären, ist nicht nachzuweisen. Die Hypothese
widerspricht aber zudem mechanischen Gesetzen, sobald der Nachweis geführt ist, dass die Asteroidengruppe aus einem bereits
erkalteten Planeten entstand, der mit einem andern zusammen-
gestossen wäre. Bei jeder Bewegung, welche durch Zusammenstoss gehemmt wird, wird Wärme erzeugt, d. h. die Bewegung wird
nicht vernichtet, sondern nur in molekulare Bewegung verwandelt.
Es ist berechnet worden, dass, wenn zwei Massen von halber
Sonnengrösse aufeinander stossen würden, die aufgehobene beider-

seitige Bewegungsgrösse in einen Betrag von Wärme umgesetzt
würde, welchen die Sonne nach ihrem derzeitigen Strahlungsver-
mögen nur in etwa 50 Millionen Jahren ausgeben könnte, wobei
diese zusammenstürzenden Weltkörper eine Temperaturerhöhung
von mehr als 60 Millionen Grad erfahren würden. Die Begegnung zweier Weltkörper von planetarischer Geschwindigkeit
würde also die Materie derselben sicher in den Zustand äusserster
Verflüchtigung überführen; dieselben würden die Form kosmischer
Nebel wieder annehmen und könnten nicht in Fragmente zertrümmert werden. Nach Helmholtz würde, wenn die Erde plötzlich
in ihrer Bewegung gehemmt würde, soviel Wärme erzeugt werden,
als 14 Erden aus reiner Kohle zu liefern imstande wären; eine
Temperatur von 120000 ^{0} würde dabei entwickelt werden, die wohl
hinreichen würde, die Masse der Erde zu verdampfen.

Aber auch astronomische Gründe lassen die Entstehung der
Asteroiden durch den Zusammenstoss zweier Weltkörper als sehr
unwahrscheinlich erscheinen. Denn erstlich bedingt die Entstehung
der Planeten durch successive Abtrennung äquatorealer Schichten
des Sonnenballs, dass ihre Bahnen in gleicher Ebene liegen und
sich nicht schneiden, sondern einschliessen, wobei zwar infolge
der gegenseitigen Anziehung Störungen sich ergeben können, aber
die Möglichkeit von Katastrophen auf den Beginn der Entwicklung
beschränkt bleibt, also in jene Zeit fällt, da diese Gestirne noch
nicht erkaltet waren; Kometen aber, welche in der That die
Planetenbahnen durchschneiden können, sind vermöge ihrer geringen
Masse unfähig, die Zertrümmerung eines Planeten herbeizuführen.

So viel ist gleichwohl sicher, dass die Asteroiden in der That
Bruchstücke eines ehemals vorhandenen Planeten sind, und dass
der Zerfall desselben, mag er nun auf diese oder jene Weise herbeigeführt worden sein, in jene Periode fällt, da dieser Weltkörper
bereits erstarrt war. Hierfür spricht mit grösster Bestimmtheit
die Veränderlichkeit ihres optischen Durchmessers. Schröter
schrieb z. B. der von ihm entdeckten Ceres einen Durchmesser
von 740 Kilometer zu, während William Herschel denselben
auf 260, Argelander auf 360 Kilometer berechnete; ebenso
schrieb Schröter der Pallas einen Durchmesser von 380 Meilen

zu, den Lamont auf 145, Herschel auf nur 22 Meilen berechnete. Wenn aber der Durchmesser der Asteroiden, von der Erde
aus gesehen, veränderlich ist, so können dieselben nicht die Kugelform haben, wie die übrigen Planeten und Monde, und daraus
lässt sich ohne weiteres schliessen, dass der Planet zur Zeit seines
Zerfalls bereits erkaltet war, weil flüssige Fragmente sofort wieder
die Kugelgestalt angenommen haben würden. Einen weiteren
Beleg für die unregelmässige Gestalt der Asteroiden bietet die
Veränderlichkeit ihrer Lichtstärke, die man beobachtet zu haben
glaubt, welche nur durch die optische Veränderlichkeit der beleuchteten Flächen sich erklären liesse, und hinsichtlich welcher künftige
Untersuchungen darauf zu sehen haben werden, ob die maximalen
und minimalen Lichtstärken mit den grössten und kleinsten Durch-
messern zusammenfallen.

Die unregelmässige Gestalt der Asteroiden widerlegt auch jene
Hypothese Lamonts, nach welcher der ursprüngliche Planet eine so
bedeutende Rotationsgeschwindigkeit besass, dass er nicht, gleich
den übrigen, nur Monde abtrennte, sondern selbst in eine Mehrzahl kleiner Körper auseinander fiel. Ein solcher Prozess ist nur
in dunstförmigem Zustande denkbar, nach eingetretener Erstarrung
aber unmöglich; dunstförmige Trennungsstücke aber müssten ebenfalls die Kugelgestalt wieder angenommen haben.

Jener hypothetische Planet, der einst zwischen Mars und
Jupiter kreiste, musste vormals, gleich der Erde, einen schmelz-
flüssigen Kern haben, der von einer Erstarrungskruste umgeben
war. Vulkanische Erscheinungen sind dabei unvermeidlich, und
es dürfte daher noch die Frage untersucht werden, ob vielleicht
solche die Katastrophe herbeiführen konnten, infolge welcher die
Asteroiden entstanden. Aber auch diese Frage ist wohl verneinend
zu entscheiden; denn in der Reaktion der inneren Glutmassen
gegen die nur allmählich erstarrende feste Rinde musste letztere
immer wieder durch Eruptionen und Explosionen durchbrochen
werden, und selbst bei weit vorgeschrittener Erstarrung mussten
noch jene Sicherheitsventile erhalten bleiben, die wir in den vulkanischen Kratern der Erde und des Mondes beobachten, und durch
welche die inneren Gewalten gleichsam in kleiner Münze aus-

gegeben, die sich empörenden inneren Kräfte in partiellen, aufeinanderfolgenden kleinen Katastrophen zersplittert wurden.

Angenommen aber selbst, die eruptiven-Massen und explosiven
Gase wären durch die gleichmässig erstarrende Kruste nicht
successive entwichen, es wäre ein Stillstand der vulkanischen Thätigkeit so lange eingetreten, bis der Planet mit einer meilendicken
Kruste überzogen war, und die unterdessen aufgespeicherten inneren
Kräfte hätten sodann in einer gewaltigen Katastrophe die Schale
gesprengt, so ist doch kaum anzunehmen, dass den Sprengstücken
eine so ausserordentliche Anfangsgeschwindigkeit erteilt worden
wäre, dass sie unter Überwindung ihrer gegenseitigen Anziehung
dauernd zerstreut blieben.   Nicht einmal bei den sogenannten
Protuberanzen der Sonne, welche mit so bedeutender Anfangsgeschwindigkeit emporlodern, dass sie in wenigen Sekunden Höhen
von 20000 Meilen erreichen, lässt sich ein Entweichen in den
Raum wahrnehmen; von der Anziehungskraft der Sonne überwunden, sinken sie immer wieder zurück.

Die Unzulänglichkeit vulkanischer Kräfte für die Entstehung
eines Asteroidenschwarms erhellt aber auch indirekt aus der Beschaffenheit der Mondoberfläche.   Obwohl die vulkanischen Erscheinungen dieses Gestirns Dimensionen annahmen, welchen die
analogen Vorgänge unserer Erde auch nicht annähernd gleichkamen,
haben doch diese gewaltigen Kraftäusserungen es nicht vermocht,
den Mond zu zertrümmern.   Sollten vulkanische Kräfte einer Zertrümmerung überhaupt gewachsen sein, so müssten vor allem die
Monde von diesem Schicksale betroffen werden, weil sie die gewal-
tigste vulkanische Thätigkeit entfalten und bei ihren geringeren
Massen auch eine geringere Schwere ihrer Oberflächenteile zu
überwinden ist. So musste z. B. bei unserem Monde die Wirkung
der geologischen Katastrophen um so grösser sein, da bei ihm die
Wurfweiten $6^1/_2$ mal grösser sind als für gleich intensive Kräfte
der Erde, wobei also die Zerstreuung eventueller Sprengstücke weit
leichter hätte eintreten müssen.

Vulkanische Kräfte können daher wohl ausserordentliche
Umwälzungen herbeiführen, aber selbst im Falle einer Zertrümmerung keine bleibende Zerstreuung der Fragmente; wäre sie über-

haupt möglich, so müsste sie dort eingetreten sein, wo die intensivsten Kräfte mit den grössten Wurfweiten verbunden sind, wie bei den Monden, und wir müssten daher die Planeten nicht von Monden, sondern von Asteroidenschwärmen umkreist sehen.

Wenn das Tempo der Erstarrung eines Planeten nur in zweiter Linie vom Sonnenabstande bestimmt wird, in erster Linie aber vom Volumen abhängt, so dürfte es allerdings befremden, dass der kleine Mond noch im Stadium der Rillenbildung begriffen ist, während ein zwar weiter abstehender, aber sicherlich grösserer Weltkörper bereits in Asteroiden zerfiel; aber es ist nicht zu vergessen, dass dieser hypothetische Weltkörper den mächtigsten aller Planeten, Jupiter, zum Nachbarn hatte, dass daher seine Oberfläche ohne Zweifel sehr stark vulkanisch zerwühlt werden und sehr bedeutende Unebenheiten erwerben musste, welche nicht nur einer Vergrösserung der Ausstrahlungsfläche gleichkamen — die ja in der reinen Kugelform die geringstmögliche ist —, sondern auch die Rillenbildung bedeutend erleichtern musste.

Der Vollständigkeit halber sei auch noch jene Hypothese erwähnt, nach welcher der vom Äquator der Sonne sich ablösende Dunstring, der nach Jupiter abgetrennt wurde, wegen der störenden Nähe dieses grossen Planeten nicht zu einem einheitlichen Körper sich ausbilden konnte, sondern mehrere Verdichtungscentren von nicht sehr verschiedener Anziehungskraft entstanden, welche in die Ringmaterie sich teilten und aus welchen die Asteroiden wurden. Da jede im Raume schwebende dunstförmige oder flüssige Masse bei der gleichmässigen Anziehung ihrer Teile, wie das Blei in der Schrotfabrikation, die Kugelform, im Falle der Rotation aber die sphäroidische Form annehmen muss, so widerlegt sich auch diese Entstehungshypothese aus der unregelmässigen, fragmentarischen Form der Asteroiden.

Somit bleibt nur die einzige Annahme übrig, dass einst zwischen Mars und Jupiter ein Planet von nicht sehr grossem Volumen vorhanden war, der, weil entfernter von der Sonne als Mars, und durch Jupiter zu bedeutender vulkanischer Thätigkeit und Wärmeabgabe veranlasst, seine Entwicklung sehr rasch durchlaufen musste und schnell bis ins innerste Mark erstarrte. Rillen, wie wir sie an der Mondoberfläche wahrnehmen, werden diesen Planeten nach den Bruchflächen der geringsten Cohäsion gespalten haben, und er zerfiel spontan allmählich in mehrere Fragmente.

Von der vieleckigen Form der Asteroiden abgesehen, wird diese Hypothese auch noch unterstützt durch die Bahnelemente der Asteroiden: Ein gemeinschaftlicher Durchschnittspunkt dieser Bahnen, wie er im Falle einer Katastrophe vorhanden sein müsste, findet sich nicht. Dagegen erhellt aus einer Zusammenstellung, welche Klein in seinem „Handbuch der allgemeinen Himmelsbeschreibung" (I. S. 151) giebt, dass sich bezüglich der grossen Achsen, Excentricitäten und Neigungen der Bahnen häufig je zwei dieser Gestirne so nahe verwandt zeigen, dass sie als Paare betrachtet werden können. Eine solche Gruppierung als bloss zufällig anzusehen, geht schon wegen der Häufigkeit dieser Fälle nicht an; dagegen stimmt sie sehr wohl überein mit der Hypothese eines spontanen Zerfalls, wobei der ursprüngliche Planet vorerst in zwei ungleiche Massen zerfiel, welche, durch Jupiter und die Sonne ungleich angezogen, sich voneinander entfernten und der Gegenstand weiterer Teilungen wurden, so dass nur die jeweiligen Teilstücke, aber nicht die ganze Asteroidengruppe einen gemeinschaftlichen Durchschnittspunkt der Bahnen und ungefähre Übereinstimmung der Bahnelemente erwerben konnten. Auch bezüglich der Umlaufszeiten ergiebt sich bis auf einen Unterschied von $3^1/_2$ Stunden eine Übereinstimmung bei einem dieser Paare, Metis und Iris, und wiederum zwischen Pallas, Pandora und Lätitia.

Endlich ist auch noch die vollständige Abwesenheit einer Atmosphäre bei den Asteroiden eine Bestätigung jenes Prozesses, dessen aufeinanderfolgende Phasen durch Venus, Erde, Mars und den Mond dargestellt werden, und welchen sich alsdann die Asteroiden anreihen.

Gleichwie unser Mond in seiner Entwicklung der Erde weit vorangeeilt ist, sodass er den Erdenbewohnern einst Gelegenheit geben wird, den spontanen Zerfall eines Weltkörpers in einen Asteroidenschwarm aus nächster Nähe zu beobachten, so ist im allgemeinen anzunehmen, dass die Monde dem Ruine rascher entgegengehen als die Planeten, welchen sie zugehören. In dieser Hinsicht ist noch eine merkwürdige Erscheinung im Systeme des Saturn zu erwähnen, der, ausser von seinen Ringen, auch noch von acht Trabanten begleitet ist. Gleich den Monden Jupiters zeigen auch die des Saturn in ihren Abständen eine regelmässige Reihenfolge; aber zwischen dem fünften und sechsten Monde, zwischen Rhea und Titan, zeigt sich eine auffallende Lücke, welche die Astronomen geneigt sind, durch einen noch nicht entdeckten Weltkörper auszufüllen. Wenn aber diese Unsichtbarkeit an sich schon auffallend genug ist, so dürfte sich die Hypothese, diese Lücke durch einen Asteroidenschwarm auszufüllen, umsomehr empfehlen, als auch Titan selbst im Beginne des Zerfalls zu stehen scheint: Man hat seinen Durchmesser früher auf tausend Meilen geschätzt, wonach dieser Mond die Grösse des Mars hätte; aber Schröter fand nur 680, und Mädler sogar nur 350—400 Meilen, sodass es fast den Anschein hat, als besitze dieser Mond den optisch veränderlichen Durchmesser, wie er fragmentarischen Weltkörpern zukommt.

Wenn wir nun für die Frage, welcher weiteren Entwicklung die Asteroiden entgegen gehen, wieder Umschau halten nach einer solchen Erscheinung, welche durch ihre physikalische Ableitbarkeit aus dem Zustande der Asteroiden sich als die nächste Entwicklungsstufe kennzeichnen würde, so ergiebt sich hier die Antwort von selbst: Wenn der spontane Zerfall eines Weltkörpers denselben in Asteroiden auflöst, so werden die sekundären Teilungen seiner Bruchstücke ihn in einen Schwarm von Meteoriten verwandeln, wie solche zahlreich das Sonnensystem durchströmen; und da diese kleinen kosmischen Körper häufig auf unsere Erde niederfallen, so werden wir bei der späteren Besprechung derselben wieder ganz auf festem Boden stehen.

Wenn also die Anzahl der Asteroiden gegenwärtig noch, optisch genommen, eine beständige Zunahme erfährt, indem alljährlich neue entdeckt werden, so wird im Verlaufe der Zeiten eine objektive Zunahme derselben unter beständiger Verkleinerung des Durchmessers und Abnahme der Lichtstärke eintreten, bis endlich die breite Zone zwischen Mars und Jupiter wieder leer erscheinen wird, wie sie es zu Keplers Zeiten zu sein schien.

Gleichwie es also als ein günstiger Umstand zu betrachten ist, dass die Descendenztheorie, welche den Menschen in das Tierreich einbezieht, in eine Zeit fällt, da Papuastämme und ähnliche Völkerschaften als vermittelnde Zwischenformen noch nicht ausgerottet sind, so ist es auch ein glücklicher Zufall, dass die Verbesserung unserer Teleskope dem weiteren Verfalle der Asteroiden vorherging, indem diese Weltkörper, welche mit der Zeit optisch verschwinden werden, als Übergangsstufe zwischen zwei Abkühlungsstadien uns in die Lage versetzen, die Planeten und Meteoritenschwärme, als extreme Endformen, durch eine Zwischenform zu verbinden und ihre Verwandtschaft zu erkennen.

b) Der Ursprung der Meteoriten.

Die Meteoritenbildung ist eine so natürliche Fortsetzung der Asteroidenbildung, dass über den Ursprung dieser Körper im Grunde nicht mehr Worte nötig sind, als welche schon im letzten Abschnitte fast unwillkürlich darauf verwendet wurden. Da indessen eine Theorie in dem Masse an Festigkeit gewinnt, je mehr von den Gliedern der von ihr konstruierten Kausalreihe empirisch gegeben sind und mit jenen verglichen werden können, so darf eine so günstige Gelegenheit, wie die auf die Erde fallenden Meteoriten sie uns bieten, nicht unbenützt gelassen werden, um an ihnen, als den Endgliedern der bisher dargestellten Kausalreihe, in aller Form den Nachweis zu führen, dass sie in der That durch einen Prozess entstanden sind, der physikalisch eingeleitet wird durch jene Phasen, welche aufeinanderfolgend Venus, die Erde, Mars, der Mond und die Asteroiden repräsentieren.

Die Meteoriten sind Bruchstücke zerfallener Weltkörper. Die Meteoriten im engeren Sinne, nämlich diejenigen, welche auf die Erde fallen, haben die fragmentarische Form, und zwar nicht bloss dann, wenn sie beim Durchgang durch die Atmosphäre infolge der durch die Wärme bewirkten plötzlichen Ausdehnung der eingeschlossenen Wasserstoff- und Kohlenoxyd-Gase zerplatzen, sondern auch, wenn sie in ganzer Grösse herunterkommen, wie z. B. der Meteorit von Tadjera in Afrika, der nicht zerstückelt wurde und den Erdboden in der Länge eines Kilometers auffurchte.

Nach den berühmten Untersuchungen Schiaparellis lässt sich aber auch bezüglich der Sternschnuppen, welche in der Regel nicht mit Meteoritenfällen verbunden sind, nicht mehr bezweifeln, dass dieselben nicht nur feste Körper sind, sondern auch schon vor ihrem Eindringen in die Atmosphäre die Form von Bruchstücken haben, also durch den Zerfall von Weltkörpern entstanden sind. Wären sie gasförmige oder flüssige Körper, so müssten sie bei ihrer bedeutenden Geschwindigkeit, welcher die im Widerstande der Luft erzeugte Temperatur entsprechend sein muss, wohl schon vor dem Eintritt in die dichte Atmosphäre aufgelöst werden; man hat sie aber häufig bis zur Tiefe von nur einer Meile über der Erdoberfläche eindringen sehen; es könnte ferner alsdann das in der Atmosphäre liegende leuchtende Bahnstück derselben nur geradlinig sein, während es ganz unregelmässig ist. Man findet krumme und gebogene Bahnen, geschlängelte und wellenförmige, schraubenförmig gewundene, hin und her schwankende, zickzackförmige, ja in einzelnen Fällen sogar aufsteigende Bahnen. Solche Bahnen sind abhängig von der Figur der in einem widerstehenden Medium sich bewegenden Körper, sind aber nur möglich bei festen rotierenden Körpern, welche nicht sphäroidisch gestaltet sind. Sie gehören also den Problemen der Ballistik an und lassen sich in ähnlicher Weise erklären wie die Bewegung von Kugeln aus gezogenen Geschützen, oder des Bumerang der Eingeborenen Australiens, dessen sich auch die alten Kelten als Waffe bedienten. Dieses Geschoss besteht aus einem 50 Centimeter langen, 5 Centimeter breiten und 1 Centimeter dicken, hyperbolisch gekrümmten Brettchen, das auf der einen Seite flach, auf der andern Seite konvex ist; wenn dasselbe, in Rotation versetzt, fortgeschleudert wird, so wird die eine Fläche windschief werden und im Widerstande der Luft schraubenförmig wirken, sodass das Geschoss, nachdem es eine grosse Krümmung beschrieben hat, beinahe zu dem Schützen zurückkehrt. So wird auch bei den Sternschnuppen, wenn die vom Luftwiderstande auf ihre unregelmässige Oberfläche ausgeübten

Kräfte eine Resultante der Bewegungsrichtung haben, welche nicht übereinstimmt mit der Bewegungsrichtung des Schwerpunkts des Meteors, eine Seitenkomponente erzeugt, wodurch die Bahnform sehr verschieden gestaltet werden kann.

Die Sternschnuppen unterscheiden sich demnach von den Meteoriten nur dadurch, dass sie nicht zur Erde herabgelangen, sondern vermöge ihrer bedeutenden Geschwindigkeit und der entsprechenden hierdurch erzeugten Temperaturhöhe schon in der Atmosphäre aufgelöst werden; auch sie besitzen die fragmentarische Form schon vor dem Eintritt in die Atmosphäre, sind demnach das Resultat eines schon früher eingetretenen Zerfalls eines Weltkörpers, der nach den Querschnitten der geringsten Kohäsion zerstückelt wurde.

Die Weltkörper, welchen die Meteoriten entstammen, müssen auch jene Entwicklungsphasen zurückgelegt haben, über welche uns die vergleichende Astrophysik Aufschluss erteilt. Die Mehrzahl der die Erde erreichenden Meteoriten sind Steinmeteoriten, und nur etwa ein Prozent derselben ist metallisch, doch so, dass man von den eigentlichen Meteoreisen bis zu den fast gar kein Eisen enthaltenden Meteorsteinen in kontinuierlicher Abstufung gelangen kann. In der chemischen Analyse dieser Körper sind schon mehr als dreissig Elemente entdeckt worden, die auch in der Erdrinde enthalten sind, und ihre innere Struktur zeigt an, dass sie in analogen geologischen Vorgängen sich gebildet haben wie die Gesteine der Erde; sie entstammen also Weltkörpern, welche die vulkanische Periode zurückgelegt hatten. Die Massen der Meteoriten waren einst geschmolzen wie unsere Laven und krystallinischen Gesteine, und in ihrer Abkühlung entstanden die auch an ihnen zu beobachtenden krystallinischen Bildungen. In Bezug auf die chemischen Elemente ist die Verwandtschaft irdischer Gesteine mit Meteoriten eine vollständige; in mehrfacher Hinsicht zeigt sich aber auch ihre mineralogische Zusammensetzung als identisch, z. B. in Bezug auf Graphit, Gips, Wasser, Quarz, Salmiak, Serpentin, Hornblende, Augit etc., und durch geeignete chemische Behandlung können abweichende meteorische Steine in Übereinstimmung mit irdischen, und umgekehrt, gebracht werden. Viel grösser ist jedoch die Ähnlichkeit der Meteoriten mit vulkanischen Gesteinen. Je tiefer wir in die Erdrinde eindringen, desto grösser ist ihre Ähnlichkeit mit Meteoriten. Olivin, Herzolit und Serpentin, welche wir in grossen Tiefen der Erdrinde finden, stimmen fast ganz mit den Mineralien der Meteoriten überein, und die alten Laven des Hekla auf der Insel Island, wie der Vulkane auf Java, bestehen ebenso aus Augit (Kohlensäure, Eisenoxydul, Kalk und Magnesia) und Anorthit (Kohlensäure, Thonerde und Kalk), wie die Meteoriten von Juvinas, Jonzac und Stannern; sie zeigen sogar fast dieselben Mischungsverhältnisse, während bei den Meteoriten von Chateau-Renard und von Nordhausen der Anorthit durch Labrador, bei denen von Blansko, Utrecht und Chantonnay durch Oligoklas ersetzt ist, welche letzteren wiederum den Laven des Stromboli und den neueren Laven des Hekla ähneln. Die rundlichen Massen, welche von den vorhistorischen Vulkanen der Eifel ausgeworfen wurden, bestehen aus Olivin, Augit, Bronzit und Chromeisenerz, also aus denselben Mineralien, welche in Meteorsteinen immer wiederkehren.

Nur das metallische Eisen der Meteoriten unterscheidet sich vom irdischen Eisen und beweist, dass bei seiner Bildung Wasser und freier Sauerstoff nicht zugegen war, während es in der Erdrinde nur in chemischer Verbindung mit Sauerstoff sich findet und durch Schmelzprozesse aus Eisenerzen gewonnen wird, als metallisches Eisen aber nur in Verbindung mit Platin vorkommt. Von metallischem Meteoreisen finden sich kolossale Stücke freiliegend oder in geringer Tiefe auf Gebirgskämmen, in Thälern oder in Wüsten, fern von allen Eisenerzen, wo sie also unmöglich sich von jeher befunden haben können; dieses und ihre Übereinstimmung mit dem bei Braunau niedergefallenen Meteoreisen beweist also ihren kosmischen Ursprung. Die Vermutung aber, dass im Innern der Erde ebenfalls solche Massen sich befinden, ist sehr gegründet; denn die mittlere Dichtigkeit der Erde — 5,6 mal grösser, als die des Wassers — ist bedeutend grösser als die ihrer Erstarrungskruste, deren spezifisches Gewicht 2,5 beträgt. Es lässt dieses auf einen metallischen Kern der Erde von sehr bedeutendem Gewichte schliessen, der auch durch die Erscheinungen des Erdmagnetismus angezeigt wird.

Die Verwandtschaft der Erde mit jenen zerfallenen Weltkörpern scheint sich demnach bis zum Kerne erstreckt zu haben, und wenn die Ähnlichkeit der Meteoriten mit Gesteinen der Erdkruste noch relativ gering ist, mit der Tiefe aber zuzunehmen scheint, so erklärt sich dieses leicht daraus, dass wir in den Meteoriten Exemplare aus allen Schichten ihrer Mutterkörper besitzen, während wir in Bezug auf die Gesteine der Erde fast nur auf ihre Rinde verwiesen sind. Die Verwandtschaft ist gleichwohl so augenfällig, dass Stanislas Meunier, der es in genialer Weise versteht, die Meteoriten gleichsam zum Sprechen zu bringen, es unternehmen konnte, unter geeigneter Auswahl und Zusammenstellung aller bekannten Exemplare von Meteoriten den idealen Durchschnitt jenes Weltkörpers zu konstruieren, dem sie entstammen, und in solcher Weise unsere mangelhaften Kenntnisse über das Innere unserer Erde zu ergänzen.

Wenn aber Meunier, durch diese grosse Verwandtschaft verleitet, alle Meteoriten einem ursprünglichen Körper zuweist, der als zweiter Mond der Erde einst vorhanden war, so dürfte sich dagegen manches Bedenken regen. Die mittlere Geschwindigkeit der Meteoriten bedingt langgestreckte, kometarische Bahnen, und die ungeheure Zahl der Meteoriten, wenn wir die Häufigkeit der Fälle, wie sie in historischer Zeit beobachtet wurde, als die durchschnittliche ansehen, dürfte mit der Abkunft von einem Weltkörper von Mondgrösse kaum zu vereinigen sein. Andererseits dürfte auch die ausserordentliche Verwandtschaft mit der Erde kein genügender Grund sein, diesen Weltkörper in grosse Nähe zur Erde zu setzen, da die Spektralanalyse die Anwesenheit irdischer Stoffe bis in die grössten Entfernungen nachweist.

Wenn wir mit Meunier den Durchschnitt des Sonnensystems mit jenem der Erde vergleichen, so finden wir allerdings im grossen und ganzen eine Übereinstimmung, indem wir die glühendflüssige Sonne in Parallele setzen können mit dem Erdkern, die erstarrten inneren Planeten mit der Erdrinde, Jupiter und Saturn mit den Ozeanen, Uranus und Neptun mit der Atmosphäre; indessen scheint

daraus noch keine Verpflichtung zu erwachsen, die Meteoriten, weil
sie in Bezug auf Dichtigkeit mit der Erde ungefähr übereinstimmen,
einem Monde derselben zuzusprechen, da die Dichtigkeit von der
Erstarrungsgeschwindigkeit abhängt, welche in erster Linie vom
Volumen bestimmt wird. Wenngleich sich voraussetzen lässt, dass
in der Verdichtung des ursprünglichen Sonnennebels, von dem sich
noch keine Planeten abgelöst hatten, die spezifisch leichteren Stoffe
in der Peripherie sich lagerten, die schwereren nach dem Innern
sich senkten, so ist doch nicht anzunehmen, dass eine so ausgesprochene Scheidung der Elemente eintrat, dass die äusseren
Planeten sich nur etwa aus den permanenten Gasen bildeten und
ihnen somit eine qualitativ verschiedene Entwicklung zuzuschreiben
wäre. Bei Jupiter und Saturn hat man Spuren des Selbstleuchtens
entdeckt, trotzdem ihre äusseren Atmosphären, weil von ihnen noch
nicht absorbiert, von grosser Dichtigkeit sein müssen. Es ist somit
nicht an eine materielle ungefähre Übereinstimmung der von
Meunier in Parallele gestellten Schichten des Sonnensystems und
der Erde zu denken, und es besteht kein Grund, die grossen Planeten von der wesentlich gleichen Entwicklung aller Weltkörper auszuschliessen; ihre derzeitig geringe Dichtigkeit erscheint lediglich
als eine provisorische, die sich genugsam aus ihrer langsameren
Abkühlung bei viel grösserem Volumen erklärt. Wie jetzt schon
die Erde und wohl auch die übrigen kleinen Planeten, so werden
also auch später die grossen Planeten und endlich die Sonne selbst
sich verwandt zeigen mit jenen Weltkörpern, von welchen uns die
Meteoriten Kunde geben.

Da nun die Bestandteile eines Meteoritenstroms beim Vorübergange eines Planeten eine ungleiche Anziehung erfahren und, wenn
diese Anziehung stärker ist als diejenige, wodurch sie an den
Strom gebunden sind, von diesem ganz getrennt werden können,
wir übrigens mit dieser Erklärung für das Entstehen sporadischer
Meteoriten vollständig ausreichen, so besteht auch keine Nötigung,
für diese, im Unterschiede von den Sternschnuppen nur gelegentlich
und unregelmässig herabfallenden Meteoriten zur Hypothese eines
zerfallenen Erdenmondes zu greifen.

Wasserstoff, Sauerstoff und Stickstoff hat man in den Meteo-

riten in bedeutenden Quantitäten aufgesogen gefunden; der Eisen-
meteorit von Lenarto enthielt mehr als 85 Prozent Wasserstoff,
und die Steinmeteoriten im allgemeinen enthalten sehr viel Kohlensäure. Daraus ergiebt sich, dass die ·· Weltkörper, welchen die
Meteoriten zugehörten, auch ihre neptunische Periode beim Zerfalle
hinter sich hatten und dass sie ihre Meere und Atmosphären
absorbiert hatten. Dies zeigt sich auch darin, dass die tuffartigen Meteoriten von vielen winzigen Eisenflittern erfüllt sind,
welche Daubrée der reduzierenden Wirkung von Wasserstoffgas
zuschreibt, sowie aus der chemischen Analyse des Eisenmeteoriten
von Jowa, aus welchem man an Kohlensäure, Kohlenoxyd und
Wasserstoffgas etwa das Zwanzigfache des Eisenvolumens erhielt.

Endlich finden sich in den Meteoriten auch organische Sub-
stanzen, solche Stoffe, welche nach Analogie irdischer Vorgänge
nur durch den Einfluss der Vegetation oder der Lebensthätigkeit
mikroskopischer Organismen als Sedimentbildungen entstanden sein
können, wie die Abscheidung des Kalkes aus dem Meere durch
Tiere und die Assimilation und Aufspeicherung des Kohlenstoffes
bei Pflanzen. In unseren Steinkohlenflötzen der karbonischen
Formation finden sich nicht nur Pflanzenzellen, sondern ganze
Stämme von Coniferen eingeschlossen, sowie Massen von riesenhaften Gefässkryptogamen: Lepidodendren, Sigillarien, Calamiten
und Farne nebst spärlichen Palmen, Araucarien und Cycadeen. Die
Braunkohle der Tertiärzeit besteht' aus den Verwesungsprodukten
von Coniferen, Palmen und Laubhölzern, während üppig wuchernde
und dadurch schnell sich anhäufende Cycadeen, Coniferen und
Baumfarne das Material zur Steinkohle der Kreideformation lieferten.
Ebenso sind die Anthracite des Silur, sowie die Graphitschiefer und
Graphitflötze der huronischen Schieferformation und der lauren-
tinischen Gneissformation aus Algen entstanden.

Wenn aber die Steinkohlenflötze und die begleitenden Schiefer-
thone mit Pflanzenabdrücken angefüllt sind, und die Steinkohle
selbst aus mikroskopisch nachweisbaren Pflanzenzellen besteht, so
steht ihr vegetabilischer Ursprung ausser Zweifel. Die irdische
Kohle scheint ausnahmslos auf Zersetzung von Pflanzen zu beruhen,
deren faulende Reste Hunderttausende von Jahren hindurch sich

übereinanderhäuften, um von Sand und Schlamm bedeckt die einzelnen Stadien des Verkohlungsprozesses zu durchlaufen und zu Steinkohle und Anthracit sich umzugestalten.

Bei der sonstigen grossen Übereinstimmung der Erde mit jenen zerfallenen Weltkörpern ist daher der Schluss nicht mehr gewagt, dass auch diese nicht immer als tote Massen die Sonne umkreisten und vor ihrem Zerfalle die Phase der Vegetation und vielleicht des animalischen Lebens schon vollendet hatten, welche freilich bei der ungleich rascheren Entwicklung dieser Körper nur eine kurze Zeitspanne einnahm, indem nur solche Vorgänge möglich waren, welche durch die auf der Oberfläche dieser Körper noch fühlbare Eigenwärme bestimmt wurden, wie in unserem karbonischen Zeitalter, dagegen die auf zugestrahlter Wärme beruhende Weiterentwicklung vermöge der exzentrischen Bahnen dieser Körper abgeschnitten war.

Die Fülle der im Bisherigen in Kürze mitgeteilten Thatsachen nötigt uns zu der Annahme, dass die Meteoriten ursprünglich grösseren Weltkörpern angehörten, welche die planetarischen Phasen schneller durchliefen als die Erde. Das Gefüge der meisten Eisenmeteoriten charakterisiert dieselben als Bestandteile von grossen Krystallindividuen, und, wie Haidinger bemerkt, setzt die Bildung so grosser Individuen lange Zeiträume ruhiger Krystallisation bei gleichbleibender Temperatur voraus, welche nur grösseren Weltkörpern zukommen. Wenn ferner sehr viele Meteorsteine Rutschflächen zeigen, welche den in den Felsmassen der Erde auftretenden Rutschflächen genau gleichen und die Verschiebung grösserer Massen beweisen; wenn manche den Breccienbildungen der Erdkruste entsprechen, wieder andere aus kleinen Splittern bestehen, welche vulkanischen Tuffen ähnlich sind, so deuten auch diese Erscheinungen auf grössere Himmelskörper, auf welchen mechanische Veränderungen eintraten.

Wenn sehr viele Meteoriten aus Bruchstücken zusammengefügt sind, aus Steinsplittern und runden Körnchen bestehen, so stellt sie das in Parallele mit den Zerreibungs- und Zerstäubungsprodukten der irdischen Vulkane, und Haidinger steht nicht an, sie geradezu meteorische Tuffe zu nennen. Das bedeutende Vorwiegen dieser Tuffe bei den Meteoriten zeigt aber an, dass auf jenen Gestirnen die vulkanische Bewegung nur selten durch **Ruhe** unterbrochen war, dass also ihre Entwicklung schneller stattfand als auf der Erde, und dieses wiederum lässt darauf schliessen, dass das Volumen dieser Körper relativ gering war; darauf scheint auch die Verschiedenheit in der Grösse der Tuffkugeln in den vulkanischen Ablagerungen der Erde und der tuffartigen Meteoriten zu deuten, indem erstere bis zur Kopfgrösse sich finden, während sie in den Meteoriten meist nur mikroskopisch klein sind und nur selten Haselnussgrösse erreichen, ein Unterschied, der vielleicht verschiedene Dimensionen der Werkstätten anzeigt, worin irdische und meteoritische Tuffe entstanden.

Diese raschlebigen Weltkörper zerfielen endlich in Meteoriten, und diese fallen sporadisch oder periodisch auf die Erde. Ihre Flächen zeigen sich als Bruchflächen, und der Mangel einer konzentrischen Anordnung charakterisiert sie als Bruchstücke eines grösseren Ganzen. Bei dem Meteoritenfall unweit Butsura in Ostindien hat man fünf Stücke bis zur Entfernung von sechs englischen Meilen auseinander liegend gefunden, und als **Maskelyne** in London diese Stücke zusammenfügte, ergänzten sie sich zu einer dünnen gekrümmten Scholle.

Die Meteoriten kommen daher nicht als runde Körper in die Atmosphäre; vielmehr muss ihre Form, bevor sie in dieselbe eintraten, eckig und scharfkantig gewesen sein, wonach die bedeutende Temperaturerhöhung die Kanten abrundet und die ganzen Stücke mit einer schwarzen Kruste überzieht.

O. **Hahn** in Reutlingen hat durch seine beiden Schriften über die „Urzelle“ und die „Meteoriten und ihre Organismen“ die Frage, ob jene Weltkörper, deren Fragmente auf die Erde fallen, auch die biologische Phase durchliefen, in definitiver Weise und bejahend gelöst. Die von ihm angefertigten Schliffe lassen keinen Zweifel darüber, dass nicht nur die Urgesteine der Erde, sondern auch die Stein- und Eisenmeteoriten zum grössten Teile aus niederen Organismen, besonders Korallen und Schwämmen, zusammengesetzt sind, die mit irdischen Formen Verwandtschaft zeigen.

Für die Geologie ist diese Entdeckung von umwälzender Bedeutung; für die Astronomie beweist sie, dass die in Meteoriten zerfallenen Weltkörper sämtliche Entwicklungsperioden nacheinander durchliefen, welche von der vergleichenden Astronomie in räumlichem Nebeneinander gezeigt werden. Wir haben also die einheitliche Erklärung des Sonnensystems nicht so vorzunehmen, dass wir für seine verschiedenen Gebilde einen gleichzeitigen Ursprung voraussetzen, sondern so, dass wir sie zu einer zeitlichen Kausalreihe aneinanderfügen, wovon die Meteoriten das letzte Glied bilden. Die exzentrischen Bahnen derselben verbleiben also allein noch als erklärungsbedürftig und scheinen es uns verbieten zu wollen, die zerfallenen Weltkörper als planetarische Begleiter der Sonne zu reklamieren. Diese Schwierigkeit, die sich in die präzise Frage fassen lässt: Wie kommt es, dass Begleiter der Sonne exzentrisch sein können, da doch die rotierende Sonne von ihrem Äquator nur kreisförmige Nebelringe abtrennen kann? — wird im nächsten Abschnitte ihre Erledigung finden.

Alles in allem genommen, ist nicht mehr daran zu zweifeln, dass die Meteoriten keine ursprüngliche, selbständige Bedeutung haben, sondern vielmehr als Produkte des Zerfalls die letzte Phase planetarischer Entwicklung darstellen. Sie als ursprüngliche Bildungen anzusehen, welche als Schwärme den Raum durchziehen, oder wohl gar die Bildung der Gestirne aus der Vereinigung meteoritischer Körper zu erklären, geht durchaus nicht an und heisst die kosmischen Organismen zu Mosaikarbeiten degradieren.

c) Der Ursprung der Kometen.

Mehr noch als die physikalische Beschaffenheit der Kometen scheint sich ihr Ursprung in Dunkel hüllen zu wollen, und es sind schon so vielerlei Hypothesen darüber aufgestellt worden, dass dieselben schon ihrer Anzahl wegen hier nicht weiter berücksichtigt werden können.

Für den Entwicklungsgang des Sonnensystems, soweit es sich um den Centralkörper und die Planeten mit ihren Monden handelt, ist durch Kant und Laplace eine feste wissenschaftliche Basis geschaffen worden; die Haarsterne aber werden durch ihre bisherigen Entstehungshypothesen keineswegs organisch in diesen Entwicklungsgang eingefügt, laufen vielmehr noch immer unvermittelt neben den Planeten her. Wenn man es auch versucht hat, die Kometen in ihrer jetzigen Form mit der Nebularhypothese in Verbindung zu bringen, was sogar ein Laplace unterliess, so hat man dadurch doch nur erreicht, diesen einfachen Prozess begrifflich zu verwirren, und der Zweck, die Kometen einzufügen, wurde nur durch geschraubte, dualistische Voraussetzungen erreicht. Ihre scheinbar heterogene Natur schien auch zu einer heterogenen Entstehungshypothese zu berechtigen; es wäre aber zu wünschen gewesen, dass man den hierauf verwendeten Scharfsinn vielmehr auf eine einheitliche, Kometen und Planeten gemeinschaftlich umfassende Hypothese verwendet hätte. Der oberste Grundsatz aller Forschung, den schon Plato empfiehlt, dass die Erklärungsprinzipien ohne Not nicht vermehrt werden dürfen — *Principia praeter necessitatem non sunt multiplicanda* — hätte auch hier festgehalten werden sollen, und erst dann hätten die Bemühungen, eine einheitliche, wenn auch nicht gleichzeitige, Entstehungshypothese zu ersinnen, eingestellt werden dürfen, wenn sich die vollständige Unzulänglichkeit der für das Planetensystem herangezogenen Prinzipien in Hinsicht der Kometen erwiesen hätte.

Aber nicht nur die Logik gebietet, die in unserem Besitze befindlichen Erklärungsprinzipien möglichst vollständig auszunützen; auch eine gesunde Naturforschung hält daran fest, zu neuen Prinzipien oder gar zu neuen unbekannten Kräften nur im Falle der Not zu greifen; die grössten Fortschritte in der Naturwissenschaft wurden immer durch Generalisationen erzielt, indem man den Geltungsbezirk schon bekannter Kräfte erweiterte — so übertrug Newton die irdische Schwerkraft auf die Gestirne —, nicht aber durch zersplitternde Verteilung der Erscheinungen auf eine immer grössere Anzahl von Kräften. Die Natur ist meistens einfacher als unsere Vorstellung von ihr; wir beginnen mit sehr komplizierten Theorien und enden mit den einfachsten. Jenen Grundsatz des Plato haben daher auch Newton*), Kant**) und Schopenhauer***) hochgehalten.

---

*) Mathematische Prinzipien der Naturlehre. Buch III.
**) Kritik der reinen Vernunft. (Ausg. Kehrbach). S. 509.
***) Vierfache Wurzel. I.

Wenn sich demnach herausstellen sollte, dass aus einem und demselben Erklärungsprinzip heraus Kometen, wie Planeten, in organischer Verbindung sich erklären lassen, und zudem die scheinbar so heterogene Natur der Kometen, wie die Besonderheit ihrer Bahnelemente als notwendige Folgen dieses Prinzips sich ergeben, so berechtigt wohl schon die grössere Einfachheit einer solchen Hypothese zu einigem Vertrauen in ihre Richtigkeit.

Es wird sich zeigen, dass sich die Kometen in ganz ungezwungener Weise in die Nebularhypothese organisch einfügen lassen, sobald man nur nicht darauf besteht, jene Periode, in welcher die Planeten entstanden, auch für die Kometen in Anspruch zu nehmen. Es liegt aber nicht nur gar kein Grund vor, den Kometen das gleiche Alter zuzuschreiben wie den Planeten, sondern ihre flüchtige Natur verbietet uns sogar diese Annahme. Wenn nämlich aus den Kometenkernen durch den kalorischen Einfluss der Sonne jene Dämpfe entwickelt werden, welche die Schweife bilden, so können wir nicht annehmen, dass die Kerne während so ungeheurer kosmischer Zeitlängen die Quelle so intensiver Dampfentwicklung bei jedem Periheldurchgange gewesen seien, ohne aufgehört zu haben, verdunstungsfähig zu sein; vielmehr müssten sie bei so hohem Alter längst das sein, was manche von ihnen in der That sind, nämlich schweiflos, und sie müssten ganz aufgelöst worden sein, wenn die ganze Masse ihrer Kerne verdunstungsfähig sein sollte.

Aber auch dies drängt uns zur Annahme eines späteren Ursprungs der Kometen, dass sie noch immer in die Periode der konservativen Anpassung nicht eingetreten sind, sondern mancherlei Bahnveränderungen erfahren. Zum Teil freilich kommt diese Verspätung im Anpassungsprozesse, wie bereits erwähnt wurde, auf Rechnung der sehr exzentrischen Bahnen, welche die Kometen nur in langen Zeitintervallen in die Region des Planetensystems zurückführen, in der allein sie Störungen, und eben darum Korrekturen, erfahren können.

Es wird sich im Verlaufe der Darstellung aber auch zeigen, dass die Kometen, die schon durch ihre Bahnveränderungen als die lehrreichsten Beispiele dafür sich erwiesen, in welcher Weise das Gravitationsgesetz die indirekte Auslese des Zweckmässigen besorgt, dieses in der Mechanik der Sternenwelt wirkende Prinzip auch durch ihren Ursprung in das klarste Licht stellen, da sie nur als Endglieder einer Kausalreihe angesehen werden können, welche eingeleitet wird durch den Prozess der indirekten Auslese zweckmässig sich bewegender Planeten und die Ausscheidung solcher, welche mechanische Widersprüche im Systeme bildeten.

Je nach dem Ausgangspunkte, der gewählt wird, ergiebt sich als Folgerung aus der indirekten Auslese die Existenz solcher Weltkörper, welche bezüglich der Bahnelemente mit den Kometen übereinstimmen, und zwar dass, wie es bei den Kometen in der That der Fall ist, die Anzahl derselben viel grösser sein muss als die der Planeten; oder es ergiebt sich als Folgerung die Existenz solcher Weltkörper, welche bezüglich ihrer physikalischen Natur mit den Kometen übereinstimmen. Gleichsam als eine Rechnungsprobe für dieses deduktive Verfahren wird sich aber herausstellen, dass diese physikalische Natur nach physikalischen Prinzipien untrennbar ist von der Besonderheit der Bahnelemente.

Wenn die Kometen in die Nebularhypothese eingefügt werden sollen, ohne dass wir dieselbe ergänzen und entstellen durch schwer vorstellbare Vorgänge, wodurch ausser planetarischen Begleitern auch noch andere erzeugt wurden, so müssen sich dieselben an irgend einem Punkte der zu verfolgenden Kausalreihe von Veränderungen im Sonnensysteme von selbst einstellen, und zwar müssen sie mit der Geschichte der Planeten in Verbindung stehen, weil wir einen besonderen Prozess der Kometenbildung nachträglich so wenig wie anfänglich bei der Sonne voraussetzen dürfen. Es hat sich aber die Geschichte der Planeten als ein Abkühlungsprozess ergeben, den sie in ungleichen Zeitlängen durchlaufen. 'In diesen aller kosmischen Materie gemeinsamen Abkühlungsprozess müssen also die Kometen organisch eingefügt werden, und wollen wir nicht zu ihren Gunsten die Gleichheit der kosmischen Kräfte und Stoffe aufgeben, so muss unter allen Umständen der Anforderung Genüge geleistet werden; die Entstehung der Kometen aus einem bestimmten Abkühlungsstadium solcher Weltkörper abzuleiten, welchen, sei es nun wegen geringen

Volumens oder ungünstigen Sonnenabstandes, ein rascheres Entwicklungstempo zukommt als den Planeten; denn in der Darstellung der planetarischen Stadien hat sich keine Gelegenheit geboten, die Kometen einzuschieben.

Da nun aber jene Weltkörper, welche raschlebiger als Planeten, Monde und Asteroiden sind, nur in der Form von Meteoritenschwärmen gegeben sein können, so müssen sich die Kometen im Stadium der Meteoritenbildung einstellen, und statt sie an den Anfang der langen Kausalreihe unvermittelt neben die Planeten zu stellen, müssen wir sie an das Ende derselben versetzen.

In der Meteoritenbildung ist aber die Entstehung der Kometen nur so denkbar, dass die zerfallenden Weltkörper Bruchstücke von verschiedener Qualität liefern, was ohnehin im höchsten Grade wahrscheinlich ist, da schon die Meteoriten selbst sich sehr verschieden zeigen, und es sich nicht annehmen lässt, jene Weltkörper hätten in allen ihren Schichten die Flüssigkeiten und Atmosphären ganz gleichmässig aufgesaugt. Dass aber solche planetarische Vorgänge auch auf jenen zerfallenen Weltkörpern ehemals vor sich gingen, hat nicht nur die Untersuchung der Meteoriten bewiesen, sondern wird auch durch die Gleichheit der kosmischen Stoffe bedingt. Die Spektralanalyse hat bewiesen, dass in den kosmischen Nebeln und Fixsternen der Wasserstoff eine sehr grosse Rolle spielt; ausser den Sternen Beteigeuze und sehr wenigen anderen, z. B. β im Pegasus, ist kein Fixstern entdeckt worden, dessen Spektrum nicht Wasserstoff anzeigte. Zerfallende Weltkörper müssen daher auch solche Meteoriten liefern, welche aus erstarrten Flüssigkeitsresten und verdunstungsfähigen Massen bestehen, mögen auch, da die Absorption der Meere dem Zerfalle vorhergeht, solche Meteoritenexemplare verhältnismässig selten sein.

Schiaparelli hat nun die ungemein wichtige Entdeckung gemacht, dass manche Kometen mit Meteoritenschwärmen verbunden auftreten und gemeinschaftlich mit ihnen auf gleichen Bahnen sich bewegen; sie sind also Meteoriten, die nur vermöge ihrer Verdunstungsfähigkeit Schweife entwickeln und so sichtbar werden. Dieses im Zusammenhange mit dem ebenfalls von Schiaparelli geführten Nachweise, dass Meteoriten Fragmente von Weltkörpern sind, lässt uns also die Kometen bei ihrer ausserordentlichen Überzahl als die bedeutsamsten Zeichen des Verfalls im Sonnensysteme erkennen. Wir brauchen uns gleichwohl nicht alle Kometen von Meteoriten begleitet zu denken; denn wie dunkle Meteoriten in sehr grosser Zahl von ihren Schwärmen getrennt werden können, um sporadisch auf die Erde zu fallen, so ist es sicherlich auch bei Kometen der Fall. Der Nachweis eines wirklichen Zusammenhangs mit Meteoriten ist aber nur für jene wenigen Kometen zu erbringen, deren Bahnen von der Erde durchschnitten werden, indem sich alsdann das Schauspiel periodischer Sternschnuppenfälle ereignet.

Solange man die Kometen lediglich an sich betrachtete, schien das Phänomen der Schweifbildung sie zu einer ganz besonderen Klasse von Weltkörpern zu stempeln. Nun aber, da sie gleich den begleitenden Meteoriten als Bruchstücke zerfallener Weltkörper erkannt sind, mit welchen sie zum Teile auf gleichen Bahnen wandeln, erklärt sich ihre scheinbar so exceptionelle Beschaffenheit ungezwungen aus der qualitativen Verschiedenheit der Bruchstücke, aus dem Unterschiede von flüssig und fest; denn das Verhalten der verdunstungsfähigen Fragmente, wenn sie in die Sonnennähe geraten, muss ein ganz anderes sein als das der übrigen Meteoriten. Wenn einst die Erde in Fragmente zerfallen sein wird, die sich auf der Erdbahn mehr und mehr auseinander ziehen werden, dann werden neben unzähligen Stein- und Metallmeteoriten auch solche sich finden, die aus den eventuellen erstarrten Meeresresten oder den Kohlenwasserstoffverbindungen des Inneren sich bilden und in der Sonnennähe ohne Zweifel sich verhalten werden wie die Kometen.

Gleich jedem andern Körper unterliegt auch die Masse der Kometenkerne dem Gesetze der Gravitation. Solange diese Kerne der Sonnenwärme entzogen sind, werden ihre flüssigen Massen bei der intensiven Kälte des Raums ohne Zweifel zu Eis erstarrt sein. Wenn aber solche Eisbälle durch ihre kosmische Bewegung sich der Sonne nähern, dann werden sie uns durch Lichtentwicklung sichtbar werden. Unter den Hypothesen aber, welche die Natur der Kometen zu erklären bemüht sind, ist ohne Zweifel die von Zöllner vom Standpunkte der Universalität der irdischen Gesetze die einfachste und sinnreichste.

Die der Sonne zugewendete und ihrer Bestrahlung ausgesetzte Seite verdunstungsfähiger Massen erfährt eine Temperaturerhöhung, welche Siede- und Verdampfungsprozesse nach sich zieht. Über dem erwärmten Oberflächenteile werden sich mit bedeutender Expansivkraft Gase in der Richtung der Wärmequelle entwickeln, und zwar umsomehr, je tiefer die Sonnenstrahlen einwirken. Von der Masse dieser Körper wird es abhängen, ob dieselben ganz in Dampf verwandelt werden, was bei um so niedrigeren Temperaturen geschehen kann, je kleiner die Massen sind. Die aus dem Kometenkopfe entwickelte Dunstmasse umhüllt jedoch dieselben nicht nach Art einer planetarischen Atmosphäre, sondern wird infolge elektrischer Erregung, wie sie beim Zerstäuben irdischer Gewässer eintritt, selbstleuchtend, erfährt aber sodann durch die gleichartige Elektricität der Sonne eine Repulsion, sodass sie, nachdem sie anfänglich in der Richtung der Sonne sich ausgedehnt hat, in parabolischen Linien zurückgekrümmt wird und in von der Sonne abgekehrter Richtung abfliesst. Diese von der Sonne abgewendete Richtung der Schweife nach der Verlängerung des *radius vector* ist charakteristisch für alle Kometen, d. h. alle Kometenschweife setzen die von der Sonne gegen den Kometenkern gezogene Linie fort, oder, wie Seneca es ausdrückt: die Kometenschweife fliehen vor den Sonnenstrahlen.

Da die Sonne vermöge der grossartigen Prozesse auf ihrer Oberfläche als eine Quelle permanenter Elektricitätsentwicklung angesehen werden kann — dies beweisen die Schwankungen der Magnetnadel, die um so grösser werden, je mehr die Anzahl der Sonnenflecken wächst —, so bedarf es, da gleichartige Elektricitäten sich abstossen, nur mehr der Annahme der Gleichartigkeit der auf ihr und den Kometen erzeugten Elektricitäten, um die Abstossung der Schweife zu erklären. Von der Intensität dieser elektrischen Repulsionskräfte der Sonne giebt aber nicht nur die ausserordentliche Länge dieser Schweife, sondern auch die erstaunliche Geschwindigkeit Zeugnis, womit der Kometendunst abwärts strömt. Der Komet von 1843 hatte eine Koma von 30 Millionen Meilen, ja, die Schweiflänge des Kometen von 1680 wurde von Newton auf 60 Millionen Meilen berechnet; Olbers aber bestimmte die Schnelligkeit in der Bewegung der Dunstteile auf etwa eine Million Meilen täglich. Die Schweife können übrigens erheblich länger sein, als sie zu sein scheinen, da sie nicht ihrer ganzen Länge nach zu leuchten brauchen.

Wie irdische Flüssigkeiten das Vorzeichen ihrer Elektricität oft plötzlich wechseln, sei es durch Reibung oder Beimengung heterogener Bestandteile, so scheinen auch bei den Kometen, wenn die Temperaturerhöhung in immer tiefere Schichten dringt und neue Dunstmaterien an die Oberfläche gehoben werden, diese manchmal mit anderen Vorzeichen elektrisch erregt zu werden als die übrige Masse. In solchen Fällen wird sich das mehrfach beobachtete Phänomen von solchen Doppelschweifen ergeben, deren einer Ast gegen die Sonne gerichtet ist. Auch seitliche Abweichungen von Schweifteilen sind beobachtet worden, wobei sowohl gravitierende, wie elektrische Einflüsse zur Seite stehender Planeten vorkommen mögen. Der Komet von 1807 hatte einen Doppelschweif mit Ästen von verschiedener Richtung und Länge; ja, der Komet von 1744 breitete sechs Schweife fächerartig auseinander.

Während also die Lage der Kometenschweife wechselt und jeweilig die Linie fortsetzt, die sich von der Sonne gegen den Kern ziehen lässt, beschreiben die zugehörigen Meteoriten, welche keineswegs in den Schweif verlegt werden dürfen, die gleiche Bahn um die Sonne wie der Kern, indem sie teils vorangehen, teils folgen.

Da die Gasmassen, welche, die Sonne fliehend, zerstreut werden, im kalten Raume notwendig wieder sich kondensieren müssen, so lassen sich die Kometenschweife nach Zenker als ein wüstes Gestöber von Schneeflocken und Hagelkörnern ansehen. In dem Masse aber, als der Kern sich von der Sonne entfernt, muss er ebenfalls wieder erstarren.

Da auch an feste Meteoriten Gasmassen oft in bedeutenden Quantitäten gebunden sind, so unterscheiden sich solche von den Kometen vielleicht nur durch einen geringeren Grad von Verdunstungsfähigkeit; es ist daher die Möglichkeit nicht ausgeschlossen, dass auch Stein- oder Metallmeteoriten sich gleich Kometen verhalten werden, oder dass Kometenkerne aus einem Schwarme von solchen bestehen, welche alsdann nicht nur durch geringe Schweifentwicklung, sondern auch dadurch sich kennzeichnen würden, dass ihre eingeschlossenen Gasmengen schon nach einer geringeren Zahl von Periheldurchgängen erschöpft sein, d. h. dass solche Kometen schneller schweiflos werden. Die Übereinstimmung der Spektra der Kometen und der aus Meteoriten gezogenen Gase ist aber ein neuer Beweis für die Verwandtschaft dieser Körper.

Wenn flüssige Kometenkerne oft Jahrtausende hindurch der Kälte des kosmischen Raumes ausgesetzt sind, so müssen sie in der Erstarrung ohne Zweifel eine sehr unregelmässige Gestalt erhalten und vielleicht von tiefen Spalten zerklüftet werden. Es ist daher zu erwarten, dass sich an ihnen auch die Erscheinung des spontanen Zerfalls in Fragmente beobachten lassen wird, als Fortsetzung jenes Prozesses, der ihren Mutterkörper in einen Meteoritenschwarm verwandelte. Diese Erscheinung, welche schon durch die Existenz verbundener Kometen eine Stütze erhält, ist bei den Kometen von Liais und Biela direkt beobachtet worden. Bei seiner Wiederkehr im Jahre 1846 teilte sich der Komet von Biela mit $6^3/_4$jähriger Umlaufszeit in zwei Kometen von gleichem Ansehen, aber verschiedener Lichtstärke. Schon nach einigen Wochen hatten sich die beiden Teile soweit voneinander entfernt, dass ihr gegenseitiger Abstand beim Durchgang durchs Perihel 41 900 Meilen betrug. Wieder erschienen sie 1852 mit einer bereits auf 352 000 Meilen angewachsenen gegenseitigen Entfernung. In den Jahren 1859 und 1866, in welchen eine Wiederkehr hätte stattfinden sollen, hat man vergeblich nach ihnen gesucht, bis endlich 1872 einer der Teilkometen gesehen wurde und zugleich sein Zusammenhang mit dem Meteoritenschwarm des 27. November, den Andromedaiden, erkannt wurde.

Auch die Kometen, welche 1857 am 18. Juli und am 1. Oktober ihr Perihel erreichten, gehörten wahrscheinlich einst zusammen und wurden getrennt wie der von Biela. Dass eine solche Teilung nur selten unter den Augen eines Beobachters erfolgt, ist nicht zu verwundern; übrigens berichtet schon Seneca, dass Ephorus die Spaltung des Kometen vom Jahre 373 nach Christus beobachtete.

Auch an dem Donatischen Kometen ist ein sekundärer Kern bemerkt worden, und nach Secchis Beobachtungen war der Kern des Kometen 1853 I ein vielfacher. Überhaupt ist eine Tendenz der Kometenmaterie, sich in granulöser Struktur anzuordnen, sodass die Hauptmasse des Lichtes nicht um einen einzigen Punkt, sondern um mehrere Punkte konzentriert ist, vielfach angedeutet. Der Komet 1618 II, über welchen mehrere genaue Beobachtungen vorliegen, löste sich nach seinem Durchgange durchs Perihel in einen Schwarm von Kernen auf, sodass sein Durchmesser innerhalb eines Monats bis zum achtfachen Durchmesser der Erde sich vergrösserte; da dieser Prozess nicht mit der Annäherung, sondern Entfernung von der Sonne zusammenfiel, so kann nicht in der Sonnenwärme diese auflösende Kraft gelegen gewesen sein, sondern in ihrer Anziehungskraft, welche die spontan zerfallenen Bruchstücke in ungleicher Weise anzog und den Schwarm erweiterte.

Dieser Art mag ungefähr der Prozess gewesen sein, welchen jene Planeten erfuhren, die wir nun als Meteoritenschwärme auf längere oder kürzere Bahnstücke verstreut sehen. Noch deutlicher aber scheint die erst beginnende Phase des Zerfalls eines ursprünglichen Planeten beim Kometen von 1652 angedeutet gewesen zu sein, der den Anblick eines unregelmässigen und heterogenen Haufens von ungefähr sphärischer Form und ausserordentlichem Umfang bot und mit einem ganz unverhältnismässig kurzen Schweife versehen war, sodass die Beobachter, welche dieses sonderbare Gestirn als einen Kometen zu betrachten fast Anstand nahmen, nur durch seine kometarische Bahn vermocht wurden, es in diese Klasse zu versetzen.

Die Rechnung lehrt, wie Littrow bemerkt, dass Bestandteile parabolischer Strömungen immer nach dem Periheldurchgange mit grösserer Verstreuung in den Raum zurückkehren, als sie vor dem Durchgange hatten. Vielleicht lässt sich hieraus noch ein Anhaltspunkt gewinnen, um die Altersunterschiede der Kometen zu bestimmen, indem diejenigen Kometenkerne, die den grössten Umfang haben, auch die häufigsten (freilich auch von der Excentricität ihrer Bahnen abhängigen) Periheldurchgänge hinter sich hätten, d. h. die ältesten wären. So zeigte der Komet von 1798 einen Durchmesser von 5, der von 1805 von 6, der von 1811 von 85, der von 1843 von 1000, der von 1845 von 1600 geographischen Meilen. Wenn dagegen der Donatische Komet beim Periheldurchgang seinen Umfang nicht vergrösserte, sondern verkleinerte, indem der Durchmesser seines Kernes am 2. September 1858 noch 2970, am 25. September nur 353 Meilen betrug, so beweist dieses, dass bei den Unterschieden der Durchmesser nicht nur der Verstreuungsgrad der festen Bestandteile massgebend ist, sondern auch die Intensität der Verdampfung, also die umgebende Gashülle. Die Durchsichtigkeit der Kometenkerne beweist nur, dass dieselben nicht feste planetarische Körper sein können, schliesst aber nicht aus, dass sie aus zahllosen getrennten festen Teilen bestehen, die nur durch den vereinigten Reflex des Sonnenlichtes und die umgebende Gashülle den Eindruck einer zusammenhängenden Masse machen. Würde sich feste Materie in den Kometenkernen gar nicht finden, so wäre es unbegreiflich, wie sie zur Schweifbildung soviel Substanz abgeben können, ohne ganz aufgelöst zu werden.

Die Verwandtschaft von Kometen und Meteoriten muss erwarten lassen, dass wie feste Meteoriten, so auch flüssige Meteormassen sporadisch auf die Erde fallen. Es sind in der That etwa zwanzig Fälle konstatiert, in welchen gelatinöse phosphorescierende Massen, aus Kohlenstoff, Wasserstoff und Sauerstoff bestehend (wohl nur die Reste viel grösserer, aber beim Durchgang durch die Atmosphäre grösstenteils verdampfter Massen), auf die Erde fielen. Bei dem ungleich stärkeren Widerstand, den die Luft solchen flüssigen Materien entgegensetzt, erklärt sich die Seltenheit des Phänomens von selbst.

Indem man also davon ausgeht, dass nur planetarische Massen von der Sonne abgelöst wurden, welche in verschiedenen Zeitlängen die gleiche, mit dem Zerfalle in Meteoriten endende Entwicklung durchlaufen, lässt sich die Existenz solcher Weltkörper folgern, welche in Bezug auf physikalische Beschaffenheit mit den Kometen übereinstimmen. Es würde sich also gegen die Folgerung, die

Kometen seien Fragmente zerfallener Planeten, nichts einwenden lassen, wenn nicht die Bahnelemente der Kometen von jenen der Planeten durchaus verschieden wären. Ihre Zurückführung auf ehemalige Planeten, zu der uns ihr Zusammenhang mit den Meteoriten drängen will, erscheint daher nur dann zulässig, wenn sich auch ihre abnormen Bahnen erklären liessen aus einer Umgestaltung ehemaliger Planetenbahnen, da wir der Nebularhypothese gemäss nur die Abtrennung solcher Körper voraussetzen dürfen, deren Bahnen kreisförmig waren, in der gleichen Ebene lagen und nur durch die gegenseitige Anziehung dieser Körper in elliptische, mit geringer gegenseitiger Neigung, verwandelt wurden. Erst dann, wenn auch dieser Anforderung Genüge geleistet werden könnte, wären Planeten und Kometen aus einem Erklärungsprinzip heraus erklärt.

Hier stellt sich aber sofort die Unmöglichkeit heraus, alle Planeten und Meteoritenschwärme nebst Kometen gemeinschaftlich durch die Nebularhypothese zu umfassen. Die rückläufigen Kometen lassen sich unter keinen Umständen als Kinder der Sonne reklamieren; denn nach der theoretischen Astronomie ist es unmöglich, dass rechtläufige Bahnen — und solche sind für alle von unserer Sonne abgetrennten Körper vorauszusetzen — in rückläufige verwandelt werden. Die rückläufigen Körper sind demnach als fremde Eindringlinge, als Eroberungen des Sonnensystems, anzusehen, von welchen wir in der Frage, ob planetarische Begleiter der Sonne durch Störungen in kometarische Bahnen gedrängt werden können, vorerst noch absehen müssen.

Aber auch noch eine andere Verbindlichkeit obliegt einer Hypothese über den Ursprung der Kometen, welche den Anspruch auf Richtigkeit erheben will:

„Solcher Kometen halte ich der Himmel so voll seye, wie das Meer voller Fische ist" — sagt Kepler. Und in der That, wenn wir nach Analogie des Sonnensystems auf die Begleiter auch der Fixsterne schliessen wollen, so müssen wir die eigentliche Bevölkerung des Himmels in den Kometen erkennen, indem deren viele Tausende auf je einen Fixstern treffen würden. Eine richtige Kometentheorie muss also diese Überzahl der Haarsterne gegen-

über der verschwindenden Anzahl der eigentlichen Planeten als
eine notwendige erklären können; endlich muss sie aber auch,
wenn die Verwandtschaft zwischen Kometen und 'Planeten eine
vollgültige sein soll, das zu erklären vermögen, warum die in
exzentrischen Bahnen sich bewegenden ehemaligen Planeten bereits
in Meteoritenschwärme aufgelöst, d. h. den eigentlichen Planeten in
ihrer Entwicklung so weit vorangeeilt sind.

Zu diesem Behufe müssen wir uns aber auf den schon früher
dargelegten Ausgangspunkt versetzen, dass nämlich die Wissenschaft ihrem Begriffe gemäss die hohe Zweckmässigkeit des Planetensystems nur als das Resultat einer indirekten Auslese des Zweckmässigen ansehen darf. Die ursprüngliche Anzahl der Begleiter
unserer Sonne muss eine viel grössere gewesen sein und kann
auch nicht schon ursprünglich in vorteilhafter Massenverteilung
sich bewegt haben.

Dass nun die so geringe gegenwärtige Anzahl der Planeten
die ursprüngliche sei, erscheint schon an sich sehr unwahrscheinlich;
denn der ehemalige Sonnenball hatte einen Durchmesser, der dem
des Planetensystems mindestens gleichkam. In diesem ungeheuren
Raume verschwinden die Planeten so sehr, dass sie in ihrer Gesamtheit nur etwa den 25 millionsten Teil der Kreisfläche ein-
nehmen, welche von der Bahn des äussersten Planeten abgegrenzt
wird. Es erscheint daher sehr unwahrscheinlich, dass die Verdichtung aller Materie des Sonnensystems nur eine so geringe Anzahl von Kugeln von relativ so geringer Masse geliefert haben
sollte; dagegen würde dieses Missverhältnis ausgeglichen werden,
wenn wir auch die rechtläufigen Kometen nebst den zugehörigen
Meteoritenschwärmen als Verdichtungsprodukte dieser Materie heranziehen könnten.

Nehmen wir nun an, auch diese hätten sich ehemals in planetarischen Bahnen bewegt, so mussten die gegenseitigen Störungen
in diesem Gewirre von Welten sehr beträchtlich sein, da erst im
Verlaufe des Prozesses die zweckmässige Massenverteilung sich
eingestellt haben konnte und die Annahme ganz ungerechtfertigt
ist, als hätte die Sonne nur Planeten von solcher Masse und von
solchen gegenseitigen Abständen abgetrennt, dass die bei der gegen-

seitigen Anziehung derselben unvermeidlichen Störungen schon von Anfang an in so enge Grenzen eingeschlossen waren, wie bei den gegenwärtigen Planeten. Wie überall in der Natur, so kann auch hier die Zweckmässigkeit nicht fertig ins Dasein getreten sein, sondern erst als das Resultat eines Entwicklungsprozesses; die Abtrennung der Planeten geschah nicht schon ursprünglich in zweckmässiger Weise durch direkte Auslese, sondern ohne alle Rücksicht auf die daraus sich ergebenden Störungen, und diese Störungen mussten eben zum Austrag kommen.

Wenn wir aber sehen, dass die Planeten infolge gegenseitiger Störung in Ellipsen sich bewegen, dass ihre Bahnen gegeneinander geneigt sind und dass diese Elemente noch immer periodisch verändert werden, andererseits wir aber bei den Kometen ganz die gleichen Merkmale erkennen, nur dass die Abweichungen in sehr vergrössertem Masse sich darstellen, so ist wohl der Schluss gerechtfertigt, dass diese grösseren Abweichungen nur grösseren Störungen entsprangen und nicht schon ursprünglich vorhanden waren. In einen Zustand so beträchtlicher Störungen musste aber sofort die indirekte Auslese eingreifen, und dass diese notwendig das gleiche zweckmässige Resultat allmählich herbeiführen muss, wie es die direkte Auslese momentan erreicht, ergiebt sich hier wie in der Biologie daraus, dass das Unzweckmässige schon als solches immer ein existenzunfähiges Gebilde ist.

Wenn die Natur allen Wüstenbewohnern eine sandfarbige Bekleidung gegeben hat, so darf die Wissenschaft ihrem Begriffe gemäss nicht auf teleologische Prinzipien schliessen, sondern lediglich auf solche Gesetze, die durch indirekte Auslese das zweckmässige Resultat herbeiführen: Wüstentiere ohne die Bekleidung von angemessener Farbe sind als solche ihren Feinden viel mehr ausgesetzt, und indem sie vertilgt werden, überleben die zweckmässiger Bekleideten. Die Erblichkeit der Eigenschaften thut das übrige: die indirekt ausgelesenen zweckmässigen Exemplare gelangen zur Fortpflanzung, übertragen ihre günstigen Merkmale auf die Nachkommen, und indem in jeder weiteren Generation dieser Prozess sich wiederholt, werden die günstigen Merkmale durch natürliche Züchtung gesteigert, bis die vollständige Übereinstimmung per Bekleidung der Wüstentiere mit der Sandfarbe der Wüste erzielt ist. Die progressive Anpassung verwandelt sich alsdann in eine konservative, welche nur mehr den atavistischen Rückfall verhindert.

So auch in einem kosmischen Systeme: Eine unzweckmässige Gruppierung systematisch verbundener Weltkörper ist an sich existenzunfähig, sie bildet einen mechanischen Widerspruch, der zum Austrag kommen muss und nur mit Umgestaltung oder Auflösung des Systems enden kann; und so verbürgt uns eine hinlängliche Dauer des Entwicklungsprozesses allein schon, dass schliesslich, indirekt ausgelesen, nur mehr zweckmässige Erscheinungen überleben werden.

Wenn aber die zweckmässig gruppierten Planeten des Sonnensystems nur die überlebenden einer natürlichen Auslese sein können, so folgt daraus unmittelbar, dass die ursprüngliche Anzahl der Planeten eine viel grössere gewesen sein muss, und es erwächst nun die Verpflichtung einer bündigen Antwort auf die Frage: Wohin sind diejenigen Planeten geraten, von deren Elimination die Harmonie der überlebenden bedingt ist?

So folgt aus der hohen mechanischen Zweckmässigkeit des Planetensystems unmittelbar, dass die ursprüngliche Anzahl der Planeten sehr stark gelichtet worden sein muss. Wie in der Biologie auf einen um so heftigeren Kampf ums Dasein geschlossen werden muss, je grösser die Vollkommenheit der Anpassung ist, wie die Schnelligkeit der Antilope und die bewundernswerte Mimicry der Insekten in unmittelbarem Kausalzusammenhange steht mit einer hohen Prozentzahl vertilgter Individuen, wie die Stärke des spartanischen Volksstammes in Verbindung steht mit dem Systeme, kranke und krüppelhafte Kinder zu töten, und überall die Anpassungsvollkommenheit der Organismen um so grösser ist, je mehr die Natur spartanisch gegen sie vorgeht, — so muss auch in der kosmischen Physik aus dem hohen Grade der Harmonie eines Systems auf eine desto intensivere Thätigkeit des die Auslese besorgenden Faktors geschlossen werden.

Aber ein wesentlicher Unterschied ist bei aller sonstigen Analogie zwischen Biologie und Astronomie festzuhalten: In der

Biologie sind die die Auslese besorgenden Faktoren Vertilgungsfaktoren, insofern wenigstens, als die davon betroffenen Individuen
im Tode sich in ihre materiellen Bestandteile auflösen; in der
Astronomie dagegen wird die Auslese allein durch die Gravitation
besorgt, und diese könnte nur dann als Vertilgungsfaktor angesehen werden, wenn die aus ihr entspringenden Störungen in allen
Fällen den Zusammenstoss des Störers und Gestörten herbeiführen
würden, wobei die erzeugte Temperatur die Auflösung derselben
in ihre Bestandteile nach sich ziehen müsste. Es kann übrigens
von einem Zusammenstosse nur bei erkalteten Weltkörpern geredet
werden, und da die Auslese in jene entlegene Periode fällt, als
die Planeten in der anfänglichen Anzahl noch als Nebelballen die
Sonne umkreisten, so dürfte es passender sein, von einem Ineinanderfliessen der sich begegnenden und durch die erzeugte Wärme
sich ausdehnenden Nebel zu reden.

Ein solches Ineinanderfliessen kann nun zwar einer Störung
entspringen; in der überwiegenden Mehrzahl der Fälle aber wird
die in die Ferne wirkende Schwerkraft nur eine Umgestaltung der
Bahn herbeiführen, wie wir dieses an den Kometen so häufig
wahrnehmen. Da nun hierdurch die separate Existenz der von
der Störung betroffenen Weltkörper nicht aufgehoben wird, und
dieselben noch vorhanden sein müssen, so erhebt sich um
so gebieterischer die Frage, wohin diese als unzweckmässig ausgeschiedenen, d. h. zu Bahnveränderungen gezwungenen Planeten
geraten sein müssen.

Es obliegt der theoretischen Astronomie, diese Frage zu beantworten durch die Theorie der Störungen. Die Anziehungskraft eines Weltkörpers auf einen andern in seiner Nähe befindlichen ist seiner Masse direkt, seiner Entfernung umgekehrt proportional, nimmt mit dem Quadrate der Entfernung ab. Von
diesen Faktoren hängt somit der Betrag der Störung ab, welchen
die ursprünglichen Planeten infolge gegenseitiger Anziehung aufeinander ausübten. Als Wirkung der Störungen musste aber entweder eine Vermehrung oder eine Verminderung der Umlaufsgeschwindigkeit eintreten. Da nun die theoretische Astronomie
den Nachweis führt, dass alle Planeten genau die ihrer Masse

und ihrem Abstande entsprechende Geschwindigkeit besitzen, und
dass die Krümmung ihrer Bahnen die Resultante von zwei ent-
gegenwirkenden Kräften, Schwerkraft und Tangentialkraft, ist, so
muss jede Veränderung der Geschwindigkeit, da sich in dieser der
Betrag der Tangentialkraft ausdrückt, das Gleichgewicht dieser
beiden Kräfte stören, und, je nachdem die Störung der einen
oder der andern Kraft zu gute kommt, muss auch der Krümmungsbetrag der Bahn des Planeten zunehmen oder abnehmen; er würde entweder in Spirallinien immer mehr der Sonne
sich nähern und schliesslich in sie stürzen, oder seine Bahn
würde umgekehrt verlängert werden. Schon ein geringer, die
Tangentialkraft vermehrender Störungsbetrag würde hinreichen,
die Kreisbahn in eine Ellipse zu verwandeln, die je nach dem
Störungsbetrage mehr oder minder gestreckt sein wird. Über-
schreitet derselbe eine bestimmte Grösse, sodass die Schwerkraft
ganz überwunden wird, so wird die Bahn hyperbolisch werden,
d. h. aufhören, geschlossen zu sein, und ein solcher Körper würde
unser Sonnensystem verlassen und sich in die Region der Fixsterne
verlieren. Die parabolische, ebenfalls nicht geschlossene Bahn
bildet die Grenze zwischen Ellipse und Hyperbel, und kann nur
bei einem ganz bestimmten Störungsbetrage eintreten.

Die Vereinigung eines gestörten Planeten mit der Sonnenmasse ist demnach nur einer der möglichen Fälle, in der Mehrzahl der Fälle wird nur eine Umgestaltung der Bahn erfolgen.
Die Gravitation, als der die indirekte Auslese des Zweckmässigen
besorgende Faktor ist demnach kein Vertilgungsfaktor; im Kampf
ums Dasein am Himmel überlebt auch das Unzweckmässige, und
so erklärt es sich, dass die Anzahl der Kometen die der Planeten
so sehr übertrifft, und dass in diesem Gebiete der Natur das Verhältnis der unzweckmässigen Gebilde zu den zweckmässigen ein
viel ungünstigeres ist als im organischen Entwicklungsprozesse, in
welchem die Auslese durch Vertilgungsfaktoren besorgt wird; denn
nur eine Verminderung der Unzweckmässigkeit liegt darin, wenn
mechanisch widerspruchvolle Körper in solche langgestreckte, doch
geschlossene Bahnen geworfen werden, auf welchen sie während
der längsten Zeit ihres Umlaufs ungestört bleiben, ihre eigene

störende Eigenschaft aber erst dann verlieren, wenn sie als Meteoritenschwärme über ihre Bahn zerstreut werden.

Die durch die Störungen in Kometenbahnen gedrängten Planeten werden aber — und hier schliesst sich der Kreis der Beweisführung, indem wir in dieser Schlussfolgerung ganz das gleiche Resultat erreichen, zu dem wir oben auf ganz anderem Wege gelangt sind — in Bezug auf die Zeitlängen der Entwicklung sich bedeutend von den restierenden Planeten unterscheiden, indem der eine der Abkühlungsfaktoren, der Sonnenabstand, ganz und gar zu ihren Ungunsten sich verändert, das Abkühlungstempo ungemein beschleunigt wird. Während ihrer oft jahrtausendelangen Umläufe gelangen sie nur einmal der Sonne ungefähr so nahe, wie die zurückgebliebenen Planeten ständig verweilen; im intensiv kalten Raume, da ihre zu Verlust gehende Eigenwärme durch keine Sonnenwärme ersetzt wird, müssen sie sehr rasch erkalten und ungleich schneller jene Entwicklungsphasen durchwandern, welche den derzeitigen Planeten erst bevorstehen: die vollständige Erstarrung des Innern, begleitet von einem Absorptionsprozesse der Meere und Atmosphären durch die festen Gesteine; der spontane Zerfall in Bruchstücke (Asteroiden) und sodann in einen Schwarm kleinerer Fragmente (Meteoriten); die Verteilung dieser Meteoriten auf ein längeres Bahnstück, und endlich ihre Auseinanderzerrung über die ganze Länge der Bahn. Jene Meteoriten aber, welche aus verdampfungsfähiger Materie bestehen, seien es nun Meeresreste oder Erdöle, werden in dem sonst unsichtbaren Schwarme als Kometen erscheinen.

Bei der vergleichenden Untersuchung der Zustände unserer Planeten hat sich ergeben, dass das Volumen der Planeten von den beiden das Abkühlungstempo bestimmenden Faktoren der ungleich wichtigere ist, und dass erst in zweiter Linie der Sonnenabstand in Betracht kommt. Dies gilt ohne Zweifel auch für jene Planeten, welche in kometarische Bahnen gelenkt wurden, und dieser Ursache ist es zuzuschreiben, dass die einen, wie der oben beschriebene Komet von 1652, noch als unregelmässige Haufen wenig zerstreuter Bruchstücke erscheinen, die anderen bei vorgeschrittener Zerstreuung schon deutlich in Kometen und Meteoriten

· geschieden sind, dass ferner die einen nur über ein Bahnstück verteilt sind, während die raschlebigsten über die ganze Bahnlänge auseinandergezogen sind. ' Aber der zweite Abkühlungsfaktor, der Sonnenabstand, wird doch für alle so sehr zu ihren Ungunsten verändert, dass sie sämtlich raschlebiger werden mussten, als die zurückgebliebenen Planeten. Aus dem Gravitationsgesetze folgt zudem, dass innerhalb einer Gruppe von Planeten von sehr verschiedener Masse die grössten Körper die grössten, die kleinsten die geringsten Störungen ausübten; dass demnach die grössten Körper die geringsten, die kleinsten die grössten Störungen erfuhren, sodass die Reihenfolge der abnehmenden Massen mit der Reihenfolge der zunehmenden Exzentricitäten übereinstimmen müsste, wenn alle sonstigen Umstände in der Gruppierung die gleichen wären. Die kleinsten Planeten, Merkur und Mars, besitzen auch die grössten Excentricitäten. Wir müssen also annehmen, dass die grösseren Planeten ungefähr in ihren ursprünglichen Bahnen verblieben, während die kleineren stark exzentrisch wurden oder ganz ausgeschieden wurden. Indem also bei den kleineren Planeten, deren geringerer Umfang schon zu einer rascheren Abkühlung drängte, auch noch der zweite Abkühlungsfaktor, die Sonnenferne, von eminenter Bedeutung wurde, musste es kommen, dass dieselben den zurückgebliebenen Planeten in der Entwicklung so sehr vorangeeilt sind, und dass sie die extreme Endphase, den Zerfall in Meteoriten, bereits erreicht haben, während die mittlere Entwicklungsphase, der Zerfall in asteroidische Fragmente, bei ihnen nicht mehr vertreten zu sein scheint. Die Bewegungen unserer acht Planeten sind ferner berechenbar und werden nicht alteriert durch die sehr zahlreichen Meteoritenschwärme, welche unser System durchziehen, — ein weiterer Beweis für die geringen Massen derjenigen Körper, aus deren Zerfall diese Meteoritenschwärme gebildet wurden.

Wir finden nun allerdings Kometen, welche in so kurzen Ellipsen um die Sonne kreisen, dass sie die engere Planetensphäre gar nicht verlassen, wie der Komet von Enke, der innerhalb der Jupiterbahn bleibt, der von Biela, der über diese Bahn nur wenig hinauskommt, und der mit dem Novemberschwarme verbundene Komet, der sich nicht weiter als Uranus von der Sonne entfernt, sodass also die Raschlebigkeit dieser Körper befremden könnte. Indessen ist bei den beiden ersteren sowohl die Annahme eines sehr geringen Volumens zulässig, als auch die Verkürzung der Bahn infolge einer erst später eingetretenen Störung; der Novemberschwarm aber — der eben ein Beispiel einer solchen Verkürzung bietet, indem er nach Leverriers Berechnung im Jahre 126 unserer Zeitrechnung dem Planeten Uranus so nahe kam, dass er hierdurch in eine kurze elliptische Bahn gelenkt wurde — zeigt überdies durch seine Rückläufigkeit seine fremde Abkunft an; er kommt also aus einer Ferne, aus welcher der Lichtstrahl selbst nur in Jahren uns erreichen kann, hatte also sicherlich Zeit, sich bis zu dem der Meteoritenphase entsprechenden Grade abzukühlen.

Bedürfte es noch eines Beweises, dass die Meteoritenschwärme zerfallene Weltkörper seien, und zwar — soweit dieselben unserem Sonnensysteme nicht erst nachträglich einverleibt wurden — dass sie die im Prozesse der Auslese eliminierten Planeten seien, so liesse sich noch aufmerksam machen auf ihre merkwürdige Analogie mit den Planeten bezüglich der Lage ihre Perihelien. Die Sonnennähen der Planeten und Asteroiden fallen in überwiegender Anzahl auf jene Himmelshälfte, in deren Mittelpunkt die Plejadengruppe liegt; dieselbe Konvergenz gegen die Plejaden zeigen aber auch die Perihelien der meisten in nachweisbar elliptischen Bahnen einhergehenden Kometen, also gerade derjenigen, welche, weil sie fast ausnahmslos rechtläufig sind, wahrscheinlich von jeher unserem Sonnensysteme angehört haben. Die übrigen Kometen, über deren Bahn nichts Bestimmtes feststeht, und bei welchen auch Rückläufigkeit viel häufiger vorkommt, zeigen in ihren Perihelien keine solche Konvergenz weder gegen die Plejadengruppe, noch gegen irgend einen andern Punkt der Himmelskugel. Aber auch die Abstände von der Sonne, in welchen die Kometen ihr Perihel erreichen, sind so verschieden wie bei den Planeten; ihre Perihelien liegen teils zwischen der Sonne und Merkur, teils zwischen diesem und Venus, zwischen dieser und Mars, und zwischen Mars und Jupiter; es wurden daher im Prozesse der Auslese Planeten aus allen Regionen des Sonnensystems ausgeschieden. Die Peri-

helien der Kometen liegen zwar nicht bloss in derselben Ebene
wie die der Planeten, sondern rings um die Sonne nach allen
Richtungen, also gleichsam in einem kugelförmigen Raume; aber
dieses erklärt sich teils aus ihrer fremden Abkunft, teils daraus,
dass auch die Neigungen ihrer Bahnen durch Störungen beträchtlich
umgestaltet werden.

Diejenigen Kometen, deren Perihelien ausserhalb der Jupiterbahn liegen, bleiben uns unsichtbar; aber auch für die Region zwischen
Jupiter und Neptun wird ohne Zweifel gelten, was von den sichtbaren Kometen gilt, dass die Anzahl der Perihelien mit der
Sonnenferne zunimmt, wie eben auch der kubische Inhalt des
kugelförmigen Raumes, in dem sie verteilt sind. Damit würde
nun allerdings die Anzahl der Kometen, deren Perihel innerhalb
der Neptunsbahn liegt, auf Millionen anwachsen, und wenn wir
auch nur einen Teil derselben als ursprüngliche Begleiter der Sonne
reklamieren, so dürfte doch das Missverhältnis mit der geringen
Zahl der eigentlichen Planeten uns abgeneigt machen, einen so
energischen Prozess der Auslese zu vermuten; aber doch wäre ein
solcher ganz analog manchen Ausjätungsprozessen im biologischen
Gebiete, in welchem von allen Lebenskeimen nur eine sehr geringe
Prozentzahl zur Entwicklung gelangt. Wenn ein Forellenweibchen jährlich gegen 600, der Häring an 40000, der Karpfen gegen 200000,
der Stör mehrere Millionen Eier legt, sodass, wenn alle Störeier zur
Entwicklung gelangten, schon eine der nächsten Generationen allein
an Kaviar das Volumen der Erdkugel liefern würde, so zeigt sich
in diesen Fällen noch ein viel grösseres Missverhältnis zwischen
der Zahl der überlebenden und der vertilgten Keime, als in unserem
Systeme zwischen den Planeten, welche ihre Bahnen beibehielten,
und jenen, welche aus der Nähe der Sonne verwiesen wurden.

Jene Abneigung wird im Grunde nur durch die begleitende
Vorstellung der Wichtigkeit der Sonne für das organische Leben auf
ihren Trabanten erzeugt, und es erleidet keinen Zweifel, dass in
Hinsicht auf den organischen und biologischen Prozess die ausgeschiedenen Planeten wenigstens für Zellenwesen nicht ernstlich
in Betracht kommen können; denn abgesehen davon, dass dieser
Prozess eine ihrer Raschlebigkeit entsprechende Verkürzung erfahren

muss, kann auch innerhalb dieser kurzen Dauer ein regelmässiger
Fortgang nicht stattfinden, indem der Durchgang durch das Perihel
eine Temperaturdifferenz erzeugen muss, die wie eine Katastrophe
hereinbrechen · und die Entwicklung immer wieder abschneiden
wird. Der Komet von 1680 z. B. nähert sich, nachdem er
8800 Jahre der intensiven Kälte des Raumes ausgesetzt war, der
Sonne bis auf 32000 Meilen, wo er einer Temperatur ausgesetzt
ist, welche die der Erdoberfläche mehr als 30000 mal übertrifft;
und wenn er auch mit einer Geschwindigkeit von 53 Meilen
in der Sekunde durch sein Perihel geht, so muss doch auf dem
Planeten, dem er entstammt, bei einem Periheldurchgange jede
Flora und Fauna von annähernd irdischer Beschaffenheit jeweilig
vernichtet worden sein.

Im biologischen Prozesse auf der Erde wird also nicht nur
das Zweckwidrige eliminiert, sondern auch das Zwecklose, wie bei
der Verkümmerung rudimentärer Organe durch Nichtgebrauch; im
kosmischen Prozesse dagegen werden nur die mechanischen Widersprüche eliminiert, aber es überleben Gebilde, die vom biologischen
Standpunkte aus als zwecklos sich darstellen, und auch dieses
wiederum zeigt uns, dass wir diesen Standpunkt der Betrachtung
dem Kosmos gegenüber nicht einzunehmen haben. .

Aber wenn schon bei den übrigen, normal gebliebenen
Planeten das Missverhältnis zwischen den kosmischen und biologischen Zeitlängen uns augenscheinlich lehrt, dass wir in der kritischen
Beurteilung des Systems den mechanischen Standpunkt nicht verlassen dürfen, so müsste die Betrachtung der ausgeschiedenen
Planeten, die in ihrer Überzahl vom anthropocentrischen Standpunkte nicht anders denn als verfehlte Weltenkeime sich darstellen, mit dem ernüchternden Gedanken uns vertraut machen,
dass die Bewohnbarkeit überhaupt nicht zu den notwendigen Merkmalen eines Gestirns gehört. —

Indem wir also ausgegangen sind von der thatsächlichen
mechanischen Zweckmässigkeit unseres Planetensystems, sind wir
zu dem gleichen Resultate gelangt, zu dem uns die vergleichende
Astronomie führte, wobei wir die empirisch gegebenen planetarischen Phasen nach physikalischen Prinzipien weiterentwickelten.

Diese Zweckmässigkeit, als Resultat indirekter Auslese aufgefasst, nötigte uns eine sehr grosse Anzahl sehr raschlebiger Planeten auf kometarischen Bahnen zu suchen, und endlich in logischer Folgerung Umschau zu halten nach Weltkörpern, welche in Meteoritenschwärme zerfallen und nur mehr in einzelnen, verdunstungsfähigen Fragmenten sichtbar werden. Hierdurch wurden wir von selbst auf die Kometen geführt, und nicht nur hat sich die physikalische Beschaffenheit derselben in kausale Verbindung bringen lassen mit ihren Bahnelementen — womit sie auf den ersten Blick so wenig zu thun zu haben scheint, als etwa die Gestalt eines Menschen mit der Richtung seines Ganges —, sondern auch ihr Zusammenhang mit Meteoritenschwärmen hat sich als ein notwendiger ergeben.

Von diesem Standpunkte aus erklärt es sich nun, dass der bekannte Novemberschwarm in einer Ellipse um die Sonne sich bewegt, dass — wie sich aus dem Eintritte der Sternschnuppenfälle hat nachweisen lassen — etwa der zehnte Teil seiner Bahn mit Meteoriten besetzt ist, und endlich dass der Komet I 1866 als ein Bestandteil dieses Schwarms erkannt wurde. Gleichfalls erklärt es sich nun, dass der Augustschwarm, ein Meteoritenstrom, den die Erde ebenfalls durchschneidet, über die ganze Länge seiner elliptischen Bahn auseinandergezogen ist, und dass die Kometen 1852 und III 1862 auf der gleichen Bahn sich bewegen.

Die Bahnveränderungen der Kometen infolge von Störungen geschehen nun wieder ganz im gleichen Sinne wie die ihrer ehemaligen Mutterkörper, und die hierbei wahrnehmbaren Gesetze sind identisch mit jenen, wodurch im Planetensysteme die Auslese besorgt wurde: Von geringen Störungen wird nur die Excentricität der Bahn berührt, sie bleibt aber geschlossen d. h. in sich zurücklaufend; bei beträchtlichen Störungen wird die Bahn parabolisch, oder hyperbolisch. Der Prozess der Auslese geht demnach auch hier noch fort, indem jene Kometen, die im Sonnensysteme verbleiben, wie schon früher gezeigt wurde, allmählich in zweckmässiger Weise sich gruppieren, während diejenigen, die auf unzweckmässigen Bahnen beträchtliche Störungen erfahren, vor die Thüre des Sonnensystems gesetzt werden und in die Region der Fixsterne entweichen, um nicht wieder zu kommen.

Die weiteren Schicksale, welchen Kometen und Meteoritenschwärme entgegengehen, ergeben sich von selbst. Wenn ein aus dem engeren Planetensysteme ausgeschiedener Weltkörper in einen Schwarm kleiner Fragmente sich aufgelöst hat, so beschränkt sich seine materielle Gefährlichkeit auf die Möglichkeit, nach der Erde mit Steinen zu werfen. Zahlreicher noch werden die Meteoriten auf die Sonne und die übrigen Planeten fallen, sodass solche Schwärme mehr und mehr an Substanz verlieren müssen. Die sporadischen Meteoriten zeigen also die nächste Entwicklungsstufe an.

Jene Bestandteile der Meteoritenschwärme, welche wir Kometen nennen, scheinen gleichfalls starken Substanzverlusten zu unterliegen; man hat bei ihren successiven Umläufen Abnahme der Helligkeit bemerkt, was darauf schliessen lässt, dass sie die mit bedeutender Kraft vom Kerne abgestossene und den Schweif bildende Materie nicht mehr an sich zu ziehen vermögen. Der Komet von Halley soll 1456 einen Schweif gehabt haben, der 60 Himmelsgrade einnahm, während sein Schweif 1682 nur 30, 1835 nur 20 Grade betrug; auch sein Kern soll bei der letzten Erscheinung minder hell gewesen sein. Die Zeit, welche nötig ist, einen Kometen ganz aufzulösen oder ihn seiner gasigen Bestandteile zu berauben, wird von seiner Grösse, von seiner Annäherung an die Sonne und davon abhängen, innerhalb welcher Zeitintervallen er ins Perihel zurückkehrt. So erklärt es sich, dass der Komet von Enke, welcher die kürzeste Umlaufszeit hat, d. h. sehr oft ins Perihel zurückkehrt und in der Sonnenferne nicht einmal die Jupiterbahn erreicht, nur mehr Spuren eines Schweifes zeigt, während er sonst deutlich schweifbildend war. Mehr noch scheint der Komet von Faye seine Vorräte an verdampfbaren Stoffen erschöpft zu haben, da er nur mehr als schweiflose Nebelmasse erscheint. Gleiches gilt auch von dem Kometen von Brorsen, der, gleich den beiden erwähnten, eine sehr kurze Umlaufszeit hat und als kern- und schweiflose Nebelmasse entdeckt wurde.

So lassen sich also für die Frage nach der Zukunft der Erde auch die Kometen heranziehen, und sie lehren uns, dass sogar die

Mehrzahl der Begleiter unseres Sonnensystems jenes Stadium des Zerfalls bereits erreicht haben, das wir im Planetensysteme mit zunehmender Deutlichkeit eingeleitet sehen durch Mars, den Mond und die Asteroiden.

Wenn aber die Gleichheit der kosmischen Gesetze und Stoffe uns genötigt hat, die Geschichte der Erde als typisch für alle Gestirne zu betrachten, und die an Fixsternen wahrnehmbaren Erscheinungen unter dieser Voraussetzung sich als Phasen dieser Entwicklung erklären liessen, so verleiht zwar diese Übereinstimmung der wahrnehmbaren Entwicklungsphasen mit Gliedern in der theoretischen Kausalreihe der Hypothese eines gleichen Entwicklungsganges eine sehr grosse Wahrscheinlichkeit; aber eine empirische Bestätigung derselben hat sich in den früheren Untersuchungen nicht ergeben wollen.

Eine solche Bestätigung erhalten wir aber in der That durch jene Kometen, welche als rückläufig sich als fremde Eindringlinge kundgeben, und da ohne Zweifel sehr viele Meteoriten, welche auf die Erde fallen, rückläufigen Schwärmen entstammen, so beweist die Übereinstimmung derselben mit irdischen Elementen das Gleiche, was die Spektralanalyse beweist, dass wir nämlich für die ganze sichtbare Welt eine physische und chemische Gleichförmigkeit der Gestirne annehmen müssen, die ebenso gross ist wie die der Meteoriten und der Farbenspektra.

Manche der rückläufigen Kometen sind durch Störungen, welche sie erfuhren, unserem Systeme dauernd einverleibt worden, wie z. B. der Halleysche Komet, der mit einer Umlaufszeit von $76^1/_6$ Jahren bis über den Anfang unserer Zeitrechnung sich verfolgen lässt. Aber noch immer erscheinen Kometen am Himmel, die früher nicht gesehen wurden. Von den bisher berechneten Kometenbahnen sind nur etwa $^1/_4$ elliptisch, etwa $^1/_{20}$ hyperbolisch, die übrigen parabolisch, aber vielleicht nur, weil sehr langgestreckte Ellipsen in der Nähe der Endpunkte der grossen Achsen sehr grosse Ähnlichkeit mit der Parabel haben, und eben nur diese Bahnstücke berechenbar sind, da die Kometen nur solange sie innerhalb der Jupiterbahn sich bewegen, uns sichtbar sind. Es ist also sicher, dass sehr viele Kometen, aus der Region der Fixsterne kommend, zum Umlauf um die Sonne genötigt werden, und wir erhalten dadurch nicht bloss die gewünschte empirische Bestätigung für die Gleichheit aller kosmischen Entwicklung, sondern auch den Beweis dafür, dass auch die Fixsterne ihre Planetensysteme haben, und dass auch in diesen die indirekte Auslese des Zweckmässigen mit dem gleichen Resultate wie im Sonnensysteme geschieht, sodass also zwischen den Sonnen ein gegenseitiger Austausch solcher Weltkörper stattfindet, die als unzweckmässig aus ihrer Heimat ausgewiesen und zu parabolischen oder hyperbolischen Bahnen genötigt wurden.

Die Sonnensysteme des Himmels schieben sich also gegenseitig jene Bestandteile zu, welche als unzweckmässig ausgeschieden werden, — das Prinzip des Bösen in seiner ursprünglichsten Gestalt, vom Standpunkte der Definition Schopenhauers: Das Böse ist das Von-sich-auf-den-andern-schieben des Übels.

Auch dieser Prozess muss aber mit der Zeit aufhören; der Widerstand des Äthers allein genügt schon, alle parabolischen und hyperbolischen Bahnen allmählich in langgestreckte Ellipsen zu verwandeln; die Störungen innerhalb der Planetensysteme können sogar sehr kurze Ellipsen entweder vorübergehend oder dauernd veranlassen, sodass also mit der Zeit alle Kometen zu festen Ansiedlern werden müssen, und alsdann keine weitere Zu- oder Abnahme der Kometen aller Systeme durch Aus- oder Einwanderung mehr erfolgen wird.

Wir haben nur mehr einen Schritt zu thun, um der Geschichte der Erde, nachdem wir sie bis zur Phase der Meteoriten und Kometen verfolgt haben, auch das Schlusskapitel anzufügen: Aus dem Nachweise eines hemmenden Mediums im Raume folgt, dass die Begleiter der Sonne fortgesetzt, wenn auch innerhalb historischer Zeitlängen nicht merklich, an Tangentialkraft einbüssen müssen; von den beiden Komponenten ihrer Bewegung erfährt also die eine, die Tangentialkraft, eine beständige Abnahme, die andere, die Schwerkraft, in der Annäherung an das Centrum eine beständige Zunahme; sie bewegen sich also streng genommen in Spiralen gegen die Sonne, wie Motten um das Licht, um schliesslich, wie im Fluge ermattet, gegen sie zu stürzen. Aus der vorliegenden Untersuchung aber ergiebt sich, dass die Erde, und zwar ohne Zweifel schon lange vor jener Schlusskatastrophe, aufgehört haben wird, ein bewohnter Weltkörper zu sein; sie wird nicht nur ihre Meere und Atmosphäre absorbiert haben, sondern auch in ihre Fragmente zerfallen sein. Nicht als eine Riesensternschnuppe wird sie ihr Dasein enden, sondern als Steinregen in die Sonne stürzen. An jenem Tage aber werden die Bewohner entlegener Welten, welchen unsere Sonne als Fixstern am Himmel steht, das gleiche Schauspiel beobachten, das wir sahen, als in der Nacht vom 12. Mai 1866 ein Stern in der Krone aufleuchtete, und sie werden sich vielleicht sagen, dass in dem fernen Systeme unserer Sonne abermals ein Planet zu Grunde gegangen sei, der unbestimmbare Zeiten hindurch der Schauplatz irdischer Leiden und Freuden gewesen.

In keinem Kapitel hat sich die Fruchtbarkeit der in die Astronomie eingeführten Darwinschen Formel so sehr gezeigt, wie in der Untersuchung über den Ursprung der Kometen, daher es gestattet sein mag, die Resultate kurz zusammenzufassen. Die indirekte Auslese des Zweckmässigen in ihrer Anwendung auf das Sonnensystem erklärt:

1. Die hohe Zweckmässigkeit des Planetensystems.
2. Die überwiegende Mehrzahl der Kometen gegenüber den Planeten.
3. Sie fügt die Kometen bezüglich ihrer Bahnelemente organisch in die Nebularhypothese ein.
4. Sie erklärt das Auftauchen neuer Kometen in parabolischen oder hyperbolischen Bahnen.
5. Sie fügt die Kometen bezüglich ihrer physikalischen Beschaffenheit organisch in den aller kosmischen Materie zukommenden Abkühlungsprozess ein.
6. Sie erklärt den Zusammenhang der Kometen mit den Meteoritenschwärmen als einen notwendigen.
7. Sie führt Kometen und Planeten, die ohne die indirekte Auslese in der Nebularhypothese nur dualistisch zu behandeln sind, dadurch auf die gleiche Entstehungsursache zurück, dass

sie die Entstehung der Kometen als eine Fortsetzung der planetarischen Entwicklung erklärt.

8. Sie verknüpft endlich alle diese Einzelerscheinungen durch das Band einer gemeinschaftlichen Ursache, sodass sie in innerer Übereinstimmung stehen. Die physikalische Beschaffenheit der Kometen ist z. B. mit ihren Bahnelementen causaliter verbunden, woraus wiederum ihre noch nicht vollendete Anpassung an die längst stationär gewordenen Zustände des Planetensystems folgt; und endlich ist von jeder Einzelerscheinung zu jeder andern das Kausalitätsverhältnis nachzuweisen.

Die Nebularhypothese, wenn wir die Darwinsche Formel in sie einführen, erklärt also ungleich mehr, als sie für sich allein zu erklären vermöchte. Das Erklärungsprinzip der indirekten Auslese erweitert also den Umfang des zu erklärenden Gebietes, ohne doch die Erklärungsursachen zu vermehren, da sie, als einer *causa vera*, lediglich des Gravitationsgesetzes sich bedient und demselben nur solche Wirkungen zumutet, welche sich empirisch nachweisen lassen in den Störungen der Planeten sowie in der von der Hypothese vorausgesetzten Steigerung, noch jetzt bei den Kometen, z. B. bei der Verwandlung der hyperbolischen Bahn des Lexellschen Kometen in eine kurze elliptische und wieder zurück in eine hyperbolische. Da endlich der vorausgesetzte Zustand, in welchen die indirekte Auslese einzugreifen hat, insofern von der grössten Einfachheit ist, als er chaotisch oder beliebig anders gedacht werden kann, in allen gezogenen Folgerungen aber die Übereinstimmung mit jenen grossen Generalisationen der modernen Astronomie gewahrt ist, nämlich Universalität der irdischen Gesetze und Gleichheit der kosmischen Stoffe, so dürfte die Übertragbarkeit der Lehre Darwins auf die Astronomie kaum mehr einem Zweifel unterliegen.

———

X.

Die Ewigkeit des Schöpfungsvorgangs.

———

enn der Mensch, dem das Schicksal seiner Species alles in sich fasst, was sein Herz zu ergreifen vermag, erbangen will bei den Perspektiven, welche die Astronomie uns eröffnet, so giebt es für ihn keinen andern Trost, als den Gedanken, dass die Welt eine unermessliche ist, dass, wie alte Welten vergehen, so immer wieder neue entstehen, und dass bei der unberechenbaren Zahl der Fixsterne innerhalb der Milchstrasse und der kosmischen Nebelflecke in- und ausserhalb derselben — Herschel allein entdeckte deren 2500 —, die sich entweder zu einem Gewimmel von Sternen bereits verdichtet haben, oder doch in einer Entwicklung nach dieser Richtung begriffen sind, vielleicht unzählige Verhältnisse gegeben sind, unter welchen ähnliche Prozesse eintreten können, wie auf unserem Planeten.

Die spektralanalytisch bewiesene durchschnittliche qualitative Gleichartigkeit der Gestirne legt sogar den Gedanken nahe, dass, wie das Individuum nur ein Exemplar einer zahlreichen Species ist, so auch die Erde samt allen Organismen nur ein Exemplar einer zahlreichen Species von Sternen ist. Ja, der Augenblick selbst, in dem unser Planet seinem Verderben geweiht wird, ist es vielleicht, in welchem auf einem andern fernen Sterne der Zustand der Dinge bis zu dem Punkte herangereift ist, da ein neues Geschlecht lebender, aber gleich uns sterblicher Gebilde seinen Beginn nimmt.

Jeder Wehruf ist verschollen,
Jede Klage ist verweht,
Wo mit seinem wechselvollen
Los ein neu Geschlecht ersteht.

Andrer Jugend goldne Tage,
Andern Alters steile Bahn,
Neue Hoffnung, neue Klage,
Alles hebt von neuem an.

(Martin Greif.)

Andererseits müssen die quantitativen Unterschiede der Gestirne allein schon eine unendliche Verschiedenheit ihrer uns unvorstellbaren Bewohner bedingen, und da zudem die Glieder des Kosmos in verschiedenen Zeitlängen altern, so wären selbst bei gleichem Entwicklungsgange doch Unterschiede der jeweilig erreichten Organisationsstufen gegeben. Wir können uns also die Gestirne, je nachdem die Gesamtheit der Bedingungen auf ihnen günstiger oder ungünstiger liegt, als auf der Erde, in zahlloser Verschiedenheit mit Wesen bevölkert denken, die ebensogut höher organisiert sein können, denn wir Menschen — wir brauchen dabei nicht gleich an die lieben Engelein zu denken —, als niedriger.

Solche Gedanken sind es, die uns die Vorstellung vom einstigen Untergange unseres Planeten erträglicher erscheinen, ja, ein Ereignis darin uns erblicken lassen, dem im Kosmos nicht mehr Bedeutung zukommt als auf unserer Erde dem Tode eines Individuums. Und wenn die christliche Weltanschauung, welche unsere Erde, dieses blosse Atom im Weltengewimmel, zum kosmischen und moralischen Mittelpunkte des Alls gestempelt hat, welche die Sterne gleichsam nur zur Verzierung an die Decke des Himmelsgewölbes gepappt, dem Menschengeschlechte aber die hyperbolische Bedeutung des hüpfenden Punktes im Weltei gegeben hat, — wenn diese kurzsichtige Weltanschauung der besseren Einsicht gewichen ist, nämlich der Weltanschauung des Kopernikus, dann erscheint uns dieser allerdings als der gründlichste Degradator des Menschengeschlechtes, der je unserem Hochmute Schranken gesetzt hat; aber andererseits hebt uns die Erkenntnis, dass die vielen Millionen von Sternen als ebenso viele Mittelpunkte von

Planetensystemen anzusehen sind, hoch hinauf in Sphären, von welchen aus die Sorge um die Geschicke unserer Erde als kleinliche Besorgnis erscheinen muss.

Allerdings sind die biologischen Entwicklungsreihen der verschiedenen Gestirne scharf zu trennen von der kosmischen Entwicklung. Sie decken sich nicht nur nicht zeitlich — indem ja gerade die im absteigenden Aste der kosmischen Entwicklung eintretenden Zeichen des Verfalls, nämlich die Veränderlichkeit des Lichtes und die Verdunklung, den aufsteigenden Ast der biologischen Entwicklung solcher Sterne erst einleiten —, sondern sie sind auch insofern grundverschieden, als die biologischen Vorgänge der einzelnen Gestirne vielleicht für immer voneinander isoliert bleiben, während die kosmischen Vorgänge sich gegenseitig ergänzen, Glieder einer ganzen Kette sind, mag diese auch eine in sich zurücklaufende sein.

Sollte in der biologischen Geschichte der Gestirne eine Absicht walten, wie man anzunehmen begreiflicherweise leicht geneigt ist, so könnte dieselbe nur darin liegen, dass vermöge des gleichen Kampfes ums Dasein, der die Harmonie der Systeme hervorrief, auf ihren Gliedern eine hochgesteigerte Stufe des Bewusstseins erzielt würde, womit solche Sterne ihre Aufgabe erfüllt hätten und abtreten müssten, um wieder anderen Platz zu machen; aber wir dürfen nicht ausser acht lassen, dass auf jedem Sterne der Prozess von neuem anhebt, und dass wenigstens vom Standpunkte unserer irdischen Einsicht die tiefe Nacht der Erinnerungslosigkeit alles bedeckt, was sich, allgemein genommen, als Geschichte der abtretenden Weltkörper bezeichnen lässt. Kein anderes Geschlecht, keine zu Höherem berufene Art von Geschöpfen wird einst die Erbschaft der Erde antreten, und nichts von dem, was die Menschheit geleistet hat, wird in die Hände anderer Wesen übergehen. Nur eine immer wieder beginnende und immer wieder abgeschnittene Entwicklung lässt sich also vom biologischen Standpunkte aus erkennen, aber keine fortlaufende. Gleich der Penelope, welche nächtlicher Weile trennte, was ihre Hände bei Tage gewoben, vernichtet die Natur jeweilig ihre Werke, und nicht die Absicht, das Gewebe zu vollenden, lässt sich ihr zuschreiben. Es fehlt die

Verbindungsbrücke, der Faden, an welchem die Resultate der Ein-
zelprozesse zum allgemeinen Verbande aneinander gereiht würden.
Wenn auf Erden kein Ereignis, kein Individuum, keine That
gedacht werden kann ohne Beziehung zu anderen, wenn alles nur
ein Glied in der langen Kette des Geschehens ist, dessen Endresultat
als Gesamtzweck der Erde sich bezeichnen liesse, so fehlen dagegen
die Beziehungen der Ereignisse auf den Einzelgestirnen zu einander,
und nur das Dasein überhaupt kann dem Kosmos, im ganzen
betrachtet, als absoluter Zweck zugesprochen werden.

Anders in der kosmischen Entwicklung. Wir können das
Schicksal jener Planetensysteme, welche sich mit ihrer erkalteten
Sonne wieder vereinigt haben, nicht als ein definitiv abgeschlossenes
ansehen und können nicht annehmen, dass die erkalteten Welt-
leichen in gespensterhaftem Laufe durch den Raum ziehen werden
bis zur Vereinigung mit dem Centralsysteme, das schliesslich durch
den Ätherwiderstand in Bewegungslosigkeit übergehen würde; vielmehr können wir in unseren Rückschlüssen auf die Vergangenheit
des Kosmos selbst bei jenen Urnebeln nicht stehen bleiben, aus
welchen sich die Sternhaufen bilden, sondern können diese Nebel
selbst nur wieder auffassen als das Produkt der Vereinigung aller
Gestirne eines Sternhaufens, deren Bewegung, in Wärme und Licht
umgesetzt, eine Temperatur erzeugte, bei der die gesamte Materie
in die Nebelform zurückverwandelt wurde, — ein Kreislauf der
uns unwillkürlich an jene Kalpas erinnert, mit welchen die Bud-
dhisten die nach Myriaden von Jahrmillionen zählenden Welt-
perioden bezeichnen, welche, durch jeweilige Vernichtung des
Weltalls abgeschnitten, einander folgen. Die Frage aber, ob diese
Kalpas so gedacht werden müssen, dass gleichzeitig das ganze
Weltall im Zustande der Verödung weilt, oder nur Teile desselben,
in räumlichem Nebeneinander mit anderen Regionen, in welchen
das gestaltenreiche Spiel der Sansara vor sich geht, — diese
Frage erfordert zu ihrer Beantwortung die Untersuchung der Be-
Beziehungen oder kosmischen Systeme zu einander.

In jedem kosmischen Systeme besteht das Prinzip der Unterordnung; auch die Doppelsterne und Gruppensysteme bilden hiervon keine Ausnahme, mag auch das, was sie beherrscht, nur ein

gemeinsamer, virtueller Schwerpunkt sein, um den sie in Ellipsen sich bewegen. Selbst das Umlaufen grösserer Sterne um kleinere, wie es in manchen Fällen vermutet wird, lässt keinen Schluss zu auf das Bestehen anderer Gesetze, als welche den Fall des Steins regeln; denn die Grösse eines Sternes besagt nichts über seine Masse, und der kleinere, aber dichtere, kann gleichwohl als der mächtigere zum Centralkörper sich aufwerfen. Diese Allgemeingültigkeit des Gesetzes der Schwere legt es uns aber nahe, nach jenem Bande zu forschen, welches systematisch die Glieder des Weltalls verbindet.

Wenn Hipparch wieder erstünde — der nach einer Erzählung des Plinius*) durch das Auflodern eines neuen Sternes im Jahre 125 vor Christus zur Anlegung seines grossen Sternkatalogs veranlasst wurde — und die Sternbilder des nächtlichen Himmels mit den früheren vergleichen würde, so würde er ohne Zweifel in der Ansicht des Altertums bestärkt werden, dass die Fixsterne unbeweglich seien; denn die seither eingetretenen Veränderungen in der Stellung der Sterne sind so gering, dass sie nur bei genauen Messungen bemerklich werden. Heute aber besteht kein Zweifel mehr darüber, dass die Fixsterne in der That Eigenbewegung haben. Plinius nannte das Unternehmen Hipparchs, die Sterne zu zählen und ihre Orte abzumessen, ein vermessenes Unternehmen (rem etiam Deo improbam), und in der That wurde dasselbe erst am Ende des 17. Jahrhunderts wieder ernstlich in Angriff genommen, als Halley die Beobachtungen seines Zeitgenossen Flamsteed mit denen Hipparchs, die sich im Almagast des Ptolemäus finden, verglich, wobei sich für drei der hellsten Sterne (Sirius, Aldebaran und Arkturus) Ortsveränderungen ergaben, die ihm zu gross erschienen, um sie aus der Ungenauigkeit der alten Angaben zu erklären. Im allgemeinen freilich trifft die von Hipparch angefertigte Himmelskugel noch heute zu.

Wenn ein Schiff mit vollen Segeln dahingeht, so erscheint es doch aus der Ferne gesehen unbeweglich, und erst nach einiger Zeit wird ein Wechsel seiner Stellung sich bemerklich machen;

---

*) Hist. nat. II. 26.

bei den Fixsternen aber beträgt die für die Wahrnehmung des Ortswechsels nötige Zeit Jahre, ja Jahrhunderte und Jahrtausende. Aber hat auch seit der Gründung Roms Sirius — dem eine Eigenbewegung von 45 Kilometer in der Sekunde zugeschrieben wird — seinen Standort am Himmel nur um $1\frac{1}{2}$, scheinbare Vollmondbreite verändert, α Bootis um das Doppelte, α Centauri um das Dreifache, hat auch Arkturus seit den Tagen Hipparchs nur um $2\frac{1}{2}$ Vollmondbreiten sich verschoben, so werden doch die späten Enkelgeschlechter eine bedeutendere Veränderung der Sternbilder beobachten; und wiederum wird ein Tag kommen, da das Sternbild des grossen Bären, nach welchem der vielgewandte Odysseus, als er von Ogygia wegsegelte, den Schnabel seines Schiffes richtete (Od. XV.) — und von welchem die Worte Homers, dass es sich „niemals im Ozean bade", für Kleinasien schon jetzt nicht mehr ganz zutreffen, indem der äusserste Schwanzstern unter den Horizont sinkt, — sich aufgelöst haben wird; und wieder ein Tag, da das Haar der Berenice, das die schlaue Priesterin Cleonissa einst an den Himmel versetzte, in den Raum zerflattert sein wird.

Die Sonnen des Himmels, unsere eigene mit eingeschlossen, zeigen also eine Bewegung im Raume, und zwar von verschiedenem, nicht nur optischem, sondern wirklichem Betrage, und führen zugleich ihr ganzes Gefolge von Planeten, Monden und Kometen mit. Es handelt sich also darum, in welchem Verhältnisse diese Bewegungen zu einander stehen, ob sie nach verschiedenen Richtungen divergieren, oder gleiche Richtung einhalten, oder endlich ein gemeinschaftliches Bewegungscentrum haben, sei es eine Centralsonne oder einen gemeinsamen virtuellen Schwerpunkt. Denn dass die Bewegung der Fixsterne überhaupt nach dem Gesetze der Gravitation erfolgt, kann nicht bezweifelt werden, nachdem sich an den Doppelsternen die Keplerschen Bewegungsgesetze nachweisen liessen, und nur um die Bestimmung des Ortes, von dem die Anziehungskraft ausgeht, kann es sich noch weiter handeln.

Würde die Eigenbewegung der Fixsterne nur auf zufälliger Gruppierung anziehender Massen beruhen, ohne organischen Verband derselben, so könnte ein solches System von keinem Bestande sein und hätte sich nicht bis zur Gegenwart erhalten

könnnen. Es bleibt somit nur die Wahl zwischen einer Centralsonne oder einem virtuellen Centralschwerpunkt.

Bedenken wir nun aber, dass die Sonne, um das Gefolge der
Planeten an sich zu ketten, die Gesamtmasse derselben etwa
1000 mal übertreffen muss, so muss uns dies im Zusammenhalte
mit der ungeheuren Zahl der Gestirne jedenfalls hindern, auf dieses
Heer analogisch das gleiche Verhältnis zu übertragen und eine
materielle Centralsonne anzunehmen; denn eine solche müsste kaum
vorstellbare Dimensionen haben, wenn ihre mit dem Quadrate der
Entfernung abnehmende Anziehungskraft an den Grenzen der
Milchstrasse sich noch bemerklich machen sollte, und wenn sie die
Gesamtheit dieser Sterne an Masse so sehr überwiegen würde, um
sie an sich zu ketten.

Es lässt sich aber die Hypothese einer Centralsonne ausschliessen, ohne dass darum die Welt der Fixsterne in ein Aggregat voneinander unabhängiger Partialsysteme zerfiele; denn schon
an Doppelsternen und Gruppensystemen zeigt es sich, dass ein
allgemeines Bewegungscentrum keineswegs materiell durch einen
Stern erfüllt zu sein braucht, sondern dass ein durch die räumliche Verteilung der Massen bestimmter Punkt, in welchem die
Gesamtmasse der Sterne virtuell vereinigt wäre, genügt, den
organischen Verband derselben herzustellen. Die Virtualität dieses
Punktes liesse sich nun allerdings nur wieder aus dem Überwiegen
der um ihn gelagerten Gruppe über das übrige Heer erklären, auf
welche Gruppe alsdann die ungeheure Masse der unzulässigen
Centralsonne zu verteilen wäre.

Da die Sterne des Milchstrassensystems nicht in einer Ebene
liegen, sondern einen Komplex von abgeplatteter Kugelform bilden,
der aus einer Reihenfolge hintereinander liegender konzentrischer,
durch sternarme Regionen getrennter Kreise besteht, so muss die
dynamische Mittelgruppe der Milchstrasse im gemeinschaftlichen
Mittelpunkte dieser Kreise liegen. Diesen Punkt hat Argelander
im Sternbilde des Perseus, Mädler mit mehr Glück in den Plejaden
gesucht, der reichsten und glänzendsten Gruppe. Es stimmt mit
dieser Hypothese überein, dass diese Gruppe innerhalb des Fixsternsystems keine Eigenbewegung zeigt, da die wirkliche Eigen-

bewegung, an der wir selbst teilnehmen, nicht wahrnehmbar sein kann, wie die Sonne vom Standpunkte der Planetenbewegungen sich als ruhend darstellt. Ebenso wird die Hypothese Mädlers dadurch unterstützt, dass die Sterne der Plejaden nur sehr langsame Bewegungen um ihren Schwerpunkt zeigen, während im Verhältnisse zum Abstand von dieser Gruppe die Bewegungsschnelligkeit der Fixsterne wächst.

Es ist somit in hohem Grade wahrscheinlich, dass diese Plejadengruppe — die „Gluckhenne mit den Küchlein" heisst sie im Buche Hiob (9, 9.) —, in der ungefähr 80 teleskopische Sterne liegen, unter welchen besonders Alcyone auffällt, das Bewegungscentrum für alle Sterne bis zu den äussersten Grenzen der Milchstrasse ist. Ihre Sterne scheinen zahlreich und mächtig genug zu sein, um den allgemeinen, wohl oscillierenden Schwerpunkt wenigstens nicht aus den Grenzen des Sternbildes rücken zu lassen. Wenn wir aber schon für die Umläufe innerhalb dieser Gruppe eine Zeit von etwa zwei Millionen Jahren annehmen müssen, wenn schon unsere Sonne nur etwa in $22^1/_2$ Millionen Jahren um die Gluckhenne sich bewegen könnte, obwohl sie dem Centrum des Milchstrassenringes sehr nahe zu stehen scheint, so erhalten wir für die äussersten Gestirne dieses Ringes solche Umlaufszeiten, dass vielleicht die biologische Phase der Planeten dieser Sonnen innerhalb eines Umlaufs um die Plejaden sich abwickelt, und nicht der biologische Augenblick, sondern die Bewegung als das wesentliche Merkmal der Sonnensysteme erscheint.

Wie unsere Planeten mit geringen Abweichungen sich auf der verlängerten Äquatorebene der Sonne bewegen, so fallen auch die Äquatorebenen der Sternhaufen und Nebelflecke innerhalb der Milchstrasse mit der Ebene der Milchstrasse zusammen, mit geringer Abweichung hiervon, infolge der gegenseitigen Anziehung dieser Gebilde; dass aber auch die ausserhalb der Milchstrasse liegenden Sternhaufen und Nebelflecke untereinander und wiederum mit der Milchstrasse organisch durch das Gravitationsgesetz verbunden sind, zeigt sich schon darin, dass auch das System der doppelten und mehrfachen Sterne sich hier in grösserem Massstabe wiederholt. Die Doppelnebel scheinen sogar häufiger zu sein als die Doppelsterne, und der jüngere Herschel hat unter 5000 Nebeln nicht weniger als 229 Doppelnebel gefunden, während die 3-, 4- bis 9-fachen Nebel zunehmend seltener werden.

Aber wie sich der systematische Verband aller dieser grossen Massen, die nur vermöge ihrer Entfernung als lichtschwache Scheiben von geringem Durchmesser erscheinen, nicht bezweifeln lässt, so ist die Analogie mit den Planeten unseres Sonnensystems auch insofern gegeben, als wir verschiedene Stadien der Entwicklung auch für diese grossen Gebilde annehmen müssen. Schon die Gleichzeitigkeit von Nebelflecken und Sternhaufen zeigt an, dass nicht alle kosmische Materie in der gleichen Entwicklungsphase begriffen ist, dass nicht alle Regionen des Himmels gleichzeitig von der Auflösung betroffen werden, nicht alle gleichzeitig wieder aufleben, dass vielmehr in ewiger Abwechslung dort gealterte Sternhaufen zusammenstürzen, hier neue sich bilden, und die Vorstellung einer Schöpfung, welche die ganze sichtbare Welt gleichzeitig umfasst hätte, nicht zulässig ist. So gleicht also, wie David Strauss bemerkt, der Kosmos einem jener südlichen Bäume, an denen zu derselben Zeit hier eine Blüte aufgeht, dort eine Frucht vom Zweige fällt.

Aber wie so oft bei den Erscheinungen des Himmels zwischen optischem Scheine und Wirklichkeit zu unterscheiden ist, so bedarf es auch hier erst der Untersuchung, ob diese Gleichzeitigkeit von Nebeln und Sternhaufen in der That vorhanden oder vielleicht nur eine durch die ungleiche Entfernung dieser Gebilde von unserem Standorte hervorgerufene optische Täuschung ist.

Da das Licht zu seiner Fortpflanzung Zeit braucht, und wir daher vom Himmel nur längstvergangene, und zwar der ungleichen Entfernung der Lichtquellen wegen verschiedene Zeiten ablesen, so könnte man geneigt sein, zu Gunsten der Schöpfungshypothese aus dieser ungleichen Entfernung die Zustandsunterschiede als bloss scheinbare abzuleiten, sodass die auf wirkliche Nebel deutenden Spektra nur anzeigen würden, dass es einst gasförmige Nebel gab, aber nicht, dass solche noch vorhanden waren. Die Vorstellung eines Anfangs aller Dinge, einer gleichzeitig geschehenen Schöpfung, würde dadurch eine nicht geringe Stütze erhalten.

Aber diese Hypothese, welche die Zustandsunterschiede der kosmischen Materie nur optisch aus den ungleichen Lichtzeiten bei ungleicher Entfernung erklären will, ist schon darum unhaltbar, weil unter dieser Voraussetzung die uns räumlich nächsten Gebilde den jüngsten, die entferntesten den ältesten Entwicklungszustand uns melden müssten, was keineswegs der Fall ist. Vielmehr finden wir Nebelflecke und Sternhaufen in dieser Hinsicht ganz unregelmässig verteilt; es giebt Nebelflecke, die optisch und spektralanalytisch als Gasmassen sich kundgeben und doch uns näher liegen als andere, die sich auflösen lassen. Zudem vollzieht sich die Verwandlung von Nebeln in Sternhaufen nur in so ausserordentlichen Zeitlängen, dass selbst bei einer Verspätung der Nachricht um Millionen von Jahren, wenn wir eine solche Lichtzeit für die entfernteren Nebel annehmen wollen, doch auf keine wesentliche unterdessen eingetretene Veränderung der Lichtquelle geschlossen werden kann. Jahrmillionen kommen nicht einmal für die Entwicklung eines Planeten sonderlich in Betracht, genügen aber sicher nicht für die Verwandlung eines Nebels in einen Sternhaufen. Die Gleichzeitigkeit dieser Formen kosmischer Materie ist daher nicht als bloss optische, sondern als wirkliche anzusehen.

Doch lassen wir den Vertretern der Schöpfungstheorie Gerechtigkeit widerfahren und nehmen wir für den Augenblick an Stelle des Kreislaufes der Welten bei verschiedenen Entwicklungsstadien der Materie die Hypothese eines gleichzeitigen Anfangs aller Dinge an, um jene Folgerungen daraus zu ziehen, welche sich naturwissenschaftlich daraus ergeben:

Die Geschwindigkeit des Lichtes beträgt 42 000 Meilen in der Sekunde; gleichwohl aber erhalten wir die Meldungen von der äussersten Grenze der Milchstrasse um etwa 4000 Jahre verspätet. Nehmen wir nun an, es sei die ganze Welt im gleichen Augenblicke, etwa vor 6000 Jahren, geschaffen worden, und es hätten damals alle Sterne gleichzeitig begonnen, ihre Strahlen gegen die Erde zu senden, so würde vom ersten Schöpfungstage an die Anzahl der Sterne für die Lebenden optisch beständig zugenommen haben. Zu allererst, und zwar schon nach 8—9 Minuten, würde die Sonne am dunklen Himmel aufgetaucht sein; erst nach $3^{1}/_{2}$ Jahren, während welcher ausser dieser nur noch die wandelnden Planeten und der Mond sichtbar gewesen wären, würde der uns nächste Fixstern, α Centauri, erschienen sein. Immer mehr Gestirne würden sodann nach und nach am Himmel aufgekeimt sein, und auch heute noch müsste ihre Anzahl sich beständig vermehren. Die Milchstrasse müsste als ein neues Phänomen die Verwunderung des Mittelalters erregt haben, und über die Milchstrasse hinaus könnten wir selbst heute noch nichts sehen; keiner der entfernteren Nebel könnte Gegenstand unserer Untersuchung sein, und wir wären allein auf jene Sterne beschränkt, deren Lichtzeit für uns 6000 Jahre beträgt.

Eine solche optische Vermehrung der Gestirne hat aber niemals stattgefunden, und da wir zudem Sterne von 9000 Jahren Lichtzeit kennen, so wird schon hierdurch das Alter der Welt auf die gleiche Zeit hinausgerückt; die blosse Sichtbarkeit von Nebelflecken aber, deren Lichtzeit mehrere Millionen Jahre betragen muss, lässt ein dieser Lichtzeit gleiches Alter der Welt als die geringste der zulässigen Annahmen erscheinen.

So zeigen sich denn im Kosmos nebeneinander gelagert alle Phasen jener ewigen Wandlung, in der gravitierende Bewegung in Wärme, diese in räumliche Bewegung sich umsetzt. Hier ein Gewirre von flammenden Welten, im Höhepunkte ihres Glanzes strahlend, dort nebenan welkende Sternhaufen, in welchen die veränderlichen Sterne den Niedergang anzeigen und die verdunkelten Sonnen im Wiederauflodern mit letzter Kraftanstrengung sich der Erstarrung zu erwehren suchen; während in einer Region in scharf umrissenen Nebelballen die ersten Sonnen zu keimen beginnen, werden am anderen Orte die feingegliederten Sonnensysteme als diffuse Gasmassen wieder in den Raum hinausgetragen. Aber immer wieder hebt die Sisyphusarbeit der Natur an, und nach dem gleichen Gesetze, das die Bewegungen der Staubatome unseres Zimmers regelt, die der einfallende Sonnenstrahl uns sichtbar werden lässt, tritt auch in den ausgedehnten Nebelmassen jenes chaotische Durcheinanderwallen der sich bildenden Verdichtungscentren ein, die gegeneinander spielend so lange sich stören oder ineinander fliessen, bis schliesslich in weiten Abständen nur eine relativ geringe Zahl von Sternen in harmonischer Verteilung übrigbleibt.

So endet der natürliche Kampf, den das Gesetz der Gravitation einleitet, mit jenen so wunderbaren Kombinationen grosser Gestirne, bei deren Anblick wir uns der Ansicht kaum entschlagen können, als seien in allweiser Absicht ihre Bewegungen von Anfang her geregelt gewesen. Und doch können wir dieses zweckmässige Resultat zunächst nur den absichtlos wirkenden Naturkräften zuschreiben, die hier, wie überall, nach dem Prinzip der Anpassung thätig sind und die Phase der Harmonie unfehlbar hervorbringen müssen. Erst Aufgabe der Philosophie ist es, aus der Qualität dieser Gesetze, die sich aus ihren Resultaten kundgiebt, ihre metaphysische Bedeutung zu bestimmen.

Es hat sich aber gezeigt, dass jener Kampf ums Dasein den Zustand geringster Reibung, nach dem die Natur gesetzmässig hinstrebt, nie vollständig erreichen kann, weil immer wieder Störungen auszugleichen sind, und es immer wieder gilt, durch die Elimination des Unzweckmässigen die indirekte Auslese des Zweckmässigen herbeizuführen.

Nur vermöge der Zweckmässigkeit ihrer Bahnen haben sich die Konstellationen unserer Gestirne erhalten; wir können in ihrem wunderbaren Reigen nichts sehen als Kombinationen, welche als die günstigsten, oder wenigstens als für die überhaupt mögliche Bestandesdauer hinlänglich günstige, andere Kombinationen überlebt haben, die als unzweckmässig aufgelöst wurden. Aber dieser Prozess kann nicht dahin seinen Abschluss finden, dass nach Elimination aller störenden Elemente ein idealer Zustand grösstmöglicher Zweckmässigkeit erreicht wird, der weiter und weiter um sich greifend, schliesslich das All umfassen würde. Auch im vollendeten Anpassungsprozesse sind keine definitiven Zustände gegeben, die Entwicklung kann nie zur Ruhe kommen, da gealterte Weltenkomplexe sich immer wieder in Nebel verwandeln, aus welchen wieder neue Welten resultieren, den Kreislauf von neuem zu beginnen. Jede, auch die höchstmögliche Zweckmässigkeit ist eine in der Zeit begrenzte, und aus der natürlichen Makrobiotik der Systeme ist doch der Keim ihres Untergangs nicht zu eliminieren.

Es sind freilich tief eingewurzelte Vorurteile, welchen solche Anschauungen widersprechen, und der Mensch, über dessen geäng-

stigtes Herz im Anblicke des nächtlichen Himmels die Ruhe sich
ergiesst, hat auch von jeher nach den Sternen als nach einer Welt
des ewigen Friedens emporgeblickt. Aber wenn wir in Gedanken
dem grossartigen Schauspiele nachsinnen, das unsere Erde bietet,
wenn wir bedenken, dass sie der Schauplatz unablässiger Kämpfe
ist, in der leblosen Natur, wie im Pflanzen- und Tierreiche; wenn
wir sehen, dass alles, was sie erzeugt, der Vernichtung anheimfällt
sodass sie einem grossen Kirchhofe vergleichbar ist, in dessen
Gräber nacheinander die Generationen der Arten, ja die Arten
selbst, hinabsinken, — wie sollen wir doch angesichts dieses Phänomens glauben können, dass ganz im Gegensatze hierzu jene
unendlich grössere Welt der Schauplatz eines ewigen Friedens sei,
der niemals durch natürliche Vorgänge irdischer Zwietracht unterbrochen werde!

Wir können nicht annehmen, dass nur das Atom unserer
Erde speziell für einen so kriegerischen Zustand der Dinge auserlesen sei, dass nur auf Erden jener Kampf herrsche, in dem
alles gegen alles steht. Es ist die gleiche Materie, aus der die
ganze sichtbare Welt entstanden ist, und auf alle Sterne müssen
wir im grossen und ganzen die irdischen Verhältnisse übertragen.
In der Veränderung liegt das Wesen der Materie, und keine Erscheinung vermag anders zu entstehen als durch Auflösung anderer;
wo immer daher das Phänomen des Lebens auftreten mag, kann
es sich nur erhalten auf der Basis vorangegangener Naturstufen;
nur als Kreislauf des Stoffes ist Leben denkbar, und nur auf
Kosten niedrigerer Lebensformen vermögen sich höhere Formen
zu entwickeln und zu erhalten. Der Schmerz ist demnach im
ganzen Kosmos ein so allgemeines Gesetz wie die Gravitation.

Wenn man uns aber dieses zulassen will, dass auch auf den
Oberflächen der übrigen Planeten ein friedlicher Zustand nicht
denkbar sei, liegt dann nicht in der weiteren Vorstellung, dass
dagegen der Verband der Gestirne in ewiger Harmonie verharren
werde, die doch nur den Zweck haben könnte, dass auf ihnen
der Prozess ewiger Erzeugung und ewiger Vernichtung ungestört
bliebe, damit die Unruhe der Sansara ja nicht auch nur vorübergehend durch die Ruhe des Nirwana abgelöst würde, — liegt

nicht in dieser Vorstellung noch viel mehr des Widerstrebenden, als wenn wir das ganze All vermöge einer unergründlichen Fatalität jenem harten Gesetze uns unterworfen denken, das wir auf Erden walten sehen?

Wie es auf Erden nur dieses Gesetz ermöglichte, dass aus der langen Reihe biologischer Vorgänge die hochentwickelte Menschheit hervorging, wie nur der gleiche Kampf in der Geschichte es bewirkte, dass diese Menschheit zu ihrem jetzigen Kulturzustande sich emporschwang, so müssen wir auch einsehen lernen, dass in der ganzen Weite des Kosmos keine Entwicklung ohne Kampf möglich ist, dass aber eben aus diesem Kampfe jene Harmonie der Gestirne hervorgehen konnte und musste, die unser Erstaunen wachruft.

Per aspera ad astra!

XI

Bewegung und Empfindung der Materie.

Wenn wir den Massstab der Darwinschen Formel an den Mechanismus der Gestirne legen, so finden wir nur zwei Faktoren, welche darin nicht aufgehen; zwei Elemente verbleiben noch, welche durch die Auslese des Zweckmässigen im Kampfe ums Dasein sich nicht erklären lassen: die Bewegung der Gestirne und die Gesetzmässigkeit der Materie. Diese Grundphänomene der siderischen Systeme, auf welche sich die Hypothese eines ausserweltlichen Schöpfers noch stützen könnte, bedürfen daher noch einer näheren Untersuchung.

Es handelt sich um die Frage, woher der ursprüngliche Anstoss gekommen ist, der die Materie in Bewegung versetzte; denn das Gravitationsgesetz regiert zwar die Bewegungen, oder leitet sie in ihrer Fortdauer, bringt sie aber nicht hervor. Wäre die Bewegung der Gestirne durch die Schwerkraft allein bedingt, so müsste sie senkrecht gegen die Anziehungscentren gerichtet sein. Zu senkrechter Bewegungsrichtung kann die Gravitation nur ruhende Körper veranlassen, aber nicht schon bewegte; bei letzteren wird sie nur eine Krümmung der Bahn, eine Ablenkung nach der Seite des anziehenden Körpers hervorbringen. Bei jeder krummen Bahn, also bei allen Bahnen der Gestirne, müssen wir daher voraussetzen, dass die Schwerkraft mit einer anderen Kraft kombiniert sei, dass demnach die Gestirne auch abgesehen von der Gravitation in Bewegung sich befinden. Alle krummen Bewegungen lassen sich also in zwei geradlinige Bewegungen zerlegen, in eine centripetale und tangentiale.

Nur jene Komponente der Bewegung, welche die Gestirne gegen die Sonne ablenkt, wird durch die Schwerkraft erzeugt, die tangentiale Komponente muss eine andere Ursache haben, sie muss ihnen ursprünglich sein, auf einem ursprünglichen Stosse beruhen. Newton wollte denn auch in der Tangentialbewegung geradezu den Finger Gottes erkennen, während die Nebularhypothese die dem Planeten bei seiner Abtrennung erteilte tangentiale Geschwindigkeit als Ursache hinstellt.

Die Wirkung dieses Stosses blieb konstant; denn nach dem Gesetze der Trägheit verharrt jeder Körper, sei es ein ruhender oder ein bewegter, in seinem Zustande in alle Ewigkeit fort, wenn nicht eine äussere entgegenwirkende Ursache eintritt. So muss auch die den Planeten bei ihrer Abtrennung erteilte Tangentialgeschwindigkeit fortdauern, und im Unterschiede von der beständig wirkenden Schwerkraft können wir nicht eigentlich von einer Tangentialkraft reden, sondern nur von einer konstant gebliebenen Folge jenes ursprünglich erteilten Stosses.

Diese beiden Kräfte kombinieren sich also in der Bewegung der Himmelskörper, und das Verhältnis, in dem die Wurfkraft zur Schwerkraft steht, bestimmt die Figur der von ihnen beschriebenen Kurve. Die Erde z. B. wird bei einer Geschwindigkeit von ungefähr vier Meilen in der Sekunde gleichzeitig um $1\frac{1}{3}$ Linie in der Richtung gegen die Sonne abgelenkt.

Wenn sich aber auch bei der Abtrennung der Planeten eine Ursache für die ihnen erteilte Tangentialkraft ersehen lässt, so stellt sich doch weiter zurück und allgemein die Frage nach jenem Anstosse ein, der zuerst Bewegung in die Materie brachte, sodass wir schliesslich vor der Alternative stehen, entweder eine ausserhalb der Materie liegende Ursache anzunehmen, oder diese Bewegung als ursachlos zu bezeichnen.

Ob der Begriff einer ursachlosen Bewegung wissenschaftlich denkbar ist, hängt davon ab, ob wir die Ruhe oder Bewegung als den natürlichen Zustand der Materie anzusehen haben; denn einer nicht ursprünglichen Bewegung müsste, als einer erst eingetretenen Veränderung, notwendig eine Ursache vorhergegangen sein. Wenn uns aber die Erfahrung geneigt machen möchte, die Ruhe als den ursprünglichen Zustand der Materie anzusehen und für jede Bewegung eine Ursache zu suchen, so beruht dieses doch nur auf einer unvollständigen Induktion. Denn allerdings sehen wir einen ruhenden Körper niemals ohne Ursache in Bewegung übergehen; aber andererseits ist es ebenso sicher, dass ein bewegter Körper ohne Ursache niemals in Ruhe übergehen kann; und wenn auch dieses Axiom aus irdischen Vorgängen niemals direkt zu beweisen ist, so können wir uns doch Rechenschaft von dieser Unmöglichkeit geben: eine irdische Bewegung ohne hemmende Ursachen lässt sich nicht herstellen, weil sich die Anziehung der Erde und die Reibungsmomente eben niemals beseitigen lassen. Wohl aber wird dieses Axiom indirekt dadurch bewiesen, dass wir die Bewegungsgeschwindigkeit eines Körpers proportional den hemmenden Ursachen abnehmen und erst dann in Ruhe übergehen sehen, wenn die bewegende Kraft bis auf den letzten Rest aufgezehrt ist. Ziehen wir daher die ganze Summe der Bewegungswiderstände ab, so ist sofort der vorige Zustand, die Bewegung in der ursprünglichen Geschwindigkeit, wieder gegeben.

Die drehende Bewegung eines Kreisels wird gehemmt durch den Widerstand der Luft und die Reibung der Achse an dem Boden; die Versuche von Hooke zeigen aber, dass die drehende Bewegung um so länger andauert, je mehr der Kreisel verhindert wird, dieselbe an die Luft mitzuteilen, und dass sie, wenn sie im leeren Raume geschieht, wo sie nur durch die Reibung der Achse verzögert wird, fast eine Stunde anhält. Liesse sich also auch die Reibung der Achse beseitigen, so würde ein solcher Kreisel, einmal in Bewegung gesetzt, so beständig rotieren, wie die kosmischen Körper. Nur darum erscheint uns die Bewegung so vergänglich, weil ihr an irdischen Objekten immer widerstehende Kräfte entgegenwirken, welche sie fortdauernd schwächen und schliesslich aufzehren; an sich aber ist Bewegung ebenso unzerstörbar wie jede Kraft, und nimmt nur andere Formen an, wenn sie gehemmt wird.

Welcher Zustand der Materie ursprünglich sei, ob Ruhe oder Bewegung, darüber kann also die Erfahrung nichts aussagen. Wir sind gleich berechtigt, die Ruhe als gehemmte Bewegung, wie die

Bewegung als gestörte Ruhe anzusehen. Beide Behauptungen sind nur verschiedene Ausdrücke für das Gesetz der Trägheit, dass ein gegebener Zustand nur durch äussere Ursachen aufgehoben werden kann. Das Gesetz der Trägheit bezieht sich auf Ruhe wie auf Bewegung, es schliesst weder eine ursprüngliche Bewegung, noch eine ursprüngliche Ruhe als natürlichen Zustand der Materie aus, ist mit beiden gleich gut verträglich, da es ja nur ein besonderer Fall des allgemeinen Kausalitätsgesetzes ist, wonach jeder Veränderung eines Dinges eine Ursache vorhergehen muss.

Die Forderung einer äusseren Ursache für den ersten Anstoss der Materie hat demnach nur Sinn, insofern die Ruhe als ursprünglicher, natürlicher Zustand der Materie behauptet wird, welche Behauptung eben nicht bewiesen werden kann, und deren Gegenteil gleich gut denkbar ist, dass nämlich Ruhe nur gehemmte Bewegung sei, und dass aller kosmischen Materie von Anfang an Bewegung zukomme, die freilich nicht anders, als geradlinig und von konstanter Geschwindigkeit gedacht werden kann. Sogar ist ursprüngliche Bewegung der Materie weit wahrscheinlicher als ihre Ruhe, indem diese unter zahllosen möglichen Beträgen von Geschwindigkeit gerade den einen Fall betrifft, in dem die Geschwindigkeit gleich Null ist. Nur eine Veränderung der Geschwindigkeit und der Bewegungsrichtung kann als ursachlos nicht gedacht werden.

Das zweite Grundphänomen der Materie ist ihre Gesetzmässigkeit. Auch diese fällt ausserhalb des Erklärungsbereiches der Darwinschen Formel, wird vielmehr von dieser schon vorausgesetzt, da die indirekte Auslese zweckmässiger Bewegungen im Entwicklungsprozesse siderischer Systeme nur auf der Basis unveränderlicher Gesetze eintreten kann. Selbst wenn wir alle Teleologie in der Mechanik der Himmelskörper als natürlich sich einstellendes Resultat erklären können, so verbleibt doch die Gesetzmässigkeit — die ja im Grunde selbst wieder ein teleologisches Problem bildet — als nicht zu erklärender Rest übrig.

Wenn also die Aufgabe der Naturforschung einer Kategorie von Erscheinungen gegenüber allerdings erfüllt ist, sobald dieselben auf gesetzmässig wirkende Kräfte ohne Rest und in der Weise zurückgeführt sind, dass jede andere Erklärung durch bekannte oder unbekannte Kräfte ausgeschlossen erscheint, so ist damit dem Bedürfnisse des menschlichen Geistes noch kein Genüge geschehen, und auch die Erkenntnis des gesetzmässigen Treibens der Natur ist noch kein Ruhekissen der Forschung.

Gerade bei den Bewegungen der Himmelskörper, die sich in mathematische Formeln bringen lassen, und bei welchen, insofern uns alle äusseren Umstände bekannt sind, das Resultat mit unfehlbarer Sicherheit sich voraussagen lässt, — gerade in diesem hartnäckigen Festhalten der Ursache an ihrer Wirkung wird es uns recht fühlbar, dass die Gesetzmässigkeit an sich wieder ein Problem ist. Die Einsichtigen werden sich daher so gewiss immer über das Fallen des Steines verwundern, als das Volk diese Verwunderung niemals begreifen wird. In dem dunklen Kraftbegriffe liegt nicht gleichsam jene seelische Vermittlung, womit wir Ursache und Wirkung zu verbinden das Bedürfnis fühlen, weil wir uns mit einer nur äusserlichen Zusammenkoppelung der Materie und ihrer Gesetze nicht begnügen können, und ein solcher Mangel innerer Vermittlung uns die Veränderungen siderischer Systeme so unbefriedigt betrachten lässt, wie die Bewegungen eines seelenlosen Automaten, einer Wachsfigur.

Solange wir die Gesetzmässigkeit der Materie als etwas ihrem Wesen Fremdes ansehen, das ihr nur äusserlich anklebt, solange wir sie als tote Masse betrachten, die nur durch äusseren Anstoss in Thätigkeit gerät, an sich aber ganz gleichgültig ist gegen zweckmässige, wie unzweckmässige Bewegung, gewinnen wir kein Verständnis der Natur; einer solchen rein mechanischen Weltanschauung gegenüber bleiben die Worte von Dubois-Reymond*) immer zutreffend: „Es ist eben durchaus und für immer unbegreiflich, dass es einer Anzahl von Kohlenstoff-, Stickstoff-, Sauerstoff- u. s. w. Atomen nicht sollte gleichgültig sein, wie sie liegen und sich bewegen, wie sie lagen und sich bewegten, wie sie liegen und sich bewegen werden."

Aber die Atomenlehre geht auch einer radikalen Neugestaltung entgegen. Albert Lange, wohl der gründlichste Kenner dieses

---

*) Grenzen des Naturerkennens. 26.

du Prel, Philosophie der Astronomie.　　　23

Gebietes, sagt in seiner „Geschichte des Materialismus" (II. 193. 202):
„So wären wir denn durch die blosse Fortbildung des Atomismus
mitten in die dynamische Naturauffassung geraten, und zwar nicht
durch spekulative Philosophie, sondern durch die exakten Wissenschaften." . . . . „Sonach liegt in der Atomistik selbst, während sie
den Materialismus zu begründen scheint, schon das Prinzip, welches
alle Materie auflöst und damit wohl auch dem Materialismus
seinen Boden entzieht." Wenn es gleichwohl noch Materialisten
der alten Sorte giebt, so beweist das nur, dass dieselben nicht
einmal in ihrem eigenen Fache über die nötigen Kenntnisse ver-
fügen. Im allgemeinen aber macht sich in der Naturwissenschaft
selbst, gerade bei ihren vornehmsten Vertretern, eine gesunde
Reaktion gegen die rein äusserliche Erklärung der Erscheinungen,
und ein Bestreben geltend, das gesetzliche Verhalten der Materie
aus ihrem inneren Wesen abzuleiten. Mehr und mehr tritt die
Notwendigkeit einer inneren Vermittlung der Veränderungen zu
Tage, die wir nur finden, wenn wir jene Vorgänge aus dem
Bereiche unserer Erfahrung, wo wir diese innere Vermittlung deutlich vorfinden, als typische Vorgänge für alle Veränderungen betrachten. Dies kann aber nicht anders geschehen, als indem wir
das Empfindungsvermögen als eine fundamentale Eigenschaft aller
Materie anerkennen.

Dass eine chaotische Masse von selbst und aus eigenem
Impuls im Spiele der sich kreuzenden Kräfte einen Zustand des
Gleichgewichts und der geringsten Reibung erstrebt, dass unter
allen Umständen in dem anfänglichen Chaos eine gegenseitige
Accommodation eintritt und zweckmässige Kombinationen resultieren,
das bleibt ewig unverständlich von Seite einer Materie, der die
chaotische Bewegung ebenso gleichgültig sein kann wie jede andere;
erst wenn wir ihr Empfindungsfähigkeit beilegen, wird uns
die Sache verständlich.

Die Empfindungsfähigkeit ist die einzige der uns empirisch gegebenen Eigenschaften, die zum Zwecke des Naturverständnisses
geeignet erscheint, von bekannten Erscheinungen auf die noch
erklärungsbedürftigen übertragen zu werden, und die Wissenschaft
besitzt eben kein anderes Mittel, rätselhafte Erscheinungen zu

erklären, als indem sie bekannte, in anderen Erscheinungen wirkende Kräfte auf die noch unerklärten Erscheinungen vorerst hypothetisch überträgt, und sodann zusieht, ob sich die wahrnehmbaren Vorgänge daraus ableiten lassen. Ist dieses vollständig der Fall, dann können solche Hypothesen als begründet angesehen werden, während die Zuflucht zu unbekannten, in keiner andern Erscheinung gegebenen Kräften wertlos und wissenschaftlich unzulässig ist.

Wie die Bewegung der Gestirne erst durch jene Generalisation Newtons erkannt wurde, der die irdische Eigenschaft der Schwere auf sie übertrug, und alle Fortschritte der modernen Astrophysik nur erreicht werden konnten, indem die Eigenschaften der irdischen Materie universell erweitert wurden, so muss auch die Gesetzmässigkeit der Materie überhaupt durch eine Generalisation erklärt werden, indem wir aus dem Vorrate bekannter Kräfte eine solche herausgreifen und auf das Problem anwenden, welche die Erklärung leistet. Nur auf diesem Wege kann es der Wissenschaft gelingen, zum inneren Verständnis der Gesetzlichkeit durchzudringen, die uns trotz aller Fortschritte der Naturwissenschaft gleich rätselhaft geblieben ist, sodass wir uns über die Zähigkeit deistischer Vorstellungen nicht verwundern dürfen. Da nun aber nur die Empfindungsfähigkeit uns die Erklärung leistet, so haben wir gar keine andere Wahl, als diese Eigenschaft der organisierten Materie universell auf alle Materie zu übertragen. Dem Naturforscher, dem es nur darauf ankommt, dass die Atome der Materie notwendigen Gesetzen gehorchen, kann es freilich vollkommen irrelevant sein, ob sie dabei empfinden oder nicht; die Philosophie aber kann sich mit dem Gesetze als letzter Ursache nicht begnügen, kann aber auch das Gesetz nicht äusserlich an das Atom herantreten lassen.

Die trotz ihrer Grossartigkeit verhältnismässig einfachen Erscheinungen in der Mechanik der Himmelskörper dürften sogar vorzugsweise geeignet erscheinen, die Berechtigung dieses Verfahrens ins Licht zustellen; denn hier offenbart es sich deutlicher als in anderen Gebieten, dass alle Veränderungen in der Bewegung einer beständigen Tendenz gleichkommen, den Streit der Elemente in der ursprünglich chaotischen Gestaltung mehr und mehr zu verringern, bis schliesslich nach grösstmöglicher Beseitigung aller Unzweckmässigkeiten und Störungen, als Unlustempfindungen, jenes Gefüge der Welt in harmonisch gegliederten Sonnensystemen erzielt ist, wobei die Reibung auf ihr geringstes Mass gebracht ist.

Aber nicht nur das Bedürfnis, die Gesetzlichkeit der Natur zu erklären, drängt uns zu dieser Hypothese, sondern auch die Thatsache selbst der Empfindung der organisierten Materie bleibt ohne diese Hypothese unbegreiflich. Es wird immer ein vergebliches Bemühen der Naturforschung sein, diese Empfindung aus einer bestimmten Lagerung der Atome zu erklären; denn aus einer Materie, deren Wesenheit durch räumliche, zeitliche und kausale Momente erschöpft wäre, wird keine Analyse andere Phänomene herleiten können, als eben wiederum zeitliche, räumliche und kausale, da alle Naturkräfte nur Kombinationen der einfachsten Atomkräfte sind. „Es ist eine einfache logische Konsequenz — sagt Zöllner in seinen „Wissenschaftlichen Abhandlungen" (I. 331) — dass jeder Körper, der als ein Aggregat materieller Atome von den oben angeführten Eigenschaften vorausgesetzt und vorgestellt wird, auch keine anderen Eigenschaften zeigen kann, als solche, die qualitativ mit den seinen Elementen beigelegten identisch sind, d. h. im vorliegenden Falle keine anderen als rein mechanische, d. h. von jeder Empfindung und jedem Bewusstsein entblösste Bewegungen. Denn durch Summation gleichartiger Grössen kann stets nur eine von den summierten Elementen quantitativ, aber nicht qualitativ verschiedene Grösse erzeugt werden."

So wird also wohl der lange Streit zwischen Materialismus und Spiritualismus dahin seinen Abschluss finden, dass wir in der Empfindung der organisierten Materie lediglich eine Steigerung einer den Atomen aller Materie innewohnenden Grundeigenschaft anerkennen. Wenn die Naturforschung gar nicht anders kann, als in der Willenskraft die transformierte Energie der Materie zu sehen, da die Summe vorhandener Kräfte sich nicht vermehren kann, so folgt daraus im Grunde von selbst die wesentliche Identität der Vorgänge in der organischen und unorganischen Natur. Wir müssen daher alle Kraft mit Schopenhauer „Wille" nennen, darum aber auch den gleichen Modus der Bestimmung dieses Willens, die Reaktionsfähigkeit auf Grund einer Empfindung, anerkennen, indem wir die Unterschiede zwischen Ursache im engeren Sinne und Motiv fallen lassen und die Empfindungsfähigkeit als primäre Eigenschaft der in allen Naturreichen nach den Prinzipien von Lust und Unlust sich gesetzmässig entscheidenden Materie ansehen, mag auch die Intensität dieser Atomempfindung denkbarst gering angenommen werden.

Soll die Erhaltung der Kraft als Axiom gelten — wie dieses ja gerade von der Naturforschung am meisten betont wird — so muss alle Kraft als identisch mit dem angenommen werden, was wir in uns als Wille vorfinden, und was nur transformierte materielle Energie sein kann, indem andernfalls der Wille als spontane neuerstehende Kraft in den Kausalnexus der Natur sich einführen würde. Aber auch dass diese wesentlich gleiche Kraft in allen Gebieten der Natur nur gesetzmässig sich äussern, nur in äquivalenten Beträgen sich umwandeln kann; folgt von selbst aus jenem Axiome.

So ergiebt sich die Berechtigung, den Makrokosmos aus dem Mikrokosmos zu erklären.

In dem gesetzmässigen Zusammenhange der realen Veränderungen in der unorganischen Natur offenbart sich uns lediglich die reine Äusserlichkeit, die kausale Seite des Wesens der Materie, dahingegen das Innerliche so sehr zurücktritt, dass man wohl glauben möchte, es sei das Wesen dieser Materie in der Äusserlichkeit erschöpft. Dagegen kehrt die organische Natur die innerliche Seite ihres Wesens vorwiegend heraus, sodass das kausale Moment unserem Blicke fast verloren geht. Je deutlicher uns die kausale Seite des Wesens der Materie entgegentritt, wie z. B. in der Bewegung der Gestirne, desto mehr bleibt uns die innere verborgen; wo dagegen diese uns deutlich wird, wie im menschlichen Willensakte, dort vermögen wir die äussere Seite kaum mehr zu erkennen. Dies verführt uns, qualitativ zwischen den mechanischen und psychischen Vorgängen der Natur zu unterscheiden, während in der That die Kausalität das äusserliche, der Wille das innerliche Merkmal aller Veränderungen ist, und auf allen Naturstufen beide Faktoren der Veränderung wesentlich identisch und nur der Deutlichkeit nach verschieden sind, indem dort das eine, hier das andere Moment in den Vordergrund tritt.

Jenes Naturgesetz also, welches, dem Kausalgesetze koordiniert, alle Veränderung beherrscht, begleitet alle kausalen Momente durch einen inneren Parallelismus; was dagegen äusserlich als das Gesetz der Trägheit sich kundgiebt, erscheint innerlich als Mangel eines Motivs zur Veränderung.

Alle materiellen Veränderungen der Natur lassen sich in Hinsicht der Arbeitsleistung in zwei Kategorieen teilen: es wird entweder Spannkraft, potentiale Energie, in lebendige Kraft, Bewegungsenergie, verwandelt, oder umgekehrt Bewegungsenergie in Spannkraft. Analog dem Prozesse bewusster Empfindung ist die erstere Arbeitsleistung als mit Lustempfindung verknüpft anzusehen; es müssen also, wenn die Erregung der Empfindung von Einfluss auf die Bewegung sein soll — um mit Zöllners Worten zu reden — „die den Elementen der Materie innewohnenden Kräfte so beschaffen sein, dass die unter ihrem Einflusse stattfindenden Bewegungen dahin streben, in einem begrenzten Raume die Anzahl der stattfindenden Zusammenstösse auf ein Minimum zu reduzieren"; oder allgemeiner ausgedrückt: „Alle Arbeitsleistungen der Naturwesen werden durch die Empfindung der Lust und Unlust bestimmt, und zwar so, dass die Bewegungen innerhalb eines abgeschlossenen Gebietes von Erscheinungen sich so verhalten, als ob sie den unbewussten Zweck verfolgten, die Summe der Unlust auf ein Minimum zu reduzieren."[*] Erst so aber erhält auch jenes allgemein gültige Gesetz seine innere Begründung, dass jede, sei es mechanische oder organische oder geschichtliche Entwicklung in der Linie des geringsten Widerstandes vor sich geht, was Herbert Spencer in seinen „Grundlagen der Philosophie" ausführlich gezeigt hat.

Die Gesetzmässigkeit steht daher dem Atome nicht rein äusserlich gegenüber, das Atom ist nichts dem Gesetze Fremdartiges und seine Wesenheit kann nicht erschöpft sein durch Ausdehnung und Trägheit, sondern enthält in sich die Energie zu allen Prozessen der Natur.

Es ist nicht allein die Philosophie, die sich genötigt gesehen hat, die tote Materie der Materialisten zu beseelen, sondern auch die exakte Naturwissenschaft, und sogar Häckel sieht sich zu der

---

[*] Natur der Kometen. 326.

Annahme einer Atomseele .getrieben. In der That giebt es nur einen Weg, auf dem wir dieser Vorstellung entrinnen können, — der Weg, auf welchem Plato gewandelt ist: Bei Plato liegen diejenigen Kräfte, Ideen, welche die diesseitigen Dinge hervorbringen, im Jenseits; die Ideen sind ihm das 'allein Wahre, die Dinge nur sekundäre Erscheinungen. Wenn wir aber weder zu diesem Dualismus des Plato, noch zu dem toten Stoffe der Materialisten zurückgreifen wollen, so verbliebe als einziger Ausweg, um auch der Atomseele zu entgehen, nur mehr, das transcendente Jenseits des Plato in ein transcendentales, erkenntnistheoretisches Jenseits zu verwandeln und mit den Verteidigern einer vierten Raumdimension anzunehmen, dass die von uns vorgestellte Welt nur das Projektionsbild einer vierdimensionalen Welt in einem dreidimensionalen Erkenntnisapparat sei. Dann allerdings bestünde keine Nötigung, in die dreidimensionale Materie diejenigen ihrer fundamentalen Eigenschaften zu verlegen, deren wir bedürfen, um ihre mit Empfindung begabten Aggregate zu verstehen, so wenig, als wir Veränderungen an dem zweidimensionalen Schattenbilde unseres Leibes aus der Empfindungsfähigkeit dieser Schatten zu erklären hätten, statt aus der Empfindungsfähigkeit unserer dreidimensionalen Leiber.

Betrachten wir unter dem Gesichtspunkte der Atomseele — vorbehaltlich ihrer vielleicht möglichen erkenntnistheoretischen Überwindbarkeit — die Bewegungen der kosmischen Materie von den nebelartigen Anfängen bis zur schliesslichen Gliederung, so offenbart sich uns in dieser Gesetzmässigkeit der Ausdruck einer Innerlichkeit des Atoms, und in dem Ausgleichsprozesse, wodurch die Elemente naturgemäss alle Unzweckmässigkeiten eliminieren und den Zustand geringster Störung erzielen, sehen wir nicht nur im metaphorischen Sinne, sondern wesentlich das gleiche Gesetz, nach welchem auch die psychischen Kräfte in einem Organismus den Zustand des Gleichgewichts erstreben. Es ist lediglich die einseitige Auffassung der in den verschiedenen Vorgängen der Natur zunächst sich offenbarenden Seiten der Äusserlichkeit oder Innerlichkeit, die uns verleitet, wesentliche Unterschiede zwischen den verschiedenen Kategorieen der Erscheinungen zu behaupten. Erst in dieser Weise gewinnen wir das volle Verständnis für das

Phänomen der kosmischen Harmonie, indem wir die Konstellationen und Bewegungen der Glieder siderischer Organismen als solche erkennen, in welchen die Summe der möglichen Unlustempfindungen auf ihr geringstes Mass gebracht ist.

Es ist also ein und dasselbe Gesetz, eine und dieselbe Grundeigenschaft der Materie, welche im unorganischen Reiche das Gleichgewicht der mechanischen Kräfte erstrebt, im organischen Reiche die grösstmögliche Anpassung der Organismen an die veränderlichen Lebensbedingungen zu erreichen sucht, und im Reiche des Gedankens immer mehr den Irrtum, als Widerspruch zwischen Vorstellung und Realität, ausscheidet und hierdurch indirekt der Wahrheit zum Siege verhilft, sodass im Verlaufe der Kulturgeschichte die Welt unserer Gedanken, als Abbild der Realität, in immer grössere Harmonie mit dieser gesetzt wird, bis schliesslich vielleicht die Anpassung unserer Ideen an die Wirklichkeit eine vollkommene sein wird.

So mahnen uns denn auch von diesem Gesichtspunkte aus die Erscheinungen des Himmels davon ab, sie aus anderen als natürlichen Ursachen zu erklären, und wir kommen auch auf diesem Wege zu dem Resultate, dass die Naturwissenschaft es nicht nötig hat, zur Erklärung der Veränderungen um extramundane Prinzipien bei der Volksmetaphysik betteln zu gehen. Mehr und mehr in ihrem Fortschritte wird sie — es folgt dies gerade aus ihrer Beschränkung — imstande sein, ihre Aufgabe zu lösen, welche darin besteht, die Erscheinungen den Gesetzen zu unterwerfen und eine lückenlose Kausalreihe ohne metaphysische Agentien herzustellen. Die Welt ist nicht teils mechanisch, teils metaphysisch, sondern sie ist beides ganz und gar. Es giebt keine Veränderung, die nicht ihre natürliche Ursache hätte, aber es giebt auch keine Veränderung — und wäre es selbst nur das Fallen eines Steines — die nicht ein metaphysisches Rätsel in sich bergen würde. Es giebt keine Atomveränderung, die nicht gesetzmässig aus natürlichen Kräften geschähe; aber Kraft und Atom selbst sind metaphysische Begriffe. So können also die Gegner der Naturwissenschaft erst dann angehört werden, wenn diese ihre Schuldigkeit gethan hat, und sie verkennen ihre eigene Bedeutung ganz, wenn

sie glauben, schon früher und innerhalb des naturwissenschaftlichen Gebietes zum Worte zugelassen werden zu können. Die
äussere kausale Seite der Natur gehört der Naturwissenschaft an,
und zwar so ausschliesslich, dass Philosophie und Religion, welche
ins Innere der Natur zu dringen versuchen, in der gemeinschaftlichen Anerkennung der naturwissenschaftlichen Resultate sogar
das einzige Mittel besitzen, ihre gegenseitigen Differenzen zum Austrag zu bringen. Die Welt ist also durch und durch mechanisch:
dieses zu leugnen ist das Unrecht der Philosophie und Religion;
andererseits ist die Welt durch und durch metaphysisch: dieses
zu leugnen ist das Unrecht der Naturwissenschaft. Aber welcher
Art dieses Metaphysische sei, dies zu ergründen ist nicht Sache
der philosophischen Systeme gegen die Naturwissenschaft, sondern
der ersteren unter sich und in ihrer Gesamtheit gegen die Volksmetaphysik.

XII

Die Mehrheit bewohnter Sterne.

rotz aller Fortschritte, deren sich die Astronomie seit Jahrhunderten in Europa zu rühmen hat, sind doch in mehrfacher Hinsicht schon im grauen Altertume bei den Kulturvölkern Ansichten zur Geltung gekommen, die im Abendlande erst sehr spät durchdrangen. In einer Zeit, da in Europa noch keinerlei wissenschaftliches Bedürfnis sich regte, verzeichneten die alten Chinesen schon fleissig alle Kometenerscheinungen, ja sie berechneten sogar jene Sonnenfinsternisse voraus, worüber damals unsere Ahnen noch erschraken, wie später die von Kolumbus mit dem Entzuge des Sonnenlichtes bedrohten Indianer. Es mag sich freilich in das rein wissenschaftliche Bedürfnis der Chinesen auch die Illusion eines praktischen Wertes solcher Beobachtungen im Sinne von Auspicien gemischt haben; wenigstens erklärt es sich kaum anders, dass im Jahre 2550 v. Chr. der Kaiser von China zwei seiner Hofastronomen — der eine hiess Hi, der andere Ho — hinrichten liess, weil sie die in diesem Jahre eingetretene Sonnenfinsternis, die erste historisch erwähnte, nicht ganz richtig vorausberechnet hatten. Aber jedenfalls spricht dieser chinesische Bericht, dessen Richtigkeit neuere Berechnungen bestätigt haben, für das hohe Alter chinesischer Kultur. Seither hat sich freilich das Blatt gewendet, und während im Abendlande die Astronomie zur exaktesten Wissenschaft geworden ist, sagen die Mönche von Siam noch heute, dass die europäischen Astronomen die Finster-

nisse von Sonne und Mond nur darum so genau vorhersagen
können, weil sie den Appetit eines grossen Drachen genau kennen,
der zur Zeit der Finsternisse Sonne oder Mond verschlingen will.

Auch in den selbst heute noch geläufigen Anschauungen über
die Mehrheit bewohnter Sterne kann gegenüber jenen der Indier,
Ägypter und Griechen nur ein Rückschritt erkannt werden. Die
christliche Weltanschauung hatte, indem sie die Erde in den
Mittelpunkt der Welt versetzte, die Menschheit, wie den von ihr
bewohnten Stern, in eine schiefe Stellung zur Natur gerückt, und
indem das in Rom fabrizierte System die Menschheit zum hüpfenden
Punkt im Weltei machte, konnte auf solchem geistigen Boden die
Ansicht von der Mehrheit bewohnter Welten keine Wurzeln fassen.
Zwar hat es das ganze Mittelalter hindurch Geister gegeben, welche
diese alte Wahrheit nicht preisgaben und mit mehr oder weniger
Glück versuchten, sie mit den Dogmen der katholischen Kirche in
Einklang zu bringen; aber sie blieben vereinzelt in einer Zeit, da
man noch kaum erkannt hatte, dass es im Kosmos kein Oben und
Unten gebe, sondern nur Anziehungscentren, die Richtung nach
welchen von allen Seiten her als Unten, die Richtung von
welchen ab als Oben zu bezeichnen ist; in einer Zeit ferner, da
eben wegen seines Buches über die Unendlichkeit der Welten
Giordano Bruno den Scheiterhaufen besteigen musste. Die Erde
aus dem Mittelpunkte der Welt rücken, das hiess eben ihre
moralische Würde und die der Menschheit antasten, und dagegen
war man damals so empfindlich, wie es unser Jahrhundert gegen
die Theorie Darwins ist.

Der blosse Anblick des gestirnten Himmels, die Erwägung, dass
die unzählbare Menge der mit blossem Auge wahrnehmbaren Sterne
kaum den 200 000 sten Teil der teleskopisch wahrnehmbaren beträgt,
dass ferner über eine Entfernung von 4 500 Billionen Meilen hinaus
einzelne Sterne auch nicht mehr teleskopisch gesehen werden können,
sondern nur grosse Anhäufungen derselben als scheinbare Nebel
und die wirklichen Nebel als zukünftige Sternhaufen, — dies alles
predigt dem Unbefangenen die Mehrheit bewohnter Sterne mit
grösster Eindringlichkeit, und er wird nimmermehr glauben, dass
das Atom, welches wir Erde nennen, allein von empfindenden und

erkennenden Wesen bewohnt sei, dass dagegen im ganzen übrigen Kosmos die Weltkörper als verödete Massen nur dem allgemeinen Zuge der Materie folgen.

Indessen sind Schlüsse, welche sich lediglich auf ein solches numerisches Missverhältnis gründen, durchaus von keinem wissenschaftlichem Werte. Ein kleiner bewohnter Planet in Mitte eines Gewimmels unbewohnter Sterne —, diese Vorstellung ist um nichts weniger fasslich, als die einer Oase in der endlosen Wüste Sahara, einer bewohnten Felsenklippe in Mitte des Stillen Ozeans, und wenn es auf der zu $^2/_3$ ihrer Oberfläche mit Meeren bedeckten Erde, numerisch genommen, auf das Fischleben abgesehen zu sein scheint, und das Leben allgemein im Kosmos nur eine kurze Zeitspanne innerhalb der Entwicklung der Gestirne füllen kann, endlich aber aus mehrfachen Gründen die Bewohnbarkeit der Gestirne als ein vorübergehendes Merkmal derselben erscheint, so lehrt uns dieses alles, dass wir uns dem Kosmos gegenüber nicht auf den biologischen Standpunkt der Beurteilung stellen dürfen. Dass aus numerischen Verhältnissen auf die Bewohntheit der Gestirne nicht geschlossen werden darf, hierfür ist der beste Beweis wohl der, dass ja in der That von den mehr als tausend Millionen Sternen, welche das Teleskop in unser Gesichtsfeld herabzieht, keiner als bewohnt angesehen werden kann; denn diese Fixsterne sind ausnahmslos Sonnen, in ihren elementaren Bestandteilen mehr oder minder dem Fixsterne unseres Planetensystems ähnlich, Ansammlungen von glühenden Gasen, die sich teilweise zu feurig-flüssigen Kernen verdichtet haben. Die Spektralanalyse, welche hierüber keinen Zweifel zulässt, würde unserem Trachten, die Erscheinung des Lebens auf andere Gestirne zu übertragen, vollständig Einhalt thun, wenn nicht Erwägungen anderer Art uns nötigen würden, dem Leben gleichwohl eine kosmische Bedeutung zu geben.

Vorerst nämlich haben wir durchaus kein Recht, die Begriffe Lebewesen und Eiweissgeschöpf für identisch zu halten, und es ist unvergleichlich wahrscheinlicher, dass sie sich zu einander verhalten wie die Art zur Species. Es wäre sehr kleinstädtisch, unsere irdischen Vorstellungen auf den Kosmos übertragen zu wollen, und selbst wenn wir den Wechsel der Materie beim Beharren der Form als ein Merkmal alles kosmischen Lebens ansehen wollten, so könnte doch der Stoffwechsel noch auf andere Weise vermittelt werden, als durch Verdauung, Blutumlauf und Respiration.

Nach den Prinzipien der Mechanik müssen ferner alle Fixsterne — hierdurch wird ihre Bedeutung für das kosmische Leben wieder hergestellt — von Planeten begleitet sein, auf welchen sich, wenn sie genugsam abgekühlt sind, wegen der Gleichheit der kosmischen Stoffe und Gesetze selbst nach irdischem Massstabe die Möglichkeit des Lebens einstellen muss. Diese Möglichkeit fällt aber naturwissenschaftlich mit Wirklichkeit zusammen. Da das Vorhandensein der materiellen Vorbedingungen diese Möglichkeit erschöpft, d. i. die zureichende Ursache für die Lebenserscheinungen enthält, ohne dass das Eingreifen eines weiteren, etwa übernatürlichen Prinzips noch dazu zu kommen hätte, so kann zwischen Möglichkeit und Wirklichkeit des Lebens kein Verzug eintreten; die Verwirklichung des Lebens besagt nichts weiter, als den Eintritt der Wirkung bei gegebener zureichender Ursache.

So sehen wir denn auch auf Erden das wirkliche Leben bis zu den äussersten Grenzen der Möglichkeit verbreitet. Auf den Gipfeln unserer höchsten Berge, wie in den Tiefen der Ozeane, in jeder Zone, in jedem Elemente, in jedem Klima und in jeder Jahreszeit sehen wir Lebensformen der verschiedensten Art gedeihen. Selbst dann, wenn nur für wenige Stunden die Möglichkeit des Lebens vorliegt, sehen wir jene Eintagsexistenzen ins Dasein treten, ebenso vollkommen mit Organen ausgerüstet, wie alle übrigen. Die erstarrten Pole selbst, in deren Nähe kein sichtbares Leben sich findet, sind der Schauplatz mikroskopischen Lebens. Tausende von pflanzlichen und tierischen Zellen gehen im Entstehen zu Grunde, und nur die geringste Zahl derselben gelangt zur Entwicklung; in allen Reichen der Natur lässt sich diese Verschwendung beobachten, die eine andere Deutung gar nicht zulässt, als dass eben die Wirklichkeit des Lebens überall eintritt, wo die Möglichkeit gegeben ist, ohne alle Rücksicht darauf, ob solche Gebilde sich auch zu erhalten vermögen und zur Reife kommen können. Die organischen Produkte verwirklichen sich, sobald die Bedingungen ihres Entstehens vorliegen, und trotzdem die Bedingungen ihrer Erhaltung nicht vorhanden sein mögen, wie eben im allgemeinen aus der Ursache die Wirkung folgt, mag sie zum Guten oder zum Schlimmen ausschlagen, oder auch von gar keinem Belang sein.

Wie an den Klippen der Meeresküste, in den Spalten und Ritzen des Gesteins sich organische Keime ansetzen, und, mögen sie auch jeweilig von einer hochgeschleuderten Woge hinweggespült werden, die Natur die vergebliche Arbeit doch immer wieder aufnimmt, so muss auch auf solchen Sternen sich das Leben zu regen beginnen, auf welchen der Prozess unfehlbar immer wieder abgeschnitten werden muss. Auch auf jenen Planeten, welche im Prozesse der Auslese in kometarische Bahnen gerückt wurden, klammerte sich im Beginne ihrer Erstarrung das Leben an, das bei jedem Periheldurchgange wieder vernichtet wurde; auch auf ihnen nahm die Natur ihre Sisyphusarbeit immer wieder auf, wenn auch der Prozess nie über die ersten Anfänge hinauskommen konnte. Denn allerdings sind auch auf Erden die Existenzverhältnisse veränderlich, und schritthaltend passen sich die Organismen ihnen an; aber diese Anpassung vermag sich weder in Extremen zu bewegen, wie sie in der Differenz zwischen der Temperatur des Raumes und dem verzehrenden Feuer liegen, dem solche Weltkörper bei grosser Sonnennähe ausgesetzt werden, noch kann sich die Anpassung an das Extrem vollziehen, wenn die Existenzverhältnisse sich so plötzlich ändern wie bei diesen Planeten, welche mit zunehmender Geschwindigkeit dem Perihel zustürzen.

Es muss also auf jedem Sterne unter allen Umständen jenes Leben anheben, welches nach den vorliegenden Bedingungen möglich ist, mögen auch zahlreiche Ansätze ohne bleibendes Resultat sein oder immer wieder abgeschnitten werden, und erst nach wiederholten Versuchen und nur auf solchen Gestirnen, welche wenig schwankenden und nur langsam sich verändernden Verhältnissen ausgesetzt sind, ein biologischer Prozess von geregelter Entwicklung seinen Fortgang nehmen.

Gerade aus der Natürlichkeit alles Geschehens folgt aber, dass überall nur solche Organismen sich finden können, welche ihrer äusseren und inneren Struktur nach ihren Lebensverhältnissen entsprechen; denn nicht für, sondern durch diese Verhältnisse sind die Wesen geschaffen, und Naturprodukte können daher für ihre Sphäre nie heterogen sein. Die beständigen, wenn auch langsamen Veränderungen auf der Erdoberfläche sehen wir seit Millionen von Jahren von der Lebenskraft unseres Sternes überdauert; alle geologischen Perioden weisen nacheinander auftretend andere Lebensformen auf, während wiederum die höchste Mannigfaltigkeit derselben in der gleichen Periode nebeneinander Platz findet.

Wenn wir nun aber auf die übrigen Planeten unserer Sonne und die uns ewig unsichtbaren, aber unbestreitbar vorhandenen Planeten der Fixsterne ähnliche Verhältnisse übertragen, so dürfen wir dabei doch nicht vergessen, dass bei aller durchschnittlichen Gleichartigkeit in ihrer stofflichen Zusammensetzung doch ihre individuellen Eigentümlichkeiten bedeutend genug sind, um uns jeden Gedanken daran verwerfen zu lassen, als könnten wir irgendwo im Kosmos dem irdischen Menschen begegnen. Nur das lässt sich mit Bestimmtheit sagen, dass ohne die allbelebende Kraft der Sonne die Materie der Planeten in Erstarrung liegen würde, und dass überall der Einfluss von Wärme und Licht es ist, unter welchem die Energien der Materie derart transformiert werden, dass hieraus, wohl nur durch Steigerung einer in den Atomen aller Materie liegenden Empfindungsfähigkeit, die Erscheinung tierischer Empfindung und des Bewusstseins sich einstellt. Für die Erde wenigstens kennen wir keine andere Kraftquelle als die Sonne, und jede irdische Bewegung, wenn weit genug zurückverfolgt, weist auf diese Quelle hin; in jener Kette von Verwandlungen, welche die zuerst als räumliche Bewegung auftretende Kraft eingeht, um schliesslich die Form organischer Kräfte anzunehmen, treten immer Wärme und Licht als Zwischenformen auf.

So steht denn der Ansicht von der Bewohnbarkeit und somit Bewohntheit aller erkalteten Planeten, vielleicht auch der erkalteten Sonnen, wenn und so lange ihre innere Wärme eine äussere ersetzen sollte, nicht nur nichts im Wege, sondern alle Erwägungen weisen auf diesen Punkt hin; und wenn sich die Menschheit diesen Glauben nie hat rauben lassen, so kann er heute, nachdem ihm durch die Spektralanalyse eine wissenschaftliche Grundlage gegeben worden ist, wohl nur demjenigen als paradox erscheinen, der auf dem extremen Standpunkte ptolemäisch-christlicher Weltanschauung steht.

Fragt man aber nun weiter nach der leiblichen, geistigen und moralischen Natur der Planetenbewohner, so kann hierauf allerdings nur sehr vorsichtig geantwortet werden, wiewohl sich über die anscheinend schwerer zu bestimmenden intellektuellen und moralischen Eigenschaften Sichereres aussagen lässt, als über die leibliche Beschaffenheit, analog jenem Verhältnisse, dass wir über die chemische Natur der Fixsterne besser instruiert sind, als über ihre räumlichen Bewegungen.

Die leibliche Beschaffenheit der Bewohner eines Gestirns hängt ab von den chemischen Elementen, aus welchen es zusammengesetzt ist, von den Mischungsverhältnissen dieser Elemente, und von der Masse des Gestirns.

Würde unter den uns bekannten chemischen Grundstoffen unserer Erde einer fehlen, so würde die Entwicklung unseres Sternes einen anderen Gang genommen haben. Keine Phantasie vermag sich vorzustellen, wie sich die Erde gestaltet haben und welche Gebilde sie nun tragen würde, wenn etwa Wasserstoff oder Sauerstoff fehlte. Die leibliche Organisation der Bewohner anderer Sterne lässt sich somit nur negativ dahin bestimmen, dass sie durchaus von der menschlichen sich unterscheiden muss, denn selbst bei allfälliger Gleichheit der elementaren Bestandteile ihrer Wohnplätze würden doch die Unterschiede in den Mischungsverhältnissen von der weittragendsten Bedeutung für die Organismen sein, da diese überall in grösster Übereinstimmung und Anpassung an den Boden gedacht werden müssen, der sie gebar.

Die vielfache Verschiedenheit irdischer Organismen selbst bei relativ geringen elementaren und klimatischen Unterschieden, und wiederum die Verschiedenheit unserer Flora und Fauna von der vergangener Epochen, lässt auf eine unerschöpfliche biologische Mannigfaltigkeit im Kosmos schliessen. Wenn schon die Veränderungen, welche die irdische Atmosphäre im Verlaufe der geologischen Perioden erlitten hat, begleitet war von einer vollständigen Umwandlung der Organisationen, wenn die Grund-

bedingungen unserer Existenz, der Atmungsprozess, ganz abhängig
ist von der derzeitigen Beschaffenheit der Atmosphäre, und Schall
und Licht, also auch Gesicht und Gehör, in Beziehung stehen eben
zu dieser Beschaffenheit, so sind wir wieder ganz auf unsere
Phantasie angewiesen bezüglich der Wahrnehmungsorgane der
Bewohner anderer Sterne.

Nehmen wir aber selbst eine vollständige Gleichartigkeit aller
Gestirne an, so müssen doch die bedeutendsten Unterschiede der
Lebensformen aus den quantitativen Unterschieden der kosmischen
Massen sich ergeben, welche das Gewicht der auf den Oberflächen
befindlichen Gegenstände regeln. Nach Flammarion ergeben sich
für unser Sonnensystem in Bezug auf die Schwere und die Fallräume in der ersten Sekunde folgende Werte:

	Schwere.	Fallraum in Metern.
Sonne	29,37	143,91
Merkur	1,15	5,63
Venus	0,95	4,64
Erde	1,00	4,90
Mars	0,40	2,16
Jupiter	2,55	12,49
Saturn	1,00	5,34
Uranus	1,11	5,44
Neptun	1,02	5,00
Mond	0,22	1,08

Ein Mensch, der also auf der Erde ein Gewicht von 60 Kilogramm hat, würde auf den Mond versetzt, nur mehr 13, auf
der Sonne dagegen 1762 Kilogramm wiegen. Da die Lokomobilität
und Arbeitsleistung der Organismen direkt vom Gewichte ihres
Körpers abhängt, auf jedem Sterne aber nur die ihm entsprechenden Organismen vorhanden sein können, so sind wir wiederum in
Hinsicht der Lebensformen anderer Sterne ganz auf die Phantasie
angewiesen, und nur das lässt sich behaupten, dass wir den irdischen
Organismen nur auf solchen Sternen begegnen könnten, deren Masse
gleich der der Erde wäre. Wenn wir, ohne das Gewicht unseres
Körpers sonderlich zu fühlen, auf der Erdoberfläche aufrecht gehen,
so würden wir auf dem Monde bei geringen Anlässen in die Luft

gehoben werden und wären auf der Sonne zur Bewegungslosigkeit verurteilt.

Das Gewicht eines Körpers ist demnach kosmisch genommen eine ganz relative Eigenschaft, abhängig vom Wohnorte, d. h. von der Masse des Gestirns, ja selbst bei gleichmässigen Gestirnen noch abhängig von der Rotationsgeschwindigkeit. Die Centrifugalkraft am Äquator eines Sternes ist dem Quadrate seiner Umdrehungsgeschwindigkeit proportional. Wenn also die Erde eine Tageslänge von $1\frac{1}{2}$ Stunden hätte, d. h. 17 mal schneller rotieren würde, so wäre ihre Centrifugalkraft 289 mal grösser und wir wären am Äquator gewichtlos.

Die Entwicklungsgeschichte eines Gestirns ist nur anzusehen als ein Prozess der Umwandlung derjenigen Kräfte, welche innerhalb seines Umfanges bei seinem Entstehen beschlossen waren. Als sich vom rotierenden Sonnenball jener Nebelteil ablöste, den wir Erde nennen, da trugen die molekularen Kräfte derselben bereits die ganze Reihe der späteren geologischen und biologischen Veränderungen, die ganze gestaltenreiche Geschichte des Menschengeschlechtes in ihrem Schosse. Die ganze gewaltige Kraftsumme, die sich darin äusserte, war ursprünglich in der Form der Schwerkraft als ruhende Spannkraft vorhanden, die immermehr in lebendige Kräfte sich differenzierte, deren verschiedene Formen sich ineinander umwandelten. Keine andere äussere Voraussetzung ist für den Fortgang dieses Prozesses zu machen, als Licht und Wärme unserer Sonne, unter deren Einfluss sich diese Umwandlungen vollzogen. Es ist die gleiche Kraft, welche ursprünglich die chaotischen Teile unseres Nebelballes gegeneinander gravitieren liess, die in anderer Form der geologischen Entwicklung zu Grunde lag, später die meerbedeckte Erde mit Fischen bevölkerte, und wiederum, in moralische und intellektuelle Energieen transformiert, einem Buddha die Empfindung der umfassendsten Nächstenliebe, einem Sokrates den Gedanken der Selbsterkenntnis hervorrief.

Da dieses Verhältnis entscheidend ist für die Bestimmung der moralischen Eigenschaften kosmischer Wesen, deren Anlagen in durchgängiger Abhängigkeit direkt von ihrer leiblichen Organisation, indirekt von der Beschaffenheit ihrer Wohnplätze stehen, so bewegen wir uns hier auf ungleich sichererem Boden. Wenn alle Entwicklung eines Sternes nur auf dem Kreislaufe seiner Stoffe beruht, so können neue stoffliche Verbindungen nur aus der Auflösung anderer entstehen; jede neue Stufe steht auf den Schultern der früheren, wie das Tierreich auf den Schultern des Pflanzenreichs. Kein Organismus schöpft aus sich selbst die Kraft sich zu erhalten; aller Mangel, der beständig in ihm liegt, kann nur von aussen gedeckt werden. Darum ist der Schmerz ein allgemeines Naturgesetz; nur unter Schmerzen kann Neues geboren werden. Nur darum sehen wir den Menschen zur Herrschaft über das Tierreich gelangen, weil er den Tieren überlegen und befähigt ist, im biologischen Haushalte der Natur die grössten Umwälzungen herbeizuführen; und nur insofern kommen die Völker der Geschichte zur Präponderanz, als sie die Nachbarvölker schmälern, sei es nun, dass sie die Kräfte derselben in Kriegen brechen oder in der Handelskonkurrenz aufsaugen.

Mögen auch auf anderen Gestirnen Verhältnisse sich finden, unter welchen der beständige Kampf, der sich aus solcher Sachlage überall ergeben muss, mildere Formen annimmt, so liegt es doch in der Natur der Dinge, dass keine Art von Entwicklung ohne begleitenden Kampf denkbar ist, und dass gerade auf jenen Sternen, auf welchen er in geringerer Intensität auftreten mag, auch das Moment des Fortschrittes eine geringere Triebkraft entfalten wird.

Mangel, Bedürfnis, Schmerz und die physischen Übel aller Art sind daher von universeller Bedeutung, und dieses Verhältnis bestimmt unmittelbar die moralische Natur der Weltbewohner; aus dem Übel folgt uumittelbar die Existenz des Bösen.

Jede unmoralische Handlung, wenn weit genug zurückverfolgt, weist auf ein physisches Übel hin, das sie gebar. Schopenhauer nennt daher ganz richtig das Böse nur ein Von-sich-auf-den-Anderen-Schieben des Übels. Selbst solche Charakterdispositionen, aus welchen ohne Nutzen für den Thäter, vom Gefühle der Schadenfreude begleitet, unmoralische Handlungen entspringen, vermögen sich nur in einer Welt des Übels zu entwickeln; sie sind nur Steigerungen des normalen Hanges, und eine Anlage

die sich in den aufeinanderfolgenden Generationen durch gewohn-
heitsmässiges Handeln mehr und mehr befestigt und vererbt hat.

Wenn wir sonach die moralische Vervollkommnung der Wesen
über die von uns erreichte Stufe hinaus selbst zugeben, so scheinen
ihr doch durch die für den biologischen Fortschritt allerdings sehr
günstige Unmöglichkeit, das Übel je ganz zu beseitigen, unüber-
schreitbare Grenzen gesetzt zu sein. Die Moral, bis zur letzten
Konsequenz praktisch durchgeführt, würde die Möglichkeit unserer
Existenz aufheben, und da Übel und Schmerz universeller Natur
sind, so mögen wir wohl berechtigt sein, uns niederschlagender
Betrachtungen über die Verderbtheit gerade des Menschengeschlechtes zu enthalten, — ein Trost von allerdings sehr zweifel-
hafter Art.

Fragen wir schliesslich noch nach der intellektuellen Natur
der Bewohner anderer Sterne, so lassen sich auch hierfür einige
positive Anhaltspunkte gewinnen. Zwar lässt sich keine Grenze
bestimmen, bis zu welcher die geistige Entwicklung der Menschheit
oder etwa einer andern irdischen Lebensform, gehen kann, noch
lässt sich sagen, ob es uns je gelingen mag, in unseren unablässigen Fragen an die Sphinx Natur ihr Rätsel zu lösen, ja
wir wissen nicht einmal, ob die Stufe des Bewusstseins der Menschheit in Ansehung anderer Weltbewohner eine hohe oder niedrige
zu nennen sei; aber das Grundphänomen der Empfindung und des
Bewusstseins ist nicht auf diese Erde beschränkt, bei aller möglichen Verschiedenheit der da und dort erreichbaren Stufen.

Es ist ferner ein und dieselbe Welt, welche den Bewohnern
aller Gestirne gegenübersteht: ausgebreitet im Raume, veränderlich
in der Zeit, und unterworfen dem Gesetze der Kausalität. Nach
natürlichen Gesetzen muss aber der biologische Prozess die Anpassung
der Organismen an die Natur, in die sie gestellt sind, herbeiführen.
Bei der grossen Mannigfaltigkeit der leiblichen Organisationen
können zwar die Wahrnehmungsorgane in Form und Funktions-
weise höchst verschieden sein; aber wie in der Wechselwirkung
der Natur und der Wesen nur solche Wahrnehmungsorgane sich
entwickeln können, die sich für die Nötigung zu handeln als nützlich
erweisen, d. h. solche, wodurch die Wesen sich über jene Ver-

hältnisse orientieren, deren Wahrnehmung behufs der Existenz notwendig ist, so können auch nur solche Erkenntnisorgane sich entwickeln, welche das von den Wahrnehmungsorganen übermittelte Empfindungsmaterial richtig zu deuten und auf die entsprechende Ursache zurückzuführen mehr und mehr befähigt werden.

Da Bedürfnis und Unbehagen der natürliche Zustand aller Organismen ist, und mit der hieraus resultierenden Nötigung zu handeln die Konkurrenz der Individuen gegeben ist, insofern sie nicht schon aus ihrer Vermehrung entspringt, so wird überall eine natürliche Auslese solcher Individuen stattfinden müssen, welche hinsichtlich der praktischen Orientierung die relativ geringste Irrtumsfähigkeit besitzen, weil jeder höhere Grad der Befähigung zu richtiger Deutung der Erscheinungen das Individuum konkurrenzfähiger macht. Es lässt sich demnach als Grundgesetz aller biologischen Entwicklung hinstellen, dass mit der leiblichen Anpassung im allgemeinen die der Empfindungs- und Erkenntnisorgane Hand in Hand gehen, und die Entwicklung in intellektueller Hinsicht überall dahin zielen muss, eine Übereinstimmung zwischen den allgemeinsten Formen der äusseren Natur, Raum, Zeit und Kausalität, und den Erkenntnisformen herbeizuführen. Nur ein Intellekt, der als Spiegel der Erscheinungen dieser vornehmsten Bedingung genügt, macht seinen Träger existenzfähig; es liegt daher in der Natur der Dinge, dass die Erkenntnisorgane ebenso sicher im biologischen Prozesse sich der Realität anpassen müssen, als die leiblichen Organe nach Massgabe ihrer Funktion.

Von diesem Gesichtspunkte aus liegt dem Vorschlage eines gewissen Brandes, behufs einer Korrespondenz mit den Mondbewohnern auf weiter Fläche, etwa auf der Wüste Sahara, geometrische Figuren in so grossem Massstabe herzustellen, dass sie vom Monde aus gesehen werden könnten und vielleicht Anlass zu einer in ähnlicher Weise erteilten Antwort würden, ein ganz richtiger Gedanke zu Grunde, mag man auch im Übrigen hierüber beliebig denken. Denn im ganzen Kosmos sind die Raumverhältnisse die gleichen, in aller Welt behält der Lehrsatz seine Richtigkeit, dem Pythagoras die Hekatombe opferte, und jeder Stern, insofern er die entsprechende Organisationshöhe erreicht haben sollte, wird

Bewohner tragen, welchen die Axiome des Euklid unumstössliche Wahrheiten sind. Das erste Bewusstseinsindividuum, wo immer es entstehen mag, wird sich in der Praxis vor das Problem gestellt finden, welche Linie zwischen zwei Punkten die kürzeste sei, und jedes wird in dieser Praxis zur Erkenntnis hingeleitet werden, dass es die Gerade sei, — eine Erkenntnis, die sich in seinen Nachkommen bis zur apriorischen Gewissheit derart befestigen muss, dass nach Jahrmillionen, wenn das Ob des Problems längst aufgehört hat, praktisch aufgeworfen zu werden, ein späteres Wesen von entsprechender Besinnung nur das Wie des Problems in Erwägung ziehen könnte.

So mag denn zum Schlusse auch das noch bemerkt werden, dass auf jedem Sterne die intellektuelle Entwicklung der Organismen notwendig durch jenen Punkt hindurchgehen muss, wo ein hochorganisiertes Wesen, in tiefer Verwunderung darüber, dass wir Weltbewohner die Formen des äusseren Seins als subjektive Erkenntnisformen in uns tragen, sich über das Problem besinnen wird, das Kant in die Worte kleidete: Wie sind synthetische Urteile *a priori* möglich?

Anmerkungen.

————

1. Zu Seite 13.

Wenn wir eine nach der Trommel marschierende Fusstruppe in der Entfernung von ungefähr 170 m sehen, so wird sie mit falschem Tritte zu marschieren scheinen, weil wir die Schritte der Soldaten früher sehen, als wir den darauf treffenden Trommelschlag hören. Aus dem gleichen Grunde sehen wir das Aufblitzen eines Geschützes früher, als wir den Schuss hören, sehen den Blitz eines Gewitters früher, als wir den Donner hören. Aus der zwischen beiden verstreichenden Zeitintervalle lässt sich die Entfernung des Gewitters berechnen. ,

Die Wahrnehmungen des Gesichtssinnes stellen uns also in die Gegenwart, während bei einiger räumlicher Entfernung des Objekts der Gehörsinn uns in die Vergangenheit versetzt. Untersucht man jedoch die Sache näher, so findet sich, dass dieser Unterschied nur ein quantitativer ist; denn nicht nur die Schallwellen, sondern auch die Lichtstrahlen brauchen Zeit zu ihrer Fortpflanzung, nur dass der Schall 341 m, das Licht 42000 Meilen in der Sekunde zurücklegt. Es bedarf demnach nur einer ungleich grösseren Entfernung der Lichtquelle, so werden wir auch durch Gesichtswahrnehmungen in die Vergangenheit zurückversetzt. Dies ist der Fall bei kosmischen Entfernungen; der Lichtstrahl des uns nächsten Fixsternes bedarf $3\frac{1}{2}$ Jahre, um die Erde zu erreichen. Nicht nur lesen wir also vom Himmel blosse Vergangenheit ab, sondern bei der höchst ungleichen Entfernung der Fixsterne spricht jeder aus einer anderen Vergangenheit zu uns.

Für jedes irdische Ereignis, das im Verlaufe der Menschengeschichte in Form von Lichtwellen in den Raum hinaustelegraphiert wurde, lässt sich also ein Stern finden, dessen eventuelle Bewohner bei entsprechender Wahrnehmungsfähigkeit Zeitgenossen des Ereignisses wären. Bewohner von Sternen, deren Lichtzeit 6000 Jahre betrüge, könnten also heute dem Bau der ägyptischen Pyramiden zusehen. Wenn wir ferner das Vermögen hätten, uns plötzlich an jeden beliebigen Punkt des Raumes zu versetzen, so könnten wir auch jeden beliebigen Augenblick aus der Vergangenheit zurückrufen und Vergangenheit in Gegenwart verwandeln; denn in den Schwingungen des Lichtes sind alle Bilder der Vergangenheit enthalten und würden zu gegenwärtigen für ein Wesen, das in der entsprechenden Erdferne stünde.

Ein kosmisches Wesen, das eine Bewegungsgeschwindigkeit hätte, um aus einer Entfernung von 6000 Jahren Lichtzeit innerhalb einer Stunde die Erde zu erreichen, würde so die Erdgeschichte der letzten 6000 Jahre in einer raschen Flucht von Bildern innerhalb einer Stunde sich abwickeln sehen. Es könnte, nachdem es die Pyramidenerbauer gesehen, der Gründung Roms, der Schlacht von Gaugamela und schliesslich einer Reichstagssitzung in Berlin anwohnen. Ein solches Wesen würde 6000 Jahre innerhalb einer Stunde miterleben. Umgekehrt aber würde sich ein Ereignis von der Dauer einer irdischen Stunde bei entsprechender Bewegung von der Erde hinweg beliebig auseinander dehnen lassen, wodurch gleichsam ein „Mikroskop für die Zeit" hergestellt wäre. Einer Lokomotive könnte ein Schneckengang erteilt werden; durch genaue Anpassung der Bewegung könnte ein durch unsere Atmosphäre stürzender Meteorit gleichsam zum Stehen, ja, er könnte sogar zu einer rückwärtigen Bewegung gebracht werden. Ein solches Wesen könnte also die Zeit gleichsam rückwärts fliessen lassen.

Ein im Raume allgegenwärtiges Wesen müsste alle vergangenen Ereignisse gleichzeitig in seinem Bewusstsein haben, und räumlich nebeneinander liegend die Bilder sehen, welche zeitlich aufeinander folgten; die Vergangenheit wäre ihm Gegenwart. Der

Bewusstseinsinhalt dieses allgegenwärtigen Wesens liesse sich aber auch auf eine Mehrzahl von Wesen bei ungleichem Standorte verteilen. Die von ihnen gleichzeitig gesehenen Bilder würden, räumlich aneinander gereiht, die Geschichte der Erde darstellen.

Gegen derartige Voraussetzungen lässt sich nun freilich der Einwurf ihrer Unmöglichkeit leicht machen; aber die aus ihnen gezogenen Folgerungen sind doch insofern sehr lehrreich, als sie die Relativität unserer Zeit- und Raumbegriffe erläutern, daher denn auch ernsthafte Forscher derartige Untersuchungen nicht verschmähen.*)

2. Zu Seite 124.

Ein Begleiter der Venus ist innerhalb der Jahre 1645—1764 von verschiedenen berühmten Astronomen beobachtet worden, und würde ihm ein Volumen gleich dem unseres Mondes und eine Umlaufszeit von etwa 11 Tagen zugeschrieben. Diese Übereinstimmung scheint die Annahme einer optischen Täuschung zu verbieten, während die beobachtete sichelförmige Gestalt dieses Mondes die Möglichkeit einer Verwechslung mit einem anderen Sterne ausschliesst. Gleichwohl lässt sich dieser Trabant nicht mehr finden. Es sprechen aber verschiedene Erscheinungen für die Existenz dieses Mondes. Bei Vorübergängen der Venus vor der Sonnenscheibe hat man einen dunklen erbsengrossen Punkt häufig der Venus vorangehen oder ihr folgen sehen. Ferner ist öfter eine plötzliche intensive Vermehrung des Glanzes der Venus beobachtet worden. Wäre dieses Phänomen abhängig von der jeweiligen Stellung der Venus zur Sonne, so müsste es sich in der gleichen Stellung, also in regelmässigen Perioden, immer wiederholen, was nicht der Fall ist; man glaubt daher, dass es von der Stellung eines Trabanten zur Venus abhängt, wodurch eine Vereinigung der beiden Lichtintensitäten erzeugt wird, so oft dieser Mond seine Tagesseite gegen die Venus wendet. Manchmal auch, wenn unser Erdenmond die Venus perspektivisch bedeckt, zeigen

---

*) Vergleiche dazu auch Ernst von Bär: Reden I 252 p. Petersburg, Röttger 1864. — Felix Eberty: Die Gestirne und die Weltgeschichte. Breslau, Kern 1874.

**

sich Farbenspiele an den Berührungsstellen, die man, da unser Mond keine Atmosphäre besitzt, der Atmosphäre eines Venusmondes zuschreibt, welche die hindurchgehenden Strahlen der Venus prismatisch zerlegt.

Wenn ferner unser Mond als helle Sichel am Himmel steht, sehen wir auch das Ergänzungsstück desselben in aschfarbener Beleuchtung; dabei empfängt die Sichel direktes, die übrige Scheibe indirektes, von der Erde zurückgeworfenes Sonnenlicht. Die gleiche fahle Beleuchtung zeigt sich nun an der Venus, wenn sie als Sichel gesehen wird. Auch sie empfängt daher sekundäres, indirektes Sonnenlicht, das wohl nur einem nahe stehenden Trabanten zugeschrieben werden kann.

In neuerer Zeit hat nun Schorr*) aus jedem einzelnen der erwähnten Phänomene unter Berücksichtigung der Zeitfolge und der Häufigkeit des Eintritts die Umlaufszeit des hypothetischen Venusmondes berechnet, und hat in merkwürdiger Übereinstimmung der Einzelberechnungen 12 Tage und 3 Stunden gefunden, welches auch mit den Rechnungen der früheren Astronomen ungefähr übereinstimmt. Diese Untersuchungen reihen sich als ein weiterer Beitrag zur „Astronomie des Unsichtbaren" der theoretischen Entdeckung des Neptun durch Leverrier und des dunklen Siriusbegleiters durch Bessel an, wobei die mathematische Rechnung leistet, was der Gesichtssinn und das Teleskop verweigern.

---

*) F. Schorr: Der Venusmond. Braunschweig 1875.

Druck von Emil Herrmann sen., Leipzig.